普通高等教育"十五"国家级规划教材

21世纪高等学校机械设计制造及其自动化专业系列教材

机械制造技术基础

（第四版）

主　编　熊良山

参　编　曾芬芳

主　审　张福润

华中科技大学出版社

中国·武汉

内 容 简 介

本书是教育部面向 21 世纪课程体系和教学内容改革计划项目"工程制图与机械基础系列课程教学内容和课程体系改革"的研究成果,是教育部面向 21 世纪课程教材和普通高等教育"十五"国家级重点教材。

本书以金属切削理论为基础,以制造工艺为主线,以产品质量、加工效率与经济性三者之间的优化为目标,通过整合金属切削原理与刀具、金属切削机床、机床夹具设计和机械制造工艺学等课程的基本理论和基本知识编写而成,主要内容包括:切削与磨削过程,制造工艺装备,机械加工质量分析与控制,工艺规程制定,以及电子束与离子束加工、电火花加工、电解加工、激光加工、超声波加工等非传统加工方法。在此基础上,为适应科学技术的发展,拓宽学生的知识面,还介绍了以高速切削、高效磨削、非金属硬脆材料切削、快速成形、微细制造、超精密加工、柔性制造、智能制造等为代表的先进制造技术和以现代管理理论和方法及计算机网络技术为基础的先进生产模式。

本书具有概念清晰、内容简明、叙述通俗、体系完整、便于学习的特点,可作为机械设计制造及其自动化、过程装备与控制工程、机械工程及自动化等专业的教学用书,也可供近机类各专业的学生及从事机械设计制造的工程技术人员参考。本书还提供了与教材配套的二维码教学资源,使用本书的读者可以通过扫描二维码随时阅读、学习。

图书在版编目(CIP)数据

机械制造技术基础/熊良山主编. —4 版. —武汉:华中科技大学出版社,2020.11(2024.8 重印)
ISBN 978-7-5680-6736-2

Ⅰ. ①机… Ⅱ. ①熊… Ⅲ. ①机械制造工艺 Ⅳ. ①TH16

中国版本图书馆 CIP 数据核字(2020)第 213785 号

机械制造技术基础(第四版)
Jixie Zhizao Jishu Jichu

熊良山 主编

策划编辑:万亚军
责任编辑:吴 晗
封面设计:原色设计
责任监印:周治超

出版发行:华中科技大学出版社(中国·武汉)　　电话:(027)81321913
　　　　　武汉市东湖新技术开发区华工科技园　　邮编:430223
录　排:华中科技大学惠友文印中心
印　刷:武汉科源印刷设计有限公司
开　本:787mm×1092mm　1/16
印　张:23
字　数:600 千字
版　次:2024 年 8 月第 4 版第 5 次印刷
定　价:59.80 元

21世纪高等学校
机械设计制造及其自动化专业系列教材
编审委员会

21世纪高等学校
机械设计制造及其自动化专业系列教材

"中心藏之,何日忘之",在新中国成立60周年之际,时隔"21世纪高等学校机械设计制造及其自动化专业系列教材"出版9年之后,再次为此系列教材写序时,《诗经》中的这两句诗又一次涌上心头。衷心感谢作者们的辛勤写作,感谢多年来读者对这套系列教材的支持与信任,感谢为这套系列教材出版与完善做出过努力的所有朋友们。

追思世纪交替之际,华中科技大学出版社在众多院士和专家的支持与指导下,根据1998年教育部颁布的新的普通高等学校专业目录,紧密结合"机械类专业人才培养方案体系改革的研究与实践"和"工程制图与机械基础系列课程教学内容和课程体系改革研究与实践"两个重大教学改革成果,约请全国20多所院校数十位长期从事教学和教学改革工作的教师,经多年辛勤劳动编写了"21世纪高等学校机械设计制造及其自动化专业系列教材"。这套系列教材共出版了20多本,涵盖了"机械设计制造及其自动化"专业的所有主要专业基础课程和部分专业方向选修课程,是一套改革力度比较大的教材,集中反映了华中科技大学和国内众多兄弟院校在改革机械工程类人才培养模式和课程内容体系方面所取得的成果。

这套系列教材出版发行9年来,已被全国数百所院校采用,受到了教师和学生的广泛欢迎。目前,已有13本列入普通高等教育"十一五"国家级规划教材,多本获国家级、省部级奖励。其中的一些教材(如《机械工程控制基础》《机电传动控制》《机械制造技术基础》等)已成为同类教材的佼佼者。更难得的是,"21世纪高等学校机械设计制造及其自动化专业系列教材"也已成为一个著名的丛书品牌。9年前为这套教材作序的时候,我希望这套教材能加强各兄弟院校在教学改革方面的交流与合作,对机械工程类专业人才培养质量的提高起到积极的促进作用,现在看来,这一目标很好地达到了,让人倍感欣慰。

李白讲得十分正确:"人非尧舜,谁能尽善?"我始终认为,金无足赤,人无完人,文无完文,书无完书。尽管这套系列教材取得了可喜的成绩,但毫无疑问,这套书中,某本书中,这样或那样的错误、不妥、疏漏与不足,必然会存在。何况形势总在不断地发展,更需要进一步来完善,与时俱进,奋发前进。较之9年前,机械工程学科有了很大的变化和发展,为了满足当前机械工程类专业人才培养的需要,华中科技大学出版社在教育部高等学校机械学科教学指导委员会的指导下,对这套系列教材进行了全面修订,并在原基础上进一步拓展,在全国范围内约请了一大批知名专家,力争组织最好的作者队伍,有计划地更新和丰富"21世纪高等学校机械设计制造及其自动化专业系列教材"。此次修订可谓非常必要,十分及时,修订工作也极为认真。

"得时后代超前代,识路前贤励后贤。"这套系列教材能取得今天的成绩,是几代机械工程教育工作者和出版工作者共同努力的结果。我深信,对于这次计划进行修订的教材,编写者一定能在继承已出版教材优点的基础上,结合高等教育的深入推进与本门课程的教学发展形势,广泛听取使用者的意见与建议,将教材凝练为精品;对于这次新拓展的教材,编写者也一定能吸收和发展原教材的优点,结合自身的特色,写成高质量的教材,以适应"提高教育质量"这一要求。是的,我一贯认为我们的事业是集体的,我们深信由前贤、后贤一起一定能将我们的事业推向新的高度!

尽管这套系列教材正开始全面的修订,但真理不会穷尽,认识不是终结,进步没有止境。"嘤其鸣矣,求其友声",我们衷心希望同行专家和读者继续不吝赐教,及时批评指正。

是为之序。

中国科学院院士

2009. 9. 9

前　言

　　本书为普通高等教育国家级规划教材,同时多次得到华中科技大学教材建设项目基金的支持。

　　"机械制造技术基础"是机械工程各专业的一门主干专业基础课程,课程的设立是教学改革的产物,课程的发展与机械类各专业的教学改革紧密相关。近三十年来科学技术的飞速发展,使我国的制造业和制造方式发生并仍在继续发生着深刻的变革,以计算机信息技术和网络技术为代表的新技术发展及其在制造业日益广泛的应用,既为制造学科的发展提供了良好的机遇,又对制造学科的改革与改造提出了新的要求。市场经济和学生自主择业,客观上也要求对机械类各专业的教学内容和形式进行改革,以便拓宽学生的视野,增强教学的针对性和实用性。1987年,我校(华中科技大学)率先提出了整合传统专业课程、精简学时的教学改革思路,并将机制专业三门主要传统专业课程(机床概论、机械制造工艺学和机床夹具设计)整合为一门新课程——机械制造基础,对机电一体化和机制专业的学生进行了为期4年的教学试点,取得了良好效果。我校的教学改革满足了社会和学科发展的实际需要,得到了教育部高等学校机械学科教学指导委员会专家的赞赏,兄弟院校也纷纷效仿。1993年,我校编写并出版了我国最早的"机械制造基础"课程教材《机械制造基础》。随后,按照"减少学时、降低重心、拓宽面向、精选内容、更新知识"的原则对其进行了多次修订,增加了金属切削原理、金属切削刀具、非常规制造技术和现代先进制造技术的基本内容,并将书名改为《机械制造技术基础》。1999年,由张福润等编写的《机械制造技术基础》被评为教育部面向21世纪课程教材和华中科技大学21世纪机械类教材;同年,张福润、熊良山参加编写的"九五"国家级规划教材《机械制造技术基础》出版;2002年,《机械制造技术基础》又被确定为"十五"国家级规划教材。目前,该书已经被全国数十所高校选作教材。正因为有众多兄弟院校老师和同学的认可,该书的销量达到了每年1万册以上。2007年和2008年,《机械制造技术基础》被评为华中科技大学出版社"最有影响的教材""最有影响的出版物",2008年被评为华中科技大学优秀教材一等奖。

　　除编者外,先后有十几位教学经验丰富的教授参加了上述教学改革和本书前面几个版本的编写与审稿工作。

　　2008年7月,教育部高等学校机械设计制造及其自动化教学指导分委员会推出《中国机械工程学科教程》(以下简称《教程》),对现有教学体系进行了再设计,提出了总学时数为 90 个的"机械制造技术基础"课程知识点构成,已在全国高校推广。

　　本书是根据《教程》的规划,以及华中科技大学课堂教学和人才市场的实际需要,在《机械制造技术基础(第三版)》(熊良山主编,华中科技大学出版社 2017 年出版)的基础上修改完善而产生的。本次再版修订,一是增加了数十个二维码及配套动画、视频资源,二是更新了与智能化工艺规程设计相关的部分内容:将第 3 章 3.2 节最后一段关于用软件进行结构工艺性分析的内容,扩充为一小节,即"3.2.3 结构工艺性的智能分析";重写了第 3 章 3.8 节的"3.8.2 计算机辅助机械加工工艺规程设计",重写后的内容为开目 CAPP 系列软件简介及其应用实例;在第 3 章 3.9 节的"3.9.2 箱体类零件加工工艺分析"后面,增加了用开目 3DMP 软件对典型三维零件模型进行机械加工工艺规划的具体方法、过程和案例的介绍内容;在第 3 章的最后,增加了"3.10.4 用三维 CAPP 工具设计装配工艺规程示例",介绍用三维 CAPP 工具设计装配工艺规程的有关知识。这样修订的目的,一是方便教师教学,二是进一步开阔学生的视野,增强学生对最新人工智能技术在机械制造领域应用途径和方式的了解。

　　本书具有以下特点。

　　(1)继续贯彻"重基础、少学时、低重心、新知识、宽面向"的学科总体改革思路,以打造精品、扩大影响为目标,以增强教材的教学适应性为手段,在处理好所整合的各传统课程内容之间,以及传统内容与适当增加的反映学科最新成果的部分新内容之间比例关系的基础上,根据课程各部分内容之间的内在联系,重新调整教材体系结构,突出工艺主线和装备基础,努力做到在有限的篇幅内,将本学科最基础、最核心和最先进的知识,以最合适的方式和顺序展示出来。

　　(2)按照机械工程专业人才培养目标和高等工程教育专业认证的要求规划教材内容,在厘清教材各大部分内容之间内在关系的基础上,参考《教程》规定选取知识点,按照学生认知规律分配篇幅和学时,确定叙述的详略程度和前后顺序,保证教材内容的连贯性、先进性、实用性和系统性,同时注意理顺"机械制造技术基础"课程与教学计划中其他课程知识点之间的关系,将需要用到同一学期讲授的相关课程知识的章节适当调整,以保证教学安排的科学性,最大限度地改变因课程整合而造成的"前面的基础知识还没有讲,后面的应用课程已开始上"的混乱局面。

　　(3)以模块化的风格组织课程知识点,即努力将相关知识点(群)凝练为一个个相对独立的内容模块(章或节),方便教师教学时按照模块进行内容取舍,以兼顾不同教学计划的需要,增强本书的适应性。

　　(4)以方便教师讲授和学生自学的原则确定编写风格,做到概念清楚、层次分明,总体叙述循序渐进,习题与思考题、习题参考答案和学习要求齐全,各部分既相对独立，又前后呼应，使全书成为一个有机的整体，在突出课程内容的实践性和基础性的前提下，力求做到对重点、难点内容举例讲解，对基础、核心知识点加强练习，增强本书的可读性。

（5）开发配套的多媒体教学课件和动画、视频教学资源，以二维码扫码下载的方式免费提供给读者，一方面弥补纸质教材的不足，丰富本书的内容呈现形式，使之成为一本名副其实的多媒体教材，另一方面增强本书的趣味性和先进性，提高学生学习的积极性，方便教师课堂教学。

课件二维码

为了方便读者学习与掌握本书知识点，与本书配套的辅导书《机械制造技术基础学习辅导与题解》（熊良山主编）已由华中科技大学出版社于 2014 年 3 月正式出版。

本次修订工作由熊良山负责。曾芬芳提供了全部 47 个视频资源，以及第 3 章与智能化工艺规程设计相关的部分修订内容的初稿，经熊良山精简、改写后成为第 3 章 3.2.3 节、3.8.2 节、3.9.2 节、3.10.4 节。在修订过程中，编者得到了张福润教授和严晓光教授的指导、支持，在此表示衷心的感谢。

由于水平所限，本书一定还存在不尽如人意的地方，在此恳切希望广大读者和专家批评指正。

编　者

2020 年 5 月于武汉喻家山

目 录

绪论

0.1 制造业和制造技术

1. 制造业和制造技术的概念

制造业是将各种原材料加工制造成可使用的工业制成品的工业。它既为国民经济各部门提供技术装备,也为社会提供物质财富。制造业在众多国家尤其是发达国家的国民经济中都占有十分重要的地位,是国民经济的支柱产业和物质基础,制造业发展水平是国家综合竞争力的重要标志。制造业的发展是社会进步的根本动力,是国家安全的基本保证。据报道,美国68%的财富来源于制造业,日本国民总产值的49%是由制造业创造的,我国约41%的国民生产总值由制造业产生。据统计,中国的制造业还创造了一半的财政收入、吸纳了一半的城市就业人口和大量的农村剩余劳动力,创造了接近3/4的外汇收入。可以说,没有发达的制造业就不可能有国家真正的繁荣和富强。

制造技术是使原材料变成产品的技术的总称,是国民经济得以发展、制造业本身赖以生存的关键基础技术。

2. 我国制造业和制造技术的现状

近几十年来,我国的制造业与制造技术得到了长足发展,一个具有相当规模和一定技术基础的制造工业体系已经形成,"中国制造"的影响力正在世界范围内扩展。随着中国经济总量首次超过日本,成为仅次于美国的世界第二大经济体(日本2010年名义国内生产总值GDP为54 742亿美元,比中国少4 044亿美元);2010年中国的制造业总产值也已达到1.955万亿美元(占全球制造业总产值的19.8%,2014年占近25%),并首次超过了美国(其制造业总产值占全球制造业总产值的19.4%),成为世界第一制造大国。

2014年,我国有220多种工业品产量居世界第一位,其中,就包含机床、汽车、拖拉机、小型柴油机、集装箱、农用车、船舶、电视机、空调器、冰箱、洗衣机、微波炉、太阳能热水器、自行车、摩托车、手机等众多机电产品。

现在,我国已能制造许多世界领先的科技产品和大型成套设备,如世界计算速度最快的"神威·太湖之光"超级计算机(峰值性能12.5亿亿次/秒,持续性能9.3亿亿次/秒),具有高隐身性、高机动性的歼20第四代战斗机,搭载了全球第一台冷原子钟的"天宫二号"空间实验室,保持世界同类作业型潜水器的最大下潜深度纪录(7 062 m)的"蛟龙"号载人潜水器,世界上商业运营速度最快的"和谐号"CRH380系列高速列车,被称为中国"天眼"的世界单口径最大(500 m)的FAST射电望远镜(见图0-1),加工直径可达28 m的世界上最大规格的CK53280型数控立式车床,8 m螺旋桨七轴五联动数控机床,年产千万吨级露天矿采掘成套设备,3.5万吨级浅吃水运煤船,302 MW混流式水力发电机组,500 kV交流输变电成套设备,年产50万吨腈纶成套设备,正负电子对撞机,核动力潜艇等。

"神威·太湖之光"超级计算机　　　　　　歼20隐形战斗机

天宫二号空间实验室　　　　　　"蛟龙"号载人深海潜水器

"和谐"号高速列车　　　　　　FAST射电望远镜

图 0-1　我国制造的最新科技产品

　　尽管我国的制造业取得了辉煌的成绩,制造技术水平较改革开放之初有了大幅度的提高,但中国还仅仅是世界制造大国,而不是制造强国。制造强国的标志有六个,如图0-2所示。对照制造强国的标志,同时与工业发达国家相比,我国的制造业和制造技术存在着如下明显差距。

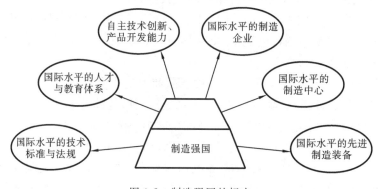

图 0-2　制造强国的标志

　　第一，制造业的能耗和物耗偏高。我国制造业单位产品的能耗高出国际水平 20％～30％，主要产品物耗比发达国家高 40％，而每万元机械产品的能耗则为发达国家的 5 倍。由于能耗和物耗高，制造业对环境的污染非常严重。

　　第二，制造业的劳动生产率低下，平均只相当于发达国家的 1/15～1/20。以制造业人均年产值衡量，2000 年，我国制造业的劳动生产率为 3.82 万元/人年，约为美国的 4.38％、日本的 4.07％、德国的 5.56％。我国工程技术人员总数已达 1 000 万，居世界之首，但工程技术人员的人均产值水平低下，从每百万元产值的工程师人数来看，大约是美国的 16 倍，是德国的 13 倍。我国大多数工业企业仍停留在劳动密集、生产经营粗放的发展阶段。

　　第三，工业产品质量差，中高技术含量低，缺乏市场竞争力。尤其是装备工业主要产品达到国际水平的不到 5％，基础机械、大型成套设备等级比发达国家低 1～2 个等级，综合技术水平落后 20 余年。武汉大学 2015 年发布的一份研究报告称，2014 年中国整体制造业竞争力全球排名第 13 位，与瑞士、日本、美国、德国等国的差距极大。

　　第四，企业研发投入严重不足。据统计，我国工业企业投入的科技活动经费不足发达国家的 1/30。日本、美国、德国、法国机械制造业的人均研究开发经费，分别为 21.54 万美元/年、15.76 万美元/年、19.99 万美元/年、25.94 万美元/年，都是中国的几十倍。即使是中国的 500 强企业，研发投入占其销售额的比例平均也只有 1.32％，而经济合作与发展组织（OECD）国家平均为 3.2％。

　　第五，科技创新成为"中国制造"发展的关键制约因素。我国的技术创新活动十分薄弱。国家发改委对外经济研究所的调查报告显示，目前 93％的中国企业不搞自主创新。调查显示，我国 2.4 万家国有大中型企业中，近 2/3 没有研究开发机构。我国 512 家重点企业中，1/3 的研究开发机构不健全，一半以上还没有真正建立起自己的研究开发机构。在制造技术领域，我国的发明专利数只有美国、日本的 1/30，韩国的 1/4。科技部中国科技发展战略研究小组在他们撰写的《2002 中国科技发展研究报告——中国制造与科技创新》一书中指出，中国制造业呈现"两头弱，中间强"的态势。即在生产环节，"中国制造"的能力较强，而在研发、工艺和销售领域，"中国制造"缺乏足够的竞争实力，尤其在价值链的上游——研发和工艺中，"中国制造"的实力最为薄弱：产品研发设计和工艺水平主要来自国外，技术引进是基本手段；大多数核心零部件和特殊材料严重依赖发达国家。显然，尽管"中国制造"已经崛起，但我国的科技实力并没有显著提高，这成为制约"中国制造"持续发展的关键因素。

0.2　机械制造科学的概念与研究内容

1. 机械制造科学的概念

　　为国民经济各部门进行简单再生产和扩大再生产提供技术装备的各类制造业，统称为装备制造业。机械制造业是装备制造业的核心。机械制造业涉及的范围广、门类多，所生产的产品品种杂、面向宽，所使用的科学技术理论复杂、实践性强。

　　研究机械系统和产品的性能、设计及制造的理论、方法和技术的科学称为机械工程学。机械系统从构思到实现要经历设计和制造两大不同性质的阶段，与之相应，机械工程学被分成两大分支：机械学和机械制造科学。机械学是研究机械结构和系统性能及其设计理论与方法的科学，包括制造过程及机械系统所涉及的机构学、传动机械学、机械动力学、强度学、摩擦学、设计学、仿生机械学、微纳机械学、界面机械学和机器人机械学等。

机械制造科学是研究机械制造系统、机械制造过程和机械制造手段(工艺)的科学。

2. 机械制造科学的研究内容

金属切削机床、特种加工机床、机器人以及机械加工工艺系统中的其他工艺装备(如刀具、夹具、量具和辅具等)是机械制造系统的主要组成部分,是机械制造过程赖以实现的物质基础和重要手段。各种机械制造设备和工艺装备的设计和制造,新的设备和工装的设计,是机械制造学科的一项重要研究内容。

机械的制造工艺过程通常可分为热加工工艺过程(包括铸造、塑性加工、焊接、热处理、表面改性等)及冷加工工艺过程,它们都是改变生产对象的形状、尺寸、相对位置和性质等,使之成为成品或半成品的过程。

机械制造(冷加工)工艺过程一般是指零件的机械加工工艺过程和机器的装配工艺过程。因此,机械制造科学也是研究机械加工和装配工艺过程及方法的科学。

零件的机械加工工艺过程是机械生产过程的一部分,它是利用切削的原理使工件成形而达到预定的设计要求(如尺寸精度,形状、位置精度和表面质量要求等)的过程。从广义上来说,特种加工(如激光加工、电火花加工、超声波加工、电子束加工、等离子束加工等)也是机械加工,但实际上已不属于切削与磨削加工的范畴。与热加工相比较,机械制造冷加工的加工成本低,能量消耗少,能加工各种不同形状、尺寸和精度要求的工件,一直是获得精密机械零件最主要的方法。

机器的装配工艺过程也是机械产品生产过程的一部分,它是将零件或部件进行配合和连接,使之成为半成品或成品,并达到要求的装配精度的工艺过程。目前,我国大多数的机械装配工作还是由手工来完成的,装配劳动量在产品制造的总劳动量中还占相当大的比例。研究和发展新的装配技术,大幅度提高装配质量和装配生产效率是机械制造工艺的一项重要任务。

据统计,目前在机械制造中采用的工艺方法已经达到4 500种以上。各种工艺方法的规律、特点和适用范围,新的先进制造工艺手段,也是机械制造科学的重要研究内容之一。

0.3　先进制造技术的特点及发展趋势

1. 先进制造技术的概念

近年来,随着现代高技术的迅猛发展,制造业出现了许多新的特点和发展趋势。20世纪末,信息技术、新材料技术和现代管理思想对传统的制造技术理念的强力渗透与集成,使传统制造技术发生了革命性变革,形成了所谓的"先进制造技术"(advanced manufacturing technology,AMT)。先进制造技术是传统制造技术不断吸收机械、电子、信息、材料及现代管理等技术领域的最新成果,将其综合应用于制造的全过程,以实现优质、高效、低消耗、敏捷及无污染生产的前沿制造技术的总称。

1997年美国制定了"下一代制造计划",提出人、技术与管理为未来制造业成功的三要素。面对日益激烈的全球化经济竞争形势,世界各国迅速调整其科技政策,纷纷制定各自的先进制造技术战略计划,将先进制造技术视为提高产业竞争力和增强综合国力的根本保证。一场在制造领域围绕产品创新,以提高产品的知识含量和制造系统敏捷响应、重组能力的高科技竞争正在世界范围内展开,其中具有代表性的是:美国的先进制造技术计划(AMT)、关键技术(制造)计划、敏捷制造使能技术计划(TEAM)、下一代制造计划(NGM);日本的智能制造技术国际合作计划(IMS);德国的制造2000计划;韩国的高级先进制造技术计划(HANP)等。综观各国的先进制造发展规划,无一例外地将先进制造技术基础研究作为其规划的重要组成部分。

2. 先进制造技术的特点

随着以信息技术为代表的高新技术的不断发展,个性化和多样化将是未来制造业发展的显著特征,与此相适应,先进制造技术的主要特点可归纳为以下六个方面。

(1)先进制造技术贯穿了从产品设计、加工制造到产品销售及使用维修等全过程,成为"市场—产品设计—制造—市场"的大系统,而传统制造工程一般单指加工过程。

(2)先进制造技术充分应用计算机技术、传感技术、自动化技术、新材料技术、管理技术等的最新成果,与其他学科不断交叉、融合,与其他学科之间的界限正在逐渐淡化甚至消失。

(3)先进制造技术是技术、组织与管理的有机集成,特别重视制造过程组织和管理体制的简化及合理化。

(4)先进制造技术并不追求高度自动化或计算机化,而是通过强调以人为中心,实现自主和自律的统一,最大限度地发挥人的积极性、创造性和相互协调性。

(5)先进制造技术是一个高度开放、具有高度自组织能力的系统,通过大力协作,充分、合理地利用全球资源,不断生产出最具竞争力的产品。

(6)先进制造技术的目的在于能够以最低的成本、最快的速度提供用户所希望的产品,实现优质、高效、低耗、清洁、灵活生产,并取得理想的技术经济效果。

3. 先进制造技术的主要发展趋势

(1)制造技术向自动化、集成化和智能化的方向发展。计算机数字控制(CNC)机床、加工中心(MC)、柔性制造系统(FMS)以及计算机集成制造系统(CIMS)等自动化制造设备或系统的发展适应了多品种、小批量的生产方式,它们将进一步向柔性化、对市场快速响应以及智能化的方向发展,敏捷制造设备将会问世,以机器人为基础的可重组加工或装配系统将诞生,智能制造单元也可望在生产中发挥作用。加速产品开发过程的 CAD/CAM 一体化技术、快速成形(RP)技术、并行工程(CE)和虚拟制造(VM)将会得到广泛的应用。

信息高速公路的出现大大缩短了人们之间的物理距离,使基于网络的远程制造成为现实。随着世界市场竞争的日益激烈,以及微电子技术和信息技术的高速发展,全球化敏捷制造将成为 21 世纪制造业的主要生产模式。

(2)制造技术向高精度、高效率方向发展。21 世纪的超精密加工已向分子级、原子级精度推进(如纳米加工已经能对单个原子进行搬运加工),采用一般的精密加工也可以稳定地获得亚微米级的精度。精密成形技术与磨削加工相结合,有可能覆盖大部分零件的加工技术。以微细加工为主要手段的微型机电系统技术将广泛应用于生物医学、航空航天、军事、农业以及日常生活等领域,而成为 21 世纪最重要的先进制造技术前沿之一。由于高速切削已经成功应用于飞机制造业和汽车制造业,并表现出众多常规加工切削不具有的优良特性,如单位时间的金属切除率高、能耗低、加工精度高、工件表面质量好、可加工难加工材料等,近年来,世界各主要工业国家都在大力发展高速加工技术。生产实践表明,采用高速切削可以使特种合金制造的发动机零件的工效比传统加工工艺提高 10 倍以上,还可以延长刀具耐用度,改善零件的加工质量。

(3)综合考虑社会、环境要求及节约资源的可持续发展的制造技术将越来越受到重视,绿色产品、绿色包装、绿色制造系统、绿色制造过程将在 21 世纪得以普及。面对日趋严峻的资源和环境约束,世界各国都采取了促进制造业向可持续方向发展的相关措施。例如,德国制定了《产品回收法规》,日本等国提出了减少、再利用及再生的 3R(reduce,reuse,recycle)战略,美国提出了再制造(remanufacturing)及无废弃物制造(waste-free process)的新理念,欧盟颁布了汽车材料回收法规,从 2005 年起要求新生产的汽车材料 85％能再利用,到 2015 年汽车材料再利用率要达到 95％。制造过程的废物不得污染环境,环境保护成为建立现代制造企业的先决条件。绿色制造要求产品的零部件易回收,可重复使用,尽量少用污染材料,在整个产品的制造和使用过程中排废少,对环境的污染要尽可能小,所消耗的能量也尽可能少。产品和制造过程的绿色化要求企业把环境保护当作自己的重要使命,同时这也是企业未来生存和发展的战略。

(4) 制造技术从制造死物向制造活物方向发展。现代社会基于对人类疾病抗争的需要,希望制造业能承担起制造有生命活物的重任。因此,制造活物逐渐成为制造技术发展的一个方向,如人体脏器、人造骨骼、人造皮肤等将成为制造业的产品对象。与此相对应,生物制造与仿生制造也将得到长足的发展。

0.4　课程的学习要求和学习方法

"机械制造技术基础"是机械设计制造及其自动化、过程装备与控制工程、机械工程及自动化等专业的一门重要的专业基础课程。课程设置的目的是为学生在制造技术方面奠定最基本的知识和技能基础。因此,学习本课程的主要要求如下。

(1) 掌握金属切削加工成形的基本理论和常用方法,具有根据加工条件合理选择刀具参数、切削用量及切削液的能力。

(2) 掌握制造工艺装备的基本理论,了解机械制造主要工艺装备(包括机床、刀具与夹具)的用途和工艺范围,具有分析机床和夹具的工作原理,以及通用机床传动链的能力。

(3) 掌握机械加工精度与表面质量的相关理论,具有研究和分析引起加工误差的原因和解决加工精度问题的能力。

(4) 掌握机械制造工艺的基本理论,具备根据零件的加工要求与机器的装配要求,设计机械加工工艺规程和装配工艺规程的能力。

(5) 对非传统加工技术和先进制造技术有一定的了解。

本课程教学内容的实践性很强,与生产实际联系密切,只有具备较多的实践知识,才能在学习时理解得深入透彻,因此在学习过程中要注意实践知识的学习和积累。此外,对课程内容的掌握,需要实习、课程设计、实验及课后练习等多种教学环节配合,每一个环节都是重要的、不可缺少的,学习时应予以注意。

习题与思考题

0-1　什么是制造业? 什么是制造技术? 它们在国民经济中有何重要作用?

0-2　当前我国制造业和制造技术与国际先进水平相比存在的主要差距是什么?

0-3　什么是机械工程科学? 它分成哪两大分支学科?

0-4　机械制造科学的概念和研究内容是什么?

0-5　简述先进制造技术的特点及主要发展趋势。

0-6　简述"机械制造技术基础"课程的学习要求。

第1章

切削与磨削过程

1.1 金属切削过程与刀具的基本知识

金属切削加工是利用刀具从工件待加工表面上切去一层多余的金属,从而使工件达到规定的几何形状、尺寸精度和表面质量的机械加工方法。下面以国家标准 GB/T 12204—2010《金属切削 基本术语》为依据,介绍金属切削过程与刀具的一些基本概念。

1.1.1 工件和刀具的几何要素

1. 工件表面

在切削过程中,工件上通常存在以下三个表面(见图 1-1,以外圆车削为例)。

(1) 待加工表面(work surface) 工件上有待切除的表面。

(2) 已加工表面(machined surface) 工件上经刀具切削后形成的表面。

(3) 过渡表面(transient surface) 工件上由切削刃形成的那部分表面,它将在下一切削行程、刀具或工件的下一转里被切除,或者由下一切削刃切除。

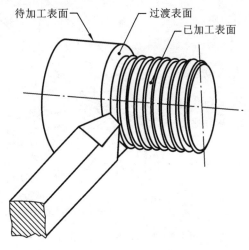

图 1-1 工件表面

2. 刀具要素

金属切削刀具的种类很多,其形状、结构各不相同,但是它们的基本功能都是在切削过程中,用切削刃从工件上切除多余的金属。因此,它们具有共同的结构特征。外圆车刀是最常见、最基本、最典型的切削刀具,其他各类刀具,如刨刀、钻头、铣刀等,都可以看作是车刀的演变和组合。如图 1-2 所示,刨刀切削部分的形状与车刀相同;钻头可看作是两把一正一反并在一起同时镗削孔壁的车刀,因而有两个主切削刃、两个副切削刃,另外还多了一个横刃;铣刀可看作由多把车刀组合而成的复合刀具,其每一个刀齿相当于一把车刀。通常以外圆车刀为代表来说明刀具切削部分的组成,并给出有关几何要素和刀具角度的定义。

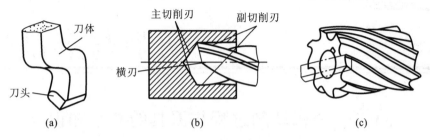

图 1-2　刨刀、钻头、铣刀切削部分的形状
(a)刨刀;(b)钻头;(c)铣刀

刀具的几何要素(见图 1-3)包括以下几个。

(1) 刀体(body)　刀具上夹持刀条或刀片的部分,或由它形成切削刃的部分。

(2) 刀柄(shank)　刀具上的夹持部分。

(3) 切削部分(cutting part)　刀具上起切削作用的部分,由切削刃、前面及后面等产生切屑的各要素组成。

(4) 安装面(base)　刀柄上的一个表面,一般平行或垂直于刀具的基面,在制造、刃磨及测量刀具时用于刀具的安装或定位。

(5) 刀楔(wedge)　夹于前面和后面之间的刀具切削部分,它与主切削刃或与副切削刃相连。

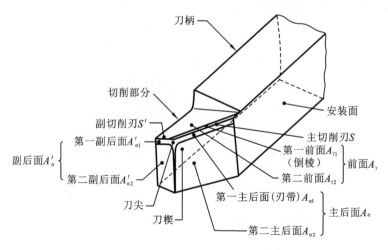

图 1-3　车刀的切削刃和表面

3. 刀具表面

如图 1-3 所示,外圆车刀的切削部分一般包括以下表面。

(1) 前面(face)/前刀面 A_γ　刀具上切屑流过的表面。

(2) 第一前面(first face)/倒棱 $A_{\gamma1}$　当刀具前面是由若干个彼此相交的面所组成时,离切削刃最近的面称为第一前面。

（3）第二前面（second face）$A_{\gamma 2}$　当刀具前面是由若干个彼此相交的面所组成时，从切削刃处数起第二个面即称为第二前面。

（4）后面（flank）/后刀面　与工件上切削中产生的表面相对的表面。

（5）主后面（major flank）A_{α}　刀具上与前面相交形成主切削刃的后面。

（6）副后面（minor flank）A_{α}'　刀具上与前面相交形成副切削刃的后面。

4. 切削刃

车刀主要由切削刃（cutting edge）来完成对工件的切削。切削刃可以是直线形，也可以是空间曲线形，且可能不止一段（见图 1-3）。相关的概念有：

（1）主切削刃（tool major cutting edge）S　起始于切削刃上主偏角为零的点，并至少有一段切削刃拟用来在工件上切出过渡表面的那个整段切削刃。

（2）副切削刃（tool minor cutting edge）S'　切削刃上除主切削刃以外的刃，亦起始于主偏角为零的点，但它背离主切削刃的方向延伸。

（3）刀尖（corner）　指主切削刃与副切削刃的连接处相当少的一部分切削刃。

（4）切削刃选定点（selected point on the cutting edge）　在切削刃任一部分上选定的点（见图 1-4、图 1-5），用以定义该点的切削运动、刀具角度或工作角度。

1.1.2　刀具和工件的运动

为了切除多余的金属，刀具和工件之间必须有相对运动，即切削成形运动（简称切削运动）。切削运动可以分为主运动和进给运动（以外圆车削为例，见图 1-4，下同）。

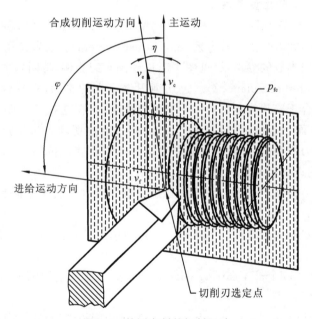

图 1-4　外圆车削的切削运动

（1）主运动（primary motion）　由机床或人力提供的主要运动，它促使刀具和工件之间产生相对运动，从而使刀具前面接近工件。

（2）主运动方向（direction of primary motion）　切削刃选定点相对于工件的瞬时主运动方向。

(3) 切削速度(cutting speed)v_c 切削刃选定点相对于工件的主运动的瞬时速度。

(4) 进给运动(feed motion) 由机床或人力提供的运动,它使刀具与工件之间产生附加的相对运动,加上主运动,即可不断地或连续地切除切屑,并得出具有所需几何特性的已加工表面。

(5) 进给运动方向(direction of feed motion) 切削刃选定点相对于工件的瞬时进给运动的方向。

(6) 进给速度(feed speed)v_f 切削刃选定点相对于工件的进给运动的瞬时速度。

(7) 合成切削运动(resultant cutting motion) 由主运动和进给运动合成的运动。

(8) 合成切削运动方向(resultant cutting direction) 切削刃选定点相对于工件的瞬时合成切削运动的方向。

(9) 合成切削速度(resultant cutting speed)v_e 切削刃选定点相对于工件的合成切削运动(由主运动和进给运动合成的运动)的瞬时速度。

在切削运动中,主运动只有一个,进给运动可由一个或多个运动组成。不管是主运动还是进给运动,都可以由工件或刀具完成;既可以是旋转运动,也可以是直线运动。有些机床加工时(如在拉床上进行拉削加工时)没有进给运动。

1.1.3 刀具角度

刀具要从工件上切下金属,必须具有一定的切削角度。切削角度决定刀具切削部分各表面的空间相对位置和刀具的切削性能。

1. 标注刀具角度的静止参考系

要标注和测量刀具角度,必须引入一个参考面系(简称参考系),包括刀具静止参考系(tool-in-hand system)和刀具工作参考系(tool-in-use system)。前者是用于定义刀具设计、制造、刃磨和测量时几何参数的参考系(见图1-5,以外圆车刀为例,下同),主要包括以下平面。

(1) 基面(tool reference plane)p_r 过切削刃选定点的平面,它平行或垂直于刀具在制造、刃磨及测量时适于安装或定位的一个平面或轴线,一般说来垂直于假定的主运动方向。

(2) 假定工作平面(assumed working plane)p_f 通过切削刃选定点并垂直于基面的平面,它平行或垂直于刀具在制造、刃磨及测量时适于安装或定位的平面或轴线,一般说来其方位要平行于假定的进给运动方向。

(3) 背平面(tool back plane)p_p 通过切削刃选定点并垂直于基面和假定工作平面的平面。

(4) 切削平面(tool catting edge plane) 通过切削刃选定点与切削刃相切并垂直于基面的平面。

(5) 主切削平面(tool major catting edge plane)p_s 通过主切削刃选定点与主切削刃相切并垂直于基面的平面。

(6) 法平面(catting edge normal plane)p_n 通过切削刃选定点并垂直于切削刃的平面。

(7) 正交平面(tool orthogonal plane)p_o 通过切削刃选定点并同时垂直于基面和切削平面的平面。

由基面、切削平面和正交平面组成的参考面系常被称作正交平面参考系,由基面、假定工作平面和背平面组成的参考面系常被称作假定工作平面与背平面参考系,由基面、切削平面和法平面组成的参考面系常被称作法平面参考系。

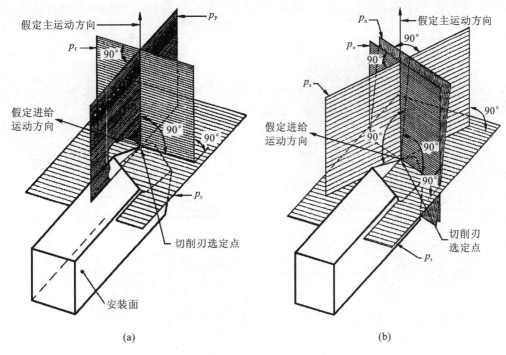

图 1-5 刀具静止参考系平面

2. 工作参考系

刀具工作参考系是规定刀具进行切削加工时实际几何参数的参考系,主要包括以下平面(图 1-6)。

(1)工作基面(working reference plane)p_{re} 通过切削刃选定点并与合成切削速度方向相垂直的平面。

(2)工作平面(working plane)p_{fe} 通过切削刃选定点并同时包含主运动方向和进给运动方向的平面,因而该平面垂直于工作基面。

(3)工作背平面(working back plane)p_{pe} 通过切削刃选定点并同时与工作基面和工作平面相垂直的平面。

(4)工作切削平面(working cutting edge plane)p_{se} 通过切削刃选定点,与切削刃相切并垂直于工作基面的平面。

(5)工作法平面(working cutting edge normal plane)p_{ne} 通过切削刃选定点并垂直于切削刃的平面。注:刀具工作参考系中的工作法平面与刀具静止参考系中的法平面相同。

(6)工作正交平面(working orthogonal plane)p_{oe} 通过切削刃选定点并同时与工作基面和工作切削平面相垂直的平面。

3. 刀具角度

国家标准规定了超过 22 个刀具静态角度。外圆车刀的部分角度如图 1-7 所示。

(1)主偏角(tool cutting edge angle)κ_r 主切削平面与假定工作平面间的夹角,在基面中测量。

(2)副偏角(tool minor cutting edge angle)κ_r' 副切削平面与假定工作平面间的夹角,在基面中测量。

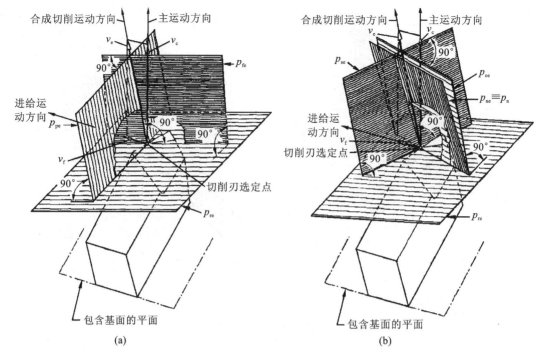

图 1-6　刀具工作参考系平面

（3）余偏角（tool approach angle；tool lead angle）ψ_r　　主切削平面与背平面间的夹角，在基面中测量。

（4）刃倾角（tool cutting edge inclination angle）λ_s　　主切削刃与基面间的夹角，在主切削平面中测量。

（5）刀尖角（tool included angle）ε_r　　主切削平面与副切削平面间的夹角，在基面中测量。

（6）法前角（tool normal rake）γ_n　　前面与基面间的夹角，在法平面中测量。

（7）侧前角（tool side rake）γ_f　　前面与基面间的夹角，在假定工作平面中测量。

（8）背前角（tool back rake）γ_p　　前面与基面间的夹角，在背平面中测量。

（9）前角（tool orthogonal rake）γ_o　　前面与基面间的夹角，在正交平面中测量。

（10）楔角（wedge angles）　　前面和后面间的夹角的通称。

（11）法楔角（normal wedge angle）β_n　　前面与后面间的夹角，在法平面中测量。

（12）侧楔角（tool side wedge angle）β_f　　前面与后面间的夹角，在假定工作平面中测量。

（13）背楔角（tool back wedge angle）β_p　　前面与后面间的夹角，在背平面中测量。

（14）正交楔角（tool orthogonal wedge angle）β_o　　前面与后面间的夹角，在正交平面中测量。

（15）法后角（tool normal clearance）α_n　　后面与切削平面间的夹角，在法平面中测量。

（16）侧后角（tool side clearance）α_f　　后面与切削平面间的夹角，在假定工作平面中测量。

（17）背后角（tool back clearance）α_p　　后面与切削平面间的夹角，在背平面中测量。

（18）后角（tool orthogonal clearance）α_o　　后面与切削平面间的夹角，在正交平面中测量。

在静止参考系中标注的刀具角度一般统称为刀具标注角度或者静态角度，简称刀具角度。前角、后角、主偏角、副偏角、刃倾角、法前角和楔角是生产中最常用的刀具角度。

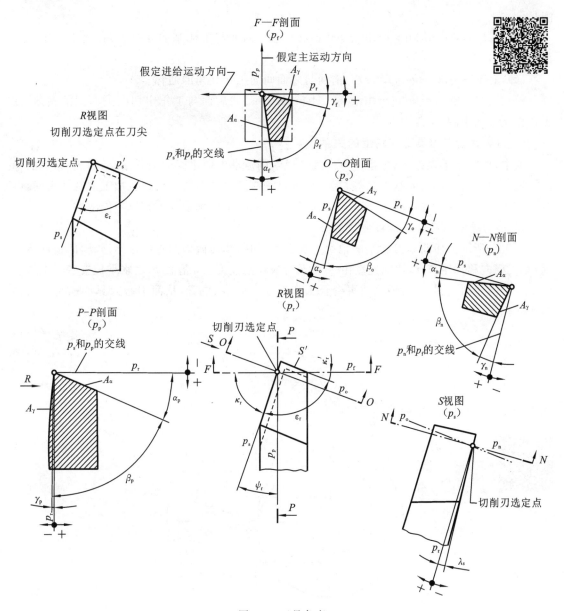

图 1-7　刀具角度

4. 刀具工作角度

将定义刀具角度的静止参考系中的参考平面换成工作参考系中对应的工作参考平面,就得到刀具的工作角度(又称刀具的实际角度)。常用的刀具工作角度及其定义分别如下。

(1) 工作主偏角(working cutting edge angle)κ_{re}　工作主切削平面与工作平面间的夹角,在工作基面中测量。

(2) 工作副偏角(working minor cutting edge angle)κ'_{re}　工作副切削平面与工作平面间的夹角,在工作基面中测量。

(3) 工作刃倾角(working cutting edge inclination angle) λ_{se}　工作切削刃与工作基面间的夹角,在工作主切削平面中测量。

(4) 工作法前角(working normal rake)γ_{ne}　前面与工作基面间的夹角,在工作法平面中测量。

(5) 工作前角(working orthogonal rake) γ_{oe}　前面与工作基面间的夹角,在工作正交平面中测量。

(6) 工作楔角(wedge angles)　前面与后面间的工作夹角的通称。

(7) 工作后角(working orthogonal clearance) α_{oe}　后面与工作主切削平面间的夹角,在工作正交平面中测量。

5. 刀具角度与刀具工作角度的关系

通常,假定主运动方向、主运动方向和合成切削运动方向之间的夹角很小,因此,刀具的标注角度与对应的工作角度基本相等,其差别可以忽略。但在切断、车螺纹、加工非圆柱表面,以及安装位置发生变化等情况下,外圆车刀的标注角度与工作角度的差别就不能忽略。

1) 横向进给运动对工作角度的影响

图 1-8 所示为切断车刀加工的情况。加工时,切断车刀做横向直线进给运动,即工件转一周,车刀横向移动距离 f,切削速度由 v_c 变至合成切削速度 v_e,基面 p_r 由水平位置变至工作基面 p_{re} 位置,切削平面 p_s 由铅垂位置变至工作切削平面 p_{se} 位置,从而引起刀具的前角和后角发生变化:

$$\gamma_{oe} = \gamma_o + \mu \tag{1-1}$$

$$\alpha_{oe} = \alpha_o - \mu \tag{1-2}$$

$$\mu = \arctan \frac{f}{2\pi\rho} \tag{1-3}$$

式中:γ_{oe}、α_{oe} 分别为工作前角和工作后角。

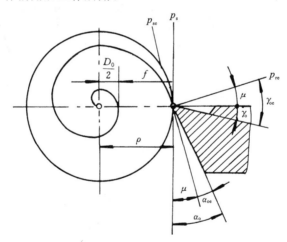

图 1-8　横向进给运动对工作角度的影响

由式(1-3)可知,进给量 f 增大,则 μ 值增大;瞬时半径 ρ 减小,则 μ 值也增大。因此,车削至接近工件中心时,μ 值增长很快,工作后角将由正变负,致使工件最后被挤断。

2) 轴向进给运动对工作角度的影响

外圆车削时(假定车刀的 $\lambda_s = 0$),如不考虑进给运动,则基面 p_r 平行于刀杆底面,切削平面 p_s 垂直于刀杆底面。若考虑进给运动,则过切削刃上选定点的实际切削速度是合成切削速度 v_e 而不是主运动速度 v_c,刀刃上选定点相对于工件表面的运动轨迹是螺旋线。这时,基面 p_r 和切削平面 p_s 就会在空间偏转一定的角度 μ,从而使刀具的工作前角 γ_{oe} 增大,工作后角 α_{oe}

减小(见图 1-9)。

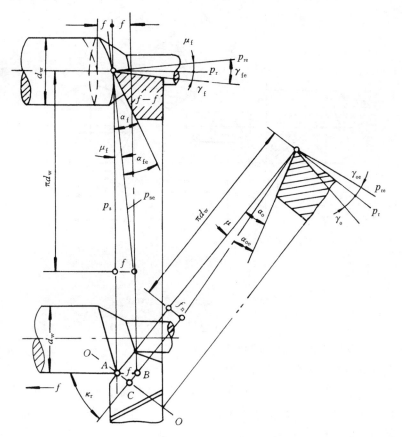

图 1-9 轴向进给运动对工作角度的影响

$$\gamma_{oe} = \gamma_o + \mu \qquad (1\text{-}4)$$

$$\alpha_{oe} = \alpha_o - \mu \qquad (1\text{-}5)$$

$$\tan\mu = \frac{f\sin\kappa_r}{\pi d_w} \qquad (1\text{-}6)$$

由式(1-6)可知,进给量 f 越大,工件直径 d_w 越小,则工作角度的变化就越大。一般车削时,由进给运动所引起的 μ 值为 $30' \sim 1°$,故其影响常可忽略。但是在车削大螺距螺纹或蜗杆时,由于进给量 f 很大,μ 值较大,故轴向进给运动对刀具工作角度的影响必须考虑。

3) 刀具安装高低对工作角度的影响

车削外圆时,车刀的刀尖一般与工件轴心线是等高的。若车刀的刃倾角 $\lambda_s = 0$,则此时刀具工作前角和工作后角与其标注前角和标注后角相等。如果刀尖高于或低于工件轴线,则切削速度方向发生变化,引起基面和切削平面的位置改变,从而使车刀的实际切削角度发生变化。如图 1-10 所示:刀尖高于工件轴线时,工作切削平面变为 p_{se},工作基面变为 p_{re},则工作前角 γ_{oe} 增大,工作后角 α_{oe} 减小;刀尖低于工件轴线时,工作角度的变化则正好相反。

$$\gamma_{oe} = \gamma_o \pm \theta \qquad (1\text{-}7)$$

$$\alpha_{oe} = \alpha_o \mp \theta \qquad (1\text{-}8)$$

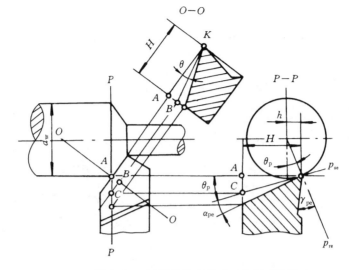

图 1-10　刀具安装高低对工作角度的影响

$$\tan\theta = \frac{h}{\sqrt{\left(\dfrac{d_{\mathrm{w}}}{2}\right)^2 - h^2}}\cos\kappa_{\mathrm{r}} \tag{1-9}$$

式中:h 为刀尖高于或低于工件轴线的距离(mm)。

　　4)刀杆中心线偏斜对工作角度的影响

　　当车刀刀杆的中心线与进给方向不垂直时,车刀的主偏角 κ_{r} 和副偏角 κ_{r}' 将会发生变化。如果刀杆右斜(见图 1-11(a)),则工作主偏角 κ_{re} 增大,工作副偏角 κ_{re}' 减小;如果刀杆左斜(见图1-11(b)),则 κ_{re} 减小,κ_{re}' 增大。

$$\kappa_{\mathrm{re}} = \kappa_{\mathrm{r}} \pm \varphi \tag{1-10}$$

$$\kappa_{\mathrm{re}}' = \kappa_{\mathrm{r}}' \mp \varphi \tag{1-11}$$

式中:φ 为进给方向的垂线与刀杆中心线间的夹角。

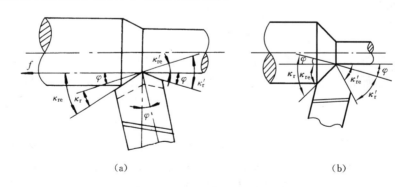

(a)　　　　　　　　　　　　　(b)

图 1-11　刀杆中心线与进给方向不垂直对工作角度的影响
(a)刀杆右斜;(b)刀杆左斜

1.1.4　切削中的几何和运动参量与切削方式

1. 进给量

(1)进给量(feed)f　刀具在进给运动方向上相对工件的位移量,可用刀具或工件每周或每行程的位移量来表述和度量(见图 1-12)。

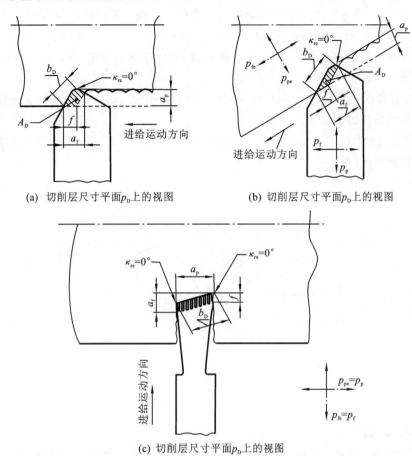

(a) 切削层尺寸平面p_D上的视图　　　(b) 切削层尺寸平面p_D上的视图

(c) 切削层尺寸平面p_D上的视图

图 1-12　车削时的吃刀量、进给量及切削层尺寸

注:①图(a)、(b)中,外圆纵车时,$\varphi=90°$,进给运动方向平行于平面 p_D;

②图(c)只有当切削刃基点位于中心高上时才正确。

(2) 每齿进给量(feed per tooth)f_z　多齿刀具每转或每行程中每齿相对工件在进给运动方向上的位移量。

2. 切削刃及相关量

(1) 作用切削刃长度(length of the active cutting edge)l_{Sa}　作用切削刃的实际长度(见图 1-13)。

(2) 切削刃基点(cutting edge principal point)D　作用主切削刃上的特定参考点,用以确定如作用切削刃截形和切削层尺寸等基本几何参数,通常把它定在将作用切削刃分成两相等长度的点上。

(3) 切削层尺寸平面(cut dimension plane)p_D　通过切削刃基点并垂直于该点主运动方向的平面。

(4) 作用切削刃截形(active cutting edge profile)S_a　作用切削刃在切削层尺寸平面上投影所形成的曲线(图 1-13 中的 ADB)。

(5) 作用切削刃截形长度(length of the active cutting edge profile)l_{SaD}　作用切削刃在切削层尺寸平面上投影的长度(图 1-13 中的 $ADBC$)。

（6）吃刀量（engagement of a cutting edge)a_S、a　是两平面间的距离,该两平面都垂直于所选定的测量方向,并分别通过作用切削刃上两个使上述两平面间的距离为最大的点。

（7）背吃刀量（back engagement of the cutting edge)a_{Sp}、a_p　在通过切削刃基点并垂直于工作平面的方向上测量的吃刀量。注:在一些场合,可使用切削深度(depth of cut,a_p)来表示背吃刀量(见图1-12、图1-13)。

（8）侧吃刀量（working engagement of the cutting edge)a_{Se}、a_e　在平行于工作平面并垂直于切削刃基点的进给运动方向上测量的吃刀量。

（9）进给吃刀量（feed engagement of the cutting edge)a_{Sf}、a_f　在切削刃基点的进给运动方向上测量的吃刀量(见图1-12、图1-13)。

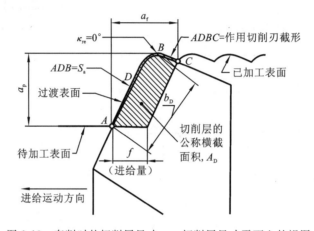

图 1-13　车削时的切削层尺寸——切削层尺寸平面上的视图

3. 切削层及尺寸

（1）切削层（the cut）　由切削部分的一个单一动作(或指切削部分切过工件的一个单程,或指只产生一圈过渡表面的动作)所切除的工件材料层。

（2）切削层公称横截面积（nominal cross-sectional area of the cut)/切削面积 A_D　在给定瞬间,切削层在切削层尺寸平面里的实际横截面积(见图1-12、图1-13)。

（3）总切削层横截面积（total cross-sectional area of the cut)/总切削面积 A_{Dtot}　若用多齿刀具切削时,在给定瞬间,所有同时参与切削的各切削部分的切削层横截面积之总和。

（4）切削层公称宽度（nominal width of cut)/切削宽度 b_D　在给定瞬间,作用主切削刃截形上两个极限点间的距离,在切削层尺寸平面中测量(见图1-12、图1-13)。

（5）切削层公称厚度（nominal thickness of cut)/切削厚度 h_D　在给定瞬间的切削层公称横截面积与其切削层公称宽度之比。

4. 通切层及尺寸

（1）通切层（pass）　刀具在一次进给行程中所切除的工件材料层。

（2）通切层横截面积（cross-sectional area of the pass)A_T　通切层的实际横截面在垂直于进给运动方向的平面上的投影。

5. 切削方式

1）自由切削与非自由切削

刀具在切削过程中,如果只有一条直线刀刃参加切削工作,这种情况称为自由切削(free-cutting)。其主要特征是刀刃上各点切屑流出方向大致相同,被切金属的变形基本上发生在二维平面内。图 1-14 所示的宽刃刨刀,由于其主刀刃长度大于工件宽度,没有其他刀刃参加切削,且主刀刃上各点切屑流出方向基本上都是沿着刀刃的法向,所以其切削属于自由切削。

反之,若刀具上的刀刃为曲线,或有几条刀刃(包括主刀刃和副刀刃)都参加了切削,并且同时完成整个切削过程,则称之为非自由切削。其主要特征是各刀刃交接处切下的金属互相影响和干扰,金属变形更为复杂,且发生在三维空间内。例如外圆车削时除主刀刃外,还有副刀刃同时参加切削,所以它属于非自由切削方式。一般情况下,多刃刀具切削时大都是非自由切削。

2)直角切削与斜角切削

直角切削是指刀具主刀刃的刃倾角 $\lambda_s = 0$ 时的切削,此时主刀刃与切削速度方向成直角,故又称正交切削。如图 1-14(a)所示的直角切削,它属于自由切削状态下的直角切削,其切屑流出方向是沿刀刃的法向。非自由切削的直角切削是同时有几条刀刃参加切削,但主刀刃的刃倾角 $\lambda_s = 0$。

斜角切削是指刀具主刀刃的刃倾角 $\lambda_s \neq 0$ 时的切削,此时主刀刃与切削速度方向不成直角。如图 1-14(b)所示即为斜角刨削,它也属于自由切削。一般斜角切削时,无论是在自由切削还是在非自由切削状态下,主刀刃上的切屑流出方向都将偏离其法向。

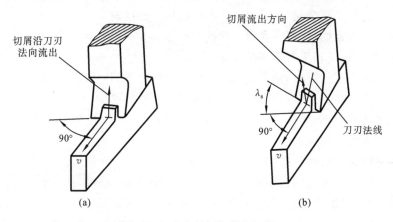

图 1-14 直角切削与斜角切削

实际切削加工大多数情况都属于斜角切削,而在以前的理论和实验研究工作中,则比较常用直角切削方式。

1.1.5 刀具材料

刀具切削性能的好坏,取决于构成刀具切削部分的材料、几何形状和结构尺寸。刀具材料对刀具使用寿命、加工效率、加工质量和加工成本都有很大影响,因此必须合理选择。

1. 刀具材料应具备的性能

刀具切削部分的材料在切削时要承受高温、高压、强烈的摩擦、冲击和振动,因此,其性能应满足以下基本要求。

(1)高硬度 刀具材料的硬度必须高于工件材料的硬度。刀具材料的常温硬度,一般要求在 60HRC 以上。

(2)高耐磨性 一般刀具材料的硬度越高,耐磨性就越好。

(3)足够的强度和韧度 刀具具备足够的强度和韧度才可承受一定的切削力、冲击和振动,而不至于产生崩刃和折断。

（4）高耐热性（热稳定性）　耐热性是指刀具材料在高温下保持硬度、耐磨性、强度和韧度的能力。

（5）良好的热物理性能和耐热冲击性能　即刀具材料的导热性能要好，不会因受到大的热冲击产生刀具内部裂纹而导致刀具断裂。

（6）良好的工艺性能　即刀具材料应具有良好的锻造性能、热处理性能、焊接性能、磨削加工性能等。

生产中常用的刀具材料有碳素工具钢、合金工具钢、高速钢、硬质合金、陶瓷、金刚石、立方氮化硼等。碳素工具钢（如 T10A、T12A 等）及合金工具钢（如 9SiCr、CrWMn 等），因耐热性较差，通常只用于手工工具及切削速度较低的刀具；陶瓷、金刚石和立方氮化硼仅用于有限的场合。目前，刀具材料中用得最多的仍是高速钢和硬质合金。

2. 高速钢

高速钢是含有较多钨、钼、铬、钒等元素的高合金工具钢。高速钢具有较高的硬度（热处理硬度可达 62～67 HRC）和耐热性（切削温度可达 550～600 ℃）。与碳素工具钢和合金工具钢相比，高速钢能将切削速度提高 1～3 倍（因此而得名），将刀具耐用度提高 10～40 倍，甚至更多。它可以加工包括非铁金属、高温合金在内的范围广泛的材料。

高速钢具有高的强度（抗弯强度为一般硬质合金的 2～3 倍，为陶瓷的 5～6 倍）和韧度，抗冲击振动的能力较强，适宜于制造各类刀具。

高速钢刀具制造工艺简单，能锻造，容易磨出锋利的刀刃，因此，在复杂刀具（如钻头、丝锥、成形刀具、拉刀、齿轮刀具等）的制造中，高速钢占有重要的地位。

高速钢按用途不同，可分为通用型高速钢和高性能高速钢；按制造工艺方法不同，可分为熔炼高速钢和粉末冶金高速钢。

通用型高速钢是切削硬度在 280HBS 以下的大部分结构钢和铸铁的基本刀具材料，应用最为广泛。切削普通钢料时的切削速度一般不高于 60 mm/min。通用型高速钢一般可分为钨钢和钨钼钢两类，常用牌号分别是 W18Cr4V 和 W6Mo5Cr4V2。

高性能高速钢（如 9W6Mo5Cr4V2 和 W6Mo5Cr4V3 等）较通用型高速钢有着更好的切削性能，适合于加工奥氏体不锈钢、高温合金、钛合金和超高强度钢等难加工材料。这类不同牌号的高速钢只有在各自的规定切削条件下使用才能达到良好的切削性能。

粉末冶金高速钢的优点很多：具有良好的力学性能和可磨削加工性，淬火变形只有熔炼钢的 1/3～1/2，而耐磨性较熔炼钢高 20%～30%，适于制造切削难加工材料的刀具、大尺寸刀具（如滚刀、插齿刀等），也适于制造精密、复杂刀具。

表 1-1 列出了几种常用高速钢的牌号、主要性能及用途。

表 1-1　常用高速钢的力学性能和适用范围

牌　　　号	硬度 /HRC	抗弯强度 /GPa	冲击韧度 /(MJ·m^{-2})	600 ℃时的 硬度/HRC	主要性能和适用范围
W18Cr4V (W18)	63～66	3.0～3.4	0.18～0.32	48.5	综合性能好，通用性强，可磨性好，适于制造加工轻合金、碳素钢、合金钢、普通铸铁的精加工刀具和复杂刀具，如螺纹车刀、成形车刀、拉刀等

牌　号	硬度/HRC	抗弯强度/GPa	冲击韧度/(MJ·m^{-2})	600 ℃时的硬度/HRC	主要性能和适用范围
W6Mo5Cr4V2 (M2)	63～66	3.5～4.0	0.30～0.40	47～48	强度和韧度略高于 W18,热硬性略低于 W18,热塑性好,适于制造加工轻合金、碳素钢、合金钢的热成形刀具及承受冲击、结构薄弱的刀具
W14Cr4VMnRe	64～66	～4.0	0.31	50.5	切削性能与 W18 相当,热塑性好,适于制作热轧刀具
W9Mo3Cr4V (W9)	65～66.5	4.0～4.5	0.35～0.40	—	刀具寿命比 W18 和 M2 有一定程度提高,适于加工普通轻合金、钢材和铸铁
9W18Cr4V (9W18)	66～68	3.0～3.4	0.17～0.22	51	属高碳高速钢,常温硬度和高温硬度有所提高,适用于制造加工普通钢材和铸铁,耐磨性要求较高的钻头、铰刀、丝锥、铣刀和车刀等或加工较硬(220～250 HBS)材料的刀具,但不宜承受大的冲击
9W6Mo5Cr4V2 (CM2)	67～68	3.5	0.13～0.25	52.1	
W12Cr4V4Mo (EV4)	66～67	～3.2	～0.10	52	属高钒高速钢,耐磨性很好,适用于切削对刀具磨损极大的材料,如纤维、硬橡胶、塑料等,也用于加工不锈钢、高强度钢和高温合金等,效果也很好
W6Mo5Cr4V3 (M3)	65～67	～3.2	～0.25	51.7	
W2Mo9Cr4VCo8 (M42)	67～69	2.7～3.8	0.23～0.30	55	属含钴超硬高速钢,有很高的常温和高温硬度,适用于加工高强度耐热钢、高温合金、钛合金等难加工材料。其中,M42 可磨性好,适于制作精密复杂刀具,但不宜在冲击切削条件下工作
W10Mo4Cr4V3Co10 (HSP-15)	67～69	～2.35	～0.10	55.5	
W12Cr4V5Co5 (T15)	66～68	～3.0	～0.25	54	常温硬度和耐磨性都很好,600 ℃高温硬度接近 M42 钢,用于加工耐热不锈钢、高温合金、高强度钢等难加工材料,适合于制造钻头、滚刀、拉刀、铣刀等
W6Mo5Cr4V2Co8 (M36)	66～68	～3.0	～0.30	54	
W6Mo5Cr4V2Al (501)	67～69	2.9～3.9	0.23～0.30	55	属含铝超硬高速钢,切削性能相当于 M42,适宜于制造铣刀、钻头、铰刀、齿轮刀具和拉刀等,用于加工合金钢、不锈钢、高强度钢和高温合金等
W10Mo4Cr4V3Al (5F-6)	67～69	3.1～3.5	0.20～0.28	54	

牌　　号	硬度/HRC	抗弯强度/GPa	冲击韧度/(MJ·m⁻²)	600 ℃时的硬度/HRC	主要性能和适用范围
W12Mo3Cr4V3N (V3N)	67～69	2.0～3.5	0.15～0.30	55	含氮超硬高速钢,硬度、强度、韧度与 M42 相当,可作为含钴钢的代用品,用于低速切削难加工材料和低速高精加工

3. 硬质合金

硬质合金是用高耐热性和高耐磨性的金属碳化物(如碳化钨、碳化钛、碳化钽、碳化铌等)与金属(如钴、镍、钼等)黏合剂在高温下烧结而成的粉末冶金制品。其硬度为 89～93 HRA,能耐 850～1 000 ℃的高温,具有良好的耐磨性,允许使用的切削速度可达 100～300 m/min,可加工包括淬硬钢在内的多种材料,因此有着广泛的应用。但是,硬质合金的抗弯强度低,冲击韧度低,刃口不锋利,较难加工,不易做成形状较复杂的整体刀具,因此,目前还不能完全取代高速钢。常用的硬质合金有钨钴类(YG 类)、钨钛钴类(YT 类)和通用硬质合金(YW 类)三类。

(1) 钨钴类(YG 类)硬质合金　YG 类硬质合金主要由碳化钨和钴组成,常用的牌号有 YG3、YG6、YG8 等。YG 类硬质合金的抗弯强度和冲击韧度较好,不易崩刃,很适宜于切削切屑呈崩碎状的铸铁等脆性材料。YG 类硬质合金的刃磨性较好,刃口可以磨得较锋利,故切削非铁金属及合金的效果也较好。由于 YG 类硬质合金的耐热性和耐磨性较差,因此,一般不用于普通钢材的切削加工。但它的韧度高,导热系数较大,可以用来加工不锈钢和高温合金钢等难加工材料。

(2) 钨钛钴类(YT 类)硬质合金　YT 类硬质合金主要由碳化钨、碳化钛和钴组成,常用的牌号有 YT5、YT15、YT30 等。合金里面加入了碳化钛,增加了硬质合金的硬度、耐热性、抗黏结性和抗氧化能力。但由于 YT 类硬质合金的抗弯强度和冲击韧度较差,故主要用于切削切屑一般呈带状的普通碳钢及合金钢等塑性材料。

(3) 通用(YW 类)硬质合金　YW 类硬质合金即钨钛钽(铌)钴类硬质合金,它是在普通硬质合金中加入了碳化钽或碳化铌,从而提高了硬质合金的韧度和耐热性,使其具有较好的综合切削性能。YW 类硬质合金主要用于不锈钢、耐热钢、高锰钢的加工,也适用于普通碳钢和铸铁的加工,因此,被称为通用型硬质合金,常用的牌号有 YW1、YW2 等。

YG 类、YT 类及 YW 类硬质合金分别相当于 ISO 标准的 K 类、P 类及 M 类硬质合金。

常用硬质合金的牌号、性能和使用范围见表 1-2。

表 1-2　常用硬质合金的牌号、性能和使用范围

类型	牌号	物理力学性能			使用性能			使用范围	
		硬度		抗弯强度/GPa	耐磨	耐冲击	耐热	材　料	加工性质
		HRA	HRC						
钨钴类	YG3	91	78	1.08	↑	↑	↑	铸铁,非铁金属	连续切削精加工、半精加工
	YG6X	91	78	1.37				铸铁,耐热合金	精加工、半精加工
	YG6	89.5	75	1.42		↓		铸铁,非铁金属	连续切削粗加工,间断切削半精加工
	YG8	89	74	1.47				铸铁,非铁金属	间断切削粗加工

类型	牌号	物理力学性能			使用性能			使用范围	
		硬度		抗弯强度 /GPa	耐磨	耐冲击	耐热	材料	加工性质
		HRA	HRC						
钨钛钴类	YT5	89.5	75	1.37				钢	粗加工
	YT14	90.5	77	1.25				钢	间断切削半精加工
	YT15	91	78	1.13				钢	连续切削粗加工,间断切削半精加工
	YT30	92.5	81	0.88				钢	连续切削精加工
添加稀有金属碳化物类	YA6	92	80	1.37	较好			冷硬铸铁,非铁金属,合金钢	半精加工
	YW1	92	80	1.28		较好	较好	难加工钢材	精加工、半精加工
	YW2	91	78	1.47		好		难加工钢材	半精加工、粗加工
镍钼钛类	YN10	92.5	81	1.08	好		好	钢	连续切削精加工

注:表中符号的意义如下:

Y—硬质合金;G—钴,其后数字表示合金中的含钴量;X—细颗粒合金;T—钛,其后数字表示合金中碳化钛的含量;A—含碳化钽(碳化铌)的钨钴类硬质合金;W—通用合金;N—用镍作黏合剂的硬质合金。

由表 1-2 可以看出,由于碳化物的硬度和熔点比黏合剂高得多,因此在硬质合金中,如果碳化物所占比例大,则硬质合金的硬度就高,耐磨性也好;反之,若钴、镍等金属黏合剂的含量多,则硬质合金的硬度降低,而抗弯强度和冲击韧度有所提高。硬质合金的性能还与其晶粒大小有关。当黏合剂的含量一定时,碳化物的晶粒越细,则硬质合金的硬度越高,抗弯强度和冲击韧度就越低;反之,则硬质合金的硬度降低,而抗弯强度和冲击韧度有所提高。

4. 刀具涂层和其他刀具材料

(1) 刀具涂层材料　这种材料是在韧度较好的硬质合金基体上或高速钢基体上,采用化学气相沉积(CVD)法或物理气相沉积(PVD)法涂覆一薄层硬质和耐磨性极高的难熔金属化合物而得到的刀具材料。通过这种方法,使刀具既具有基体材料的强度和韧度,又具有很高的耐磨性。

常用的涂层材料有碳化钛、氮化钛、氧化铝等。碳化钛的硬度比氮化钛高,抗磨损性能好,对于会产生剧烈磨损的刀具,碳化钛涂层较好。氮化钛与金属的亲和力小,润湿性能好,在容易产生黏结的条件下,氮化钛涂层较好。在高速切削产生大量热量的场合,以采用氧化铝涂层为好,因为氧化铝在高温下有良好的热稳定性能。

涂层硬质合金刀片的耐用度至少可提高 1～3 倍,涂层高速钢刀具的耐用度则可提高 2～10 倍。加工材料的硬度愈高,则涂层刀具的效果就愈好。

(2) 陶瓷材料　陶瓷材料是以氧化铝为主要成分,经压制成形后烧结而成的一种刀具材料。它的硬度可达到 91～95 HRA,在 1 200 ℃ 的切削温度下仍可保持 80 HRA 的硬度。另外,它的化学惰性大,摩擦因数小,耐磨性好,加工钢件时的寿命为硬质合金的 10～12 倍。其最大缺点是脆性大,抗弯强度和冲击韧度低。因此,它主要用于半精加工和精加工高硬度、高强度钢和冷硬铸铁等材料。常用的陶瓷刀具材料有氧化铝陶瓷、复合氧化铝陶瓷以及复合氧化硅陶瓷等。

（3）人造金刚石　人造金刚石是通过合金触媒的作用，在高温高压下由石墨转化而成的。人造金刚石具有极高的硬度（显微硬度可达 10 000HV）和耐磨性，其摩擦因数小，切削刃可以做得非常锋利。因此，用人造金刚石做刀具可以获得很高的加工表面质量。但人造金刚石的热稳定性较差（不得超过 700～800 ℃），特别是它与铁元素的化学亲和力很强，因此，它不宜用来加工钢铁件。人造金刚石主要用于制作磨具和磨料，用作刀具材料时，多用于在高速下精细车削或镗削非铁金属及非金属材料。尤其是用它切削加工硬质合金、陶瓷、高硅铝合金及耐磨塑料等高硬度、高耐磨性的材料时，具有很大的优越性。

（4）立方氮化硼（CBN）　立方氮化硼是由六方氮化硼在高温高压下加入催化剂转变而成的超硬刀具材料，它是在 20 世纪 70 年代才发展起来的一种新型刀具材料。立方氮化硼的硬度很高（可达到 8 000～9 000HV），并具有很强的热稳定性（在 1 370 ℃ 以上时才由立方晶体转变为六面晶体而开始软化），它最大的优点是在高温（1 200～1 300 ℃）时也不易与铁族金属起反应。因此，它能胜任淬火钢、冷硬铸铁的粗车和精车，同时，还能高速切削高温合金、热喷涂材料、硬质合金及其他难加工材料。

1.2　金属切削过程的变形

1.2.1　概述

金属切削过程是刀具从工件表面上切除金属余量，形成合格已加工表面的过程。在这个过程中将产生许多物理现象，如切削作用、切削发热、刀具磨损等，这些现象均以切削过程中金属的弹、塑性变形为基础，同时，实际生产中出现的许多问题，如积屑瘤、鳞刺、振动等也都与金属切削过程有着密切的联系。因此，研究和掌握切削过程的基本规律，将有利于金属切削技术的发展，对合理使用和设计工艺装备（特别是刀具）、提高加工质量和生产效率、降低生产成本等有着重要的意义。

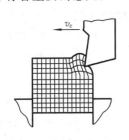

图 1-15　侧面方格变形
观察法示意图

1. 研究金属切削变形的常用方法

金属切削过程是高速进行的微观变形过程，所以研究金属切削过程中金属变形的方法，应抓住高速和微观两个特点。

1）侧面方格变形观察法

侧面方格变形观察法是在抛光的工件侧面上划出精密的小方格，用很低的切削速度（$v_c = 0.2 \sim 0.3$ m/min）进行直角自由切削，通过放大镜观察小方格的扭曲程度来认识切削层金属塑性变形的方法，如图 1-15 所示。

2）快速落刀法

利用快速落刀装置（见图 1-16），在某一瞬间使刀具快速离开切削区，截取切屑根部标本，在显微镜下观察金属切削变形情况。图 1-17 是在光学显微镜下观察到的切屑根部的金相照片。

3）其他方法

其他方法包括高速摄影法、扫描电镜显微观察法、带显微镜头的工业电视观察法和光弹性、光塑性实验法等。其中，高速摄影法为动态观察切削过程提供了条件，扫描电镜显微观察法为观察金属晶粒内部的微观滑移情况提供了可能。

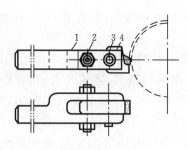

图 1-16　快速落刀装置示意图

1—刀架；2—螺栓；

3—销子；4—车刀

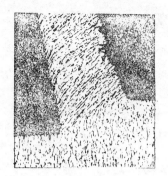

图 1-17　切屑根部的金相照片

工件材料为 15 钢；切削条件为 $v_c = 7.8$ m/min，

$a_p = 0.125$ mm，使用切削液

2. 变形区的划分

切削层金属在切削过程中的变形是非常复杂的，为研究及分析的方便，通常将直角自由切削塑性金属时切削刃作用范围内的切削层划分为三个变形区，如图 1-18 所示。

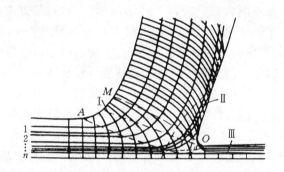

图 1-18　金属切削过程中的流线和滑移线示意图

（1）第一变形区　图 1-18 中 $OA \sim OM$ 间的区域Ⅰ，主要产生剪切滑移变形，也称剪切区，是切削过程中产生变形的主要区域。

（2）第二变形区　第一变形区的剪切变形不是切屑形成过程中发生的全部变形。切屑从 OM 处开始同材料基体分离，在沿刀具前刀面流出时，还将受到前刀面的挤压和摩擦，使切屑进一步产生滑移变形。完成这一变形的区域就是第二变形区，它位于刀具与切屑接触区，如图 1-18 中区域Ⅱ所示。

（3）第三变形区　刀具后刀面与已加工表面间的挤压和摩擦产生的以加工硬化和残余应力为特征的滑移变形，构成了第三变形区，如图 1-18 中区域Ⅲ所示。

完整的金属切削过程包括上述三个变形区，它们汇集在切削刃附近。该处的应力比较集中、复杂，切削层就在该处与工件本体材料分离，绝大部分变成切屑，很小一部分留在已加工表面上。必须指出，三个变形区互有影响，密切相关。例如，前刀面上的摩擦力大时，切屑流出不通畅，挤压变形就会加剧，以致第一变形区的剪切滑移也受到影响而增大；同时，第三变形区也会受到延伸至已加工表面下的第一变形区的影响。

1.2.2　切削变形

金属切削过程中的变形,通常主要发生在切削层金属转变为切屑时,即为第一、二变形区的变形。

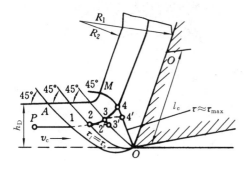

图 1-19　第Ⅰ变形区的剪切变形

如图 1-19 所示,切削层金属在外力作用下,在靠近切削刃处产生弹性变形,随着与刀刃的接近,变形增大,继而产生塑性变形,金属内部晶格产生畸变和滑移。为清楚地了解切削过程,现追踪切削层上一点 P,以此来观察切屑的变形及其形成过程。

在点 P 向切削刃逼近的过程中,应力较小时产生弹性变形。随着点 P 向切削刃靠拢,应力逐渐增大。当应力增大至材料屈服极限时(点 P 处于点 1 位置,$\tau_1 = \tau_s$),则点 P 在向前移动的同时,还将沿 OA 面剪切滑移,其合成运动将使点 P 从点 1 流动到点 2 位置,$22'$ 距离为滑移量。由于塑性变形过程中的强化现象,使不断流动中的点 P 应力继续增加,流动方向也因变形中的滑移而不断改变。当点 P 的流动方向与前刀面平行时,点 P 经点 3 到达点 4,不再产生剪切滑移,基本变形到此结束。这时的剪应力达到最大值,$\tau_4 = \tau_{max}$,切削层金属成为切屑。

应力值为 τ_s 的等应力线 OA 称为始滑移线,切削层金属到达 OA 线时开始产生塑性滑移。应力值为 τ_{max} 的等应力线 OM 称为终滑移线,切削层金属到达 OM 线时滑移终止。切屑的形成是在 OA 与 OM 间的第一变形区内完成的,其主要特征是沿滑移线的剪切变形,以及随之产生的加工硬化。

沿滑移线的剪切变形,从金属晶体结构的角度来看,就是沿晶格中晶面的滑移。我们可用图 1-20 所示的模型来说明。工件原材料的晶粒可假定为圆颗粒(见图 1-20(a));当它受到剪应力时,晶格内的晶面就发生位移,而使晶粒呈椭圆形。这样,圆的直径 AB 就变成椭圆的长轴 $A'B'$(见图 1-20(b))。$A''B''$ 就是晶粒纤维化的方向(见图 1-20(c))。可见,晶粒伸长的方向即纤维化的方向,是与滑移方向即剪切面方向不重合的,它们成一夹角 ψ,如图 1-21 所示。图中的第一变形区较宽,代表切削速度很低的情况。

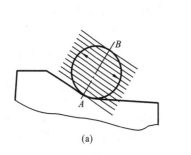

(a)

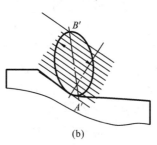

(b)

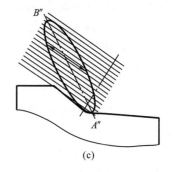

(c)

图 1-20　晶粒滑移示意图

实际生产中,在一般切削速度范围内,第一变形区的厚度仅为 $0.02 \sim 0.2$ mm,因此,可近似地用一个剪切平面 OM 来代替。剪切平面与切削速度方向的夹角称为剪切角,以 ϕ 表示。

上述金属切削变形过程也可以粗略地用图 1-22 所示的示意图进行模拟。

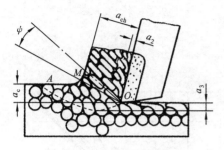

图 1-21　滑移与晶粒的伸长

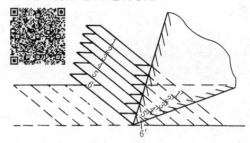

图 1-22　金属切削变形过程示意图

金属被切削层就像一叠卡片 $1'$，$2'$，$3'$，$4'$，…。当刀具切入时，这叠"卡片"被摞到 1，2，3，4，…的位置，"卡片"之间发生滑移，滑移的方向就是剪切平面方向。当然"卡片"和前刀面接触的这一端应该是平整的，只有外侧是锯齿形的，或呈不明显的毛茸状。

1.2.3　切削变形程度

1. 切削变形系数

在金属切削加工中，被切下的切屑厚度 h_{ch} 通常都要大于工件上切削层的厚度 h_D，而切屑长度 l_{ch} 却小于切削层长度 l_c，如图 1-23 所示。根据这一事实来衡量切削变形程度，就得出了切削变形系数 ξ 的概念。切屑厚度 h_{ch} 与切削层厚度 h_D 之比，称为厚度变形系数 ξ_a；而切削层长度 l_c 与切屑长度 l_{ch} 之比，称为长度变形系数 ξ_1。即

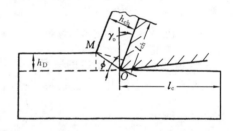

图 1-23　变形系数 ξ 的计算

$$\xi_a = \frac{h_{ch}}{h_D} \tag{1-12}$$

$$\xi_1 = \frac{l_c}{l_{ch}} \tag{1-13}$$

由于工件上切削层变成切屑后宽度的变化很小，根据体积不变原理，有

$$\xi_a = \xi_1 = \xi \tag{1-14}$$

变形系数 ξ 是大于 1 的数，在苏联称为收缩系数；在英美以其倒数 r_c 表示变形程度，r_c 称为切削比。

变形系数 ξ 直观地反映了切削变形程度，并且比较容易测量，但很粗略。

2. 剪应变

切削过程中金属变形的主要形式既然是剪切滑移，那么，采用剪应变 ε 这一指标来衡量变形程度，应该说是比较合理的。如图 1-24 所示，如果平行四边形 $OHNM$ 发生剪切变形后变为四边形 $OGPM$，则其剪应变为

$$\varepsilon = \frac{\Delta s}{\Delta y}$$

在切削过程中，这个剪应变可以近似地看成是发生在剪切平面 NH 上。由于金属变形过程中剪切平面 NH 被推移到 PG 的位置，故有

$$\varepsilon = \frac{\Delta s}{\Delta y} = \frac{NP}{MK} = \frac{NK + KP}{MK}$$

于是

$$\varepsilon = \cot\phi + \tan(\phi - \gamma_o) \tag{1-15}$$

或

$$\varepsilon = \frac{\cos\gamma_o}{\sin\phi\cos(\phi - \gamma_o)} \tag{1-16}$$

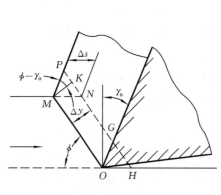

图 1-24　剪切变形示意图

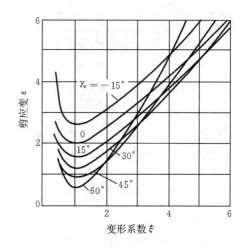

图 1-25　ε-ξ 的关系

3. 剪应变与变形系数的关系

从图 1-23 中的几何关系,可以推出 ξ 和 ϕ 的关系。因

$$\xi = \frac{h_{ch}}{h_D} = \frac{OM\sin(90° - \phi + \gamma_o)}{OM\sin\phi}$$

故

$$\xi = \frac{\cos(\phi - \gamma_o)}{\sin\phi} \tag{1-17}$$

由式(1-17)可知,当剪切角 ϕ 增大时,变形系数 ξ 减小。将式(1-17)变换后可写成

$$\tan\phi = \frac{\cos\gamma_o}{\xi - \sin\gamma_o} \tag{1-18}$$

将式(1-18)代入式(1-15),可得

$$\varepsilon = \frac{\xi^2 - 2\xi\sin\gamma_o + 1}{\xi\cos\gamma_o} \tag{1-19}$$

式(1-19)表示了 ε 与 ξ 的函数关系。这个关系可用曲线表示(见图 1-25)。根据计算和图 1-25 可知,当 $\gamma_o = 0° \sim 30°$,$\xi \geqslant 1.5$ 时,ξ 越大,ε 也越大,两者的比值比较接近。用所以在这个范围内,变形系数 ξ 在一定程度上能反映相对滑移 ε 的大小。当 $\gamma_o < 0$ 或很大时,或 $\xi < 1.5$ 时,ε 与 ξ 的值相差很大,因而就不能用 ξ 来表示切屑的变形程度。

1.2.4　前刀面与切屑间的摩擦

由上述分析可知,变形系数 ξ 和相对滑移 ε 都与剪切角 ϕ 有着密切的关系。而剪切角 ϕ 与前刀面和切屑之间的摩擦状况又紧密相连,切削过程中的许多因素都通过影响刀-屑之间的摩擦状况来改变剪切角 ϕ,从而影响切屑变形。

1. 作用在切屑上的力

在直角自由切削条件下,作用在切屑上的力有:前刀面上的法向力 F_n 和摩擦力 F_f;剪切平

面上的法向力 F_{ns} 和剪切力 F_s，如图 1-26 所示。这两对力的合力应相互平衡，即 F_r 和 F_r' 大小相等、方向相反，且作用在同一直线上（实际上这两个合力还产生一个使切屑卷曲的力矩，所以严格地讲，它们是不共线的）。如果把前刀面作用在切屑上的力画在切削刃的前方，就可以得到如图 1-27 所示各力之间的关系。其中：F_r 是 F_f 和 F_n 的合力；ϕ 是剪切角；β 是 F_r 和 F_n 的夹角，又称为摩擦角（$\tan\beta=\mu$，μ 为前刀面的平均摩擦因数）；γ_o 是刀具前角；F_c 是总切削力在主运动方向的正投影（或称为分力）；F_p 是垂直于工作切削平面方向的分力；h_D 是切削厚度。另外：b_D 是切削宽度；A_D 是切削层横截面积（$A_D=h_D b_D$）；A_s 是剪切平面的横截面积（$A_s=A_D/\sin\phi$）；τ 是剪切平面上的剪应力，则

$$F_s = \tau A_s = \frac{\tau A_D}{\sin\phi}$$

$$F_s = F_r\cos(\phi+\beta-\gamma_o)$$

$$F_r = \frac{F_s}{\cos(\phi+\beta-\gamma_o)} = \frac{\tau A_D}{\sin\phi\cos(\phi+\beta-\gamma_o)} \tag{1-20}$$

$$F_c = F_r\cos(\beta-\gamma_o) = \frac{\tau A_D\cos(\beta-\gamma_o)}{\sin\phi\cos(\phi+\beta-\gamma_o)} \tag{1-21}$$

$$F_p = F_r\sin(\beta-\gamma_o) = \frac{\tau A_D\sin(\beta-\gamma_o)}{\sin\phi\cos(\phi+\beta-\gamma_o)} \tag{1-22}$$

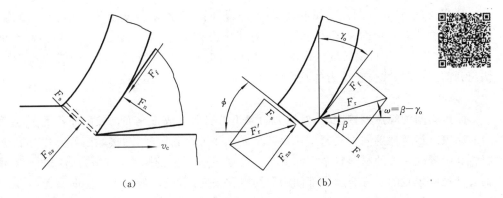

(a)　　　　　　　　　　　　(b)

图 1-26　直角自由切削时作用在切屑上的力

式（1-21）和式（1-22）表明了摩擦角 β 与切削分力 F_c 和 F_p 的关系。如果用测力仪测得 F_c 和 F_p 的值而暂时忽略后刀面上的作用力，可从下式求得 β：

$$\frac{F_p}{F_c} = \tan(\beta-\gamma_o)$$

这就是通常用于测定前刀面平均摩擦因数 μ 的方法。

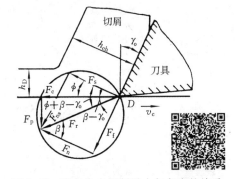

图 1-27　直角自由切削时力与角度的关系

2. 剪切角 ϕ 与前刀面摩擦角 β 的关系

现在由图 1-26 和图 1-27 来分析剪切角 ϕ 与前刀面摩擦角 β 的关系。F_r 是前刀面作用于切屑上的力 F_f 和 F_n 的合力，在主应力方向。F_s 是剪切面上的剪切力，在最大剪应力方向。F_r 和 F_s 的夹角应为 $\pi/4$。由图 1-27 可知，F_r 和 F_s 的夹角为 $\phi+\beta-\gamma_o$，故有

$$\phi + \beta - \gamma_\circ = \frac{\pi}{4}$$

或　　　　　　　　$$\phi = \frac{\pi}{4} - (\beta - \gamma_\circ) = \frac{\pi}{4} - \omega \tag{1-23}$$

式中：ω 为作用角，即合力 F_r 与主运动方向之间的夹角，$\omega = \beta - \gamma_\circ$。

式(1-23)就是李和谢弗(Lee and Shaffer)根据滑移线场理论推导的剪切角公式。根据这个公式可知：

(1) 剪切角 ϕ 随前角 $\gamma_\circ$ 增大而增大，即在前角 $\gamma_\circ$ 增大时，切屑变形减小，所以在保证切削刃强度的条件下增大前角，有利于改善切削过程；

(2) 剪切角 ϕ 还随摩擦角 β 的增大而减小，即在摩擦角 β 增大时，切屑变形增大，所以仔细研磨刀面，或使用切削液以减小前刀面上的摩擦同样有利于改善切削过程。

3. 前刀面与切屑间的摩擦

1) 前刀面与切屑间的接触特点

通常，一对滑动副的两个接触表面只是凸起点相接触，实际接触面积很小，只有名义接触面积的 1/1 000，称为峰点型接触。当摩擦副间的法向力增大时，相接触凹凸不平的峰点上将产生塑性变形而使实际接触面积增大，当法向力增大到使实际接触面积占名义接触面积很大比例时，称为紧密型接触。

研究发现，在切削塑性金属的过程中，刀-屑间只在速度很低时才存在峰点型接触，而在一般切削速度或较高切削速度时，由于刀-屑间压力很大，可达 1.96～2.94 GPa(2 000～3 000 N/mm²)，再加上几百摄氏度的高温，刀-屑界面接触十分紧密，不可能存在滑动接触。当切屑快离开前刀面时，才由于压力的减小使刀-屑界面回到峰点型接触状态。

2) 刀-屑摩擦

摩擦副间为峰点型接触时，摩擦力的大小与法向力成正比而与接触面积无关，这种摩擦称为外摩擦。当摩擦副间为紧密型接触甚至完全接触而黏结时，两接触面若要相对滑动，必须克服将其中较软一方的材料整个面积剪去一薄层时所产生的阻力，即黏结面间的相对滑动要靠临近接触面较软的一方金属内部间的剪切滑移来完成，此时的阻力与法向力无关，而与接触面积成正比，这种摩擦称为内摩擦。

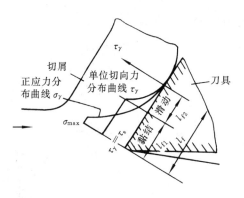

图 1-28 所示为刀-屑接触面有黏结时的摩擦情况。刀-屑接触面分为两个摩擦区域，在长度为 l_{f1} 的黏结区域内的摩擦为内摩擦，该处剪应力为材料的剪切屈服强度 τ_s。在长度为 l_{f2} 的滑动区域内的摩擦为外摩擦，剪应力由 τ_s 降至零。经测定，刀-屑间的摩擦主要为内摩擦，且内摩擦力约占总摩擦力的 85%。

图 1-28　刀具前刀面与切屑的摩擦示意图

3) 前刀面上平均摩擦因数 μ

考虑到内摩擦和外摩擦的规律不同，刀-屑间主要为内摩擦，按内摩擦规律则有

$$\mu = F_f / F_n \approx \tau_s A_{f1} / (\sigma_{ar} A_{f1}) = \tau_s / \sigma_{ar} \tag{1-24}$$

式中：F_f 为前刀面上的摩擦力；F_n 为前刀面上的法向力；A_{f1} 为内摩擦部分的接触面积；τ_s 为工件材料的剪切屈服强度，随切削温度升高而略有下降；σ_{ar} 为内摩擦部分的平均正应力，它随材

料硬度、切削厚度、切削速度以及刀具前角的变化而变化，且变化范围较大。

由于 τ_s 和 σ_{ar} 都是变量，因此 μ 也是一个变量。

影响平均摩擦因数 μ 的主要因素有工件材料、刀具前角及切削参数等。当工件材料的强度和硬度很大时，μ 会因切削温度的升高而略有减小。切削层公称厚度增加时，由于正应力随之增大，平均摩擦因数 μ 略为下降。切削速度通过切削温度影响平均摩擦因数 μ，如图 1-29 所示，低速区切削温度低，刀-屑接触不严密，μ 较小；黏结的严密程度随速度（温度）增高而发展，使 μ 增大；但温度进一步升高后，材料塑性增加，滑移应力减少，故 μ 减小。一般速度范围内，前角愈大，正应力愈小，μ 值愈大。

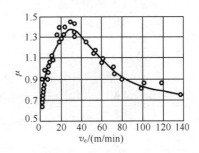

图 1-29　切削速度对摩擦因数的影响
刀具材料为 W18Cr4V 高速钢；工件材料为 30Cr；
切削用量为 $h_D = 0.149$ mm，$b_D = 5$ mm；
刀具前角为 $\gamma_o = 30°$

1.2.5　积屑瘤的形成与控制

1. 现象

在以中、低切削速度切削一般钢料或其他塑性金属时，常常在刀具前刀面靠近刀尖处黏附着一块硬度很高（为工件材料硬度的 2～3 倍）的金属楔状物，称为积屑瘤，如图 1-30 所示。

2. 形成原因

切屑沿前刀面流动时，会由于强烈的摩擦而产生黏结现象，使切屑底层金属黏结在前刀面上形成滞流层，滞流层以上的金属从其上流出，产生内摩擦，连续流动的切屑从黏在刀面的滞流层上流过时，在温度、压力适当的情况下也会被阻滞并与底层黏结在一起。黏结层堆积扩大，就形成积屑瘤。

积屑瘤的产生主要取决于切削温度。切削温度很低时，摩擦因数小，不易形成黏结区，积屑瘤不易形成。切削温度很高时，切屑底层金属呈微熔状态，摩擦因数较小，也不易形成积屑瘤。中等温度时，摩擦因数最大，产生的积屑瘤也最大。积屑瘤高度与切削速度的关系如图 1-30 所示。

此外，刀-屑接触面间的压力、前刀面粗糙度和黏结强度等也会影响积屑瘤的产生。

3. 对切削过程的影响

（1）使刀具实际前角 γ_{oe} 增大，切削力降低。

（2）影响刀具耐用度。由于积屑瘤硬度很高，稳定时代替刀刃工作，起保护刀刃、提高刀具耐用度的作用，但积屑瘤破碎时可能引起刀具材料颗粒剥落，反而会加剧刀具磨损与破损。

（3）使切入深度增大。如图 1-30 所示，积屑瘤使切入深度增大了 Δh_D。

（4）使工件表面粗糙度值变大。积屑瘤破碎后的碎片会黏附于工件已加工表面，使工件表面粗糙度值增大。

总的来说，积屑瘤对粗加工一般是有利的，但精加工时，为了保证工件精度及质量，应该尽量避免产生积屑瘤。

4. 避免产生或减小积屑瘤的措施

（1）避开产生积屑瘤的中速区（见图 1-31），采用较低或较高的切削速度。但低速加工效率低，故精加工一般用较高的切削速度。

（2）采用润滑性能好的切削液，减小摩擦。

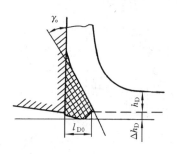

图 1-30 刀具前刀面上的积屑瘤

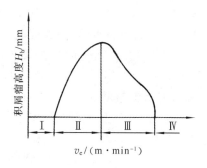

图 1-31 积屑瘤高度与切削速度关系示意图

（3）增大刀具前角，减小刀-屑接触压力。

（4）采用适当的热处理方法提高工件硬度，减小加工硬化倾向。

1.2.6 影响切削变形的主要因素

1. 工件材料

工件材料强度愈高，切削变形愈小（见图 1-32）。工件材料塑性愈大，切削变形就愈大。如不锈钢 1Cr18Ni9Ti 和 45 钢的强度差不多，但由于前者的伸长率 δ 大得多，所以切削变形大且易黏刀不易断屑。

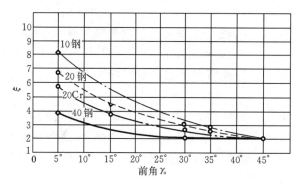

图 1-32 工件材料对切削变形系数 ξ 的影响

2. 前角 γ_o

前角愈大，切屑顺前刀面排出的方向与切削速度方向的差异愈小，切屑流动阻力愈小，切削变形就愈小，如图 1-33 所示。此外，增大前角还可使剪切角 ϕ 增大，也使切削变形减小。

3. 切削速度 v_c

在无积屑瘤的切削速度范围内，切削速度愈高，切削变形就愈小（见图 1-33）。这有两方面的原因。一是塑性变形的传播速度较弹性变形的慢。如图 1-34 所示，当切削速度较低时，金属的始滑移面为 OA；但当切削速度高时，金属流动速度大于塑性变形速度，即在 OA 线上尚未显著变形就已流动到 OA' 线上，这意味着此时的第一变形区后移，使 ϕ 增大而使切削变形减小。另一方面是 v_c 对 μ 有影响。除低速区外，v_c 增大，μ 减小，因此切削变形减小。

在有积屑瘤的切削速度范围内，切削速度通过积屑瘤所形成的实际前角来影响切削变形。如图 1-35 所示，在积屑瘤增长阶段，实际前角增大，故切削变形随 v_c 增加而减小。在积屑瘤消退阶段，实际前角减小，切削变形随之增大。

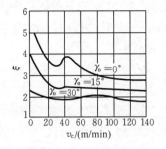

图 1-33 前角对 ξ 的影响

工件材料为 5120 钢；刀具材料为高速钢；

切削用量为 $h_D = 0.31 \sim 0.36$ mm，$b_D = 0.8 \sim 0.9$ mm

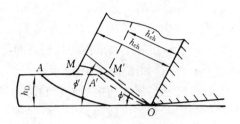

图 1-34 切削速度对剪切角的影响

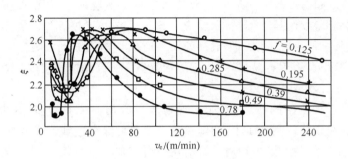

图 1-35 切削速度及进给量对 ξ 的影响

工件材料为 30 钢；背吃刀量为 $a_p = 4$ mm

4. 切削层公称厚度 h_D

切削层公称厚度增加时，剪切角 ϕ 增大，切削变形减小，如图 1-35 所示。在无积屑瘤情况下，进给量愈大（切削层公称厚度增大），则切削变形愈小。

1.2.7 切屑的类型及控制

1. 切屑的类型

由于工件材料、切削用量和刀具等不同，切削变形情况也不同，因而产生的切屑种类也就多种多样。切削可以分为以下四种类型，如图 1-36 所示。

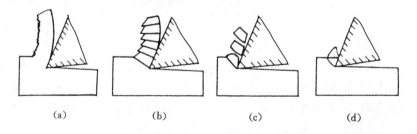

(a)　　　　　(b)　　　　　(c)　　　　　(d)

图 1-36 切屑类型

(a)带状切屑；(b)挤裂切屑；(c)单元切屑；(d)崩碎切屑

（1）带状切屑　如图 1-36(a)所示，带状切屑连续不断而呈带状，内表面是光滑的，外表面呈毛茸状态。加工塑性金属材料，当切削厚度较小、切削速度较高、刀具前角较大时，往往得到这类切屑。形成带状切屑的切削过程较平稳,切削力波动较小,已加工表面粗糙度值较小。

(2) 挤裂切屑 如图 1-36(b)所示,挤裂切屑外表面呈锯齿形,内表面有时有裂纹。这种切屑大都在切削速度较低、切削厚度较大、刀具前角较小时产生。

(3) 单元切屑 如果在挤裂切屑的剪切面上,裂纹扩展到整个面上,则切屑被分割成梯形状的单元切屑,如图 1-36(c)所示。

以上三种切屑为切削塑性材料时的切屑。其中,产生带状切屑的切削过程最为平稳,产生单元切屑时的切削力波动最大。在生产中最常见的是带状切屑,有时得到挤裂切屑。若改变产生带状切屑时的切削条件,如减小前角、降低切削速度、加大切削厚度,就可以得到单元切屑;反之,则可以得到带状切屑。这说明,切屑的形态是可以随切削条件而转化的。掌握其变化规律,就可以控制切屑的变形、形态和尺寸,以实现对切屑的控制(如断屑)。

(4) 崩碎切屑 如图 1-36(d)所示,崩碎切屑的形状不规则,表面凸凹不平。切屑在破裂前变形很小,它的脆断主要是因为材料所受应力超过了它的抗拉极限。崩碎切屑发生在加工脆性材料,特别是切削厚度较大时。形成崩碎切屑时的切削力波动大,已加工表面粗糙,且切削力集中在切削刃附近,刀刃容易损坏,故应尽量避免。提高切削速度,减小切削厚度,适当增大前角,可使切屑呈针状或片状。

以上所讲的是四种典型的切屑,但加工现场获得的切屑形状很多,其中有些是"可接受的",有些则相反。在现代切削加工中,切削速度与金属切除率达到了很高的水平,切削条件很恶劣,常常产生大量"不可接受"的切屑。这类切屑会带来一定的危害:或拉伤工件的已加工表面,使表面粗糙度恶化;或划伤机床,卡在机床运动副之间;或造成刀具的早期破损;有时甚至威胁到操作者的安全。特别对于数控机床、生产自动线及柔性制造系统,如不能对切屑进行有效的控制,轻则将限制机床能力的发挥,重则将使生产无法正常进行。所谓切屑控制(又称切屑处理,工厂中一般简称为"断屑"),是指在切削加工中采取适当的措施来控制切屑的卷曲、流出与折断,使之成为"可接受"的屑形良好的切屑。

从切屑控制的角度出发,国际标准化组织(ISO)制定了切屑的分类标准,如图 1-37 所示。

衡量切屑可控性的主要标准是:不妨碍正常的加工(即不缠绕在工件、刀具上,不飞溅到机床运动部件中);不影响操作者的安全;易于清理、存放和搬运。ISO 分类法中的 2-2、3-1、3-2、4-2、5-2、6-2 类切屑单位质量所占空间小,易于处理,属于屑形良好的切屑。对于不同的加工场合,例如不同的机床、刀具或者不同的被加工材料,有相应的可接受屑形。因而,在进行切屑控制时,要针对不同情况采取相应的措施,以得到可接受的良好屑形。

2. 切屑的卷曲

切屑卷曲是由于切屑内部变形或碰到卷屑槽(断屑槽)等障碍物造成的。如图 1-38(a)所示,切屑从工件材料基体上剥离后,在流出过程中,受到前刀面的挤压和摩擦作用,使切屑内部继续产生变形,越近前刀面的切屑层变形越严重,剪切滑移量越大,外形伸长量越大;离前刀面越远的切屑层变形越小,外形伸长量越小,因而沿切屑厚度 h_{ch} 方向出现变形速度差。切屑流动时,就在速度差作用下产生卷曲,直到点 C 脱离前刀面为止。

采用卷屑槽能可靠地促使切屑卷曲。如图 1-38(b)所示,切屑在流经卷屑槽时,受到外力 F_R 作用,产生力矩 M 而使切屑卷曲。由图可得切屑的卷曲半径 r_{ch} 的计算式为

$$r_{ch} = \frac{(l_{Bn} - l_f)^2}{2h_{Bn}} + \frac{h_{Bn}}{2} \tag{1-25}$$

加工钢时,刀屑接触长度 $l_f \approx h_{ch}$,故有

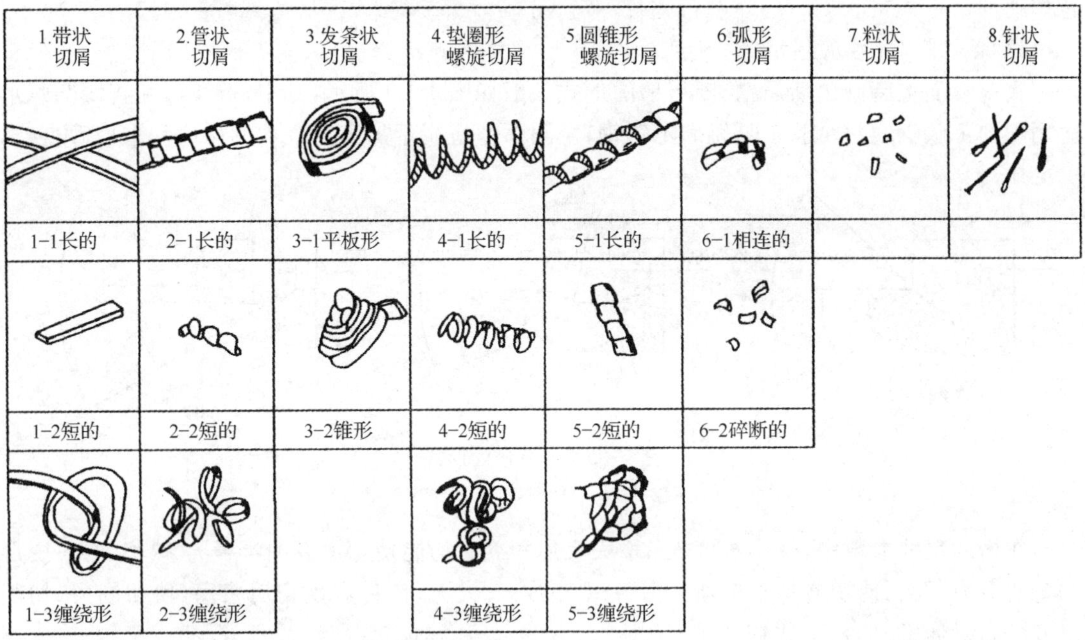

1.带状切屑	2.管状切屑	3.发条状切屑	4.垫圈形螺旋切屑	5.圆锥形螺旋切屑	6.弧形切屑	7.粒状切屑	8.针状切屑
1-1长的	2-1长的	3-1平板形	4-1长的	5-1长的	6-1相连的		
1-2短的	2-2短的	3-2锥形	4-2短的	5-2短的	6-2碎断的		
1-3缠绕形	2-3缠绕形		4-3缠绕形	5-3缠绕形			

图 1-37　国际标准化组织的切屑分类法（参见 ISO 3685—1993）

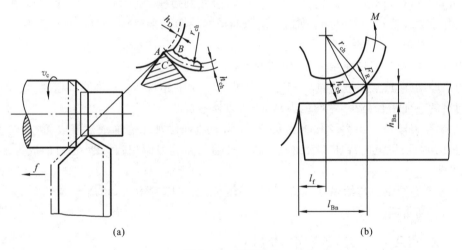

图 1-38　切屑卷曲

(a)速度差引起卷曲；(b)卷屑槽作用引起卷曲

$$r_{ch} = \frac{(l_{Bn} - h_{ch})^2}{2h_{Bn}} + \frac{h_{Bn}}{2} \tag{1-26}$$

由式(1-26)可知：卷屑槽的宽度 l_{Bn} 越小，深度 h_{Bn} 越大，切屑厚度 h_{ch} 越大，则切屑的卷曲半径 r_{ch} 越小，切屑越易卷曲和折断。

切屑卷曲后，其内部较卷曲前的塑性变形加剧、塑性降低、硬度增高、性能变脆，为断屑创造了有利条件。

3. 切屑的折断

切屑的卷曲变形使其内部的弯曲应力增大，当弯曲应力超过材料的弯曲强度极限时，切屑就折断了。因此，可采取相应措施，通过增大切屑的卷曲变形和弯曲应力来实现断屑，具体措施如下。

1) 磨制断屑(卷屑)槽

在前刀面上磨制出断屑槽,断屑槽的形式一般如图 1-39 所示,其中,折线形和直线圆弧形适用于加工碳钢、合金钢、工具钢和不锈钢;全圆弧形适用于加工塑性大的材料和重型刀具。

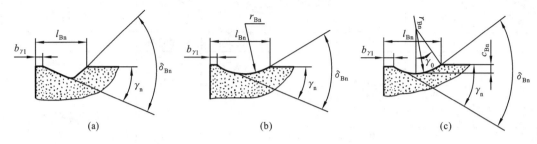

图 1-39　断屑槽的形式

(a)折线形;(b)直线圆弧形;(c)全圆弧形

在槽的尺寸参数中,减小宽度 l_{Bn},增大反屑角 δ_{Bn},均能使切屑卷曲半径 r_{ch} 减小、卷曲变形和弯曲应力增大,使切屑易于折断。但 l_{Bn} 太小或 δ_{Bn} 太大,都易产生切屑堵塞,使切削力、切削温度升高。通常,l_{Bn} 按下式初选

$$l_{Bn} = (10 \sim 13)h_D \tag{1-27}$$

而反屑角 δ_{Bn} 按槽形选取:折线槽 $\delta_{Bn}=60°\sim70°$,直线圆弧槽 $\delta_{Bn}=40°\sim50°$,全圆弧槽 $\delta_{Bn}=30°\sim40°$。当背吃刀量 $a_p=2\sim6$ mm 时,一般取断屑槽的圆弧半径 $r_{Bn}=(0.4\sim0.7)l_{Bn}$。

2) 适当调整切削条件

(1) 减小前角。刀具前角越小,切屑变形越大,越容易折断。

(2) 增大主偏角。在进给量 f 和背吃刀量 a_p 一定的情况下,主偏角 κ_r 越大,切屑厚度 h_D 越大,切屑的卷曲半径越小,弯曲应力越大,切屑越易折断。

(3) 改变刃倾角。当刃倾角 λ_s 为负值时,切屑流向已加工表面或过渡表面,受碰后折断;当 λ_s 为正值时,切屑流向待加工表面或背离工件后与刀具刀面相碰折断,也可能成为带状螺旋屑而被甩断。

(4) 增大进给量。进给量 f 增大,切屑厚度 h_D 也按比例增大,切屑卷曲时产生的弯曲应力增大,切屑易折断。

1.2.8　已加工表面的形成过程

第一变形区的塑性变形,对已加工表面质量是有影响的,但是,第三变形区与已加工表面的形成关系更为密切。

图 1-40 所示为已加工表面的形成过程。在分析切屑形成过程时,假定刀具的刀刃是绝对锋利的,但实际上刀刃总不可避免地有一钝圆半径 r_ε;此外,刀具开始切削后不久,后刀面就会因磨损形成一段后角为 0° 的棱带 VB。刀刃的钝圆半径 r_ε 及后面磨损棱带 VB 对已加工表面的形成有很大的影响。当切削层金属逼近刀刃时,产生剪切变形及摩擦,最终沿前刀面流出而成为切屑。但由于有刃口半径 r_ε 的作用,整个切削层厚度 h_D 中,将有一厚度为 Δh_D 的薄层金属无法沿剪切面 OM 方向滑移,而是从刀刃钝圆部分点 O 下面挤压过去,即切削层金属在点 O 处分离,点 O 以上部分成为切屑沿前刀面流出,点 O 以下部分经过刀刃挤压留在已加工表面上,该部分金属经过刀刃钝圆部分 B 点后,又受到后刀面上后角为 0° 的一段棱带的挤压与

摩擦,随后开始弹性恢复(假定弹性恢复的高度为 Δh),则已加工表面在 CD 段继续与后刀面摩擦。刀刃钝圆部分、VB 部分、CD 部分构成后刀面上的接触长度,这种接触状况使已加工表面层的变形更加剧烈。表层剧烈的塑性变形造成加工硬化,硬化层的表面上,由于存在残余应力,还常常出现细微的裂纹和鳞刺。

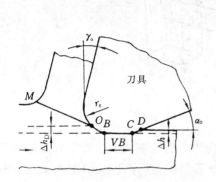

图 1-40　已加工表面的形成过程

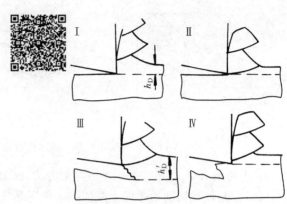

图 1-41　鳞刺形成的四个阶段

Ⅰ—抹拭;Ⅱ—导裂;Ⅲ—层积;Ⅳ—切顶

鳞刺是已加工表面上一种鳞片状毛刺。其形成过程如图 1-41 所示,可分为抹拭、导裂、层积、切顶四个阶段。鳞刺在以较低或中等切削速度对塑性金属进行车、刨、钻、拉、攻螺纹及齿形加工时都可能出现,对表面粗糙度有严重的影响。减小背吃刀量,使用润滑性能好的极压切削液,采用高速切削,或用人工加热把切削温度提高到 500 ℃ 以上,以及其他能使积屑瘤高度减小的措施,都可以使鳞刺受到抑制。

1.3　切　削　力

在切削过程中,切削力(cutting force)直接影响切削热、刀具磨损与耐用度、加工精度和已加工表面质量。在生产中,切削力又是计算切削功率,设计机床、刀具、夹具,以及监控切削过程和刀具工作状态的重要依据。研究切削力的规律,对于分析切削过程和指导现实生产都有重要意义。

1.3.1　切削力的来源、切削合力及分力、切削功率

1. 切削力的来源

金属切削时,刀具切入工件,使被加工材料发生变形并成为切屑所需的力,称为切削力。

切削力主要来源于以下两方面(见图 1-42)。

(1) 切削层金属、切屑和工件表面层金属的弹性、塑性变形所产生的抗力。

(2) 刀具与切屑、工件表面间的摩擦阻力。

2. 切削合力及其分解

上述各力的总和形成作用在刀具如车刀上的合

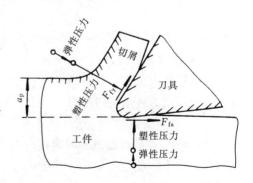

图 1-42　切削力的来源

力 F。为便于测量和应用,可以将合力 F 分解成三个互相垂直的分力(见图 1-43)。

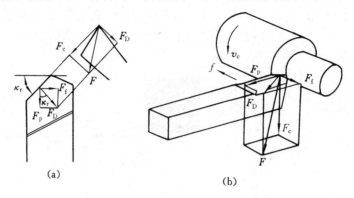

图 1-43　切削合力与切削分力

(1) 主切削力 F_c　F 在主运动方向的分力,又称切向力。因其在切削过程中消耗的功率最大,所以它是计算切削功率的主要依据。它还是计算车刀强度、设计机床、确定机床动力的必要数据。

(2) 背向力 F_p　F 在刀具工作基面内垂直于进给方向的分力。在内、外圆车削时又称径向力。由于 F_p 方向没有相对运动,它不消耗功率。但 F_p 易使工件变形和产生振动,是影响工件加工质量的主要分力。F_p 还是机床主轴轴承设计和机床刚度校验的主要依据。

(3) 进给力 F_f　F 在进给运动方向的分力,又称轴向力。F_f 是机床进给机构强度和刚度设计、校验的主要依据。

由图 1-43 可知,总切削力 F 与各分力的关系为

$$F = \sqrt{F_c^2 + F_D^2} = \sqrt{F_c^2 + F_f^2 + F_p^2} \tag{1-28}$$

3. 切削功率 P_c

切削过程消耗的功率为总切削力 F 的三个分力消耗功率的总和。在车削外圆时,由于 F_p 不耗功,故

$$P_c = (F_c v_c + F_f v_f / 1\ 000) \times 10^{-3} \quad (\text{kW}) \tag{1-29}$$

式中:v_f 为进给速度,单位为 mm/s。

进给力 F_f 消耗的功率对主切削力 F_c 所耗功率来说很小,常忽略不计。于是

$$P_c = F_c v_c \times 10^{-3} \quad (\text{kW}) \tag{1-30}$$

求出 P_c 之后,可进一步计算出机床电动机的功率 P_E,即

$$P_E \geqslant P_c / \eta \tag{1-31}$$

式中:η 为机床的传动效率,一般为 $0.75 \sim 0.85$。

4. 单位面积切削力

切削层单位面积切削力是指切削力与切削层公称横截面积 A_D 之比,用 k_c 表示,一般简称单位面积切削力或单位切削力。

$$k_c = F_c / A_D \quad (\text{N/mm}^2) \tag{1-32}$$

单位切削力 k_c 可通过实验求得。表 1-3 为硬质合金外圆车刀切削几种常用材料的单位切削力。

表 1-3　硬质合金外圆车刀切削几种常用材料的单位切削力

工件材料				单位切削力 /(N/mm²) (/(kgf/mm²))	实验条件	
名称	牌号	制造、热处理状态	硬度		刀具几何参数	切削用量范围
钢	45	热轧或正火	187HBS	1 962 (200)	$\gamma_o=15°$ $\kappa_r=15°$ $\lambda_s=0°$ 前刀面带卷屑槽	$b_{\gamma1}=0$	$v_c=1.5\sim1.75$ m/s (90～105 m/min) $a_p=1\sim5$ mm $f=0.1\sim0.5$ mm/r
		调质(淬火及高温回火)	229HBS	2 305 (235)		$b_{\gamma1}=0.1\sim0.15$ mm $\gamma_{o1}=-20°$	
		淬硬(淬火及低温回火)	44 HRC	2 649 (270)			
	40Cr	热轧或正火	212HBS	1 962 (200)		$b_{\gamma1}=0$	
		调质(淬火及高温回火)	285HBS	2 305 (235)		$b_{\gamma1}=0.1\sim0.15$ mm $\gamma_{o1}=-20°$	
灰铸铁	HT200	退火	170HBS	1 118 (114)	$b_{\gamma1}=0$ 平前刀面 无卷屑槽		$v_c=1.17\sim1.42$ m/s (70～85 m/min) $a_p=2\sim10$ mm $f=0.1\sim0.5$ mm/r

车刀进给量改变时切削力的修正系数

进给量 f/(mm/r)	0.1	0.15	0.2	0.25	0.3	0.35	0.4	0.45	0.5	0.6
切削力修正系数 K_{fF_c}	1.18	1.11	1.06	1.03	1	0.98	0.96	0.94	0.93	0.9

5. 切削力的测量

在切削实验和生产条件下,可以用测力仪测量切削力。测力仪有多种,按工作原理可分为机械式、液压式和电气式三类。电气类测力仪应用较广泛。电气类测力仪又有电阻式、电容式、电感式、压电式和电磁式等,目前,常用的是压电式测力仪。

压电式测力仪利用某些材料(石英晶体或压电陶瓷等)的压电效应测量切削力的大小。在受力时,压电材料的表面将产生电荷,电荷的多少与所施加的压力成正比而与压电晶体的大小无关。用电荷转换器将电荷数转换成相应的电压参数,经标定后就可测出力的大小。

1.3.2　切削力的计算

1. 切削力的理论公式

用材料力学的原理,可推导出切削力的理论公式为

$$F_c = \tau_s h_D b_D(1.4\xi + C) = \tau_s a_p f(1.4\xi + C) \tag{1-33}$$

式中:C 为与前角 γ_o 有关的系数,见表 1-4。

表 1-4　不同前角 γ_o 时的系数 C

前角 γ_o	$-10°$	$0°$	$10°$	$20°$以上
C	1.2	0.8	0.6	0.45

由式(1-33)可看出,各因素对切削力的影响程度和方式。式(1-33)反映了材料性能(τ_s)、切屑变形(ξ)、切削用量(a_p、f)、切削层参数(h_D、b_D),以及刀具前角和切削力(F_c)之间的内在联系。需要注意的是,在式(1-33)的推导过程中简化了许多因素,如切削温度、内摩擦、刀刃钝

圆半径及材料内部缺陷等,因而计算出的切削力不够精确,与实际情况有较大出入。

2. 计算切削力的指数公式

切削力的三个分力一般用指数形式的经验公式表示为

$$F_c = C_{F_c} \cdot a_p^{x_{F_c}} \cdot f^{y_{F_c}} \cdot v_c^{n_{F_c}} \cdot K_{F_c}$$

$$F_p = C_{F_p} \cdot a_p^{x_{F_p}} \cdot f^{y_{F_p}} \cdot v_c^{n_{F_p}} \cdot K_{F_p} \qquad (1\text{-}34)$$

$$F_f = C_{F_f} \cdot a_p^{x_{F_f}} \cdot f^{y_{F_f}} \cdot v_c^{n_{F_f}} \cdot K_{F_f}$$

式中:F_c、F_p、F_f分别为主切削力、背向力和进给力;C_{F_c}、C_{F_p}、C_{F_f}分别为与被加工金属和切削条件有关的系数;x_{F_c}、y_{F_c}、n_{F_c}、x_{F_p}、y_{F_p}、n_{F_p}、x_{F_f}、y_{F_f}、n_{F_f}分别为三个分力公式中背吃刀量a_p、进给量f和切削速度v_c的指数;K_{F_c}、K_{F_p}、K_{F_f}分别为各种因素下切削力的修正系数的乘积。

式(1-34)中的各系数可以查阅《机械加工工艺师手册》得到,其中,加工钢及铸铁材料刀具几何参数改变时切削力的修正系数见表1-5。

表 1-5　加工钢及铸铁材料刀具几何参数改变时切削力的修正系数

参　　数		刀具材料	修　正　系　数			
名　称	数　值		名　称	切　削　力		
				F_c	F_p	F_f
主偏角 κ_r	30	硬质合金	$K_{\kappa_r F_c}$	1.08	1.30	0.78
	45			1.0	1.0	1.0
	60			0.94	0.77	1.11
	75			0.92	0.62	1.13
	90			0.89	0.50	1.17
	30	高速钢		1.08	1.63	0.7
	45			1.0	1.0	1.0
	60			0.98	0.71	1.27
	75			1.03	0.54	1.51
	90			1.08	0.44	1.82
前角 γ_o	−15	硬质合金	$K_{\gamma_o F_c}$	1.25	2.0	2.0
	−10			1.2	1.8	1.8
	0			1.1	1.4	1.4
	10			1.0	1.0	1.0
	20			0.9	0.7	0.7
	12~15	高速钢		1.15	1.6	1.7
	20~25			1.0	1.0	1.0
刃倾角 λ_s	+5	硬质合金	$K_{\lambda_s F_c}$	1.0	0.75	1.07
	0				1.0	1.0
	−5				1.25	0.85
	−10				1.5	0.75
	−15				1.7	0.65

续表

参 数		刀具材料	修正系数			
名 称	数 值		名 称	切 削 力		
				F_c	F_p	F_f
刀尖圆弧半径 r_ε/mm	0.5	高速钢	$K_{r_\varepsilon F_c}$	0.87	0.66	1.0
	1.0			0.93	0.82	
	2.0			1.0	1.0	
	3.0			1.04	1.14	
	5.0			1.1	1.33	
刀具后面磨损量 VB/mm	0.25	硬质合金	K_{VBF_c}	1.06	1.06	1.06
	0.4			1.09	1.12	1.12
	0.6			1.20	1.20	1.25
	0.8			1.30	1.30	1.32
	1.0			1.40	1.50	1.50
	1.3			1.50	2.00	1.60

3. 单位切削力公式

生产中较为方便的是利用单位切削力计算切削力:

$$F_c = k_c A_D = k_c a_p f \quad (N) \tag{1-35}$$

式中: k_c 为单位切削力(参见表 1-3)。

1.3.3　影响切削力的因素

凡影响变形和摩擦的因素都会影响切削力。

1. 工件材料

工件材料的强度、硬度越高,材料的剪切屈服强度就越高,虽然切削变形略有下降,但总的说来切削力仍是增大的。

工件材料的塑性及硬化能力也影响切削力。强度、硬度相近的材料,如其塑性较大,则强化系数较大,与刀具间的摩擦因数 μ 也较大,故切削力增大。

灰铸铁及其他脆性材料,切削时一般形成崩碎切屑,刀-屑间摩擦小,切削力也较小。

2. 切削用量

1) 背吃刀量和进给量

背吃刀量 a_p 或进给量 f 加大,均使切削力增大,但两者的影响程度不同。

背吃刀量 a_p 加大时,变形系数 ξ 不变,切削力成正比例增大;进给量 f 加大时,ξ 有所下降,摩擦因数 μ 也有所降低,故切削力不成正比例增大。式(1-34)中背吃刀量的指数 x_{F_c} 一般约为 1,而进给量 f 的指数 y_{F_c} 小于 1。因此,如从减小切削力和切削功率角度考虑,加大进给量比加大背吃刀量有利。

2) 切削速度

加工塑性金属时,在中高速区,随切削速度的增大,切削温度升高,摩擦因数 μ 下降,切削变形减小(见图 1-44)。在低速范围内,切削力的变化是受积屑瘤影响的。随积屑瘤的增大或减小,刀具实际前角增大或减小,从而导致切削力减小或增大。积屑瘤消失后,随 v_c 增大,切

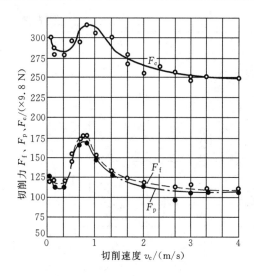

图 1-44　切削速度对切削力的影响

刀具为 YT15 车刀；工件材料为 45 钢；

切削用量为 $a_p = 4$ mm，$f = 0.3$ mm/r

削力减小。

加工脆性材料（如灰铸铁）时，形成崩碎切屑，塑性变形小，切屑与前刀面接触长度短，刀-屑间摩擦力小，所以切削速度对切削力的影响不大。

3. 刀具几何参数

1）前角

切削塑性材料时，前角增大，剪切角随之增加，切削变形系数 ξ 减小，沿前刀面的摩擦力也减小，因此切削力降低，如图 1-45 所示。

切削脆性材料时，由于变形小，加工硬化小，前角对切削力的影响不显著。

2）负倒棱

前刀面上的负倒棱（见图 1-46）可提高刃区强度，但同时会加大被切削金属的变形，使切削力增加。负倒棱通过它的宽度 $b_{\gamma 1}$ 与进给量 f 的比值（$b_{\gamma 1}/f$）来影响切削力。随着 $b_{\gamma 1}/f$ 增加，切削力增加。当切削钢（$b_{\gamma 1}/f \geqslant 5$）或灰铸铁（$b_{\gamma 1}/f \geqslant 3$）时，切削力基本稳定，约等于负前角车刀的切削力。

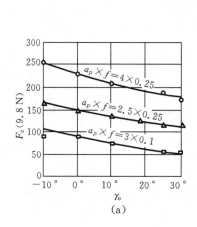

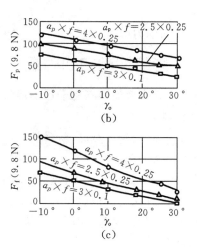

图 1-45　前角对切削力的影响

工件材料为 45 钢（正火），187HBS；刀具为 YT15 外圆车刀；

刀具几何参数 $\kappa_r = 75°$，$\kappa_r' = 10° \sim 12°$，$\alpha_o = 6° \sim 8°$，$\alpha_o' = 4° \sim 6°$，$\lambda_s = 0°$，$b_{\gamma 1} = 0$，$r_\varepsilon = 0.2$ mm；

切削速度 $v_c = 96.5 \sim 105$ m/min

3）主偏角

主偏角改变，切削厚度与切削刃曲线部分长度也发生变化（见图 1-47）。在 a_p、f 相同的情况下，主偏角增加，切削层厚度增大，切削变形减小，切削力减小。当主偏角增大至 $60° \sim 75°$ 时，主切削力出现转折而逐渐增大（见图 1-48）。这是因为主偏角增大使刀尖圆弧部分增大，切屑向圆弧部分中心的排挤量增加，变形加剧而使变形力增加。但 F_c 的增加或减小都不超过 10%。主偏角 κ_r 改变还影响 F_p 和 F_f 的比值，由图 1-49 可知，$F_p = F_D\cos\kappa_r$，$F_f = F_D\sin\kappa_r$，随着

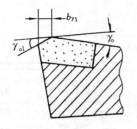

图 1-46 正前角负倒棱车刀

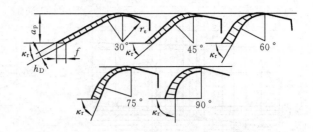

图 1-47 主偏角改变时切削层公称厚度与
切削刃曲线部分长度的变化

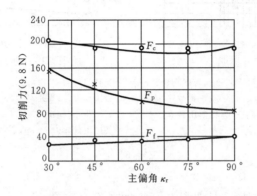

图 1-48 主偏角对切削力的影响

工件材料为 45 钢(正火),187HBS;刀具为 YT15 焊接外圆车刀;

刀具几何参数 $\gamma_o=18°$,$\alpha_o=6°\sim8°$,$\kappa_r'=10°\sim12°$,$\lambda_s=0°$,$b_{\gamma1}=0$,$r_\varepsilon=0.2$ mm;

切削用量 $a_p=3$ mm,$f=0.3$ mm/r,$v_c=95.5\sim103.5$ m/min

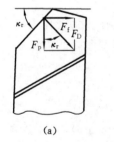

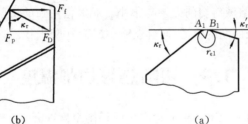

(a) (b)

图 1-49 主偏角不同时 F_p、F_f 的变化

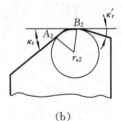

(a) (b)

图 1-50 刀尖圆弧半径与刀刃曲线部分的关系
($r_{\varepsilon2}>r_{\varepsilon1}$,$A_2B_2>A_1B_1$)

主偏角增大,F_p 减小、F_f 增大。车削细长轴时,系统刚度小,常用 $\kappa_r=90°\sim93°$ 的车刀。

4) **刀尖圆弧半径**

刀尖圆弧半径 r_ε 增大,切削刃曲线部分的长度和切削层公称宽度也随之增大(见图1-50),曲线刃上各点的主偏角 κ_r 减小,切削变形增大,切削力增大。r_ε 通过 κ_r 影响切削力。如图1-51所示,r_ε 增大对 F_p 的影响比对 F_c 的影响大,因随 r_ε 增加,κ_r 减小,故 $F_p=F_D\cos\kappa_r$ 就增大。所以,为防止振动,应减小 r_ε。

5) **刃倾角**

实验证实,刃倾角 λ_s 对 F_c 的影响不大,但对 F_p、F_f 的影响较大,如图1-52所示。因为刃倾角改变时将改变切削合力的方向,因而影响各分力。

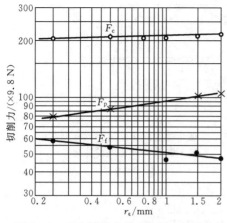

图 1-51　刀尖圆弧半径对切削力的影响

工件材料为 45 钢(正火),187HBS;刀具为 YT15 焊接外圆车刀;刀具几何参数 $\gamma_o=18°$,$\alpha_o=6°\sim7°$,$\kappa_r=75°$,$\kappa_r'=10°\sim12°$,$\lambda_s=0°$,$b_{\gamma1}=0$;切削用量 $a_p=3$ mm,$f=0.35$ mm/r,$v_c=1.55$ m/s

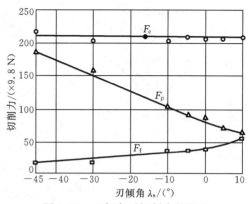

图 1-52　刃倾角对切削力的影响

工件材料为 45 钢(正火),187HBS;刀具为 YT15 焊接外圆车刀;刀具几何参数 $\gamma_o=18°$,$\alpha_o=6°$,$\alpha_o'=4°\sim6°$,$\kappa_r=75°$,$\kappa_r'=10°\sim12°$,$b_{\gamma1}=0$,$r_\varepsilon=0.2$ mm;切削用量 $a_p=3$ mm,$f=0.35$ mm/r,$v_c=1.67$ m/s

4. 其他因素

1) 刀具材料

在同样切削条件下,陶瓷刀具切削力最小,硬质合金次之,高速钢刀具的切削力最大。

2) 刀具磨损

当刀具主后刀面磨损后形成后角 α_o 等于零、宽度为 VB 的窄小棱面时,主后刀面与工件过渡表面接触面增大,作用于主后刀面的正压力和摩擦力增加,导致 F_c、F_p、F_f 都增加。

3) 切削液

以冷却作用为主的水溶液对切削力影响很小。润滑作用强的切削油由于其润滑作用,不仅能减小刀具与切屑、工件表面间的摩擦,而且能减小加工中的塑性变形,故能显著降低切削力。

1.4　切削热与切削温度

切削热(heat in metal cutting)和由它产生的切削温度(cutting temperature),直接影响刀具的磨损和耐用度及工件的加工精度和表面质量。因此,研究切削热和切削温度及其变化规律非常重要。

1.4.1　切削热的产生与传导

1. 切削热的产生

切削过程中,切削热来源于两方面:切削层金属发生弹性变形和塑性变形所产生的热,切屑与前刀面、工件与主后刀面间的摩擦热。因此,工件上三个塑性变形区,每个变形区都是一个发热源,如图 1-53 所示。

切削时所消耗的能量有 98%～99% 转化为切削热。单位时间内产生的切削热可由下式计算:

$$Q=F_c v_c$$

式中：Q 为每秒时间内产生的切削热（J/s）。

三个热源产生热量的比例与工件材料、切削条件等有关。切削塑性材料，当切削厚度较大时，以第一变形区产生的热量为最多；切削厚度较小时，则第三变形区产生的热量占较大比重。加工脆性材料时，因形成崩碎切屑，故第二变形区产生的热量比重下降，而第三变形区产生的热量比重相应增加。

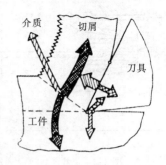

图 1-53　切削热的产生

2. 切削热的传出

切削热主要由切屑、工件及刀具传出，周围介质带走的热量很少（干切削时约占 1%）。影响切削热传导的主要因素是工件和刀具材料的导热系数以及切削条件的变化。

工件材料的导热系数较高时，大部分切削热由切屑和工件传导出去；反之，则刀具传热比重增大。随切削速度的提高，由切屑传导的热量增多。若采用冷却性能好的切削液，则切削区大量的热将由切削液带走。

1.4.2　切削温度及其对切削过程的影响

切削时工件、切屑和刀具吸收切削热而使温度升高，温度的高低不仅取决于切削时产生热量的多少，还与热传导密切相关。所以，吸热多且散热不易的部位温度高。一般所说的切削温度是指切削区的平均温度。

切削温度是影响切削过程最佳化的重要因素之一。切削温度对工件、刀具及切削过程将产生一定的影响。高的切削温度是造成刀具磨损的主要原因。但较高的切削温度对提高硬质合金刀具材料的韧度有利。由于切削温度的影响，精加工时，工件本身和刀杆受热膨胀而致使工件尺寸精度达不到要求。切削中产生的热量还会使机床产生热变形而导致加工误差的产生。

可以利用切削温度控制切削过程。实验发现：对给定的刀具材料，以不同的切削用量加工各种工件材料时都有一个最佳切削温度，在这个温度下，刀具磨损强度最小，耐用度最高，工件材料的切削加工性也最好。如：用硬质合金车刀切削碳素钢、合金钢、不锈钢时的最佳切削温度大致为 800 ℃；用高速钢车刀切削 45 钢的最佳切削温度为 300～350 ℃。因此，可按最佳切削温度来控制切削用量，以提高生产率及加工质量。

1.4.3　切削温度的测量及其分布

测量切削温度的方法很多，常用的是自然热电偶法和人工热电偶法。

1. 自然热电偶法

自然热电偶法是利用化学成分不同的工件材料和刀具材料组成热电偶的两极。当工件与刀具接触区的温度升高后，就形成热电偶的热端，而离接触区较远的工件与刀具处保持室温成为热电偶的冷端。在工件与刀具的回路中，热端和冷端间产生的热电动势可以由接于冷端的毫伏计（或电位计）记录下来。再根据事先做好的相应刀具、工件材料所组成的热电偶的标定曲线，求得对应的温度值。图 1-54 所示为在车床上利用自然热电偶法测量切削温度的示意图。测量时，刀具和工件应与机床绝缘。

用自然热电偶法测得的是切削区的平均温度，以此温度研究其变化规律简便可靠。但不足的是，变换一种刀具材料和工件材料就必须重新标定温度-毫伏值曲线。用此法也不能测出

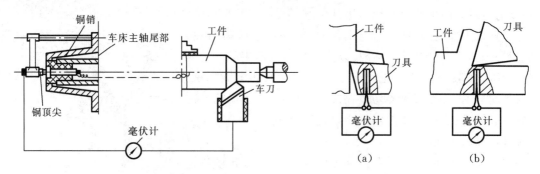

图 1-54　用自然热电偶法测温示意图　　　图 1-55　用人工热电偶法测量刀具和工件的温度

切削区指定点的温度。

2. 人工热电偶法

人工热电偶法是将两种预先经过标定的金属丝组成热电偶,热端固定于刀具或工件的被测温度点上,冷端通过导线与电位差计、毫伏计或其他记录仪器串接,根据毫伏值和标定曲线测定热端温度。图 1-55 是用人工热电偶法测量刀具和工件某点温度的示意图。

测量时,为正确反映切削过程的真实温度变化,放置人工热电偶金属丝的小孔直径越小越好,且金属丝应与刀具或工件绝缘。

3. 切削温度的分布

应用人工热电偶法测温,并辅以传热学的计算可得到刀具、切屑和工件的切削温度分布情况,如图 1-56 所示。

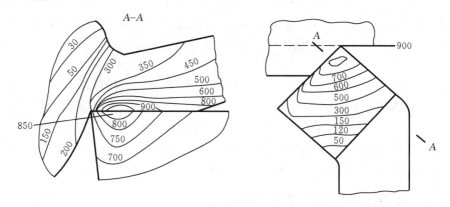

图 1-56　切屑、工件、刀具上的温度(℃)分布

注:工件材料为 GCr15;刀具材料为 YT14;切削用量为 $v_c=1.3$ m/s,$a_p=4$ mm,$f=0.5$ mm/r

1.4.4　影响切削温度的因素

影响切削温度的因素主要有切削用量、刀具几何参数、工件材料、刀具磨损状况和冷却条件等。

1.5　刀具磨损与耐用度

切削过程中,刀具一方面从工件表面切下切屑,一方面被切屑、工件磨损并逐渐损坏。磨损后的刀具继续切削,会使切削力增加,切削温度升高,加工质量和生产效率降低,成本提高。

1.5.1　刀具的磨损方式

所谓磨损(wear)是指刀具的刀面和切削刃上的金属微粒被工件、切屑带走而使刀具丧失切削能力的现象,此为正常磨损。另外,裂纹、崩刃、卷刃和破碎等也会使刀具丧失切削能力,此为非正常磨损。非正常磨损往往是选择、设计、制造或使用刀具不当所造成,生产中应尽量避免。

切削时,前刀面和主后刀面与切屑和工件之间存在剧烈摩擦,加之切削区内有很高的温度和压力,因此使前刀面和主后刀面产生不同程度的磨损。

1. 前刀面磨损

在切削速度较高、切削层厚度较大的情况下加工塑性金属,切屑在前刀面上常常会磨出一个月牙洼(见图 1-57),称为月牙洼磨损。月牙洼的位置处于前刀面上温度最高处。月牙洼和切削刃之间有一条小棱边。磨损过程中,月牙洼的宽度、深度不断扩展,当其扩展至棱边很窄时,切削刃强度大大降低,因此极易导致刀具崩刃。月牙洼的磨损量以其深度 KT 表示。

2. 主后刀面磨损

切削脆性材料或以较小切削厚度($h_D < 0.1$ mm)切削塑性材料时,切屑与前刀面接触长度短,由于刀刃钝圆的作用,后刀面与工件表面的接触压力大,且存在较大的弹、塑性变形,这时,磨损便出现在后刀面与工件的接触面上,并逐渐扩大形成后角为零的小棱面(见图 1-57)。后刀面的磨损并不均匀,靠近刀尖部位的 C 区,由于刀尖部分强度低,散热条件差,磨损较严重,磨损区的最大宽度为 VC。在接近工件外皮的 N 区,因上道工序硬化层或毛坯硬皮的影响,磨损也较大,形成磨损深沟,磨损宽度的最大值为 VN。在磨损带中间的 B 区,磨损比较均匀,以 VB 表示其平均磨损宽度,以 VB_{max} 表示最大磨损宽度。

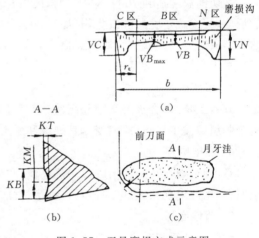

图 1-57　刀具磨损方式示意图

3. 前刀面和主后刀面同时磨损

在以较高切削速度和中等切削厚度($h_D = 0.1 \sim 0.5$ mm)切削塑性材料时,前刀面和主后刀面往往会同时出现磨损。

尽管刀具的磨损形式和位置随切削条件的不同而不同,但在多数情况下,后刀面都有磨损。后刀面磨损不仅直接影响加工质量,而且磨损量的测量非常方便,故常以主后刀面磨损量 VB 来表示刀具磨损程度。

1.5.2　刀具的磨损原因

1. 磨粒磨损

切削时,切屑、工件材料中含有的一些硬度极高的微小硬质点(如 FeC、TiC;Si_2N_4、AlN;SiO、Al_2O_3 等)及积屑瘤碎片和锻、铸件表面残留的夹砂会在刀具表面刻划出沟纹,这便是磨粒磨损,又称硬质点磨损、耕犁磨损。磨粒磨损在各种切削速度下都存在,是低速切削刀具(如高速钢刀具)磨损的主要原因。

2. 黏结磨损

切削时,由于高温高压,刀具与切屑、工件间常会发生冷焊黏结。由于摩擦面间的相对运动,冷焊黏结层金属破裂并被一方带走,造成黏结磨损。一般情况下,冷焊黏结层的破裂发生在较软的工件或切屑方,但因交变应力、疲劳、热应力以及刀具表层结构缺陷等因素,冷焊黏结层也可能在刀具一方破裂,使刀具上的金属微粒被切屑、工件带走,造成刀具的黏结磨损。黏结磨损与摩擦因数密切相关。因此,在对应于最大摩擦因数的中等偏低的切削速度下,最易发生黏结磨损。此外,黏结磨损的强烈程度还与工件材料和刀具材料间的亲和性、刀具和工件材料间的硬度比密切相关。

3. 扩散磨损

在切削高温的作用下,硬质合金中的 C、W、Ti、Co 等元素会向工件、切屑中扩散,而工件、切屑中的 Fe 元素则向刀具中扩散,从而改变刀具材料中的化学成分,使刀具性能降低,导致刀具磨损过程加快。这种固态下元素相互迁移而造成的刀具磨损称为扩散磨损。扩散磨损的速率主要与刀具材料的化学成分和刀具、工件材料间的亲和性有关。

4. 氧化磨损

当切削温度达到 $700\sim800$ ℃时,硬质合金刀具中的 Co、WC、TiC 等与空气中的氧发生化学反应,生成疏松脆弱的氧化物(如 Co_3O_4、CoO、WO_3、TiO_2 等),它们极易被切屑、工件擦掉,这样形成的刀具磨损称为氧化磨损。氧化磨损与切削温度、硬质合金刀具的材料成分及氧化膜的黏附强度等因素有关。

5. 相变磨损

碳素工具钢、合金工具钢和高速钢刀具切削时,当切削温度超过相变温度时,刀具材料中的金相组织发生变化(即相变),其硬度和耐磨性因此显著下降,造成刀具磨损加快。

6. 热电磨损

切削时,刀具与工件构成自然热电偶,产生热电势,使工艺系统构成回路,在刀具切入或切出时,产生放电现象,会电蚀刀具,造成刀具磨损。

7. 塑性变形

切削温度很高时,切削刃会发生塑性变形而改变原有的几何形状,丧失或削弱切削能力。工具钢刀具因退火卷刃即属于这种情况。在 900 ℃以上的高温下,硬质合金也会产生表层塑性流动,甚至使切削刃或刀尖塌陷。

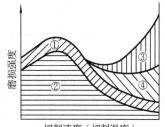

图 1-58 切削速度对刀具磨损强度的影响

1—磨粒磨损;2—黏结磨损;
3—扩散磨损;4—氧化磨损

由以上分析可知,除磨粒磨损外,其他磨损原因都与切削温度有关。因此,不同切削速度下引起刀具磨损的原因及剧烈程度不同。图 1-58 所示为使用硬质合金刀具切削钢料时在不同切削速度(温度)下的各种磨损原因。由图 1-58 可知,刀具磨损与切削速度呈驼峰形关系。在中间存在某一速度范围,使刀具磨损较缓和,磨损强度(即单位时间内刀具的磨损量)最低,刀具耐用度高,切削距离长。此切削速度范围为最佳切削速度范围,其对应的切削温度为最佳切削温度。

1.5.3 刀具的磨损过程

刀具的磨损过程一般可分为三个阶段,如图 1-59 所示。

1. 初期磨损阶段

初期磨损阶段对应图 1-59 中的 AB 段。由于刚开始切削的刀具刀面存在粗糙不平及微观裂纹、氧化或脱碳层等缺陷,加之刀面与工件、切屑接触面小,压力几乎集中于切削刃附近,应力大,所以这个阶段磨损较快,其磨损量称为初期磨损量。初期磨损量与刀具研磨质量有很大关系。实践证明,经仔细研磨过的刀具,其初期磨损量很小。

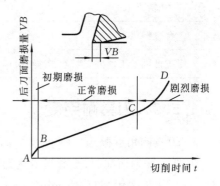

图 1-59 刀具磨损过程

2. 正常磨损阶段

随磨损小棱面的出现,应力降低,磨损增加的趋势缓和,磨损量随时间变化而均匀地增加,刀具进入正常磨损阶段,如图 1-59 所示的 BC 段。该阶段是刀具的有效工作期。BC 几乎为一倾斜直线,其斜率表示磨损强度。

3. 剧烈磨损阶段

当磨损量达到一定程度后,刀具变钝,切削力、切削温度增加,磨损量急剧升高,从而导致工件表面粗糙度值增大,并且还会出现噪声、振动等现象,刀具磨损发生质的变化。此阶段磨损曲线斜率很大(见图 1-59 中 CD 段),磨损剧烈。在此阶段到来之前就应及时换刀,否则,既不能保证加工质量,又会使刀具消耗严重,经济性降低。

1.5.4 刀具的磨钝标准

一般按后刀面磨损尺寸来确定磨钝标准。所谓磨钝标准通常指刀具后刀面磨损带中间部位平均磨损量 VB 允许达到的最大值。

制定磨钝标准需考虑被加工对象的特点和具体的加工条件。

工艺系统的刚度较差时应规定较小的磨钝标准。因为后刀面磨损后,切削力将增大,且以背向力 F_p 的增加最为显著。

切削难加工材料时,由于切削温度较高,一般应选用较小的磨钝标准。

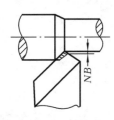

图 1-60 车刀径向磨损量

加工精度及表面质量要求较高时,应适当减小磨钝标准,以确保加工质量。

加工大型工件,为避免中途换刀,一般采用较低的切削速度以延长刀具使用寿命。此时因切削温度较低,可适当加大磨钝标准。

在自动化生产中使用的精加工刀具,一般都根据工件的精度要求制定刀具磨钝标准。在这种情况下,常以沿工件径向的刀具磨损尺寸作为衡量标准,称为刀具径向磨损量,以 NB 表示(见图 1-60)。

根据从生产中获得的调查资料制定的硬质合金车刀的推荐磨钝标准值见表 1-6。

表 1-6　硬质合金车刀的推荐磨钝标准值

加工条件	磨钝标准/mm	加工条件	磨钝标准/mm
精车	0.1~0.3	粗车钢件	0.6~0.8
合金钢粗车	0.4~0.5	粗车铸铁件	0.8~1.2
粗车低刚度工件	0.4~0.5	低速粗车钢及铸铁大件	1.0~1.5

1.5.5　刀具耐用度

1. 刀具耐用度概念

刀具由开始切削起,至磨损量达到磨钝标准止的实际切削时间称为刀具耐用度(tool durability),以 T 表示,单位为 min(或 s)。刀具耐用度与刀具寿命的概念不同,刀具寿命是指一把新刀具从投入切削起,直到刀具报废为止的切削时间总和。因此,在数值上,刀具寿命等于刀具耐用度乘以刃磨次数。

耐用度是个时间概念,但在某些情况下,也可用切出的工件数目或切削路程 l_m 来表示,l_m 等于切削速度与耐用度的乘积。

刀具耐用度反映了刀具磨损的速率,因此,凡影响磨损和切削温度的因素,都影响刀具耐用度。而对切削过程而言,耐用度又是一个非常重要的参数。在相同的切削条件下,切削不同的工件材料,可用刀具耐用度的高低来衡量工件材料切削加工性的好坏,还可用刀具耐用度来判断刀具几何参数的合理与否。此外,刀具材料、切削液等性能的优劣也可以通过刀具耐用度的高低来反映。

2. 影响刀具耐用度的因素

分析刀具耐用度影响因素的目的在于调整各因素的相互关系,以保持刀具耐用度的合理数值,使切削过程趋于合理。

1) 切削用量的影响

(1)切削速度　在不同的切削速度下做刀具的磨损实验,得到磨损曲线如图 1-61 所示。按选定的磨钝标准得出每种切削速度下相应的耐用度 T_1、T_2、T_3 和 T_4。在双对数坐标纸上描绘出切削速度与刀具耐用度的关系曲线如图 1-62 所示。经过数据处理可得经验公式

$$v_c T^m = A \qquad\qquad (1\text{-}36)$$

式中:A 为与切削条件有关的系数;m 为 v_c 对 T 的影响指数,对于高速钢刀具,$m=0.1\sim0.125$;对于硬质合金刀具,$m=0.2\sim0.4$。

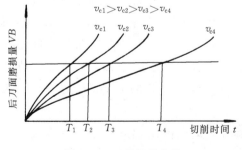

图 1-61　刀具磨损曲线

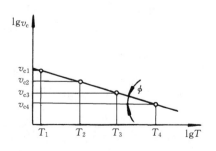

图 1-62　双对数坐标上的 v_c-T 关系

v_c-T 关系式反映了切削速度与刀具耐用度(切削时间)的关系,是选用切削速度的重要依据。

式(1-37)是在一定速度范围内进行实验获得的,若扩展到较宽的速度范围则可发现,在某一速度区间,T 随 v_c 的提高不但不降低,反而增大,形成驼峰形曲线,如图 1-63 所示。对应于某一切削速度,可获得最大耐用度值。

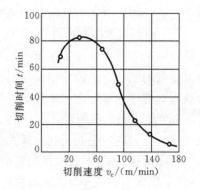

图 1-63　刀具耐用度(切削时间)与切削速度的关系

(2) 背吃刀量和进给量　按同样的方法可得背吃刀量和进给量与刀具耐用度的关系式:$f = B/T^n$,$a_p = C/T^p$,其中 B、C 为常数,n、p 为指数。使用硬质合金刀具切削碳素钢时切削用量与耐用度的综合表达式为

$$T = C_T / v_c^{y_m} f^{y_n} a_p^{y_p} \tag{1-37}$$

或

$$v_c = C_v / T^m f^{y_v} a_p^{x_v} \tag{1-38}$$

式中:C_T、C_v 为与工件材料、刀具材料和其他切削条件有关的系数;y_m、y_n、y_p 及 x_v、y_v 为指数。

对于不同的工件材料和刀具材料,在不同的切削条件下,式中的系数和指数不同,具体可从切削用量手册中查得。用 YT5 硬质合金车刀切削 $\sigma_b = 0.63$ GPa 的碳钢时,$y_m = 5$,$y_n = 2.25$,$y_p = 0.75$。由此可知,切削速度对刀具耐用度的影响最大,其次为进给量,背吃刀量对其的影响最小。这与三者对切削温度的影响顺序完全一致。

2) 刀具几何参数的影响

(1) 主偏角　主偏角对刀具耐用度的影响是多方面的。主偏角增大,切削温度升高,且由于切削层公称厚度的增大使单位切削刃负荷增大,导致刀具耐用度降低。但是过分减小 κ_r 值,由于背向力 F_p 的增大可能会引起切削振动而降低刀具耐用度。因此,在不引起振动的情况下减小 κ_r,对提高刀具耐用度是有利的。

(2) 前角　前角 γ_o 增大,切削温度降低,耐用度提高;但若前角 γ_o 太大,刀刃强度低,散热差,易于破损,耐用度反而下降。因此,前角对刀具耐用度的影响曲线呈驼峰形,对应于峰顶耐用度 T 值存在一个合理前角值,前角取该值时,刀具的耐用度最高,或在一定耐用度下允许的切削速度最高。

3) 工件材料的影响

工件材料的强度、硬度愈高,材料的伸长率愈大、导热系数愈小,产生的切削温度愈高,刀具磨损愈快,刀具耐用度愈低。此外,工件材料的成分、组织状态对刀具磨损也有影响,因而影响刀具耐用度。

4) 合理刀具耐用度的选择原则

刀具耐用度选择的合理与否,直接影响到生产效率、加工成本和经济效益。耐用度选大值,则切削用量低,生产效率低;耐用度选小值,虽可提高切削用量,但却使刀具磨损加快,刀具消耗增加,且使换刀、磨刀及调整刀具等辅助时间增多,都将影响生产效率的提高和生产成本的降低。在自动线生产中,为协调加工节奏,必须严格规定各刀具的耐用度,定时换刀。

根据生产实际情况的需要,刀具耐用度合理值的确定一般从以下三方面进行考虑。

(1) 最大生产率耐用度 T_p　它的出发点在于使该工序的加工效率最高,亦即零件的加工时间最短。一个工序所需工时由机动工时、换刀工时和其他辅助工时组成,在不同的刀具耐用度下,机动工时、换刀工时及其他辅助工时有不同的变化规律,经过实验、统计,可找到一个对应于最低工序工时的刀具耐用度,即为最大生产率耐用度 T_p。

(2) 最低成本耐用度 T_c。 它的出发点在于使该工序的生产成本最低,亦即所消耗的费用最低。一个零件在一道工序中的加工费用由与机动工时有关的费用、与换刀工时有关的费用、与其他辅助工时有关的费用及与刀具消耗有关的费用四部分组成。同样,可通过一定的方法寻找到对应于四部分之和最低的刀具耐用度,即为最低成本耐用度 T_c。

(3) 最大利润耐用度 T_{pr}　它的出发点在于使该工序所获利润最高。因此,最大利润耐用度是以一定时间内企业能获得最大利润为目标来确定的。

由上所述:如按最低成本制定耐用度,则会有较长的加工工时;如按最大生产率制定耐用度,则工序成本较高。最大利润耐用度是兼顾这两个方面的要求来考虑所求得的使每个零件利润率最大的耐用度 T_{pr}。

一般最大生产率耐用度 T_p 要低于最低成本耐用度 T_c,而最大利润耐用度 T_{pr} 则位于两者之间。生产中往往采用最低成本耐用度 T_c,任务紧迫或生产中出现不平衡环节时,才采用最大生产率耐用度 T_p。关于最大利润耐用度 T_{pr},目前还研究得很少。

耐用度的数值反映了工厂企业的技术水平和管理水平的高低。目前,我国对硬质合金焊接车刀推荐的耐用度值约为 60 min。对于制造和刃磨较复杂、成本较高的刀具,耐用度应适当选高一些(即降低切削速度,减缓刀具磨损)以符合经济要求。例如,高速钢钻头的耐用度为 80~120 min,硬质合金端铣刀耐用度则取 90~180 min,而齿轮刀具的耐用度可达 200~300 min。安装和调整费时的刀具,应尽量减少安装、调整次数,即应提高刀具耐用度。如仿形车床和组合钻床用的刀具耐用度为普通机床上同类刀具的 200%~400%。加工大型长轴零件,为避免在切削过程中中途换刀,耐用度应选高一些,或按加工零件数目(走刀次数)来确定。

1.5.6　刀具的破损

1. 刀具的脆性破损

硬质合金和陶瓷刀具,在机械应力和热应力冲击作用下,经常发生以下几种形式的脆性破损。

(1) 碎断　在切削刃上的刀具材料发生小块碎裂或大块断裂,使刀具不能继续正常切削,这种破损称为碎断。硬质合金和陶瓷刀具断续切削时常出现碎断现象。

(2) 崩刃　崩刃即在切削刃上产生小的缺口。一般,若缺口尺寸与进给量相当或稍大一点时,刀刃还能继续切削,但在继续切削过程中,刃区崩损部分往往会迅速扩大,并导致刀具完全失效。用陶瓷刀具切削或用硬质合金刀具断续切削时,经常会发生崩刃。

(3) 裂纹破损　在较长时间连续切削后,切削刃常因疲劳而产生裂纹,最终导致刀具破损。裂纹的种类有因热冲击引起的热裂纹,也有因机械冲击而发生的机械疲劳裂纹。这些裂纹不断扩展合并,到一定程度时就会引起切削刃的碎裂或断裂。

(4) 剥落　剥落是指在前、后刀面上几乎平行于切削刃的方向上剥下一层碎片。碎片经常与切削刃一起剥落,有时也在离切削刃一小段距离处剥落。用陶瓷刀具端铣时常见到这种破损。

2. 刀具的塑性破损

切削过程中,位于前、后刀面和切屑、工件的接触层上的刀具材料,由于高温和高压的作用发生塑性流动而丧失切削能力,称为刀具的塑性破损。

刀具塑性破损的发生与刀具材料和工件材料的硬度比有关。硬度比越高,越不容易发生塑性破损。硬质合金、陶瓷刀具的高温硬度高,一般不容易发生塑性破损。高速钢刀具因其耐热性较差,容易出现塑性破损。

3. 防止刀具破损的措施

除了提高刀具材料的强度和抗热冲击性能以外,还可以采取以下措施防止或减少刀具破损。

(1) 合理选择刀具材料的牌号。对于断续切削刀具,必须选用具有较高冲击韧度、疲劳强度和热疲劳抗力的刀具材料。如铣削专用的硬质合金刀片 YTM30,就具有较好的抗破损能力。

(2) 选择合理的刀具角度。通过调整前角、后角、刃倾角和主、副偏角,增加切削刃和刀尖的强度,或者在主切削刃上磨出倒棱,可以有效地防止崩刃。

(3) 选择合适的切削用量。硬质合金较脆,要避免切削速度过低时因切削力过大而崩刃,也要防止切削速度过高时因温度太高而产生热裂纹。

(4) 尽量采用可转位刀片。采用焊接刀具时,要避免因焊接、刃磨不当而产生的各种缺陷。

(5) 要尽可能保证工艺系统有足够的刚度,以减小切削时的振动。

1.6　工件材料的切削加工性及其改善

1.6.1　衡量材料可加工性的指标

材料的切削加工性(machinability)是指对某种材料进行切削加工的难易程度。根据不同的要求,可以用不同的指标来衡量材料的切削加工性。

1. 以刀具耐用度 T 或一定耐用度下的切削速度 v_T 衡量加工性

在相同切削条件下加工不同材料时,显然,在一定切削速度下刀具耐用度 T 较长或一定耐用度下所允许的切削速度 v_T 较高的材料,其加工性较好;反之,其加工性较差。如将耐用度 T 定为 60 min,则 v_T 可写作 v_{60}。

一般以正火状态 45 钢的 v_{60} 为基准,写作 $(v_{60})_j$,然后把其他各种材料的 v_{60} 同它相比,这个比值 K_r,称为相对加工性,即

$$K_r = v_{60}/(v_{60})_j \qquad (1-39)$$

常用工件材料的相对加工性可分为八级,见表 1-7。凡 K_r 大于 1 的材料,其加工性比 45 钢好;K_r 小于 1 者,加工性比 45 钢差。v_T 和 K_r 是最常用的加工性衡量指标,在不同的加工条件下都适用。

表 1-7　材料切削加工性等级

加工性等级	名称及种类		相对加工性 K_r	典 型 材 料
1	很容易切削材料	一般非铁金属	>3.00	5-5-5 铜铅合金,9-4 铝铜合金,铝镁合金
2	容易切削材料	易切削钢	2.50~3.00	退火 15Cr,$\sigma_b = 0.37 \sim 0.441$ GPa(38~45 kg/mm²) 自动机钢,$\sigma_b = 0.393 \sim 0.491$ GPa(40~50 kg/mm²)
3		较易切削钢	1.60~2.50	正火 30 钢,$\sigma_b = 0.441 \sim 0.549$ GPa(45~56 kg/mm²)

加工性等级	名称及种类		相对加工性 K_r	典 型 材 料
4	普通材料	一般钢及铸铁	1.00～1.60	45 钢,灰铸铁
5		稍难切削材料	0.65～1.00	2Cr13 调质,$\sigma_b=0.834$ GPa(85 kg/mm²) 85 钢,$\sigma_b=0.883$ GPa(90 kg/mm²)
6	难切削材料	较难切削材料	0.50～0.65	45Cr,调质,$\sigma_b=1.03$ GPa(105 kg/mm²) 65Mn 调质,$\sigma_b=0.932\sim0.981$ GPa(95～100 kg/mm²)
7		难切削材料	0.15～0.50	50CrV 调质,1Cr18Ni9Ti,某些钛合金
8		很难切削材料	<0.15	某些钛合金,铸造镍基高温合金

2. 以切削力或切削温度衡量加工性

在相同切削条件下加工不同材料时,凡切削力大、切削温度高的材料较难加工,即其加工性差;反之,则加工性好。切削力大,则消耗功率多。在粗加工或机床刚度、动力不足时,可用切削力作为加工性指标。

3. 以加工表面质量衡量加工性

切削加工时,凡容易获得好的加工表面质量(包括表面粗糙度、加工硬化程度和表面残余应力等)的材料,其加工性较好,反之较差。精加工时,常以此作为衡量加工性的指标。

4. 以切屑控制或断屑的难易程度衡量加工性

切削时,凡切屑易于控制或断屑性能良好的材料,其加工性较好,反之则较差。在自动机床或自动线上,常以此作为衡量加工性的指标。

1.6.2　改善材料切削加工性的途径

工件材料的切削加工性能往往不符合使用部门的要求,为改善工件材料切削加工性能以满足加工部门的需要,在保证产品和零件使用性能的前提下,应通过各种途径,采取措施达到改善切削加工性能的目的。生产中常用的措施主要有以下两方面。

(1) 调整材料的化学成分。因为材料的化学成分直接影响其力学性能,如碳钢中,随着含碳量的增加,其强度和硬度一般都提高,其塑性变差,韧度降低,故高碳钢强度和硬度较高,切削加工性较差;低碳钢塑性较好,韧度较高,切削加工性也较差;中碳钢的强度、硬度、塑性和韧度都居于高碳钢和低碳钢之间,故切削加工性较好。在钢中加入适量的硫、铅等元素,可有效地改善其切削加工性。这样的钢称为易切削钢,但只有在满足零件对材料性能要求的前提下才能这样做。

(2) 采用合适的热处理工艺。化学成分相同的材料,当其金相组织不同时,力学性能就不一样,其切削加工性就不同。因此,可通过对不同材料进行不同的热处理来改善其切削加工性。例如:高碳钢、工具钢的硬度偏高,且有较多的网状、片状的渗碳体组织,加工性差,经过球化退火即可降低硬度,并得到球状渗碳体;热轧中碳钢的组织不均匀,经正火可使其组织与硬度均匀;低碳钢的塑性太高,可通过正火适当降低塑性,提高硬度;马氏体不锈钢常要进行调质处理降低塑性;铸铁在切削加工前一般均要进行退火处理,降低表层硬度等来改善切削性能。

1.7　刀具材料和几何参数的选择

1.7.1　刀具材料的选择

刀具材料主要根据工件材料、刀具形状和类型及加工要求等进行选择。切削一般钢与铸铁时的常用刀具材料见表 1-8;对于切削刃形状复杂的刀具(如拉刀、丝锥、板牙、齿轮刀具等)或容屑槽是螺旋形的刀具(如麻花钻、铰刀、立铣刀、圆柱铣刀等),目前,大多采用高速钢(HSS)制造;硬质合金的牌号很多,其切削速度和刀具寿命都很高,应尽量选用,以提高生产率。各种常用刀具材料可以切削的主要工件材料见表 1-9。

表 1-8　切削一般钢与铸铁的常用刀具材料

刀 具 类 型	切削钢的刀具材料	切削铸铁的刀具材料
车刀、镗刀	WC-TiC-Co WC-TiC-TaC-Co TiC(N)基硬质合金,Al_2O_3	WC-Co,WC-TaC-Co TiC(N)基硬质合金,Al_2O_3 Si_3N_4
面铣刀	WC-TiC-TaC-Co TiC(N)基硬质合金	WC-TaC-Co,TiC(N)基硬质合金, Si_3N_4,Al_2O_3
钻头	HSS,WC-TiC-Co WC-TiC-TaC-Co	HSS,WC-Co WC-TaC-Co
扩孔钻、铰刀	HSS,WC-TiC-Co WC-TiC-TaC-Co	HSS,WC-Co WC-TaC-Co
成形车刀	HSS	HSS
立铣刀、圆柱铣刀	HSS	HSS
拉刀	HSS	HSS
丝锥、板牙	HSS	HSS
齿轮刀具	HSS	HSS

表 1-9　常用刀具材料可切削的主要工件材料

刀 具 材 料		结构钢	合金钢	铸铁	淬硬钢	冷硬铸铁	镍基高温合金	钛合金	铜铝等非铁金属	非金属
高速钢		√	√	√			√	√	√	√
硬质合金	K 类			√		√	√	√	√	√
	P 类	√	√							
	M 类	√	√	√			√		√	√
涂层硬质合金		√	√	√				√		
TiC(N)基硬质合金		√	√	√					√	√
陶瓷	Al_2O_3基	√	√	√			√			
	Si_3N_4基			√			√			

续表

刀 具 材 料		结构钢	合金钢	铸铁	淬硬钢	冷硬铸铁	镍基高温合金	钛合金	铜铝等非铁金属	非金属
超硬材料	金刚石								√	√
	立方氮化硼				√	√	√			

1.7.2　刀具几何参数的选择

刀具切削部分几何参数的选择,对切削变形、切削力、切削温度和刀具磨损及加工质量等均有重要影响。为充分发挥刀具的切削性能,必须合理选择刀具的几何参数。

1. 前角的选择

前角影响切削刃锋利程度和刀具强度。增大前角可使刃口锋利、切削力减小、切削温度降低,还可抑制积屑瘤的产生。但前角过大,切削刃和刀头强度下降,刀具散热体积减小,刀具耐用度反而会降低。减小前角,刀具强度提高,切削变形增大,易断屑。但前角过小,会使切削力和切削温度增加,刀具耐用度降低。

由此可见,增大前角有利有弊,在一定的条件下应存在一个合理的前角值。由图 1-64 可知,对于不同的刀具材料,刀具耐用度随前角的变化趋势为驼峰形。对应最大刀具耐用度的前角称为合理前角 γ_{opt}。高速钢的合理前角比硬质合金的大。由图 1-65 可知,工件材料不同时,同种刀具材料的合理前角也不同,加工塑性材料的合理前角 γ_{opt} 比加工脆性材料的大。

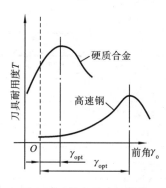

图 1-64　前角的合理数值

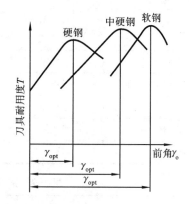

图 1-65　加工材料不同时的合理前角

具体选择时,应考虑以下几个方面。

(1)工件材料　工件材料的强度和硬度越低,塑性越大时,前角越大;反之,应选用小的前角。当加工脆性材料时,其切屑呈崩碎状,切削力集中在刃口附近且有冲击,为防止崩刃,一般应选较小的前角。

(2)刀具材料　对于强度和韧度高的刀具材料应选较大的前角。如高速钢的前角可比硬质合金刀具的前角大 5°～10°,陶瓷刀具的前角应比硬质合金刀具的前角小一些。

(3)可加工性　粗加工和断续加工时,切削力较大,有冲击,为保证刀具有足够的强度,应选较小的前角;精加工时,切削力较小,为提高刃口的锋利程度,应选较大的前角。

工艺系统刚度差和机床功率小时,宜选用较大的前角,以减小切削力和振动。

数控机床和自动机床、自动线用刀具,为保证不发生崩刃和破损,一般选用较小的前角。

硬质合金车刀合理前角的参考值见表 1-10。

表 1-10　硬质合金车刀合理前角的参考值

工件材料	合理前角/(°)		工件材料	合理前角/(°)	
	粗 车	精 车		粗 车	精 车
低碳钢 Q235	18～20	20～25	40Cr(正火)	13～18	15～20
45 钢(正火)	15～18	18～20	40Cr(调质)	10～15	13～18
45 钢(调质)	10～15	13～18	40 钢,40Cr 钢锻件	10～15	
45 钢、40Cr 铸钢件或钢锻件断续切削	10～15	5～10	淬硬钢(40～50 HRC)	−15～−5	
			灰铸铁断续切削	5～10	0～5
灰铸铁 HT150、HT200、青铜 ZCuSn10Pb1、脆黄铜、HPb59-1	10～15	5～10	高强度钢(σ_b<180 MPa)	−5	
			高强度钢(σ_b≥180 MPa)	−10	
铝 1050A 及铝合金 2A13	30～35	35～40	锻造高温合金	5～10	
纯铜 T1～T3	25～30	30～35	铸造高温合金	0～5	
奥氏体不锈钢(185 HBS 以下)	15～25		钛及钛合金	5～10	
马氏体不锈钢(250 HBS 以下)	15～25		铸造钛碳化钨	−10～−15	
马氏体不锈钢(250 HBS 以上)	−5				

2. 后角的选择

选择后角的主要目的是减小刀具后刀面与工件表面间的摩擦。增大后角,可以减小后刀面与加工表面间的摩擦,并使刃口锋利,有利于提高刀具耐用度和加工表面质量。但后角过大,切削刃强度和散热条件变差,反而使耐用度降低。具体选择时应考虑以下几个方面。

(1) 切削厚度　切削厚度越大,切削力越大,为保证刃口强度和提高刀具耐用度,应选较小的后角。

(2) 工件材料　工件材料硬度、强度较高的,为保证切削刃强度,应选较小的后角;工件材料塑性越高,材料越软,为减小后刀面的摩擦对加工表面质量的影响,应选较大的后角。

(3) 可加工性　粗加工时为提高强度,应选较小的后角;精加工时,为减小摩擦,应选较大的后角。

(4) 工艺系统刚度　当工艺系统刚度差时,可适当减小后角以防止振动。

硬质合金车刀合理后角的参考值见表 1-11。

表 1-11　硬质合金车刀合理后角的参考值

工件材料	合理后角/(°)	
	粗 车	精 车
低碳钢	8～10	10～12
中碳钢	5～7	6～8
合金钢	5～7	6～8
淬火钢	8～10	
不锈钢	6～8	8～10
灰铸钢	4～6	6～8
铜及铜合金(脆)	4～6	6～8
铝及铝合金	8～10	10～12
钛合金(σ_b≤1.17 GPa)	10～15	

3．主偏角的选择

主偏角 κ_r 主要影响刀具耐用度、已加工表面的表面粗糙度及切削分力的大小和比例。κ_r 较小，则刀头强度高，散热条件好，已加工表面的表面粗糙度值小；其负面影响为背向力大，易引起工件变形和振动。κ_r 较大时，所产生的影响则与上述相反。

通常，粗加工时 κ_r 选大些，以利于减振，防止崩刃；精加工时，κ_r 选小些，以减小已加工表面的表面粗糙度值；工件材料强度、硬度高时，κ_r 应取小些，以改善散热条件，提高刀具耐用度；工艺系统刚度好，κ_r 取小些，反之，取大些。例如车削细长轴时，常取 $\kappa_r \geqslant 90°$，以减小背向力。

4．副偏角的选择

副偏角 κ_r' 主要用以减小副切削刃与已加工表面间的摩擦。减小 κ_r' 可减小已加工表面的表面粗糙度值，提高刀具强度和改善散热条件。但这样将增加副后刀面与已加工表面间的摩擦，且易引起振动。

工艺系统刚度好时，常取 $\kappa_r' = 5°\sim 10°$，最大不超过 $15°$；精加工刀具 κ_r' 应更小，必要时可磨出 $\kappa_r' = 0°$ 的修光刃；对于切断刀、槽铣刀等，为保证刀头强度和刃磨后刀头宽度尺寸变化较小，取 $\kappa_r' = 1°\sim 2°$。

硬质合金车刀合理主偏角和副偏角的参考值见表 1-12。

表 1-12　硬质合金车刀合理主偏角和副偏角的参考数值

加 工 情 况		参考数值/(°)	
		主偏角 κ_r	副偏角 κ_r'
粗　车	工艺系统刚度高	45,60,75	5～10
	工艺系统刚度低	65,75,90	10～15
车细长轴、薄壁零件		90,93	6～10
精　车	工艺系统刚度高	45	0～5
	工艺系统刚度低	60,75	0～5
车削冷硬铸铁、淬火钢		10～30	4～10
从工件中间切入		45～60	30～45
切断刀、切槽刀		60～90	1～2

5．刃倾角的选择

刃倾角 λ_s 主要影响切削刃受力状况、切屑流向(见图 1-66)和刀头强度。当 $\lambda_s = 0°$ 时，刀尖和主切削刃同时切入工件，切屑垂直于主切削刃方向流出；当 $\lambda_s < 0°$ 时，主切削刃先切入工件，有利于保护刀尖，切屑流向已加工表面，易擦伤已加工表面，适用于粗加工和有冲击的断续切削；当 $\lambda_s > 0°$ 时，刀尖先切入工件，刀尖受冲击，切屑流向待加工表面，适用于精加工。

选择刃倾角时主要考虑可加工性和切削刃受力情况。在加工一般钢料和铸铁时，无冲击的粗车取 $\lambda_s = 0°\sim -5°$，精车取 $\lambda_s = 0°\sim 5°$；有冲击负荷时，取 $\lambda_s = -5°\sim -15°$；当冲击特别大时，取 $\lambda_s = -30°\sim -45°$；加工高强度钢、冷硬钢时，取 $\lambda_s = -10°\sim -30°$。

6．其他几何参数的选择

（1）负倒棱及其参数的选择　对于粗加工钢和铸铁的硬质合金刀具，常在主切削刃上刃

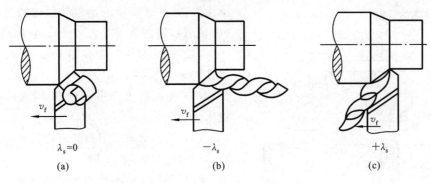

图 1-66　刃倾角 λ_s 对切屑流向的影响

(a)$\lambda_s=0$；(b)$\lambda_s<0$；(c)$\lambda_s>0$

磨出一个前角为负值的倒棱面（见图 1-67），称为负倒棱。其作用是增加切削刃强度，改善刃部散热条件，避免崩刃并提高刀具耐用度。由于倒棱宽度很窄，它不会改变刀具前角的作用。

负倒棱参数（包括倒棱宽度 $b_{\gamma1}$ 和倒棱角 γ_{o1}）应适当选择。太小时，起不到应有的作用；太大时，又会增大切削力和切削变形。一般情况下，工件材料强度、硬度高，而刀具材料的抗弯强度低且进给量大时，$b_{\gamma1}$ 和 $|\gamma_{o1}|$ 应较大；加工钢料时：若 $a_p<0.2$ mm，$f<0.3$ mm/r，可取 $b_{\gamma1}=(0.3\sim0.8)f$，$\gamma_{o1}=-5°\sim-10°$；若 $a_p\geqslant2$ mm，$f\leqslant0.7$ mm/r，可取 $b_{\gamma1}=(0.3\sim0.8)f$，$\gamma_{o1}=-25°$。

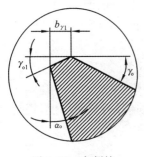

图 1-67　负倒棱

图 1-68　两种过渡刃

(a)圆弧过渡刃；(b)直线过渡刃

（2）过渡刃及其参数选择　连接刀具主、副切削刃的刀尖通常刃磨成一段圆弧或直线刃，它们统称过渡刃（见图 1-68）。过渡刃有利于加强刀尖强度，改善散热条件，提高刀具耐用度，减小已加工表面的表面粗糙度值和提高已加工表面质量。

直线过渡刃多用在粗加工或强力切削车刀、切断刀以及钻头等多刃刀具上，过渡刃偏角 $\kappa_r=\kappa_r/2$，过渡刃长度 $b_\varepsilon=(0.2\sim0.25)a_p$。圆弧过渡刃多用在精加工刀具上，可减小已加工表面的表面粗糙度值，并提高刀具耐用度。圆弧过渡刃的圆弧半径 r_ε：在高速钢刀具上时，可取 $r_\varepsilon=0.5\sim5$ mm；在硬质合金刀具上时，可取 $r_\varepsilon=0.2\sim2$ mm。

过渡刃参数必须选择适当，若 κ_r 太小或 b_ε、r_ε 太大，都会使切削变形和切削力增大过多；相反，κ_ε 太大或 b_ε、r_ε 太小时，则过渡刃起不到应有的作用。

7. 刀具几何参数选择示例

上述刀具几何参数的选择原则不能生搬硬套，而应根据具体情况做具体分析，合理运用。

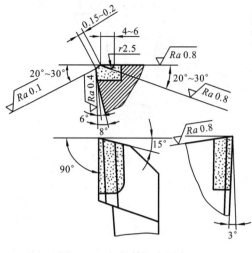

图 1-69　细长轴银白屑车刀

下面以图 1-69 所示的加工细长轴的银白屑车刀（因切屑呈银白色而得名）为例，加以分析介绍。

（1）加工对象　中碳钢光杠、丝杠等细长轴零件（$d=10\sim30$ mm）。

（2）使用机床　中等功率，刚度一般的数控机床。

（3）刀具材料　刀具的刀片材料为硬质合金 YT15，刀杆材料为 45 钢。

（4）刀具几何参数的选择与分析　工件材料的可加工性是好的，切削过程中要解决的主要矛盾是防止工件的弯曲变形。为此要尽量减小背向力，增强工艺系统的刚度，防止振动的产生。

① 采用较大的前角（$\gamma_o=20°\sim30°$），以减小切削变形，减小切削力，使切削轻快。

② 采用较大的后角（$\alpha_o=6°\sim8°$），以减小后刀面与工件表面间的摩擦，减小刀具磨损，提高加工表面质量。

③ 采用较大的主偏角，$\kappa_r=90°$，以减小背向力，避免加工时工件的弯曲变形和振动。

④ 沿主切削刃磨出 $b_{\gamma1}=0.15\sim0.2$ mm，$\gamma_{o1}=-20°\sim-30°$ 的倒棱，以加强切削刃强度（因前角较大）。

⑤ 采用刃倾角 $\lambda_s=3°$，使切屑流向待加工表面，不致划伤已加工表面。

⑥ 前刀面上磨出宽度为 $4\sim6$ mm 的直线圆弧形卷屑槽，以提高排屑卷屑效果。

1.8　切削用量的合理选择

合理选择切削用量（cutting conditions），对保证工件加工质量和刀具耐用度，提高生产效率和经济效益都具有十分重要的意义。

1.8.1　选择切削用量的基本原则

所谓合理的切削用量是指充分利用刀具的切削性能和机床性能，在保证工件加工质量的前提下，获得高的生产率和低的加工成本的切削用量。

选择合理的切削用量，必须合理确定刀具耐用度，只有刀具耐用度确定合理，才有可能达到高效率、低成本的要求。

由切削用量与刀具耐用度的关系可知，当刀具耐用度保持一定时，只有首先选择最大的背吃刀量 a_p，再选择较大的进给量 f，然后按公式计算出切削速度 v_c，这样，才能保证在满足合理刀具耐用度的前提下，获得高的生产效率和低的生产成本，使切削用量趋于合理，实现最佳。

1.8.2　切削用量的选择方法

1. 背吃刀量 a_p 的确定

背吃刀量的大小应根据加工余量 Z 的大小确定。

在中等功率机床上进行粗加工($Ra=20\sim80\ \mu m$)时,背吃刀量可达 8～10 mm。半精加工($Ra=5\sim10\ \mu m$)时,背吃刀量常取 0.5～2 mm。精加工($Ra=1.25\sim2.5\ \mu m$)时,背吃刀量常取 0.1～0.4 mm。粗加工时,一次走刀应尽可能切除全部粗加工余量。当余量过大或工艺系统刚度较差时,尽可能选取较大的背吃刀量和最少的走刀次数,各次背吃刀量按递减原则确定。半精加工、精加工时一般也应一次切除全部余量。切削表层有硬皮的铸件或不锈钢等加工硬化严重的材料时,应尽量使背吃刀量超过硬皮或冷硬层厚度,以免刀尖过早磨损。

2. 进给量的确定

粗加工时,工件表面质量要求不高,但切削力较大,进给量的大小主要受机床进给机构强度、刀具强度与刚度、工件装夹刚度等因素的限制。在条件许可的情况下,应选择较大进给量,以提高生产效率。精加工时,合理进给量的大小则主要受加工精度和表面粗糙度的限制。故精加工时往往选择较小进给量,以保证工件的加工质量。断续切削时应选较小进给量,以减小切削冲击。当刀尖处有过渡刃、修光刃及切削速度较高时,半精加工及精加工可选较大进给量以提高生产效率。

实际生产中一般利用机械加工手册、采用查表法确定合理的进给量。粗加工时,根据加工材料、车刀刀柄尺寸、工件直径及已确定的背吃刀量,按表 1-13 选择进给量。半精加工、精加工时则按工件粗糙度要求,根据工件材料、刀尖圆弧半径、切削速度,按表 1-14 至表 1-17 来选择进给量。

表 1-13　硬质合金车刀粗车外圆时进给量的参考值

车刀刀杆尺寸 $B\times H$/mm×mm	工件直径 d_w/mm	背吃刀量 a_p/mm				
		3	5	8	12	12 以上
		进给量 f/(mm/r)				
16×25	20	0.3～0.4	—	—	—	—
	40	0.4～0.5	0.3～0.4	—	—	—
	60	0.5～0.7	0.4～0.6	0.3～0.5	—	—
	100	0.6～0.9	0.5～0.7	0.5～0.6	0.4～0.5	—
	400	0.8～1.2	0.7～1.0	0.6～0.8	0.5～0.6	
20×30 25×25	20	0.3～0.4	—	—	—	—
	40	0.4～0.5	0.2～0.4	—	—	—
	60	0.6～0.7	0.5～0.7	0.4～0.6	—	—
	100	0.8～1.0	0.7～0.9	0.5～0.7	0.4～0.7	—
	600	1.2～1.4	1.0～1.2	0.8～1.0	0.6～0.9	0.4～0.6
52×50	60	0.6～0.9	0.5～0.8	0.4～0.7	—	—
	100	0.8～1.2	0.7～1.1	0.6～0.9	0.5～0.8	—
	1000	1.2～1.5	1.1～1.5	0.9～1.2	0.8～1.0	0.7～0.8
30×45	500	1.1～1.4	1.1～1.4	1.0～1.2	0.8～1.2	0.7～1.1
40×60	2500	1.3～2.0	1.3～1.8	1.2～1.6	1.1～1.5	1.0～1.5

表 1-14　带修光刃($\kappa_{\tau}' = 0°$)的硬质合金车刀粗车外圆时进给量的参考值

加工材料	车刀刀杆尺寸 $B \times H$/mm×mm	工件直径 d_w/mm	主 偏 角			
			$\kappa_r = 45°$		$\kappa_r = 90°$	
			背吃刀量 a_p/mm			
			3	5	3	5
			进给量 f/(mm/r)			
碳素结构钢和合金结构钢	16×25	40	1.0～1.2	—	1.0～1.2	—
		60	1.4～1.5	1.0～1.2	1.2～1.4	1.0～1.2
		100 以上	1.8～2.0	1.3～1.5	1.2～1.6	1.0～1.4
	20×30	40	1.0～1.2	—	1.0～1.2	—
		60	1.4～1.5	1.0～1.2	1.2～1.4	1.0～1.2
	25×25	100 以上	1.8～2.5	1.4～2.0	1.2～1.8	1.0～1.4
	25×40 以上	60	1.4～1.8	1.2～1.6	1.0～1.4	0.8～1.2
		100 以上	2.0～3.0	1.5～2.5	1.2～2.0	1.0～1.5
铸　铁	16×25	40	1.0～1.4	—	1.0～1.2	—
		60	1.5～1.8	1.0～1.4	1.2～1.5	1.0～1.2
		100 以上	2.0～2.4	1.5～2.0	1.5～2.0	1.0～1.4
	20×30	40	1.0～1.4	—	1.0～1.2	—
		60	1.5～1.8	1.0～1.4	1.2～1.5	1.0～1.2
	25×25	100 以上	2.0～2.8	1.5～2.5	1.5～2.2	1.2～1.5
	25×40 以上	60	1.5～2.0	1.2～1.5	1.2～1.6	1.0～1.2
		100 以上	2.0～3.5	1.6～3.0	1.5～2.5	1.2～1.5

表 1-15　工件材料强度不同时进给量的修正系数

材料强度 σ_b/GPa	0.49 以下	0.49～0.686	0.686～0.883	0.883～0.981
修正系数 $K_{料f}$	0.7	0.75	1.0	1.25

3. 切削速度的确定

切削速度 v_c 往往在 f、a_p 确定之后,根据合理的刀具耐用度计算或查表确定。根据切削用量与刀具耐用度的关系,有

$$v_c = C_v K_v / (T^m a_p^{x_v} f^{y_v})$$

式中:各指数与系数可在表 1-16 中查出,K_v 为切削速度修正系数,它等于各加工条件对切削速度修正系数的乘积,各修正系数可在机械加工手册中查出。

切削速度确定后,机床转速应为

$$n = 60 \times 100 v_c / (\pi d_w) \quad (r/min)$$

式中:d_w 为待加工表面的直径。转速的具体值应按所选定的转速和机床说明书最后确定。

表 1-16　高速车削时按表面粗糙度选择进给量的参考值

刀具	表面粗糙度 $Ra/\mu m$	工件材料	κ_r'	切削速度 v_c 的范围 /(m/min)	刀尖圆弧半径 r_ε/min		
					0.5	1.0	2.0
					进给量 f/(mm/r)		
$\kappa_r'>0°$ 的车刀	12.5	中碳钢、灰铸铁	5°	不限制	—	1.00~1.10	1.30~1.50
			10°			0.80~0.90	1.00~1.10
			15°			0.70~0.80	0.90~1.00
	6.3	中碳钢、灰铸铁	5°	不限制		0.55~0.70	0.70~0.85
			10°~15°			0.45~0.60	0.60~0.70
	3.2	中碳钢	5°	<50	0.22~0.30	0.25~0.35	0.30~0.45
				50~100	0.23~0.35	0.35~0.40	0.40~0.55
				100	0.35~0.40	0.40~0.50	0.50~0.60
			10°~15°	<50	0.18~0.25	0.25~0.35	0.30~0.45
				50~100	0.25~0.30	0.30~0.35	0.35~0.55
				100	0.30~0.35	0.35~0.40	0.50~0.55
		灰铸铁	5°	限制	—	0.30~0.50	0.45~0.65
			10°~15°			0.25~0.40	0.50~0.55
	1.6	中碳钢	≥5°	30~50	—	0.11~0.15	0.14~0.22
				50~80		0.14~0.20	0.17~0.25
				80~100		0.16~0.25	0.25~0.35
				100~130		0.20~0.30	0.25~0.39
				130		0.25~0.30	0.25~0.39
		灰铸铁	≥5°	不限制	—	0.15~0.25	0.20~0.35
	0.8	中碳钢	≥5°	100~110	—	0.12~0.18	0.14~0.17
				110~130		0.13~0.18	0.17~0.23
				130		0.17~0.20	0.21~0.27
$\kappa_r'=0°$ 的车刀	12.5,6.3	中碳钢、灰铸铁	0°	不限制	5.0 以下		
	3.2	中碳钢	0°	≥50	5.0 以下		
		灰铸铁		不限制			
	1.6,0.8	中碳钢	0°	≥100	4.0~5.0		
	1.6	灰铸铁	0°	不限制	5.0		

表 1-17　计算 v_T 的系数、指数和修正系数(硬质合金车刀)

工 件 材 料	走刀量 f /(mm/r)	硬质合金牌号	系数及指数			
			C_v	m	x_v	y_v
结构钢 $\sigma_b=0.736\,GPa$ (736 N/mm²)	≤0.75	YT5	227	0.2	0.15	0.35
铸铁(HB=190)	≤0.4	YG6	292	0.2	0.15	0.2

修 正 系 数			
工件材料	加工材料	钢	灰铸铁
	$K_{料v}$	$\dfrac{0.736}{\sigma_b}$	$\left[\dfrac{190}{HBS}\right]^{1.5}$

续表

主偏角 κ_r	$K_{\kappa_r v}$	κ_r	10	20	30	45	60	75	90
		钢	1.55	1.3	1.13	1.0	0.92	0.86	0.81
		铸铁	—	—	1.2	1.0	0.88	0.83	0.73

前刀面形状	前刀面形状	带倒棱型		平面型(负前角)	
	$\kappa_{前v}$	1.0		1.05	

毛坯表面	表面状况	锻件,无外皮	锻件,有外皮	铸件,有外皮
	$\kappa_{表v}$	1.0	0.8~0.85	0.5~0.6

刀片牌号	切钢时	牌号	YT30		YT15		YT14		YT5
		$K_{刀v}$	2.15		1.54		1.23		1.0
	切铸铁时	牌号	YG3		YG6			YG8	
		$K_{刀v}$	1.15		3.0			0.83	

加工方法	加工方法	车外圆	镗孔	车端面 d/D		
				0~0.4	0.5~0.7	0.8~1.0
	$K_{工v}$	1.0	0.9	1.25	1.20	1.05

除用计算方法外,生产中经常按经验和有关手册来选取切削速度,见表 1-18。

表 1-18　硬质合金外圆车刀切削速度的参考值

工件材料及热处理状态	$a_p=0.3\sim2$ mm $f=0.08\sim0.3$ mm/r $v/(\text{m/min})$	$a_p=2\sim6$ mm $f=0.3\sim0.6$ mm/r $v/(\text{m/min})$	$a_p=6\sim10$ mm $f=0.6\sim1$ mm/r $v/(\text{m/min})$
热轧(低碳钢)、易切钢	140~180	100~120	70~90
热轧(中碳钢)	130~160	90~110	60~80
调质(中碳钢)	100~130	70~90	50~70
热轧(合金钢)	100~130	70~90	50~70
调质(合金钢)	80~110	50~70	40~60
退火(工具钢)	90~120	60~80	50~70
HBS<190(灰铸铁)	90~120	60~80	50~70
HBS=190~225	80~110	50~70	40~60
高锰钢(13%Mn)		10~20	
铜及铜合金	200~250	120~180	90~120
铝及铝合金	300~600	200~400	150~200
铸铝合金(13%Si)	100~180	80~150	60~100

注:切削钢及灰铸铁时刀具耐用度约为 60 min。

1.8.3　切削用量选择举例

例 1-1　已知工件材料为 45 钢热轧棒料,$\sigma_b=0.637$ GPa(637 N/mm²)。工件尺寸见图 1-70,粗车外圆至 $\phi54$ mm,Ra 12.5 μm;半精车外圆至 $\phi53$ mm,Ra 3.2 μm。机床为 CA6140 车

床。已选好的切削条件及刀具条件如下。

(1) 粗车用 75° 可转位外圆车刀，选用正四边形 YT15 刀片。刀杆尺寸 $B \times H = 16$ mm $\times 25$ mm。刀具角度：$\gamma_o = 15°$，$\alpha_o = 6°$，$\kappa_r = 75°$，$\lambda_s = 6°$，$r_\varepsilon = 0.75$ mm，$VB = 0.6$ mm，刀具耐用度 $T = 60$ min，不加切削液。

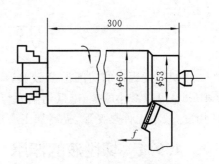

图 1-70 加工工件尺寸

(2) 半精车用 90° 可转位式车刀，选用凸三边形 YT15 刀片。刀具角度：$\kappa_r = 90°$，$\kappa_r' = 10°$，$\gamma_o = 15°$，$\alpha_o = 8°$，$\lambda_s = 4°$，$r_\varepsilon = 0.5$ mm，$VB = 0.4$ mm，刀具耐用度 $T = 60$ min。

求车削外圆时的切削用量。

解 因表面粗糙度及尺寸精度有一定要求，故分为粗车及半精车两道工序来确定切削用量。

(1) 粗车时的切削用量确定如下。

① 选择背吃刀量。根据已知条件，单边余量 $Z = 3$ mm，故取 $a_p = 3$ mm。

② 选择进给量。查表 1-13，取 $f = 0.6$ mm/r。

③ 选择切削速度。工件材料为热轧 45 钢，由表 1-18 知，当 $a_p = 3$ mm，$f = 0.6$ mm/r 时，$v_c = 100$ m/min，可保证 $T = 60$ min。

④ 确认机床主轴转速 n_s。

$$n_s = \frac{1\,000v}{\pi d_w} = \frac{1\,000 \times 100}{3.14 \times 60} \text{ r/min} = 530.8 \text{ r/min}$$

从机床主轴箱标牌上查得，实际主轴转速为 450 r/min，故实际切削速度

$$v_c = \pi d_w n_{实}/1\,000 = 3.14 \times 60 \times 450/1\,000 \text{ m/min} = 85 \text{ m/min}$$

⑤ 校验机床功率。由表 1-3 知，单位切削力 $k_c = 1\,962$ N/mm²，$K_{fF_c} = 0.9$；查表 1-5 知，$K_{VBF_c} = 1.20$；其他切削条件修正系数为 1，故主切削力

$$F_c = k_c a_p f K_{fF_c} K_{VBF_c} = 1\,962 \times 3 \times 0.6 \times 0.9 \times 1.20 \text{ N} = 3\,814.1 \text{ N}$$

切削功率

$$P_m = F_c v_c/60\,000 = 3\,814.1 \times 85/60\,000 \text{ kW} = 5.4 \text{ kW}$$

由机床说明书知，CA6140 机床主电动机功率 P_E 为 7.5 kW，取机床效率 $\eta_m = 0.8$，则

$$P_m/\eta_m = 5.4/0.8 \text{ kW} = 6.75 \text{ kW} < P_E$$

故机床功率够用。

(2) 半精车时的切削用量确定如下。

① 选择背吃刀量 a_p。取 $a_p = 0.5$ mm。

② 选择进给量 f。由表 1-16 知，当 $Ra = 3.2$ μm，$\kappa_r' = 10°$，$v_c = 100$ m/min，$r_\varepsilon = 0.5$ mm 时，$f = 0.30 \sim 0.35$ mm/r，取 $f = 0.31$ mm/r。

③ 选择切削速度 v_c。由表 1-18 知，当 $a_p = 0.5$ mm，$f = 0.31$ mm/r 时，$v_c = 130 \sim 160$ m/min，取 $v_c = 150$ m/min。

④ 确定机床主轴转速 n_s。

$$n_s = 1\,000v_c/(\pi d_w) = 1\,000 \times 150/(3.14 \times 54) \text{ r/min} = 885 \text{ r/min}$$

从机床主轴箱标牌上查得主轴转速 n 为 710 r/min，故实际切削速度为

$$v_c = 3.14 \times 54 \times 710/1\,000 \text{ r/min} = 120 \text{ m/min}$$

1.9　切削液的合理选用

切削过程中的切削温度较高,刀具与工件之间的摩擦也较大,合理使用切削液(cutting fluid),可以减小摩擦,降低切削力与切削温度,改善切削条件,从而减轻刀具磨损,提高刀具耐用度,减小工件热变形,提高加工质量和生产率。

1.9.1　切削液的作用

1. 冷却作用

切削液的冷却作用是通过切削热的传导带走大量切削热来实现的,由此可降低切削温度,减小工件变形,提高刀具耐用度和加工质量。在切削速度高,刀具、工件材料耐热性低,热膨胀系数大的情况下,切削液的冷却作用就更重要。

切削液的冷却效果取决于它的热导率、比热容、汽化热、汽化速度、流量、流速等。水的比热容比油大,热导率也比油大。因此,水溶液的冷却性最好,乳化液次之,油类最差。

2. 润滑作用

金属切削时切屑、工件与刀具界面的摩擦可分为干摩擦、流体润滑摩擦和边界润滑摩擦三种。干切削时,形成金属接触间的干摩擦,摩擦因数很大。如加入切削液,切屑、工件与刀具间形成完全的润滑膜,使金属直接接触面积很小,接近于零,则成为流体润滑,摩擦因数变得很小。实际切削中,由于切屑、工件与刀具界面上承受较大负荷及较高温度,流体油膜大部分被破坏,造成部分金属直接接触,成为边界润滑摩擦,摩擦因数大于流体润滑摩擦时而小于干摩擦时。

切削液的润滑作用,取决于切削液渗透到刀具与工件、切屑之间形成润滑膜的吸附能力和摩擦因数的大小。切削液产生的润滑膜有两类:一是物理吸附膜,由切削液中的动、植物油及油脂添加剂中的极性分子形成于工件、切屑与刀具界面之间,适用于低速精加工切削,在高速、高压下,润滑膜将被破坏;二是在切削液中加入极性很高的硫、氯和磷等极压添加剂后,在高温、高压下切削液进入切削区,与金属发生化学反应所生成的氯化铁、硫化铁、磷酸铁等形成的化学吸附膜,它吸附牢固、剪切强度低、摩擦因数小、耐高温高压,润滑效果良好。

3. 清洗和排屑作用

切削液能将切削中产生的细碎切屑和细磨粒冲出切削区,以减少刀具磨损,且能防止划伤已加工表面和机床导轨面。切削液的清洗效果与其渗透性、流动性和使用压力有关。

深孔加工时,使用高压切削液,有助于排屑。

4. 防锈作用

为保护工件、机床、夹具、刀具不受周围介质(如空气、水分、酸等)的腐蚀,要求切削液具有一定的防锈作用。

在切削液中加入缓蚀剂,如亚硝酸钠、磷酸三钠和石油磺酸钡等,使金属表面生成保护膜,可起到防锈、防蚀作用。

1.9.2　切削液的种类及选用

1. 种类

常用的切削液分为水溶性切削液和油溶性切削液两大类。

1）水溶性切削液

水溶性切削液主要有水溶液、乳化液和化学合成液三种,具有良好的冷却、清洗作用。

水溶液主要用于粗加工和普通磨削加工,在水中根据需要可加入缓蚀剂、清洗剂、油性添加剂等,以增强其性能。

乳化液是由矿物油、乳化剂及其他添加剂与水混合而成的不同浓度的切削液,低浓度乳化液以冷却为主,用于粗加工和普通磨削加工;高浓度乳化液具有良好的润滑作用,可用于精加工和复杂刀具加工。

化学合成液由水、各种表面活性剂和化学添加剂组成,具有良好的冷却、润滑、清洗和防锈性能。

2）油溶性切削液

油溶性切削液主要有切削油和极压切削油两种,主要起润滑作用。

切削油有矿物油、动植物油和混合油等,其热稳定性好,资源丰富,价格便宜。

极压切削油是在切削油中加入了硫、氯、磷等极压添加剂的切削液,可显著提高润滑效果和冷却作用。

2. 添加剂

为改善切削液的性能所加的化学物质称为添加剂。常用添加剂有油性添加剂、极压添加剂、表面活性剂等。

1）油性添加剂

油性添加剂含有极性分子,能与金属表面形成牢固的吸附膜,在较低温度下起润滑作用。常用的油性添加剂有动植物油,脂肪酸、胺类、醇类及脂类。

2）极压添加剂

极压添加剂是含硫、磷、氯、碘等元素的有机化合物。它们在高温下与金属表面起化学反应,形成化学润滑膜,比物理吸附膜耐高温。

3）表面活性剂(乳化剂)

表面活性剂是使矿物油和水乳化,形成的稳定的乳化液添加剂。它是一种有机化合物,由极性和非极性基团两部分组成,前者亲水,后者亲油,可以使原本互不相溶的水和油联系起来,形成稳定的乳化液。它除起乳化作用外,还能吸附在金属表面上,形成润滑膜起润滑作用。

常用的表面活性剂有石油磺酸钠、油酸钠皂、聚氯乙烯、脂肪、醇、醚等。

3. 切削液的选用

(1) 粗加工　粗加工时,切削用量大,生热多,应选用冷却性能好的切削液,如离子型切削液(添加有石油磺酸钠、油酸钠皂等表面活性剂的乳化液)或 3%～5% 乳化液。

硬质合金刀具耐热性较好,一般不用切削液。若使用切削液,应注意连续、充分浇注,以免因冷热不均产生热应力而导致刀具损坏。

(2) 精加工　精加工时,切削液的主要作用是减小工件表面粗糙度和提高加工精度,应选用具有良好润滑性能的切削液。如低速($v_c \leqslant 30 \text{ m/min}$)精加工钢料时,可选用极压切削油或 10%～12% 极压乳化液或离子型切削液。

(3) 难加工材料的切削　切削难加工材料时,切削力大,切削温度高,摩擦严重,应选用极压切削油或极压乳化液。

(4) 磨削加工　磨削过程中温度高,工件易烧伤,同时,产生的大量细屑、砂末会划伤已加工表面。所以,应选用具有良好的冷却及清洗作用的切削液。一般常用乳化液和离子型切削液。磨削难加工材料时,应选用润滑性能好的极压乳化液或极压切削油。

1.9.3　切削液的使用方法

（1）浇注法　即直接将充足大流量的低压切削液浇注在切削区。这种方法在生产中较常用,但难使切削液直接渗入最高温度区,影响切削液的使用效果。

（2）喷雾法　此法是用压缩空气以 0.3～0.6 MPa 的压力通过喷雾装置使切削液雾化,高速喷至切削区的方法。高速气流带着雾化成微小液滴的切削液渗透到切削区,在高温下迅速汽化,吸收大量切削热,因此可取得良好的冷却效果。

（3）内冷却法　即将切削液通过刀体内部以较高的压力和较大流量喷向切削区,将切屑冲刷出来,同时带走大量的热量。采用这种方法可大大提高刀具耐用度、生产效率和加工质量。深孔钻、套料钻等刀具加工时常采用这种冷却方法。

1.10　磨削过程及磨削特征

1.10.1　磨粒特征

由于磨粒是由机械粉碎方法得到的,所以其形状极不规则。常见的几种磨粒形状如图 1-71所示。其主要特征是:

（1）顶尖角通常为 90°～120°,因此,磨削时磨粒基本上以负前角进行切削;

（2）磨粒的切削刃和前面虽很不规则,但却几乎都存在切削刃钝圆半径,多在几到几十微米,磨粒磨损后其值还要大;

（3）磨粒在砂轮表面除分布不均匀外,位置高低也各不相同。

砂轮如果经过精细修整,其磨粒表面可出现数个微小的切削刃,称为微刃（见图 1-72）。

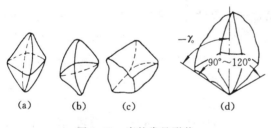

图 1-71　磨粒常见形状

图 1-72　磨粒的微刃

1.10.2　磨屑的形成过程

工件表层金属被砂轮表面凸出锋利的磨粒所切削而形成磨屑,其典型过程如图 1-73 所示。磨屑的形成大致要经历滑擦、刻划（耕犁）和切削三个阶段。

在滑擦阶段,磨粒与工件开始接触时的切削厚度很小,由于磨粒存在很大的负前角及刃口钝圆半径,所以不能切下磨屑,而只能在工件表面进行滑擦,使工件表面发生弹性变形。

随着磨粒逐步深入工件,它与工件间的压力增大,工件表面变形增大,并逐步由弹性变形转变至塑性变形,使磨粒前方受挤压金属向两边塑性流动,工件表面被刻划出沟槽,沟槽两侧微微隆起,这便是磨粒切入过程的刻划（耕犁）阶段。磨粒的钝圆半径越大,刻划阶段就越长。

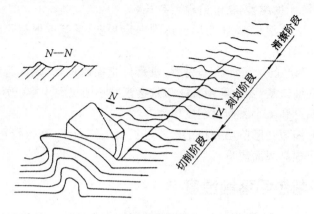

图 1-73　磨粒切削过程的三个阶段

随着刻划阶段的继续进行,磨粒切入深度加大,当切削厚度达到某一临界值时,磨粒前方金属被推挤而产生滑移形成磨屑,即为切削阶段。

由于磨粒在砂轮上的分布极不规则,其凸出砂轮表面的高度也不一致,所以,各磨粒在磨削中所起作用便不相同。砂轮上只有部分磨粒能完成整个切削过程的三个阶段,切下磨屑。而有些磨粒由于凸出高度较小,只能起到滑擦或刻划作用。所以,磨削过程是包含切削、滑擦、刻划(耕犁)作用的综合过程。

1.10.3　磨削力

磨削与其他切削加工一样会产生切削力。磨削力来源于两方面:工件材料产生变形时的抗力和磨粒与工件间的摩擦力。与切削力类似,可将磨削力分解为三个方向即轴向、径向与切向的分力。但由于磨粒形状的特殊及磨削过程的复杂,磨削力又不同于其他切削力而有其本身的特征。

(1) 单位磨削力很大。这主要由于磨粒形状的不合理及其随机性所致。磨削加工的单位磨削力 k_c 一般在 $7 \times 10^4 \sim 20 \times 10^4$ MPa 之间变化,而其他加工方法的 k_c 值均在 7 000 MPa 以下。

(2) 径向分力很大。一般切削加工中往往以切向分力为最大。磨削时的径向分力远超出切向分力,为后者的 2~4 倍。这是由于磨削时背吃刀量小、磨粒负前角大及刃口钝的缘故。径向力虽不耗功,但会使工件产生水平方向的弯曲,直接影响加工精度。

(3) 磨削力随不同的磨削阶段而变化。

1.10.4　磨削阶段

磨削过程中,由于径向分力 F_y 较大,工艺系统将沿工件径向产生弹性变形,使实际磨削背吃刀量不同于径向进给量,图 1-74 所示为径向进给量与磨削时间的关系。磨削过程可分为以下三个阶段。

(1) 初磨阶段　在最初的几次进给中,砂轮切入工件时产生较大的径向力,使工艺系统弹性变形,实际磨削背吃刀量小于径向进给量。随着进给次数的增加,工艺系统弹性变形抗力增加,实际磨削背吃刀量也增加而逐渐达到名义进给

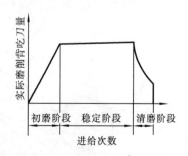

图 1-74　磨削过程的三个阶段

量值。显然,工艺系统刚度越差,初磨阶段就越长。

(2)稳定阶段　　这时,系统弹性变形已达到一定程度,且基本保持不变,实际磨削背吃刀量基本等于径向进给量。

(3)清磨阶段　　当磨削余量即将磨完时,机床停止径向进给,径向磨削力逐渐减小,使工艺系统的弹性变形逐渐恢复,实际磨削背吃刀量逐渐减小但仍大于零(仍可看到稀疏的火花)。此阶段可提高磨削精度和减小表面粗糙度值。

由图 1-74 可知,缩短初磨阶段和稳定阶段可提高生产效率,而保持适当清磨(去火花)进给次数和清磨时间可提高表面质量。

1.10.5　磨削热和磨削温度

由于磨削速度很高,加之磨削过程中的刻划、滑擦作用导致严重的挤压、摩擦变形,所以磨削过程中会产生大量的磨削热。一般切削加工中,切屑可带走大部分的切削热,而对于磨削加工,由于磨屑非常细小,砂轮的导热性较差,加之切削液难以进入磨削区,所以大部分磨削热会传入工件,使工件温度升高,从而影响工件的尺寸、形状精度。

在工件与磨粒接触处可出现 1 000 ℃以上的高温,称磨粒磨削点温度。这种高温作用时间极短,作用区域小,与磨粒磨损和切屑熔着现象有密切关系。

一般所说的磨削温度是指砂轮与工件接触面的平均温度。由于磨削时消耗的大量能量在极短时间内转化为热能,所以磨削区温度升高非常迅速。急剧变化的磨削温度不仅可使工件发生热变形而影响其加工精度,而且与磨削烧伤、磨削裂纹的产生有着密切关系。所以,磨削中的温度升高不容忽视,一般应注入磨削液进行冷却。

影响磨削温度的因素主要有以下几方面。

(1)砂轮速度　　速度增大,单位时间内参加切削的磨粒数增多,切削厚度减小,挤压、摩擦作用加剧,磨削温度升高。

(2)工件速度　　工件速度的增加使金属切除量增加,从而导致发热量增大,磨削温度升高。

(3)径向进给量　　它的增加将导致磨削中变形力及摩擦力的增大,引起磨削热增加,磨削温度升高。

(4)工件材料　　工件材料的导热性越差,磨削区温度就越高。

(5)砂轮特性　　砂轮越硬,自锐性越差,磨粒与工件的挤压、摩擦就越严重,磨削温度也越高。砂轮的粒度越细,砂轮工作面上磨粒越多,磨削温度就越高。

1.10.6　砂轮磨损与耐用度

砂轮的磨损(见图 1-75)可分为磨耗磨损和破碎磨损。砂轮磨耗磨损的特征是磨粒一层

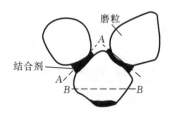

图 1-75　砂轮磨损

层被磨掉,是磨粒与工件间的摩擦引起的。图 1-75 中,B—B 线表示磨粒的破碎,A—A 线表示结合剂的破碎,它们都属于砂轮的破碎磨损。破碎磨损的强烈程度取决于磨削力的大小和磨粒或结合剂的强度。相比之下,破碎磨损消耗的砂轮重量要大于磨耗磨损。就软砂轮而言,结合剂的破碎多于磨粒的破碎。从磨损后的影响看,磨耗磨损影响大些。因为磨耗磨损直接影响到砂轮磨损表面的大小及磨削力的大小,而它们又反过

来影响破碎磨损,从而影响砂轮耐用度、磨削区温度及工件表面质量。此外,磨削下来的磨屑嵌入砂轮磨粒的空隙中,使砂轮表面被堵塞,也会使砂轮失去磨削能力。

砂轮磨损后若继续使用就会使磨削效率降低、磨削表面质量下降,并产生振动和噪声。砂轮磨损后应进行修整,以消除钝化的磨粒和堵塞层,恢复砂轮的切削性能及正确形状。

常用的修整工具有:单颗粒金刚石、碳化硅修整轮、电镀人造金刚石滚轮等。其中最常用的是单颗粒金刚石修整工具。

砂轮两次相邻修整间的实际加工时间 T,称为砂轮耐用度。砂轮合理耐用度的参考值见表 1-19。

表 1-19　砂轮常用合理耐用度的数值

磨削种类	外圆磨	内圆磨	平面磨	成形磨
耐用度 T/s	1 200~2 400	600	1 500	600

1.11　高速切削与高效磨削

1.11.1　高速切削概述

1. 高速切削的概念

高速切削(high-speed cutting)加工技术中的"高速"是一个相对概念。目前,关于高速切削尚无统一定义,一般认为,高速切削是指采用超硬材料的刀具,通过极大地提高切削速度和进给速度,来提高材料切除率、加工精度和加工表面质量的现代加工技术。以切削速度和进给速度界定:高速加工的切削速度和进给速度为普通切削的 5~10 倍。

高速切削的切削速度范围因不同的工件材料而异。图 1-76 列举了几种常用工程材料的高速与超高速切削的切削速度范围。

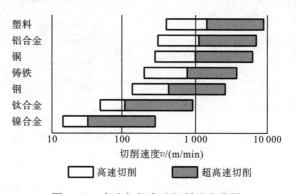

图 1-76　高速与超高速切削速度范围

高速切削的速度范围随加工方法不同也有所不同。例如:高速车削的速度范围通常为 700~7 000 m/min;高速铣削的速度范围为 300~6 000 m/min;高速钻削的速度范围为 200~1 100 m/min;高速磨削的速度范围为 100~300 m/s。

2. 高速切削的特点

与普通机械加工相比,高速切削具有如下特点。

(1)加工效率高　随着切削速度和进给率成倍地提高,单位时间内材料切除率增加(与普通机械加工相比,材料切除率可提高 3～6 倍),切削加工时间大幅度减少。

(2)切削力小　根据切削速度提高的幅度,切削力较常规平均可减小 30％以上,有利于刚度较差和薄壁零件的切削加工。

(3)加工精度高　高速切削加工时,切屑以很高的速度排出,带走大量的切削热,切削速度提高愈大,带走的热量就愈多,可达 90％以上,传递给工件的热量大幅度减少,有利于减小加工零件的内应力和热变形,提高加工精度。

(4)动力学特性好　高速切削中,随切削速度的提高,切削力降低,这有利于抑制切削过程中的振动。机床转速的提高,使切削系统的工作频率远离机床的低阶固有频率,因此高速加工可获得好的表面粗糙度。

(5)可加工硬表面　高速切削可加工硬度为 45～65 HRC 的淬硬钢铁件,在一定条件下可取代磨削加工或某些特种加工。

(6)利于环保　采用高速切削可以实现"干切"和"准干切",避免冷却液可能造成的污染。

3. 高速切削的历史

高速切削研究可追溯到 20 世纪 30 年代。德国切削物理学家萨洛蒙(C. J. Salomon)在《高速切削原理》一文中给出了著名的"Salomon 曲线"(见图 1-77)——对应于一定的工件材料存在一个临界切削速度,此点切削温度最高,超过该临界值,切削速度增加,切削温度反而下降。Salomon 博士认为,在临界切削速度两边有一个不适宜的切削加工区域(有的学者称之为"死区")。而当切削速度超过该区域继续提高时,切削温度下降到刀具许可的温度范围,便又可进行切削加工。图 1-77 中标出了用高速钢刀具加工非铁金属时的切削适应区与切削不适应区。

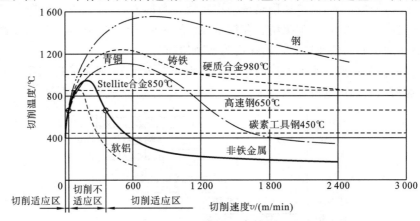

图 1-77　Salomon 切削温度与切削速度曲线

Salomon 理论提出后的一段时间内,由于受到种种条件的限制,关于高速加工的研究没有重大进展。直到第二次世界大战后,高速切削才重新受到重视,经过理论研究和探索阶段、应用基础研究阶段,最终进入高速加工应用研究和实际工业应用阶段。特别是近二十年来,随着材料、信息、微电子、计算机等现代科学技术的迅速发展,大功率高速主轴单元、高性能伺服控制系统和超硬耐磨和耐热刀具材料等关键技术的解决和进步,使得高速切削技术在德、美、日等工业发达国家得到迅速发展和广泛应用,取得了重大的经济和社会效益。

4. 高速切削的关键技术

高速切削虽具有众多的优点,但由于技术复杂,且对于相关技术要求较高,其应用受到限制。与高速切削密切相关的技术主要有:

（1）高速切削机理研究；

（2）高速切削刀具与磨具制造技术；

（3）高速切削机床技术；

（4）高速切削在线检测与控制技术；

（5）其他　如高速切削工艺，高速切削毛坯制造技术，干切技术，高速切削的排屑技术、安全防护技术等。

1.11.2　高速切削的应用

1. 不同材料的高速切削

1）铝、铜合金的高速切削加工

铝、铜合金的强度和硬度相对较低，导热性好，适于进行高速切削加工，不仅可以获得高的生产率，还可以获得好的加工表面质量。切削铝、铜合金可选用的刀具材料有硬质合金、金刚石镀层硬质合金以及聚晶金刚石（PCD）等。表 1-20 列举了使用 PCD 刀具高速切削铝、铜合金的一些实例。

表 1-20　用 PCD 刀具切削铝、铜合金实例

加工对象	加工方式	工艺参数	刀具参数	加工效果
车辆汽缸体 AlSi7Cu4Mg 合金	精铣	$v=800$ m/min $v_z=0.08$ mm/齿 $a_p=0.5$ mm	12 mm 正方形刀片 齿数 $z=12$ $\alpha=12°$	$Ra=0.8$ μm，可连续加工 500 件（使用 WC 基硬质合金只能加工 25 件）
照相机机身 13% 硅铝合金	精铣	$v=2\,900$ m/min $v_z=0.018$ mm/齿 $a_p=0.5$ mm	齿数 $z=4$ $\gamma=10°$ $\alpha=12°$	$Ra=0.8\sim0.4$ μm，可连续加工 20 000 件（使用 WC 基硬质合金只能加工 250 件）
活塞环槽 LM24 铝合金	车削	$v=590$ m/min $f=0.2$ mm/r $a_p=10$ mm	$\gamma=10°$ $\alpha=12°$ $\alpha'=2°$	可连续加工 2 500 件，无颤振
活塞式阀门 LM24 铝合金	钻孔	$v=132$ m/min $v_f=380$ mm/min	麻花钻	可连续加工 5 000 件，取代硬质合金钻头定中心、钻孔、铰孔
整流子 CDA105 铜合金	精车	$v=350$ m/min $f=0.05$ mm/r $a_p=0.25$ mm 干切	$\gamma=0°$ $\alpha=7°$ $r=0.5$ mm	可连续加工 2 500 件（使用 WC 基硬质合金只能加工 50 件）
油泵喷射内孔 GdAlSi12Cu 硅铝合金	精镗	$v=173$ m/min $f=0.02$ mm/r $a_p=0.2$ mm	阶梯镗刀	$Ra=0.35$ μm，每把刀可加工 150 000 件

2）铸铁与钢的高速切削

对铸铁与钢进行高速加工，不仅可以获得高的加工效率和好的表面质量，还可以对淬硬钢和冷硬铸铁进行切削加工，实现以切代磨。由于铁元素与金刚石中的碳元素有很强的亲和力，碳元素容易向含铁的材料扩散，这样，会使金刚石刀具很快磨损，故铸铁与钢的高速切削加工不宜采用金刚石刀具，可以选用涂层硬质合金、陶瓷和聚晶立方氮化硼（PCBN）等刀具，在超

高速切削时应首选 PCBN。表 1-21 列举了使用 PCBN 刀具高速切削钢和铸铁的一些实例。

表 1-21　使用 PCBN 刀具高速切削钢和铸铁实例

加 工 对 象	硬　度	加工方式	工 艺 参 数	加 工 效 果
轧辊 Cr15 钢	71HRC	车削	$v=180$ m/min $f=5.6$ mm/r $a_p=1.5$ mm	以车代磨,工效提高 4～5 倍,$Ra=$ 0.8～0.4 μm
Q235 热压板		端铣	$v=800$ m/min $v_f=100$ mm/min	以铣代磨,工效提高 6～7 倍,$Ra=$ 1.6～0.8 μm,平面度为 0.02 μm
汽缸套孔珠光体铸铁	210HB	精镗	$v=460$ m/min $f=0.24$ mm/r $a_p=0.3$ mm 干切	连续加工 2 600 件,$Ra=0.8$ μm
Cr、Cu 铸铁		端铣	$v=1$ 200 m/min	$Ra=0.8$ μm,平面度为 0.02 μm
40Cr 钢	38HRC	立铣	$v=850$ m/min	以铣代磨,工效提高 5～6 倍

3) 难加工材料的高速切削

钛合金、镍合金、硬质合金和高温合金等属于难加工材料,采用合适的 PCD 或 PCBN 刀具进行高速切削可以获得较好的效果。表 1-22 列举了使用 PCBN 刀具高速切削钛、镍合金和硬质合金的几个实例。

表 1-22　PCBN 刀具在高速切削中的应用实例

加 工 对 象	硬度	刀具材料	加工方式	工 艺 参 数	加 工 效 果
冷挤压模 YG15	87HRA	PCBN	镗孔	$v=50$ m/min $f=0.1$ mm/r $a_p=0.1$ mm	工效较电火花加工提高 30 倍,$Ra=0.8$～0.4 μm
钛合金 Ti6Al4V	330HV	PCBN	铣削	$v=200$ m/min $v_f=50$ mm/min $a_p=0.5$ mm	$Ra=1.6$～0.8 μm
柴油机机体主轴承孔(表面热喷涂镍基合金)	50HRC	PCBN	镗孔	$v=110$ m/min $f=0.08$ mm/r $a_p=0.3$ mm	行程达 13 000 m,$Ra=1.6$～0.8 μm

高速切削的应用范围正在逐步扩大,不仅用于切削金属等硬材料,也越来越多用于切削软材料,如橡胶、各种塑料、木头等,经高速切削后,这些软材料被加工表面极为光洁,这对于普通切削加工是很难做到的。

2. 高速切削的应用领域

目前,高速切削的主要应用领域包括航空航天、汽车、模具、仪器仪表等领域。

(1) 航空航天领域　航空航天工业中许多带有大量薄壁、细肋的大型轻合金整体构件,采用高速切削,材料去除率达 100～180 cm^3/min,并可获得好的质量。此外,航空航天工业中许多镍合金、钛合金零件,也适于采用高速加工,切削速度达 200～1 000 m/min。

(2) 汽车领域　目前,已出现由高速数控机床和高速加工中心组成高速柔性生产线,可以实现多品种、中小批量的高效生产。

(3) 模具制造领域 用高速铣削代替传统的电火花成形加工,可使模具制造效率提高 3～5 倍。对于复杂型面模具,模具精加工费用往往占到模具总费用的 50% 以上。采用高速加工可使模具精加工费用大大减少,从而可降低模具生产成本。

(4) 仪器仪表领域 主要用于精密光学零件加工。

1.11.3 几种高效磨削方法

为了提高磨削加工的生产率,发展了多种高效磨削方法,包括高速磨削、强力磨削、砂带磨削等。

1. 高速磨削

1) 高速磨削及其特点

以前,普通磨削砂轮线速度一般为 30～35 m/s,当高于 45 m/s 或 50 m/s 时,便视为高速磨削。但近二十年来,由于高速磨削技术的突破性发展(最高磨削速度已达 500 m/s)和研究工作的深入,人们发现,随着磨削速度的提高,磨削力在 $v=100$ m/s 前后的某个区间出现陡降,工件表面温度也随之出现回落。目前,常将磨削速度高于 100 m/s 的磨削称为高速磨削。

与普通磨削相比,高速磨削在单位时间内,通过磨削区的磨粒数是增加的。若采用与普通磨削相同的进给量,则高速磨削时每颗磨粒的切削厚度变薄,载荷减小,这有利于减小磨削表面粗糙度,并可提高砂轮使用寿命。若保持与普通磨削相同的切削厚度,则可相应提高进给量,因而生产效率可比普通磨削高 30%～100%。

高速磨削既可以用于精加工,又可以用于粗加工,从而可大大减少机床种类,简化工艺流程。

2) 高速砂轮及其修整

高速磨削用砂轮应具有强度高、抗冲击性、耐热性和微破碎性好以及杂质含量低等特点。高速磨削砂轮使用较多的磨料是立方氮化硼(CBN)和金刚石,砂轮结合剂以陶瓷和金属结合剂为主。

目前,高速磨削多采用单层超硬磨料砂轮,其中以电镀结合砂轮应用最广。电镀结合砂轮的磨粒突出高度大,能容纳大量磨屑,且制造成本较低。

近年来,国外开发了一种新型砂轮——单层高温钎焊超硬磨料砂轮。开发这种砂轮的着眼点是期望钎焊所能提供的界面上的化学冶金结合从根本上改善磨料、结合剂(钎焊合金材料)、基体三者间的结合强度。由于钎焊砂轮结合强度高,砂轮工作线速度可达 300～500 mm/s,砂轮使用寿命也很高。

美国 Norton 公司利用铜焊技术研究出的金属单层(mental single layer,MSL)砂轮,单层 CBN 磨粒被直接用铜焊在金属基体上,由于铜是一种活性金属,它能与磨粒和基体产生强大的化学黏结力。图 1-78 所示是普通电镀砂轮和 MSL 砂轮的对比。MSL 砂轮的磨粒突出比已达到 70%～80%,容屑空间大大增加,结合剂抗拉强度超过了 1 553 N/mm²,在相同磨削条件下可使磨削力降低 50%。

单层砂轮基体材料及形状必须依据机床性能、使用要求、加工对象等进行综合优化设计。最新设计的一种高速磨削单层 CBN 砂轮如图 1-79 所示,这种砂轮以铝合金为基体,其最大特点是没有中心孔,砂轮轮盘的剖面形状及法兰孔的数目都是经过优化设计的。

高速单层电镀砂轮一般不需修整。特殊情况下利用粗磨粒、低浓度电镀杯形金刚石修整器对个别高点进行微米级修整。试验表明,当修整轮进给量在 3～5 μm 时不仅能保证工件质

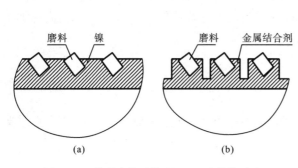

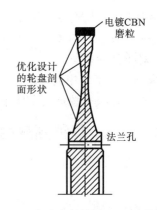

图 1-78　普通电镀砂轮和 MSL 砂轮的对比

(a)电镀 CBN 砂轮;(b)MSL 砂轮

图 1-79　高速磨削单层 CBN 砂轮结构

量,而且可以延长砂轮寿命。高速金属结合剂砂轮一般采用电解修锐。

高速磨削要注意安全与防护,还应避免产生振动。用于高速磨削的砂轮必须有足够的结合强度,并需进行很好的动平衡。由于高速磨削过程中,磨削温度较高,为避免磨削烧伤和裂纹,宜采用极压切削液,以减小磨粒与工件间的摩擦,从而减小磨削热的产生。

3) 高速磨削的应用

目前,高速磨削在以下几方面得到了有效应用。

(1) 高效深磨　高效深磨(high efficiency deep grinding,HEDG)技术起源于德国。1979年,P. G. Wenner 博士首先提出高效深磨的概念,之后 Guhring Automation 公司制造了 60 kW 强力磨床,砂轮线速度达到 100~180 m/s。1996 年,德国 Schaudt 公司生产的高速数控曲轴磨床是具有高效深磨特征的典型产品,它能把曲轴坯件直接磨削加工到最终尺寸,圆度误差为 1 μm。

(2) 高速精密磨削　高速精密磨削(precision high speed grinding)在日本应用最为广泛。日本冈本机械制作所推出的高速磨床,砂轮线速度达 140~160 m/s,砂轮主轴可相对于工件轴线倾斜,使磨削区域缩小,可实现无振动、低磨削力磨削。日本丰田工机在高速 CNC 磨床上,使用线速度 200 m/s 的薄片 CBN 砂轮一次性纵磨完成了曲轴销加工。

(3) 难加工材料的高速磨削　研究表明,采用高速磨削可使硬脆材料(如工程陶瓷、光学玻璃等)处于延性域加工状态,从而获得好的表面质量。日本高桥正行等人使用 200 m/s 的砂轮线速度对玻璃进行加工,得到的玻璃表面粗糙度值远远低于以普通速度磨削的结果。

2. 强力磨削

强力磨削是以大的吃刀量(可达 1~30 mm)和缓慢的进给量实现高效磨削的一种方法,又称缓进给磨削。其特点如下。

(1) 材料去除率高　由于砂轮与工件接触弧长比普通磨削大几倍到几十倍(见图 1-80),故材料去除率高,工件往复次数少,节省了工作台换向和空程时间。与普通磨削相比,磨削效率可提高 3~5 倍,并可在一次进给下,将铸、锻件毛坯直接磨削成合格零件。

(2) 砂轮磨损小　由于进给速度低,磨削厚度薄,单个磨粒承受的切削力小,磨粒脱落破碎减少。同时,缓进给减轻了磨粒与工件边缘的冲击,也使砂轮使用寿命提高。

(3) 磨削质量好　砂轮在较长时间内可保持原有精度,缓进给可减轻磨粒与工件边缘的冲击,这些都有利于保证加工精度和减小表面粗糙度。

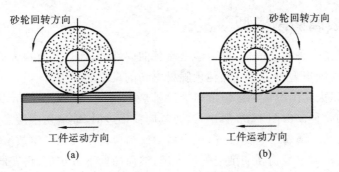

图 1-80　强力磨削与普通磨削对比
(a)普通磨削；(b)强力磨削

（4）磨削力和磨削热大　为避免磨削烧伤,宜采用顺磨（见图 1-80(b)）,以改善冷却条件,且必须提供充足的冷却液。

缓进给磨削要求机床能够提供足够的功率和承载能力,工作台低速运行稳定,无爬行。用于缓进给磨削的砂轮应具有足够的容屑空间,良好的自砺性和保持廓形精度的能力。一般应选用低硬度、组织疏松的陶瓷结合剂砂轮,并需进行充分的冷却。

3. 砂带磨削

砂带是在带基上（带基材料多采用聚碳酸酯薄膜）黏结细微砂粒（称为“植砂”）构成的。砂带在一定工作压力下与工件接触,并做相对运动,进行磨削或抛光。砂带磨削有以下特点。

（1）磨削表面质量好　砂带与工件柔性接触,磨粒载荷小、均匀,且能减振,故有“弹性磨削”之称。加之工件受力小,发热少,散热好,因而可获得好的加工表面质量,表面粗糙度 Ra 可达 $0.02~\mu m$。

（2）磨削性能强　采用静电植砂技术制作的砂带,磨粒有方向性,尖端向上（见图 1-81）,摩擦生热少,砂轮不易堵塞,且不断有新磨粒进入磨削区,磨削条件稳定。

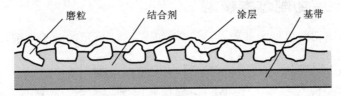

图 1-81　静电植砂砂带结构

（3）磨削效率高　强力砂带磨削,磨削比（切除工件质量与砂带磨耗质量之比）大,有“高效磨削”之称,加工效率可达铣削的 10 倍。

（4）经济性好　设备简单,无须平衡和修整,砂带制作方便,成本低。

（5）适用范围广　可用于内、外表面及成形表面加工。

1.12　非金属硬脆材料的切削

随着科学技术的发展,工程陶瓷、光学玻璃、单晶硅、石材等新型非金属硬脆材料在空间技术、机械工业、石化工业、建筑等领域的应用越来越多。前述传统的以延性金属为对象的金属切削理论,对这些硬脆材料已不尽适用。因此,研究非金属硬脆材料的切削规律,寻求合适的切削方法,以指导生产实践是很有必要的。

1.12.1 玻璃切削模型

玻璃在常温下是一种非晶固体,在力学上是各向同性的,而且具有很大的硬度和很高的脆性。因此,玻璃的切削模型可供建立其他硬脆材料切削模型时参考。

图 1-82 表示以大切削厚度切削玻璃时裂纹扩展的路径,图 1-83 表示以小切削厚度切削玻璃时裂纹扩展的路径。由图 1-82 看出,当刀具向前推进时,玻璃切削层发生了弹性变形,这时切削层出现应力场。随着刀具的推进,应力增大。当应力增大到一定数值时,切削层里便出现如图所示的裂纹。裂纹最初在切削刃附近出现,继而向前下方扩展,再转向前上方扩展至自由表面。切削层中被裂纹分割开来的玻璃材料便从工件上被切除,而成为颗粒状切屑,同时在已加工表面层形成一个凹坑,这个坑的底部在切削线之下。

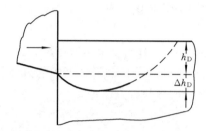

图 1-82 以大切削厚度切削玻璃时
裂纹扩展的路径

工件材料为普通钠钙玻璃;刀具材料为 YW1,$\gamma_o=0°$,$\alpha_o=5°$;
切削条件为直角自由切削,$h_D=0.25$ mm

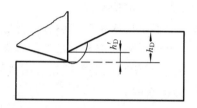

图 1-83 以小切削厚度切削玻璃时
裂纹扩展的路径

工件和刀具材料同图 1-82;
切削条件为直角自由切削,$h_D=0.1$ mm,$h_D' \ll h_D$

由图 1-83 看出,切削厚度小时,裂纹扩展路径较短,切下的玻璃颗粒较小,在已加工表面上形成的凹坑也较小而浅。

1.12.2 玻璃切削过程模型

以上述两个玻璃切削模型为基础,可以建立如图 1-84 所示的玻璃切削过程模型。

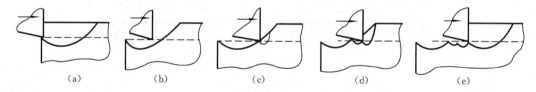

(a)   (b)   (c)   (d)   (e)

图 1-84 玻璃切削过程模型
(a)大块破碎切除;(b)空切;(c)小小块破碎切除;(d)大小块破碎切除;(e)重复大块破碎切除

切削玻璃时,如果切削厚度较大,那么,实际切削厚度将是周期性变化的,每个周期大致可分为四个阶段(图 1-84),现分别描述如下。

(1)大块破碎切除阶段 在本阶段发生大块破碎切除,形成颗粒状切屑,在已加工表面层形成大而深的凹坑。

(2)空切阶段 刀具在大凹坑上方行进,没有切着玻璃,这就是空切阶段。

(3)小小块破碎切除阶段 过了空切阶段,刀具便与带有坡度的坑壁接触,再次切入。这时实际切削厚度很小,因而发生的只是小小块破碎切除,形成细粉状切屑;在已加工表面上形成很小很浅的凹坑。

（4）大小块破碎切除阶段 由于坑壁呈斜坡状，坑壁的切削厚度由下至上逐渐增大。本阶段的切削厚度比上阶段大些，所以切除的玻璃碎块比前一阶段大些，在已加工表面层形成的凹坑也比前一阶段的要大些和深些。

（5）重复大块破碎切除阶段 这一阶段有时会重复几次，切除的碎块逐次增大，直至增大到某一数值，才再次出现大块破碎切除，从而进入另一个新的变化周期，重复上述诸阶段。

1.12.3 其他硬脆材料的切削模型

玻璃切削模型的精髓是裂纹扩展的路径。裂纹扩展路径的长短决定着切屑的形态，长裂纹形成颗粒状切屑，短裂纹形成粉状切屑。裂纹还有一个很重要的特点，就是裂纹有一段处在切削线之下，这段裂纹的长短决定了在已加工表面层形成的凹坑的大小和深浅，凹坑的深度则决定了已加工表面粗糙度，凹坑的大小则决定了刀具磨损的快慢。玻璃、花岗石、陶瓷等同属于硬脆材料，在切削机理方面应该有共性，即切削这些材料时，在切削区里必然出现裂纹，经断裂破碎而被切除。但是它们也各有特性。譬如，在常温下，玻璃是非晶固体，在力学上则是各向同性的，工业陶瓷是多晶体，而花岗石则是多种组分、多颗粒结构。由于晶界的强度比晶体低，常常能干扰裂纹扩展的方向；此外，晶体在力学上是各向异性的，而且各晶体的取向是随机的，裂纹在穿晶扩展时也容易改变方向。由于花岗石的粒界近似晶界，不同成分颗粒的强度存在差异，所以它们对裂纹扩展的方向具有干扰作用。尤其是当晶界或粒界较弱时，干扰就更显著。但是，尽管有干扰存在，裂纹扩展的趋向大致上还是和玻璃切削模型相似的。

图 1-85 所示为石灰岩切削模型。该模型是用前角 $\gamma_o = -15°$ 的刀具切削石灰岩，用高频摄影法观察切削区的侧面，根据观察所得绘出的。图中表示了实际裂纹扩展的路径，并且裂纹扩展路径近似一条对数螺旋线。由图 1-85 看出，裂纹扩展的路径基本上和图 1-84 所示的玻璃切削裂纹扩展路径相似，同样有一段裂纹处于切削线之下，在已加工表面上形成凹坑。由图 1-85 还可以看出，实际裂纹的路径不是顺滑的，而是呈大小不等的波纹，这是裂纹扩展路径受到岩石中晶界、颗粒界及晶体取向干扰的结果。这种干扰只在各个局部发生，对裂纹扩展路径的宏观形态几乎不产生影响。

图 1-86 所示为花岗岩的切削模型。该模型说明，当刀具与不平的岩石表面接触时，生成大量粉屑；当切削厚度增大到一定数值时，便出现断裂裂纹，而生成颗粒状切屑。从模型中看出，裂纹扩展路径也与切削玻璃时相似，同样有一段裂纹处于切削线下方。

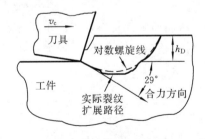

图 1-85 石灰岩切削模型

刀具 $\gamma_o = -15°$，$\alpha_o = 10°$；

切削用量为 $h_D = 0.762$ mm，$v_c = 4.57$ m/min

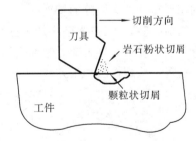

图 1-86 花岗岩切削模型

1.12.4 硬脆材料实现塑性状态下切削的方法

采用传统的切削和磨削方法加工硬脆性材料,不仅加工精度低,而且切削过程不易控制。研究表明,材料的塑性与脆性并非是绝对的,在一定的条件下可以相互转化。因此,切削硬脆材料的关键是寻找脆性向塑性转化的条件并促使转化发生,实现脆性材料在塑性状态下的切削。

1. 变压应力切削

改变被切削材料所受应力条件,将所受拉应力变为压应力,从而将硬脆材料的脆性破坏转变为塑性去除,称为变压应力切削。

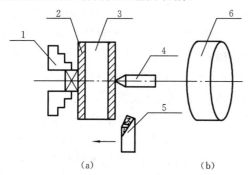

图 1-87(a)所示为变压应力切削陶瓷工件示意图。在陶瓷工件两端用结合剂黏上两块钢板,一端夹紧、另一端用活顶尖顶住,使工件在受到一定预加压力的情况下被车削。加工后的工件(见图 1-87)质量合格,这是因为预加钢板的阻挡及顶尖预加压力对工件产生了压应力,减小了切削加工中产生的拉伸应力,从而减少或避免了切削加工中陶瓷材料崩豁的发生。

图 1-87 变压应力切削陶瓷工件示意图
1—夹具;2—夹紧钢板;3—待加工毛坯;
4—顶尖;5—刀具;6—加工后工件

2. 高温切削

温度对材料塑性影响很大。随着温度的上升,材料原子的活动能力增加,容易产生滑移,使材料的塑性提高。所以可对材料加热,使其在塑性状态下被切削。近几年出现的陶瓷高温切削,就是将陶瓷加热至高温后再进行切削的新方法,加热的热源有等离子弧、激光等。例如将 SiN4 陶瓷加热至 1 190～1 550 ℃范围内进行切削试验,在温度 1 190 ℃以下范围内切削时,是脆性破坏切削;随着温度达到 1 190 ℃以上时,切屑逐渐变为连续形态;当温度达到 1 550 ℃时,切屑成为螺旋状,呈现出塑性变形切削状态。

3. 化学研磨

化学研磨,即将被加工材料用某种化学物质进行软化处理后再进行研磨的方法。

4. 塑性法加工

塑性法加工是通过控制材料在加工过程中的加工单位,在微小去除条件下实现从脆性破坏向塑性剪切方式去除的转变。

当前,超精加工技术已将加工进给量控制在几纳米内,从而使脆性材料加工的主要去除机理有可能由脆性破坏转变为塑性变形去除,实现了像硬脆材料超精密镜面磨削、硬脆材料超精密车削等一些塑性法加工方式。

习题与思考题

1-1 切削加工由哪些运动组成? 它们各有什么作用?

1-2 什么是切削用量三要素? 举例说明它们与切削层厚度 h_D 和切削层宽度 b_D 有什么关系。

1-3 刀具正交平面参考系由哪些平面组成? 它们是如何定义的?

1-4 刀具的基本角度有哪些? 它们是如何定义的?

1-5 已知一外圆车刀切削部分的主要几何参数为 $\gamma_o=15°$、$\alpha_o=\alpha_o'=8°$、$\kappa_r=75°$、$\kappa_r'=15°$、$\lambda_s=-5°$，试绘出该刀具切削部分的工作图。

1-6 刀具的工作角度和标注角度有什么区别？影响刀具工作角度的主要因素有哪些？试举例说明。

1-7 与其他刀具材料相比，高速钢有什么特点？常用的高速钢牌号有哪些？它们主要用来制造哪些刀具？

1-8 什么是硬质合金？常用的硬质合金有哪几大类？一般如何选用？

1-9 刀具的前角、后角、主偏角、副偏角、刃倾角各有何作用？如何选用合理的刀具切削角度？

1-10 画简图说明切屑形成过程。

1-11 如何表示切屑变形程度？

1-12 积屑瘤是如何产生的？积屑瘤对切削过程有何影响？

1-13 影响切削变形有哪些因素？各因素如何影响切削变形？

1-14 切屑形状分几种？各在什么条件下产生？

1-15 刀-屑接触区的摩擦有什么特点？影响前刀面摩擦因数的主要因素有哪些？这些因素如何影响前刀面摩擦因数？

1-16 试述工件材料、刀具前角、切削厚度和切削速度对切屑变形影响的规律。

1-17 背吃刀量 a_p 与进给量 f 对切削力的影响有何不同？为什么？

1-18 绘图说明刀具几何参数对切削力的影响。

1-19 在 CA6140 普通车床（电动机功率为 $7.8\ kW$，机床传动效率 $\eta_m=0.8$）上进行外圆车削。已知工件材料为 40Cr（调质），刀具材料为 YT15，刀具几何参数为 $\gamma_o=15°$（带卷屑槽），$\alpha_o=\alpha_o'=8°$，$b_{\gamma_1}=0.12\ mm$，$\kappa_r=75°$，$\kappa_r'=10°$，$\lambda_s=0°$，$r_\varepsilon=2.0\ mm$，切削用量为 $a_p=5\ mm$，$f=0.4\ mm/r$，$v=100\ m/min$。试求 F_z 并验算机床功率。

1-20 影响切削热的产生和传导的因素是什么？

1-21 试分析各切削用量（v、f、a_p）对切削温度的影响，并比较其差别。

1-22 硬质点磨损、黏结磨损和扩散磨损有何本质区别？它们分别发生在什么情况下？

1-23 高速钢与硬质合金刀具磨损的主要原因分别是什么？两者有何异同？为什么？

1-24 刀具破损与磨损的原因有何本质区别？

1-25 在式 $v=A/T^m$ 中，常数 A 和指数 m 是如何求得的？指数 m 的物理意义是什么？

1-26 在一定的生产条件下，切削速度是不是越高越有利？刀具耐用度是否越大越好？为什么？

1-27 下列切削情况宜采用哪种切削液，不宜采用哪种切削液？

（1）拉削合金钢花键孔；（2）用硬质合金车刀粗车灰铸铁；（3）在不锈钢零件中攻螺纹孔；（4）合金钢齿轮的插齿；（5）精刨灰铸铁；（6）用高速钢铰刀在碳钢工件上铰孔。

1-28 粗加工与精加工时如何选择切削用量？两者有何不同？

1-29 试用单个磨粒的最大切削厚度计算公式，来说明有关磨削要素对磨削效果的影响。

1-30 简述磨削的特点。

1-31 绘图说明玻璃的切削过程模型。

1-32 试说明硬脆非金属材料的切削机理。

1-33 什么是高速切削？高速切削一般用在哪些领域？

第 2 章

制造工艺装备

制造工艺装备是进行机械加工的物质基础,一般包括刀具(或刀具系统)、机床、夹具、量具和工辅具等。制造工艺装备的种类繁多,工作原理、结构特点和应用范围各异,深入了解并掌握有关工艺装备的基础理论与知识,对一个合格的制造工程师来说,是非常必要的。

2.1　典型加工方法与常用刀具

常用的机械加工方法包括车削(turning)、钻削(drilling)、扩削、铰削(reaming)、铣削(milling)、镗削(boring)、刨削(shaping)、拉削(broaching)、插削(slotting)、磨削(grinding)等,每种加工方法所使用的工艺装备都不一样。下面介绍几种典型加工方法及对应的常用刀具。

2.1.1　车削与车刀

1. 车削的基本特征与工艺特点

车削时,工件做回转运动,刀具做直线或曲线运动,刀尖相对工件运动的同时,切除一定的工件材料,从而形成相应的工件表面。其中,工件的回转运动为切削主运动,刀具的直线或曲线运动为进给运动,二者共同组成切削成形运动。

车削一般在车床上进行,刀具为各种车刀。

车削加工的工艺特点如下。

(1)适用范围广泛。车削是轴、盘、套等回转体零件广泛采用的加工工序。

(2)易于保证被加工零件各表面的位置精度。一般短轴类或盘类零件利用卡盘装夹,长轴类零件可利用中心孔装夹在前、后顶尖之间,而套类零件通常安装在心轴上。在一次装夹中,对各外圆表面进行加工时,能保证同轴度要求。调整车床的横拖板导轨与主轴回转轴线垂直时,在一次装夹中车出的端面,还能保证与轴线垂直。

(3)可用于非铁金属零件的精加工。当非铁金属零件的精度较高、表面粗糙度 Ra 值较小时,若采用磨削,易堵塞砂轮,加工较为困难,故可由精车完成。

(4)切削过程比较平稳。除了车削断续表面之外,一般情况下车削过程是连续进行的,且切削层面积不变(不考虑毛坯余量不均匀),所以切削力变化小,切削过程平稳。又由于车削的主运动为回转运动,避免了惯性力和冲击力的影响,所以车削允许采用大的切削用量,进行高速切削或强力切削,这有利于生产效率的提高。

(5)生产成本较低。车刀结构简单,制造、刃磨和安装方便,车床附件较多,可满足常见零件的装夹,生产准备时间较短,加工成本低,既适宜于单件小批量生产,也适宜于大批量生产。

(6)加工的万能性好。车床上通常采用顶尖、三爪卡盘和四爪卡盘等装夹工件,也可通过安装附件来支承和装夹工件,这就扩大了车削的工艺范围。

2. 车刀的加工范围与结构形式

车刀(turning cutter)是金属切削加工中应用最广泛的一种刀具。它可以用来加工外圆、内孔、端面、螺纹及各种内、外回转体成形表面,也可用于切断和切槽等,因此车刀类型很多,形状、结构、尺寸各异(见图 2-1)。车刀的结构形式有整体式、焊接式、机夹重磨式和机夹可转位式等。整体式的为高速钢车刀,用得较少;后几种为硬质合金车刀,应用很广泛。

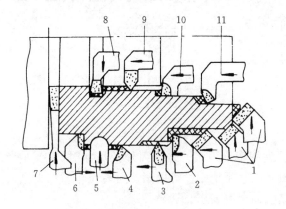 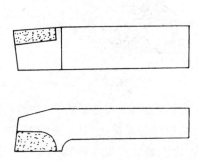

图 2-1　几种常用的车刀　　　　　　　　　图 2-2　焊接式车刀

1—45°弯头车刀；2—90°外圆车刀；3—外螺纹车刀；

4—75°外圆车刀；5—成形车刀；6—90°外圆车刀；

7—切断刀；8—内孔切槽刀；9—内螺纹车刀；

10—盲孔镗刀；11—通孔镗刀

3. 硬质合金焊接式车刀

焊接式车刀就是在碳钢(一般用 45 钢)刀杆上按刀具几何角度的要求开出刀槽,用焊料将硬质合金刀片焊接在刀槽内,并按所选定的几何角度刃磨后使用的车刀,其结构如图 2-2 所示。

焊接式车刀结构简单、刚度好、适应性强,可以根据具体的加工条件和要求刃磨出合理的几何角度。但焊接时易在硬质合金刀片内产生应力或裂纹,使刀片硬度下降,切削性能和耐用度降低。

焊接式车刀的硬质合金刀片型号(表示形状和尺寸)已经标准化,可根据需要选用。刀杆的截面形状有正方形、矩形和圆形,一般是根据机床的中心高和切削力的大小来选择其截面尺寸和长度。

4. 硬质合金机夹重磨式车刀

机夹重磨式车刀,就是用机械的方法将硬质合金刀片夹固在刀杆上的车刀(见图 2-3)。刀片磨损后,可卸下重磨,然后再安装使用。与焊接式车刀相比,机夹重磨式车刀可避免焊接引起的缺陷,刀杆可多次重复使用,但其结构较复杂,刀片重磨时仍有可能产生应力和裂纹。

5. 机夹可转位式车刀

机夹可转位式车刀,就是将预先加工好的有一定几何角度的多角形硬质合金刀片,用机械的方法装夹在特制的刀杆上的车刀。

可转位式车刀的基本结构如图 2-4 所示,它由刀片、刀垫、刀杆和夹紧元件组成。可转位刀片的型号也已经标准化,种类很多,可根据需要选用。选择刀片的形状时,主要是考虑加工

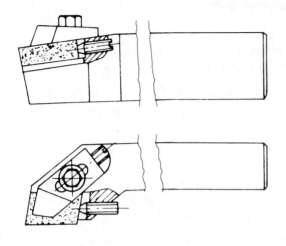

图 2-3　机夹重磨式车刀

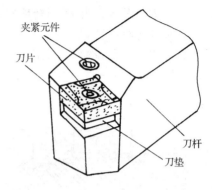

夹紧元件
刀片
刀杆
刀垫

图 2-4　可转位式车刀的组成

工序的性质、工件的形状、刀具的寿命和刀片的利用率等因素。选择刀片的尺寸时,主要是考虑切削刃工作长度、刀片的强度、加工表面质量及工艺系统刚度等因素。可转位车刀的夹紧机构,应该满足夹紧可靠、装卸方便、定位精确、结构简单等要求。

机夹可转位车刀是一种高效率的新型刀具,它具有如下特点。

(1) 可以避免因焊接和重磨对刀片造成的缺陷。在相同的切削条件下,刀具寿命较焊接式硬质合金车刀大大提高。

(2) 刀片上的一个刀刃用钝后,可将刀片转位换另一个新切削刃继续使用,而不会改变切削刃与工件的相对位置,从而能保证加工尺寸,并能减少调刀时间,适合在专用车床和自动线上使用。

(3) 刀片不需重磨,有利于涂层硬质合金、陶瓷等新型刀片的推广使用。

(4) 刀杆使用寿命长,刀片和刀杆可标准化,有利于专业化生产,提高经济效益。

刀片是机夹可转位车刀的一个最重要的组成元件,其类型很多,已由专门厂家定点生产。刀片的形状有正三角形、正方形、圆形、55°菱形、80°菱形、等边不等角六边形等。图 2-5 所示为常见的几种可转位车刀刀片。

2.1.2　钻削、扩削、铰削与孔加工刀具

1. 钻、扩、铰的特点

1) 标准麻花钻钻削的特点

(1) 切削刃上各点的切屑流出方向不同。钻削时,主切削刃上各点的切削速度方向及切屑流出方向均不相同,这造成切削刃上各点切屑卷曲的差异,增加了切屑上各点间的互相牵制和切屑的附加变形。

(2) 切削刃上各点前角不同。标准麻花钻切削刃上各点静态前角均不相同,而且相差悬殊,造成切削条件上的差别。钻削时,因为各点切屑流出方向的不同,实际工作前角也发生不同的变化。如图 2-6 所示,实际工作前角 γ_{oe} 不仅与半径有关,而且也与钻头转速有关。

(3) 横刃切削条件极差。因横刃前角为极大的负值,切屑变形十分剧烈,形成很大的轴向力,使钻头工作不稳定。

(4) 切削刃上各点切屑变形不同。标准麻花钻钻削碳钢时切削刃上各点的变形系数如图

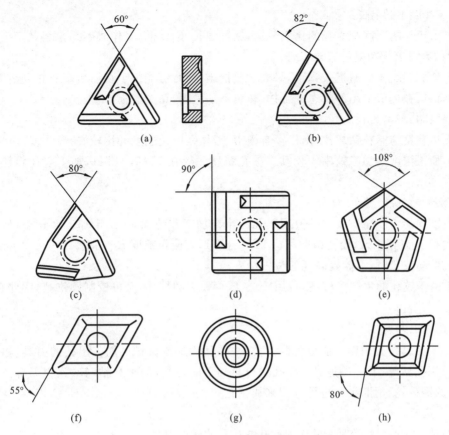

图 2-5 常见可转位车刀刀片

(a)T 型；(b)F 型；(c)W 型；(d)S 型；(e)P 型；(f)D 型；(g)R 型；(h)C 型

2-7所示。由图可知，在 $0.4R$ 处变形系数最大。

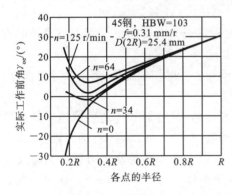

图 2-6 钻削钢时不同转速下的主刃前角

R一钻头半径

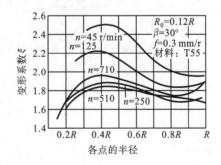

图 2-7 钻削碳钢时主刃上各点的变形系数

R一钻头半径

（5）为半封闭切削。钻削时，切屑和切削液只能沿钻头螺旋沟进出，是半封闭式切削。切削热不易传出，主切削刃与棱带交界转角处磨损严重。

（6）为多刃切削。麻花钻有两个主切削刃，两个副刃和一个横刃。如果刃磨得不好，切削刃不对称，就会造成振动和孔的偏斜，使加工孔呈多角形（不圆），并加剧钻头磨损。

2) 深孔钻削的特点

(1) 由于孔的深度与直径的比例较大,钻杆细长,刚度低,工作时容易偏斜及产生振动,因此,孔的精度及表面粗糙度较难保证。

(2) 切屑多而排屑通道长,若不采取必要措施,随时可能由于切屑堵塞而导致钻头损坏。

(3) 钻头在近似封闭的状态下工作,热量不易散出,钻头磨损严重。

3) 扩孔钻加工的特点

(1) 扩孔钻与麻花钻相比,由于没有横刃,刀体强度及刚度都比较好,齿数多,切削平稳。

(2) 加工精度及加工效率均较高。扩孔精度一般在 IT10～IT11,加工表面粗糙度 $Ra=6.3～3.2~\mu m$。

4) 铰削的特点

(1) 铰削的精度高。铰削一般用于孔的半精加工和精加工,由于加工余量小,齿数多,又有较长的修光刃等原因,铰孔精度可达 IT6～IT11,表面粗糙度 Ra 可达 $1.6～0.2~\mu m$。

(2) 浮动铰孔时,不能提高孔的位置精度。

(3) 由于铰孔的生产率较高,费用较低,既可铰削圆柱孔,又可铰削圆锥孔,因此在孔的精加工中应用广泛。

2. 孔加工刀具

孔加工刀具按其用途一般分为两大类:一类是从实体材料上加工出孔的刀具,如麻花钻、中心钻及深孔钻等;另一类是对已有孔进行再加工的刀具,如扩孔钻、铰刀、镗刀等。此外,内拉刀、内圆磨砂轮、珩磨头等也可以用来加工孔。

1) 麻花钻

麻花钻是一种形状较复杂的双刃钻孔或扩孔的标准刀具。一般用于孔的粗加工(IT11 以下精度,表面粗糙度 Ra 为 25～6.3 μm),也可用于加工攻螺纹、铰孔、拉孔、镗孔、磨孔的预制孔。

(1) 麻花钻的构造 标准麻花钻由三个部分组成(见图 2-8(a))。

尾部——钻头的夹持部分,用于与机床连接,并传递扭矩和轴向力。按麻花钻直径的大小,分为直柄(小直径)和锥柄(大直径)两种。

颈部——工作部分和尾部间的过渡部分,供磨削时砂轮退刀和打印标记用。小直径的直柄钻头没有颈部。

工作部分——钻头的主要部分,前端为切削部分,承担主要的切削工作;后端为导向部分,起引导钻头的作用,也是切削部分的后备部分。

如图 2-8(b)所示,钻头的工作部分有两条对称的螺旋槽,是容屑和排屑的通道。导向部分磨有两条棱边,为了减少与加工孔壁的摩擦,棱边处磨有(0.03～0.12)/100 的倒锥量(即直径由切削部分顶端向尾部逐渐减小),从而形成了副偏角 κ_r'。麻花钻的两个刃瓣由钻心连接(见图 2-8(c)),为了增加钻头的强度和刚度,钻心制成正锥体(锥度为(1.4～2)/100)。螺旋槽的螺旋面形成了钻头的前刀面;与工件过渡表面(孔底)相对的端部两曲面为主后刀面;与工件已加工表面(孔壁)相对的两条棱边为副后刀面。螺旋槽与主后刀面的两条交线为主切削刃;棱边与螺旋槽的两条交线为副切削刃;两后刀面在钻心处的交线构成了横刃。

(2) 麻花钻的主要几何参数 麻花钻的主要几何参数有螺旋角、顶角、主偏角、前角、后角、横刃角度等,如图 2-9 所示。

螺旋角 β——钻头螺旋槽最外缘处螺旋线的切线与钻头轴线间的夹角为钻头的螺旋角 β(见图 2-8(b))。由于螺旋槽上各点的导程相同,因而麻花钻主切削刃上不同半径处的螺旋角

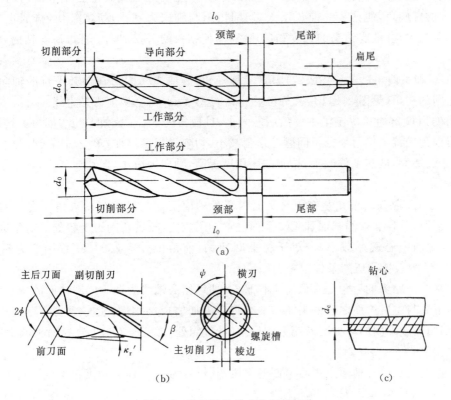

图 2-8　麻花钻的组成和切削部分

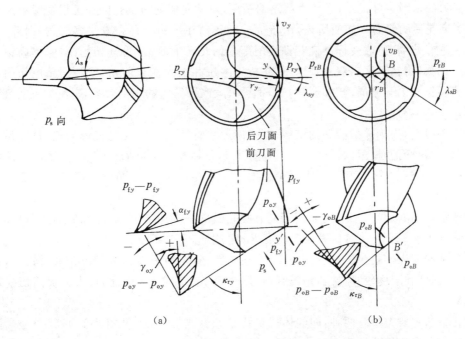

图 2-9　麻花钻的几何角度

(a)靠近外缘处;(b)靠近钻心处

不同,即螺旋角从外缘到钻心逐渐减小。螺旋角实际上就是钻头假定工作平面内的前角 γ_f。因此,较大的螺旋角,使钻头的前角增大,切削扭矩和轴向力减小,切削轻快,排屑也较容易。但是螺旋角过大,会削弱钻头的强度和散热条件,使钻头的磨损加剧。标准麻花钻的 $\beta = 18° \sim 30°$,小直径钻头 β 值较小。

顶角 2ϕ 和主偏角 κ_r——钻头的顶角(又称锋角)为两主切削刃在与其平行的轴向平面上的投影之间的夹角(见图 2-8(b))。标准麻花钻的 $2\phi = 118°$,主切削刃是直线。

钻头的顶角 2ϕ 直接决定了主偏角 κ_r 的大小,且顶角之半 ϕ 在数值上与主偏角 κ_r 很接近,因此一般用顶角代替主偏角来分析问题。顶角减小,切削刃长度增加,单位切削刃长度上负荷降低,刀尖角 ε_r 增大,散热条件改善,钻头的耐用度提高,轴向力减小,但切屑变薄,切屑平均变形增加,扭矩增大。

前角 γ_o——钻头的前角是在正交平面内测量的前刀面与基面间的夹角。由于钻头的前刀面是螺旋面,且各点处的基面和正交平面位置亦不相同,故主切削刃上各处的前角也是不相同的(由外缘向中心逐渐减小)。对于标准麻花钻,前角由外缘处的 $30°$ 逐渐变为钻心处的 $-30°$,故靠近中心处的切削条件很差。

后角 α_f——钻头的后角是在假定工作平面(即以钻头轴线为轴心的圆柱面的切平面)内测量的切削平面与主后刀面之间的夹角。一般将后刀面磨成圆锥面,也有磨成螺旋面、圆弧面、椭球面、双曲面或平面的。标准麻花钻的后角(最外缘处)为 $8° \sim 20°$,大直径钻头取小值,小直径钻头取大值。

横刃角度——横刃是两主刃后刀面的交线,其长度为 b_ψ。横刃角度包括横刃斜角 ψ、横刃前角 $\gamma_{o\psi}$ 和横刃后角 $\alpha_{o\psi}$。标准麻花钻的 $\psi = 50° \sim 55°$。横刃前角 $\gamma_{o\psi}$ 为负值(标准麻花钻的 $\gamma_{o\psi} = -60° \sim -54°$)。横刃后角 $\alpha_{o\psi}$ 与 $\gamma_{o\psi}$ 互为余角,为较大的正值(标准麻花钻的 $\alpha_{o\psi} = 30° \sim 36°$)。横刃的切削条件很差,会产生严重的挤压,对轴向切削力及孔的加工精度影响很大。

(3)麻花钻的修磨 如前所述,由于标准麻花钻在结构上存在着很多问题,因此,在使用时常常要进行修磨,以改变标准麻花钻切削部分的几何形状,改善其切削条件,提高钻头的切削性能。例如,将钻头磨出双重顶角,或将横刃磨短并增大横刃前角,或将两条主切削刃磨成圆弧刃或在钻头上开分屑槽(如群钻)等,都可大大改善钻头的切削效能,提高加工质量和钻头耐用度。

图 2-10 所示为标准型群钻的结构,其几何形状特征为:"三尖七刃锐当先,月牙弧槽分两边,一侧外刃再开槽,横刃磨得低窄尖。"与标准麻花钻相比,群钻加工时,进给抗力下降 35% ~50%,扭矩下降 10% ~30%,耐用度提高 3~5 倍,生产率、加工精度也可显著提高。

2)扩孔钻

扩孔钻(counterbore drills)是用于对已钻孔做进一步加工,以提高孔的加工质量的刀具。其加工精度可达 IT10~IT11,表面粗糙度 Ra 可达 $6.3 \sim 3.2\ \mu m$。

扩孔钻的刀齿比较多,一般有 3~4 个,导向性好,切削平稳。由于扩孔余量较小,容屑槽较浅,刀体强度和刚度较好;扩孔钻没有横刃,改善了切削条件,因此,可大大提高切削效率和加工质量。

扩孔钻的主要类型有两种,即整体式扩孔钻和套式扩孔钻(见图 2-11),其中套式扩孔钻适用于大直径孔的扩孔加工。

3)铰刀

铰刀(reamers)用于中、小尺寸孔的半精加工和精加工,也可用于磨孔或研孔前的预加工。

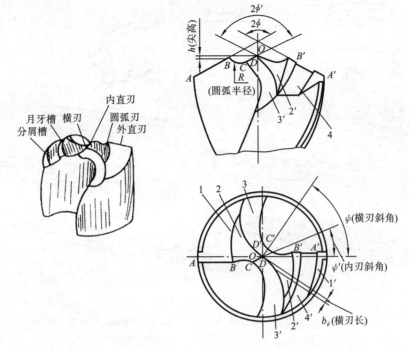

图 2-10 标准型群钻

1、1′—外刃后刀面；2、2′—月牙槽；3、3′—内刃前刀面；4、4′—分屑槽

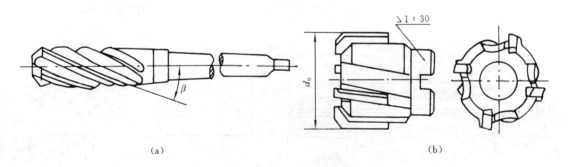

图 2-11 扩孔钻

(a)整体式；(b)套式

铰刀齿数多（6～12 个），导向性好，心部直径大，刚度好。铰削余量小，切削速度低，加上切削过程中的挤压作用，所以能获得较高的加工精度（IT6～IT8）和较好的表面质量（表面粗糙度 Ra 为 $1.6～0.4\ \mu m$）。铰刀分为手用铰刀和机用铰刀两类。手用铰刀又分为整体式和可调整式两种，机用铰刀分为带柄的和套式两种。加工锥孔用的铰刀称为锥度铰刀（见图 2-12）。铰刀的基本结构如图 2-13 所示，它由柄部、颈部和工作部分组成，工作部分包括切削部分和校准部分。切削部分用于切除加工余量；校准部分起导向、校准与修光作用。校准部分又分为圆柱部分和倒锥部分。圆柱部分保证加工孔径的精度和表面粗糙度要求；倒锥部分的作用是减小铰刀与孔壁的摩擦和避免孔径扩大等现象。

铰刀切削部分呈锥形，其锥角 $2\kappa_r$ 的大小主要影响被加工孔的质量和铰削时轴向力的大小。对于手用铰刀，为了减小轴向力，提高导向性，一般取 $\kappa_r=30'～1°30'$；对于机用铰刀，为提

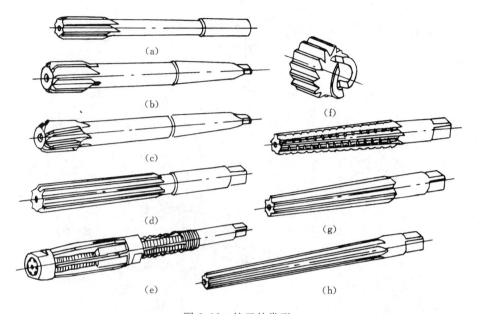

图 2-12　铰刀的类型

(a)直柄机用铰刀;(b)锥柄机用铰刀;(c)硬质合金锥柄机用铰刀;

(d)手用铰刀;(e)可调节手用铰刀;(f)套式机用铰刀;

(g)直柄莫氏圆锥铰刀;(h)手用 1:50 锥度铰刀

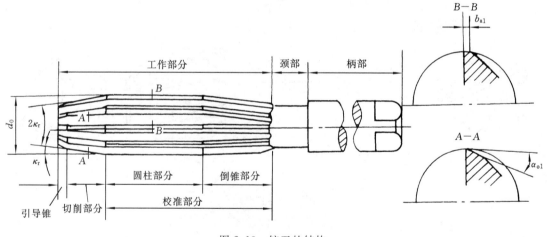

图 2-13　铰刀的结构

高切削效率,一般加工钢件时取 $\kappa_r=12°\sim15°$,加工铸铁件时取 $\kappa_r=3°\sim5°$,加工盲孔时取$\kappa_r=$
45°。

　　由于铰削余量很小,切屑很薄,故铰刀的前角作用不大,为了制造和刃磨方便,一般取 $\gamma_o=$
0°。铰刀的切削部分为尖齿,后角一般为 $\alpha_o=6°\sim10°$。而校准部分应留有宽 $0.2\sim0.4$ mm、
后角 $\alpha_{o1}=0°$ 的棱边,以保证铰刀有良好的导向与修光作用。

　　铰刀的直径是指铰刀圆柱校准部分的刀齿直径,它直接影响被加工孔的尺寸精度、铰刀的
制造成本及使用寿命。铰刀的公称直径等于孔的公称直径,直径公差应综合考虑被加工孔的
公差、铰削时的扩张量或收缩量(一般为 $0.003\sim0.02$ mm)、铰刀的制造公差和备磨量等因素
来确定。

2.1.3　铣削与铣刀

铣削时的主运动就是铣刀的旋转运动,进给运动一般是工件的直线或曲线运动。

1. 铣削特点

铣削加工具有以下特点。

(1) 为断续切削,易产生冲击和振动。铣削过程是一个断续切削过程,刀齿切入和切出工件的瞬间,由于同时工作的刀齿数目的增减,将产生冲击和振动。当振动频率与机床固有频率一致时,会发生共振,造成刀齿崩刃,甚至损坏机床零部件。另外,由于切削厚度的周期变化而导致的切削力的波动,也会引起振动。冲击和振动现象的存在,降低了铣削加工的精度。

(2) 为多刃切削,切削效率高。铣刀是一种多刃刀具,同时工作的齿数多,可以采用阶梯铣削,也可以采用高速铣削,且无空行程,故切削效率较高。

(3) 可选用不同的切削方式。铣削时,可根据不同材料的可加工性和具体加工要求,选用顺铣和逆铣、对称铣和不对称铣等切削方式,提高刀具寿命和加工生产率。

2. 铣刀及其几何角度

铣刀(milling cutters)是刀齿分布在圆周表面或端面上的多刃回转刀具,可以用来加工平面(水平、垂直或倾斜的)、台阶、沟槽和各种成形表面等。

铣刀的几何角度可以按圆柱铣刀(cylindrical cutter)和端铣刀(face milling cutters)两种基本类型来分析。

1) 圆柱铣刀的几何角度

圆柱铣刀的几何角度如图 2-14 所示。

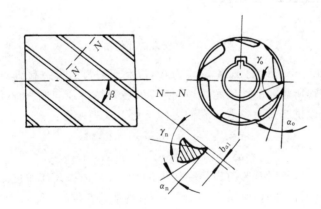

图 2-14　圆柱铣刀的几何角度

前角——为了设计与制造方便,规定圆柱铣刀的前角用法向前角 γ_n(在切削刃的法剖面内测量的前刀面与基面的夹角)表示,γ_n 与 γ_o 的换算关系如下:

$$\tan\gamma_n = \tan\gamma_o\cos\beta$$

铣刀的前角主要根据工件材料来选择。铣削钢件时,一般取 $\gamma_o = 10° \sim 20°$;铣削铸铁件时,取 $\gamma_o = 5° \sim 15°$。加工软材料时,为了减小变形,可取较大值;加工硬而脆的材料时,为了保护刀刃则应取较小值。

后角——在正交平面内测量的切削平面与后刀面的夹角 α_o(亦即端平面后角)。由于铣削厚度较小,磨损主要发生在后刀面上,故铣刀后角一般较大。通常粗加工时取 $\alpha_o = 12°$,精加

工时取 $\alpha_o=16°$。

螺旋角——铣刀的螺旋角 β 就是其刃倾角 λ_s，它能使刀齿逐渐切入和切离工件，使铣刀同时工作的齿数增加，故能提高铣削过程的平稳性。增大 β 角，可增大实际切削前角，使切削轻快，排屑变得容易。一般粗齿铣刀 $\beta=40°\sim60°$，细齿铣刀 $\beta=30°\sim35°$。

2）端铣刀的几何角度

端铣刀的每一个刀齿相当于一把车刀，都有主、副切削刃和过渡刃。如图 2-15 所示，在正交平面系内端铣刀的标注角度有 γ_o、α_o'、α_o、κ_r、κ_r' 和 λ_s。

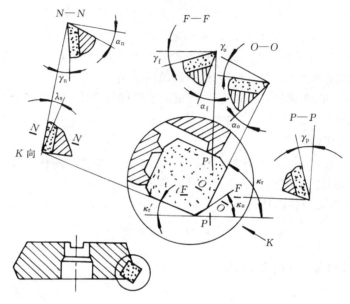

图 2-15　端铣刀的几何角度

机夹端铣刀的每一个刀齿的 γ_o 和 λ_s 均为 $0°$，以利于刀齿的集中制造和刃磨。把刀齿安装在刀体上时，为了获得所需要的切削角度，应使刀齿在刀体中径向倾斜 γ_f 角、轴向倾斜 γ_p 角，并把它们标注出来，以供制造时参考。它们之间可由下式来换算：

$$\tan\gamma_f = \tan\gamma_o\sin\kappa_r - \tan\lambda_s\cos\kappa_r$$
$$\tan\gamma_p = \tan\gamma_o\cos\kappa_r + \tan\lambda_s\sin\kappa_r$$

由于硬质合金端铣刀是断续切削，刀齿经受较大的冲击，在选择几何角度时，应保证刀齿具有足够的强度。一般铣削钢件时，取 $\gamma_o=-10°\sim15°$；铣削铸铁件时，取 $\gamma_o=-5°\sim5°$。粗铣时，取 $\alpha_o=6°\sim8°$；精铣时，取 $\alpha_o=12°\sim15°$。主偏角取值范围为 $\kappa_r=45°\sim75°$，副偏角为 $\kappa_r'=2°\sim5°$，刃倾角为 $\lambda_s=-15°\sim5°$。

3. 硬质合金端铣刀

（1）硬质合金机夹重磨式端铣刀　如图 2-16 所示，它是将硬质合金刀片焊接在小刀齿上，再用机械夹固的方法装夹在刀体的刀槽中形成的。这类铣刀的重磨方式有体外刃磨和体内刃磨两种，因其刚度好，目前应用较多。

（2）硬质合金可转位端铣刀　如图 2-17 所示，它是将硬质合金可转位刀片直接用机械夹固的方法安装在铣刀体上形成的，磨钝后，可直接在铣床上转换切削刃或更换刀片。其刀片的夹固方法与可转位车刀的夹固方法相似。因此，硬质合金可转位铣刀在提高铣削效率和加工质量、降低生产成本等方面显示出一定的优越性。

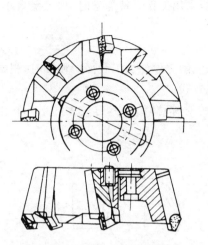

图 2-16　焊接-夹固式端铣刀

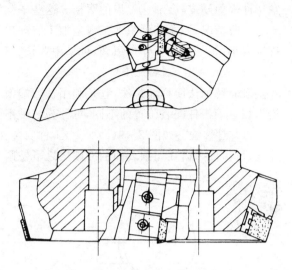

图 2-17　可转位端铣刀

4. 铣削方式及合理选用

铣削方式是指铣削时铣刀相对于工件的运动和位置关系。不同的铣削方式对刀具的耐用度、工件的表面粗糙度、铣削过程的平稳性及切削加工的生产率等都有很大的影响。

1) 圆周铣削法（周铣法）

用铣刀圆周上的切削刃来铣削工件加工表面的方法，称为圆周铣削法，简称周铣法。它有两种铣削方式：逆铣法（conventional milling，切削部位刀齿的旋转方向与工件进给方向相反，如图 2-18(a)所示）和顺铣法（climb milling，切削部位刀齿旋转方向与工件进给方向相同，如图 2-18(b)所示）。

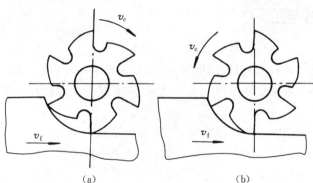

(a)　　　　　　　　　　　　　(b)

图 2-18　逆铣与顺铣

(a)逆铣；(b)顺铣

逆铣时，刀齿由切削层内切入，从待加工表面切出，切削厚度由零增至最大。由于刀刃并非绝对锋利，所以刀齿在刚接触工件的一段距离上不能切入工件，只是在加工表面上挤压、滑行，使工件表面产生严重冷硬层，降低了表面加工质量，并加剧了刀具磨损。顺铣时，切削厚度由大到小，没有逆铣的缺点。同时，顺铣时的铣削力始终压向工作台，避免了工件的上、下振动，因而可提高铣刀的耐用度和加工表面质量。但顺铣时由于水平切削分力与进给方向相同，可能使铣床工作台产生窜动，引起振动和进给不均匀。加工有硬皮的工件时，由于刀齿首先接触工件表面硬皮,会加速刀齿的磨损。这些缺陷都使顺铣的应用受到很大的限制。

一般情况下,尤其是粗加工或是加工有硬皮的毛坯时,采用逆铣。精加工时,加工余量小,铣削力小,不易引起工作台窜动,可采用顺铣。

2) 端面铣削法(端铣法)

端面铣削法简称端铣法,它是利用铣刀端面的刀齿来铣削工件的加工表面。端铣时,根据铣刀相对于工件安装位置的不同,可分为三种不同的切削方式。

(1) 对称铣　如图 2-19(a)所示,工件安装在端铣刀的对称位置上,具有较大的平均切削厚度,可保证刀齿在切削表面的冷硬层之下铣削。

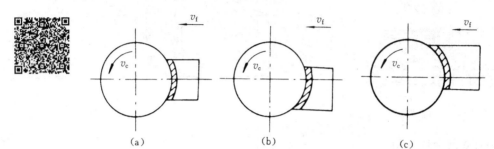

图 2-19　端面铣削方式

(2) 不对称逆铣　如图 2-19(b)所示,铣刀从较小的切削厚度处切入,从较大的切削厚度处切出,可减小切入时的冲击,提高铣削的平稳性,适合于加工普通碳钢和低合金钢。

(3) 不对称顺铣　如图 2-19(c)所示,铣刀从较大的切削厚度处切入,从较小处切出。在加工塑性较大的不锈钢、耐热合金等材料时,可减小毛刺及刀具的黏结磨损,大大提高刀具耐用度。

2.1.4　拉削与拉刀

1. 拉削的特点

拉刀(broach)是一种多齿刀具,拉削时,由于拉刀的后一个(或一组)刀齿高出前一个(或一组)刀齿,从而能够一层层地从工件上切下金属,并能获得较高的尺寸精度和较好的表面质量。

拉削加工与其他切削加工方法相比较,具有以下特点。

(1) 生产率高　由于拉刀是多齿刀具,同时参加工作的刀齿多,切削刃总长度大,一次行程能够完成粗→半精→精加工,因此生产率高。尤其是加工形状特殊的内、外表面时,效果尤为显著。

(2) 加工精度高　拉削速度低(一般不超过 0.30 m/s),切削过程平稳,切削厚度薄(一般精切齿为 0.005～0.015 mm),因此,可加工出精度为 IT7,表面粗糙度 Ra 不大于 0.8 μm 的工件。若拉刀尾部装有浮动挤压环,则表面粗糙度 Ra 可达 0.4～0.2 μm。

(3) 拉床结构简单　拉削一般只有主运动,进给运动的作用靠拉刀切削部分的齿升量来完成,因此,拉床结构简单,操作也方便。

(4) 拉刀寿命长　由于拉削速度小,切削温度低,刀具磨损慢,因此,拉刀的寿命较长。

(5) 应用范围广　许多其他切削加工方法难以加工的表面,特别是形状复杂的各类通孔,都可以采用拉削加工完成。

（6）刀具复杂　多用于大量和成批生产。由于拉刀结构比一般刀具复杂，制造成本高，因此多用于大量及成批生产。对于某些精度要求较高且形状特殊的内、外成形表面，用其他方法加工比较困难时，即使是单件小批生产，也可采用拉削加工。

2. 拉刀的类型

（1）按加工工件表面不同，可分为内拉刀和外拉刀。前者用于加工各种形状的内表面（如圆孔、花键孔等），后者用于加工各种形状的外表面（如平面、成形面等）。

（2）按拉刀工作时受力方向的不同，可分为拉刀和推刀。前者受拉力，后者受压力。

（3）按拉刀的结构不同，可分为整体式拉刀和组合式拉刀。中、小尺寸的高速钢拉刀主要采用整体式结构；大尺寸拉刀和硬质合金拉刀多为组合式结构。

3. 拉刀的结构

各种拉刀的外形和构造虽有差异，但其组成部分和基本结构是相似的。图 2-20 所示为典型的圆孔拉刀，其各部分的基本功能如下。

头部——与机床连接，传递运动和拉力。

颈部——头部和过渡锥的连接部分，也是打标记的地方。

过渡锥部——引导拉刀，使其容易进入工件的预制孔。

前导部——引导拉刀平稳地、不发生歪斜地过渡到切削部分，并可检查预制孔是否过小，以免拉刀因第一个刀齿负荷过大而损坏。

切削部——担任全部加工余量的切除工作。它由粗切齿、过渡齿和精切齿组成。通常粗切齿切除拉削余量的 80% 左右，每齿的齿升量（即相邻齿的齿高差）相等。为了使拉削负荷平稳下降，过渡齿的齿升量按粗切齿的齿升量逐渐递减至精切齿的齿升量。为了减小切削宽度，便于容屑，在刀齿顶端一般都开有分屑槽。

校准部——最后几个无齿升量和分屑槽的刀齿，起修光、校准作用，以提高孔的加工精度和表面质量，常作为精切齿的后备齿。

后导部——用来保持拉刀最后几个刀齿的正确位置，防止拉刀在即将离开工件时，因工件下垂而损坏已加工表面质量，并防止刀齿因此而受损。

尾部——当拉刀长而重时，用以支托拉刀，防止拉刀下垂，一般拉刀则不需要该部分。

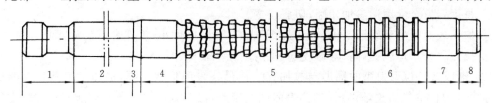

图 2-20　圆孔拉刀的结构

1—头部；2—颈部；3—过渡锥部；4—前导部；

5—切削部；6—校准部；7—后导部；8—尾部

4. 刀齿几何参数

拉刀切削部分的主要几何参数如图 2-21 所示。

齿升量 a_f——前、后两刀齿（或齿组）半径或高度之差。齿升量的确定必须考虑拉刀强度、机床拉力及工件表面质量要求，一般粗切齿 $a_f = 0.02 \sim 0.20$ mm，精切齿 $a_f = 0.005 \sim 0.015$ mm。

齿距 p——相邻两刀齿之间的轴向距离。它取决于容屑空间、同时工作齿数及拉刀强度

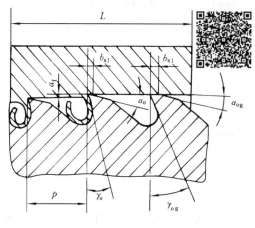

图 2-21　拉刀切削部分的
主要几何参数

等。一般 $p=(1.25\sim1.9)\sqrt{L}$（L 为孔的拉削长度）。为了保证拉削过程的平稳,拉刀同时工作齿数可取 3～8 个。

前角 γ_o——前角根据工件材料选择。一般高速钢拉刀切削齿的前角 $\gamma_o=5°\sim20°$,硬质合金拉刀的前角 $\gamma_o=0°\sim10°$,校准齿前角 γ_{og} 与切削齿前角相同。

后角 α_o——因后角直接影响到拉刀刃磨后的径向尺寸,故一般取得很小。切削齿的后角 $\alpha_o=2°30'\sim4°$,校准齿的后角 $\alpha'_{og}=30'\sim1°30'$。

刃带 b_{a1}——为了增加拉刀的重磨次数,提高切削过程的平稳性和便于制造时控制刀齿的直径,在刀齿后刀面上留有一后角为 0° 的棱边,这就是刃带。一般粗切齿 $b_{a1}<0.2$ mm,精切齿 $b_{a1}=0.3$ mm,校准齿 $b_{a1}=0.6\sim0.8$ mm。

5. 拉削方式

拉削方式(broaching layout)决定了拉削过程中,加工余量在各刀齿上的分配方式,并决定了每个刀齿切下的切削层的截面形状。不同的拉削方式对拉刀的结构形式、拉削力的大小、拉刀的耐用度、拉削表面质量及生产效率有很大影响。拉削方式主要分为分层式、分块式和综合式三类。

1) 分层式

分层式拉削(layer-stepping)可分为成形式和渐成式两种。

(1) 成形式　拉刀的刀齿廓形与被加工表面最终要求的形状相似,切削部的刀齿高度向后递增,工件上的拉削余量被一层一层地切去,最后一个切削齿切出所要求的尺寸,经校准齿修光达到预定的工件尺寸精度及表面粗糙度。图 2-22 所示为成形式圆孔和方孔拉刀的拉削图形。

成形式拉削具有以下特点。

① 每个刀齿全部廓形参加切削,切屑较宽。

② 加工表面的最后廓形是由一个刀齿形成的,切削厚度小,工件表面粗糙度低。

③ 拉刀较长,刀具成本高、寿命较低,拉削生产率较低。

(2) 渐成式　拉刀刀齿的廓形与被加工工件最终表面形状不同,被加工工件表面的形状和尺寸由各刀齿的侧刃逐渐形成,加工表面质量较差,拉刀制造比较方便。渐成式拉削常用于加工键槽、花键孔及多边形孔(见图 2-23)。

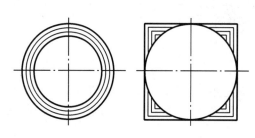

图 2-22　成形式拉削

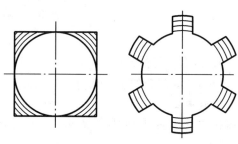

图 2-23　渐成式拉削图形

　　2）分块式

　　采用分块式拉削(skip-stepping)时,加工表面的每层加工余量被间隔地分成多块,由同一尺寸的一组刀齿(通常每组 2~3 个刀齿,每齿切去几块)切除(见图 2-24)。按分块拉削方式要求设计的拉刀称为轮切式拉刀。

　　与分层式拉削相比,分块式拉削具有以下特点。

　　(1) 每个刀齿上参加工作的切削刃宽度较小,切削厚度较分层式拉削大 2~10 倍,在拉削余量相同的情况下,所需刀齿的总数可少很多,故拉刀长度较短,制造成本较低,生产率较高。

　　(2) 可拉削带硬皮的铸件和锻件。

　　(3) 拉后工件表面质量不如成形式拉削的好。

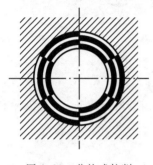

图 2-24　分块式拉削

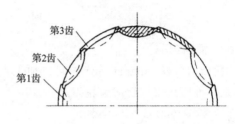

图 2-25　综合式拉削图形

3. 综合式

　　综合式拉削(combined broaching)(见图 2-25)的粗切削采用分块式拉削,且粗切齿的前、后刀齿每齿都有齿升量;精切削采用成形式拉削。这样,既缩短了拉刀长度,可保持较高的生产率,又能获得较好的工件表面质量。

2.1.5　齿形切削与齿轮刀具

1. 齿轮齿形的加工方法

　　齿形加工的方法很多,按齿形形成的原理,可以分为两种类型:一类是成形法,用与被切齿轮齿槽形状相符的成形刀具切出齿形,如铣齿、拉齿和成形磨齿等;另一类是展成法(包络法),齿轮刀具与工件按齿轮副的啮合关系做展成运动,工件的齿形由刀具的切削刃包络而成,如滚齿、插齿、剃齿、磨齿和珩齿等。

2. 齿轮刀具的类型

　　齿轮刀具是用于切削齿轮齿形的刀具。齿轮刀具结构复杂,种类繁多。按其工作原理,可分为成形法刀具和展成法刀具两大类。

　　(1) 成形法齿轮刀具　这类刀具适于加工直齿槽工件,如直齿圆柱齿轮、斜齿齿条等。常用的成形法齿轮刀具有盘形齿轮铣刀(见图 2-26(a))和指状齿轮铣刀(见图 2-26(b))。成形法齿轮刀具的结构比较简单,制造容易,可在普通铣床上使用,但加工精度和效率较低,主要用于单件、小批量生产和修配加工。

　　(2) 展成法齿轮刀具　这类刀具加工时,刀具本身就相当于一个齿轮,它与被切齿轮做无侧隙啮合,工件齿形由刀具切削刃在展成过程中逐渐切削包络而成。因此,刀具的齿形不同于被加工齿轮的齿槽形状。常用的展成法齿轮刀具有:滚齿刀(简称滚刀)、插齿刀、剃齿刀等。

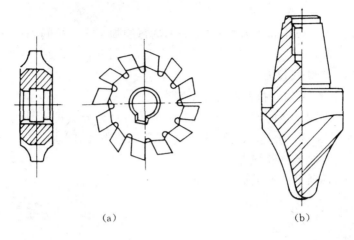

(a)　　　　　　　　　　　　　(b)

图 2-26　成形齿轮铣刀

3. 插齿刀

插齿刀(gear shaper cutter)可以加工直齿轮、斜齿轮、内齿轮、塔形齿轮、人字齿轮和齿条等,是一种应用很广泛的齿轮刀具。

1) 插齿刀的基本工作原理

插齿刀的形状如同圆柱齿轮,但其具有前角、后角和切削刃。插齿时,它的切削刃随插齿机床的往复运动在空间形成一个渐开线齿轮,称为产形齿轮。如图 2-27 所示,插齿刀的上、下往复运动就是主运动,同时,插齿刀的回转运动与工件齿轮的回转运动相配合形成展成运动(相当于产形齿轮与被切齿轮之间的无间隙啮合运动)。展成运动一方面包络形成齿轮渐开线齿廓,另一方面又是切削时的圆周进给运动和连续的分齿运动。在开始切削时,还有径向进给运动,切到全齿深时径向进给运动自动停止。为了避免后刀面与工件的摩擦,插齿刀每次空行程退刀时,应有让刀运动。

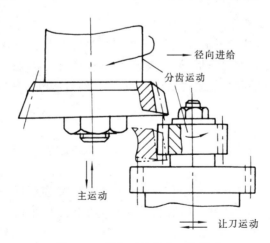

图 2-27　插齿刀的基本工作原理

插齿刀是一种展成法齿轮刀具,它可以用来加工同模数、同压力角的任意齿数的齿轮,并且既可以加工标准齿轮,也可以加工变位齿轮。

2) 标准插齿刀的选用

标准直齿插齿刀按其结构分为盘形、碗形和锥柄形三种,它们的主要规格与应用范围见表

2-1。插齿刀精度分为 AA、A、B 三级,分别用来加工 6、7、8 级精度的齿轮。

表 2-1　插齿刀的主要类型、规格与应用范围

序号	类型	简　图	应用范围	规　格		d_1/mm 或莫氏锥度
				d_0/mm	m/mm	
1	盘形直齿插齿刀	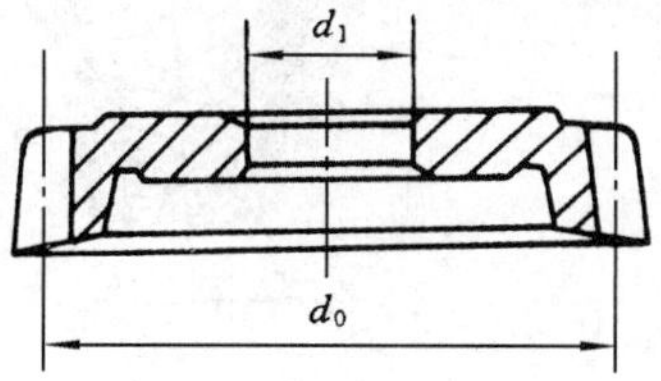	加工普通直齿外齿轮和大直径内齿轮	$\phi75$	1～4	31.743
				$\phi100$	1～6	
				$\phi125$	4～8	
				$\phi160$	6～10	88.90
				$\phi200$	8～12	101.60
2	碗形直齿插齿刀	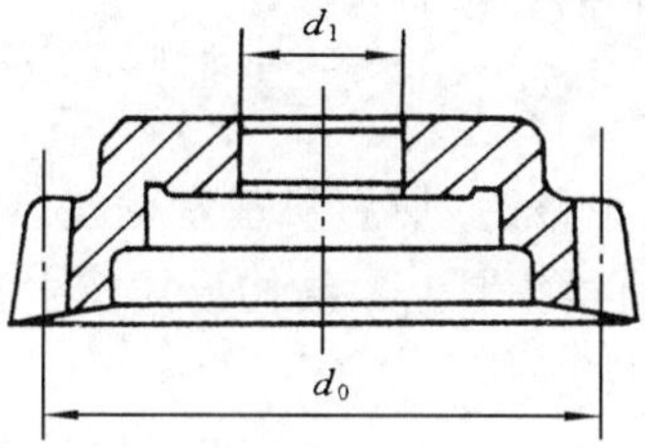	加工塔形、双联直齿轮	$\phi50$	1～3.5	20
				$\phi75$	1～4	
				$\phi100$	1～8	31.743
				$\phi125$	4～8	
3	锥柄直齿插齿刀	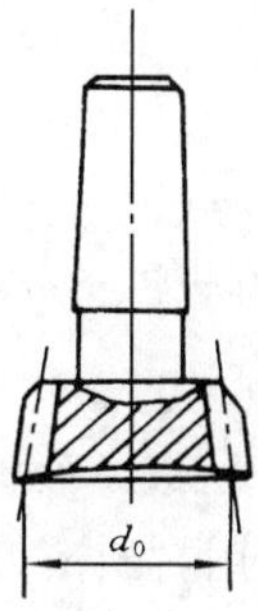	加工直齿内齿轮	$\phi25$	1～2.75	莫氏锥度 2 号
				$\phi38$	1～3.75	莫氏锥度 3 号

4. 齿轮滚刀

齿轮滚刀(hob)是加工直齿和螺旋齿圆柱齿轮时常用的一种刀具。它的加工范围很广,模数从 0.1～40 mm 的齿轮,均可使用滚刀加工。同一把齿轮滚刀可以加工模数、压力角相同而齿数不同的齿轮。

1) 齿轮滚刀的工作原理

齿轮滚刀是利用螺旋齿轮啮合原理来加工齿轮的。在加工过程中,滚刀相当于一个螺旋角很大的斜齿圆柱齿轮,与被加工齿轮做空间啮合,滚刀的刀齿就将齿轮齿形逐渐包络出来,如图 2-28 所示。滚齿时,滚刀轴线与工件端面倾斜一定角度。滚刀的旋转运动为主运动。加工直齿轮时,滚刀每转一转,工件转过一个齿(当滚刀为单头时)或数个齿(当滚刀为多头时),以形成展成运动,即圆周进给运动;为了在齿轮的全齿宽上切出牙齿,滚刀还需沿齿轮轴线方向进给。加工斜齿轮时,除上述运动外,还需给工件一个附加的转动,以形成斜齿轮的螺旋齿槽。

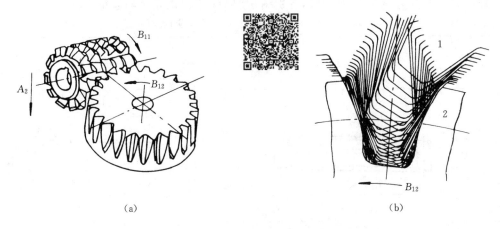

(a)   (b)

图 2-28　齿轮滚刀的工作原理(滚齿原理)

2) 齿轮滚刀的选用

用于加工基准压力角为 20°的渐开线齿轮的齿轮滚刀(均为阿基米德整体式滚刀)已经标准化,模数 $m=1\sim10$ mm,单头,右旋,前角为 0°,直槽。其基本结构形式及主要结构尺寸见表 2-2。

表中 Ⅰ 型的外径 d_e、孔径 D、长度 L、齿槽数 Z 均大于 Ⅱ 型的,故刀齿的理论齿形精度较高,用于 AAA 级齿轮滚刀,适用于加工 6 级精度的齿轮;Ⅱ 型用于 AA、A、B、C 级齿轮滚刀,用于加工 7、8、9、10 级精度的齿轮。

选用齿轮滚刀时,应注意以下几点。

(1) 齿轮滚刀的基本参数(如模数、压力角、齿顶高系数等)应按被切齿轮的相同参数选取。齿轮滚刀的参数标注在其端面上。

(2) 齿轮滚刀的精度等级,应按被切齿轮的精度要求或工艺文件的规定选取。

(3) 齿轮滚刀的旋向,应尽可能与被切齿轮的旋向相同,以减小滚刀的安装角度,避免产生切削振动,提高加工精度和表面质量。滚切直齿轮,一般用右旋滚刀;滚切左旋齿轮,最好选用左旋滚刀。

表 2-2　标准齿轮滚刀的基本结构形式及主要结构尺寸(GB/T 6083—2016)　　　单位:mm

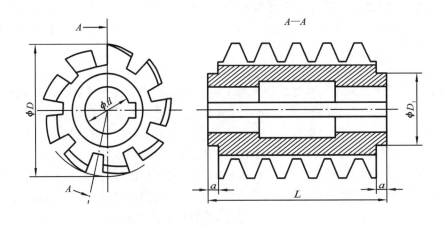

续表

模数 m 系数 I	模数 m 系数 II	轴台直径 D_1/mm	外径 D/mm	孔径 d/mm	参考 总长 L/mm	参考 总长 L_0/mm	参考 最小轴台长度 c/mm	参考 常用容屑槽数量
1	—	由制造商自行定制	50	22	50	65	4	14
—	1.125							
1.25	—							
—	1.375							
1.5	—		55		55	70		
—	1.75							
2	—		65	27	60	75		
—	2.25							
2.5	—		70		65	80		
—	2.75							
3	—		75	32	70	85		
—	3.5		80		75	90		
4	—		85		80	95		
—	4.5		90		85	100		
5	—		95		90	105		
—	5.5		100		95	110	5	12
6	—		105		100	115		
—	6.5		110		110	125		
—	7		115		115	130		
8	—		120		140	160		10
—	9		125					
10	—		130		170	190		
—	11		150	40				
12	—		160		200	220		9
—	14		180					
16	—		200	50	250	275	6	
—	18		220					
20	—		240	60	300	325		
—	22		250					
25	—		280	80	360	385		
—	28		320		400	430		
32	—		350		450	480		
—	36		380					
40	—		400		480	510		

2.1.6　磨加工与磨料磨具

1. 磨加工的特点

磨加工是指用磨料、磨具进行加工的总称。在加工中,磨粒可以呈游离状态,也可以呈固结状态;可以采用机动加工,也可以采用手动加工。磨料、磨具在磨加工中的主要使用形式有磨削、研磨和抛光。在三种不同形式的磨加工方法中,磨削是应用最广、最为重要的一种加工方法。

磨削加工具有的主要特点如下:

1) 磨削的过程中参加切削的磨粒数极多

砂轮中含有大量磨粒。据测定,每克白刚玉、磨料有上万颗甚至十多万颗磨粒,而一片尺寸规格为 $300 \times 32 \times 75$(外径为 300 mm,孔径为 32 mm,厚度为 75 mm)的白刚玉砂轮,其质量约为 5 kg,除去其中百分之十几的结合剂外,每片砂轮中包含的磨粒数量巨大。这一颗颗的磨粒通常可看作一把把小的铣刀,因此,砂轮参加磨削的过程可看作大量像铣刀一样的磨粒进行铣削的过程。

2) 起切削作用的磨粒具有独特的性能

磨粒具有很高的硬度,因此,它能顺利地切削硬的工件。磨粒的热稳定性好,在高温下仍不会失去切削性能。同时,磨粒具有一定的脆性,在磨削力的作用下能够碎裂,从而更新其切削刃。

3) 每个磨粒切刃切去的切屑很小

磨削时,由于参加切削的磨粒切刃数量很多,因此,即使在磨削效率很高的情况下,一个切刃切下的磨屑体积也只有 $10^{-5} \sim 10^{-3}$ mm³,精磨时,每个磨屑的体积更小。而在铣削时,每个刀齿切下的切屑体积一般为 40 mm³,比磨屑体积大得多。

4) 磨粒的切削速度极高

磨削时,砂轮圆周表面的速度极高,磨粒的切刃与被加工工件的接触时间极短,一般为 $10^{-5} \sim 10^{-4}$ s。在这样短的时间内要切去切屑,将使磨粒和工件产生强烈的摩擦、急剧的塑性变形,因而产生大量的磨削热。

2. 磨加工的用途

由于磨加工具有上述特点,因此,它在机械加工中具有明显的优点,得到广泛的应用。

1) 可以获得高的表面质量和精度

由于磨加工具有微量切削的特点,因此它可以更经济地获得理想的表面质量,磨削精度可达 1～2 级,圆度误差不超过 0.1 μm,圆柱度误差小于 1 μm/300 mm,同轴度误差小于 1 μm,平面工件直线度误差小于 3 μm/1000 mm,有些特殊的磨削加工方法还可达到更高的精度。

2) 可获得高的加工效率

磨削已不是传统概念中的低效加工方法,而是可与其他切削加工方法相媲美的高效加工工艺,而且在某些工序上已成功地取代车削、刨削和铣削,直接从毛坯上加工成形。

3) 可用来加工各种材料

工业中广泛采用的各种非金属和金属材料,例如木材、橡胶、塑料、玻璃、陶瓷、石材以及铜、铝、铸铁、钢材等,都可采用磨加工,特别是一些高硬度、高韧度的金属,例如硬质合金、高钒高速钢等难加工材料,采用金刚石和立方氮化硼等高硬度磨料进行磨削,可以获得更好的经济效果。

4）可以满足多种加工要求

根据加工目的和用量的不同，可以进行荒磨、粗磨、半精磨、精磨、光磨、高精度磨削。

根据加工对象的不同，可进行外圆磨削、内圆磨削、平面磨削、工具磨削、专用磨削、砂带磨削、电解磨削、珩磨、超精加工、研磨及抛光等。

3. 磨料磨具的基本特性

磨加工效果的好坏，与磨料磨具本身的特性密切相关。固结磨具、涂附磨具和研磨膏是在磨加工中使用的三种基本形式的磨具。现以固结磨具为例介绍磨具的基本特性。固结磨具包括普通磨料固结磨具和超硬磨料固结磨具。

1）普通磨料固结磨具（简称普通磨具）

（1）磨具结构　普通磨具如砂轮由磨粒、结合剂和气孔等三部分组成。磨粒是构成磨具的主要原料，具有高的硬度和适当的脆性，在磨削过程中对工件起切削作用。结合剂的作用是将磨粒固结起来，使之成为有一定形状和强度的磨具。气孔是磨具中存在的空隙，磨削时，起着容纳磨屑和散逸磨削热的作用。此外，磨具中的气孔还可以浸渍某些填充剂或添加剂如硫、蜡、树脂和金属银等，以改善磨具的性能，满足某些特殊加工的需要。

（2）磨具的特性　普通磨具的特性由磨料（abrasive）、粒度（grain size）、硬度（hardness）、结合剂（binding agent）、组织（organization）、形状和尺寸（shapes and dimensions）、砂轮强度（strength）和砂轮静不平衡度（static unbalance）决定。

表 2-3 所示为砂轮的主要特性及适用范围。

磨料：磨料是构成磨具的主要原材料，它直接担负切削工作，也可以直接用于研磨和抛光。磨料应具备的基本性能是：很高的硬度、一定的韧度、机械强度、热稳定性和化学稳定性。

粒度：粒度是指磨料颗粒的几何尺寸大小。磨具用磨料颗粒的几何形状和粒度大小，在一定程度上影响着磨粒的韧度和机械强度，适宜的磨粒形状和尺寸，能够保证磨粒具有足够的切削刃数和适度的切削刃参数，因而能获得相应的切削性能。

硬度：磨具硬度是指磨具表面上的磨粒在外力作用下从黏合剂中脱落的难易程度。磨粒容易脱落的磨具，其硬度就低，反之，硬度就高。影响磨具硬度的主要因素是黏合剂的数量，黏合剂数量多时，磨具硬度就高，黏合剂少硬度就低。另外在磨具制造过程中，成形密度、烧成温度和时间等也是影响磨具硬度的重要因素。

结合剂：磨具结合剂的主要作用是将许多细小的磨粒粘在一起组成磨具，使其具有一定的形状和必要的强度。磨削时，磨粒在结合剂的支持下，可以对工件进行切削。当磨粒磨钝时，又能使磨粒及时碎裂或脱落，使磨具保持良好的磨削性能。用于普通磨具的结合剂有陶瓷黏合剂、树脂结合剂、橡胶结合剂、菱苦土结合剂等。

组织：磨具的组织是指磨具中磨粒、结合剂和气孔三者之间的体积关系，一般通过配方来控制。组织的表示方法有两种：一种是用磨具体积中磨粒所占的体积百分比，也就是磨粒率来表示；一种是用磨具中气孔的数量和大小，也就是用气孔率表示。

形状和尺寸：磨具的正确几何形状和尺寸，是满足各种磨加工形式和保证磨加工正常进行的主要条件。由于磨具的使用范围十分广泛，因而磨具的形状和尺寸规格也多种多样，在磨具的国家标准和行业标准中列出了各类磨具的名称、形状代号和尺寸。表 2-4 列出了常用砂轮的形状、代号和基本用途。

表 2-3　砂轮的主要特性、代号和适用范围

磨料

系列	名称	代号	性　能	适　用　范　围
刚玉	棕刚玉	A	棕褐色，硬度较低、韧度较高	磨削碳素钢、合金钢、可锻铸铁与青铜
	白刚玉	WA	白色，较A硬度高，磨粒锋利、韧度低	磨削淬硬的高碳钢、合金钢、高速钢，成形零件
	铬刚玉	PA	玫瑰红色，韧度比WA高	磨削高速钢、不锈钢，成形磨削，刀具刃磨，高表面质量磨削
碳化物	黑碳化硅	C	黑色带光泽，比刚玉类硬度高，导热性好，但韧度低	磨削铸铁、黄铜、耐火材料及其他非金属材料
	绿碳化硅	GC	绿色带光泽，较黑碳化物硬度高，导热性好，韧度较低	磨削硬质合金、宝石、光学玻璃
超硬磨料	人造金刚石	JR	白色、淡绿、黑色 硬度最高，耐热性较差	磨削硬质合金、光学玻璃、宝石
	立方氮化硼	CBN	棕黑色	磨削高速钢、不锈钢、耐热钢及其他难加工材料

粒度

类别	粒　度　号	适　用　范　围
磨粒	8# 10# 12# 14# 16# 20# 22# 24#	荒磨
	30# 36# 40# 46#	一般磨削，加工表面粗糙度 Ra 可达 0.8 μm
	54# 60# 70# 80# 90# 100#	半精磨、精磨和成形磨削，加工表面粗糙度 Ra 可达 0.8～0.16 μm
	120# 150# 180# 220# 240#	精磨、精密磨、超精磨，成形磨，刀具刃磨，珩磨
微粉	W63 W50 W40 W28	精磨、精密磨、超精磨、珩磨、螺纹磨
	W20 W14 W10 W7 W5 W3.5 W2.5 W1.5 W1.0 W0.5	超精密磨、镜面磨、精研，加工表面粗糙度 Ra 可达 0.05～0.012 μm

结合剂

名称	代号	特　性	适　用　范　围
陶瓷	V	耐热、耐油和耐酸，碱的侵蚀，强度较高但较脆	除薄片砂轮外，能制各种砂轮
树脂	B	强度高、富有弹性，具有一定抛光作用，耐热性差，不耐酸碱	荒磨砂轮、磨窄槽、切断用砂轮、高速砂轮、镜面磨砂轮
橡胶	R	强度更高，弹性更好、抛光作用好，耐热性差、不耐油和酸，易堵塞	磨削轴承沟道砂轮、无心磨导轮、切割薄片砂轮、抛光砂轮

硬度

等级	超软	软	中软	中	中硬	硬	超硬
代号	D E F	G H	J K L	M N	P O R S	T	Y
用途			选择磨未淬硬钢选用 L～N，磨淬火钢选用 H～K，磨表面高质量磨削时选用 K～L，刀刃硬质合金刀具选用 H～J				

组织（气孔）

组织号	0	1	2	3	4	5	6	7	8	9	10	11	12	13	14
磨粒率/(%)	62	60	58	56	54	52	50	48	46	44	42	40	38	36	34
用途	成形磨削、精密磨削			磨削淬火钢、刀具刃磨				磨削切削钢、刀具刃磨				磨削热敏性大而硬度不高的材料			

砂轮组成层次关系：

磨料、粒度 → 磨粒；种类、结合剂 → 结合剂；磨粒、结合剂、硬度、组织（气孔）→ 砂轮

表 2-4　常用砂轮形状、代号和用途

砂轮名称	代　号	断面简图	基本用途
平形砂轮	1	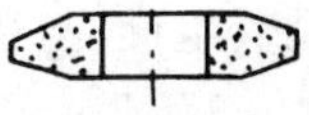	根据不同尺寸分别用于外圆磨、内圆磨、平面磨、无心磨、工具磨、螺纹磨和砂轮机上
筒形砂轮	2	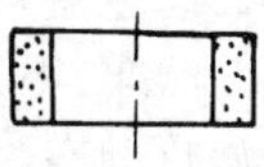	用在立式平面磨床上
碗形砂轮	11	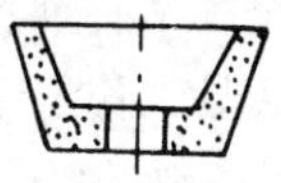	通常用于刃磨刀具,也可用在导轨磨上磨机床导轨
碟形一号砂轮	12a	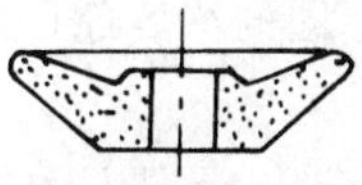	适于磨铣刀、铰刀、拉刀等,大尺寸的一般用于磨齿轮的齿面

砂轮强度:砂轮的强度是指砂轮回转时受到离心力的作用而破裂的难易程度。砂轮的强度十分重要。砂轮是一种脆性物体,又是在高速回转的条件下工作,没有足够的强度是难以保证其安全工作的。高速磨削时,砂轮速度更高,破裂时带来的危害更为严重,对砂轮强度的要求更高。砂轮强度通常以回转强度来表示。

砂轮静不平衡度:砂轮的重心不在旋转轴中心线上时,就会产生不平衡。这种不平衡,将导致砂轮在高速旋转时产生一个离心力而引起振动,不仅会降低被加工工件的表面质量,加快磨床的磨损,严重时还会引起砂轮的破裂,造成人身事故。因此,静不平衡度是砂轮的一项重要质量指标,砂轮在出厂前必须经过静平衡检查。

砂轮的特性用代号标注在砂轮端面上,砂轮的代号表示砂轮的磨料、粒度、硬度、结合剂、组织、形状和尺寸等。例如:

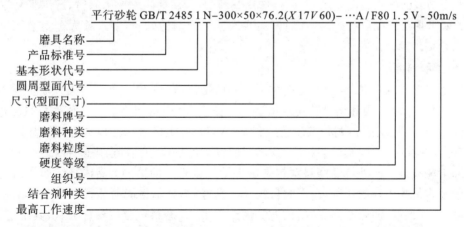

平行砂轮 GB/T 2485 1 N–300×50×76.2(X 17 V 60)– … A / F80 1.5 V - 50m/s

磨具名称
产品标准号
基本形状代号
圆周型面代号
尺寸(型面尺寸)
磨料牌号
磨料种类
磨料粒度
硬度等级
组织号
结合剂种类
最高工作速度

2)超硬磨料固结磨具(简称超硬磨具)

(1)磨具结构　超硬磨具的结构与普通磨具不同,其结构形式一般由工作层和基体两部分组成。工作层即磨粒层,由金刚石或立方氮化硼磨料、结合剂以及填料所组成,是磨具用来磨削加工的部分。基体是磨具的基本形体,起着支承工作层的作用,并通过卡盘、夹具将磨具牢固地装夹在机床上。不同结合剂磨具的基体材料也不同,一般金属结合剂磨具采用钢或铜合金,树脂结合剂磨具采用铝、铝合金或电木,陶瓷结合剂磨具采用陶瓷。

(2) 磨具的特性　超硬磨具的特性由磨料、粒度、硬度、结合剂、浓度、形状和尺寸决定。

磨料:超硬磨料是指金刚石和立方氮化硼,金刚石包括天然金刚石和人造金刚石。

粒度:超硬磨具的粒度系指超硬磨料的粒度及其组成,与普通磨料不同,由专门的标准进行规定。

硬度:超硬磨具的硬度取决于结合剂的性质、成分、数量以及磨具的制造工艺。我国目前生产的超硬磨具硬度均由各厂自行控制,未制定统一标准。

结合剂:磨具的结合剂起着把持金刚石或立方氮化硼磨料和使磨具具有正确几何形状的作用。我国目前生产的超硬磨具结合剂常用的有树脂结合剂、金属结合剂和陶瓷结合剂。

浓度:浓度是超硬磨具所特有的概念,它表示磨具工作层单位体积中超硬磨料的含量。标准中规定每立方厘米体积中含 0.88 g(4.4 Ct)超硬磨料的磨具浓度基础值为 100%,每增加或减少 0.22 g(1.1 Ct),浓度则增加或减少 25%,不同的浓度超硬磨具中的磨料含量请参见标准规定。

形状和尺寸:超硬磨具的形状和尺寸也已标准化,具体见有关国家标准。

4. 磨料磨具的选用

由于磨料磨具的用途十分广泛,加工对象、加工条件等有很大的不同,所以磨料磨具的种类、品种和规格也多种多样。每一种磨料或磨具都具有不同的特性,同时也具有一定的适用范围。因此,对于每一种磨加工工件,都必须适当选择磨料、磨具的特性参数,才能达到满意的磨加工效果。

普通磨具如砂轮的选用原则如下。

(1) 磨削钢时,选用刚玉类砂轮;磨削硬铸铁、硬质合金和非铁金属时,选用碳化硅砂轮。

(2) 磨削软材料时,选用硬砂轮;磨削硬材料时,选用软砂轮。

(3) 磨削软而韧的材料时,选用粗磨粒(如 12#～36#);磨削硬而脆的材料时,选用细磨料(如 46#～100#)。

(4) 磨削表面的粗糙度要求较低时,选用细磨粒;金属磨除率要求高时,选用粗磨粒。

(5) 要求加工表面质量好时,选用树脂或橡胶结合剂的砂轮;要求最大金属磨除率时,选用陶瓷结合剂砂轮。

5. 新型磨料磨具

新型磨料磨具的出现,推动着磨削技术向高精度、高效率、高硬度的方向发展。在 20 世纪 80 年代,美国的 3M 公司和诺顿公司推出了一种被称为 SG 的新型磨料。该磨料是指用溶胶-凝胶(SG)工艺生产的刚玉磨料,其工艺过程是: $Al_2O_3 \cdot H_2O$ 的水溶胶体经凝胶化后,干燥固化,再破碎成颗粒,最后烧结成磨料。SG 磨料的韧度特别高,是普通刚玉的两倍以上,其硬度和普通刚玉相接近。此外,SG 磨料颗粒是由大量亚微米级的 Al_2O_3 晶体烧结而成的,在磨削时能不断破裂暴露出新的切削刃,因此自锐性特别好,其磨削性能明显优于普通刚玉,主要表现为耐磨、自锐性好、磨除率高、磨削比大等优点。用 SG 磨料可制成各种磨具,其中诺顿公司的 SG 砂轮是将 SG 磨料与该公司的 38A 磨料混合而制成的(其混合比例有四种:含 100%、50%、30%、10% 的 SG 磨料),所用结合剂为陶瓷。特别是用 SG 磨料和 CBN 磨料混合而结合成的 SG/CBN 砂轮,既具有 SG 磨料的韧度又具有 CBN 的超硬性。这种新型砂轮耐磨、寿命长、磨除率高和加工精度高,因而特别适于航空、汽车、刀具等行业用超硬度材料的精密磨削,顺应了磨削加工向高精度、高效率和高硬度方向发展的趋势。

2.1.7　自动化加工中的刀具

1. 自动化加工对刀具的要求

1) 刀具可靠性要高

自动化加工的基本前提就是刀具要有很高的可靠性和尺寸耐用度,刀具的切削性能稳定可靠,加工中不会发生意外的损坏,同一批刀具的切削性能和可靠耐用度不得有较大差异。目前,自动化生产中刀具的可靠耐用度(指刀具在规定的切削条件下,能完成预定的切削时间而刀具未损坏的概率)主要根据经验数据确定,并采取到时强制换刀的办法给予保证。

2) 刀具切削性能要好

高速度、高刚度和大功率是现代数控机床的发展方向之一。中等规格的加工中心,主轴最高转速已达 10 000 r/min。为充分发挥数控机床的效能,其上所使用的刀具必须具有适应高速切削和较大进给量的性能。因此,涂层硬质合金刀具、陶瓷刀具和超硬刀具等高性能材料刀具在自动化加工中应用广泛。

3) 刀具结构应能预调尺寸和便于快速更换

为适应自动化加工的高精度和快速自动换刀的要求,刀具的径向尺寸或轴向尺寸在结构上应允许预调,并能保证刀具装上机床后不需任何附加调整即可切出合格的工件尺寸。经过机外预调尺寸的刀具,应能与机床快速、准确地接合和脱开,并能适应机械手或机器人的操作。

4) 尽量减少刀具品种规格

在自动化加工中,采用各种复合刀具(如钻-扩、扩-铰、扩-镗等复合刀具)及模块化组合式刀具可大大减少刀具的品种数量,提高生产效率,降低刀具管理的难度。

5) 要求发展刀具管理系统

在加工中心(MC)和柔性制造系统(FMS)出现后,加工过程中需用到的刀具数量大大增加。如一个具有 5~8 台机床的 FMS,刀具数量可达 1 000 把以上。要将如此众多的刀具以及有关信息(如刀具识别编码、刀具尺寸规格、刀具所在位置、刀具累计使用时间和剩余寿命等)管理好,必须具有一个完善的计算机刀具管理系统。在柔性制造系统中,刀具管理系统是一个很重要并且技术难度很大的组成部分。

6) 要求配备刀具磨损和破损在线监测装置

刀具的损坏形式主要是磨损和破损。在自动化加工中,常因刀具早期磨损或破损未及时发现而导致工件报废,甚至损坏机床,因此刀具损坏的及时判别、及时报警、自动停机和自动换刀是非常重要的。

2. 自动化加工设备中刀具的管理

1) 刀具组件的组成

为了实现自动换刀,自动化加工设备中的刀具都要加上一个刀柄,组装成所谓刀具组件来使用。刀具组件由两部分组成:即通用或专用刀具构成的切削工具和供自动刀具交换装置使用的通用刀柄及拉钉,如图 2-29 所示。其中,刀具可以是铣刀、钻头、丝锥、铰刀、镗刀头等。连接器(如钻夹头、弹簧卡头、丝锥夹头等),用于连接刀柄本体和刀具。尾拉钉拧入刀柄体内后,其尾部可供主轴内的拉紧机构拉紧刀具。

刀柄和拉钉的结构已标准化。生产中,将各种刀柄组成一个刀柄系统使用。

2) 刀具管理的任务

刀具管理的任务,就是利用所获得的刀具信息,在加工过程中根据有关的加工要求,从刀

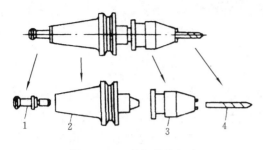

图 2-29　刀具组件的组成

1—拉钉；2—刀柄；3—连接器；4—刀具

库中选择合适的刀具,及时准确地提供给相应的机床或装置,以便在维持较高的设备利用率的情况下,高效地生产出合格的零件。刀具信息可分为:刀具描述信息,即静态信息;刀具状态信息,即动态信息。前者如刀具编码号和刀具几何参数等,后者如刀具在刀库中的位置、累计使用次数、剩余寿命等。

3) 刀具管理的内容

以柔性制造系统为例,刀具管理的内容如下。

(1) 刀具室(即刀具预调室)的管理　它包括刀具组件的装配、刀具尺寸预调、刀具或刀座的编码、刀具的选取和刀具库存量的控制等。

(2) 刀具的分配与传输　刀具的分配根据零件加工工艺过程的要求和加工系统作业调度计划,按一定的分配策略进行。所谓刀具的分配策略,就是给刀库或中心刀库配备刀具的原则和方法。常用的分配策略有以下几种。

① 一种(批)零件配备一组刀具。例如,某加工系统要加工三批(种)零件,则按每批零件的加工要求各配备一组刀具,共配备三组刀具。这种策略使刀具库存量很大,但控制软件简单。

② 几种零件使用一组刀具(刀具种类按成组技术确定)。每次加工完毕后,将库中刀具送回刀具室。这种策略可减少刀具库存量,但控制软件较复杂。

③ 加工完某几种零件后,取走不适于加工下几种零件的刀具,保留适宜于加工下几种零件的刀具,再补充加工下几种零件必需的其他刀具。这样可大大减少刀具库存量,但控制软件非常复杂。

刀具的传输常采用无人小车(AGV)(适用于大的自动化系统)或机械手和高架传送带(适用于小系统)完成。

(3) 刀具的监控　它包括刀具状态的实时监控和刀具切削时间的累计计算。当发现刀具破损时,立即停车,并发出报警,以便操作人员及时处理;当刀具达到规定的使用寿命时,及时更换刀具,以便对刀具进行重磨。

(4) 刀具信息的处理　它包括刀具动、静态信息的获得、修改、传输和处理利用等。

4) 刀具的识别

刀具的识别是通过识别刀具的编码来实现的。识别的方法有两种:接触式识别和非接触式识别。

图 2-30 所示的为条形码识别系统(属非接触式识别方式)的示意图。所谓条形码,是指一组粗细不同,印在浅色衬底上的深色条形码符。通过这种长条形码符和衬底的不同排列组合来对被识别对象进行编码,是国际上通用的编码方法。条形码识别系统由光源、条形码标记、光敏元件和读出控制电路组

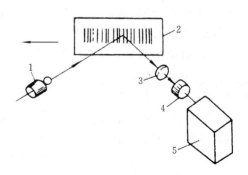

图 2-30　条形码识别系统

1—光源；2—条形码标记；3—聚光镜；
4—光敏元件；5—读出控制电路

成。当光源发出的光线射向移动刀具上的条形码标记时,由于条形码标记上线条本身粗细不

同,线条间隙宽窄不同和衬底的反射率不同,产生强度不同的反射光。反射光经聚光镜聚焦在光敏元件上,使光敏元件产生不同大小的电流信号,将电流信号送入读出控制电路,经放大整形后即转换为数字信号,计算机或其他逻辑电路就根据这些数字信号的不同,识别不同的刀具。非接触式识别消除了机械磨损和接触不良而造成的识别错误,比接触式识别更为可靠。

5) 刀具的选择

以单台加工中心为例,从刀库中选刀的方式有两种。

(1) 顺序选择方式　已调好的刀具组件按系统加工的工艺顺序依次插在刀库中,加工时机械手(或其他刀具传输装置)根据数控指令依次从刀库中取出刀具,而刀库随着刀具的取出依次转动一个刀座位置。这种选刀方式的特点是刀库驱动控制简单,但刀库中的任意一把刀具在零件的整个加工过程中不能重复使用。

(2) 任意选择方式　刀库中的每把刀具(或刀座)都经过预先编码,刀具管理系统在刀库运转中,利用识别装置识别刀具的编码号来选择刀具。当某一刀具的编码与选刀的数控指令代码相符时,刀具识别装置发出信号,控制刀库将该刀具输送到换刀位置,以便机械手取用。这种方式的优点是刀具可重复使用,减少了刀具库存量,刀库容量也相对较小,但刀库驱动控制比较复杂。

2.2　金属切削机床的基本知识

2.2.1　机床的分类及型号

1. 机床的分类

金属切削机床(metal-cutting machine tools)简称机床(machine tools),是制造机器的机器,所以又称为工作母机或工具机。机床的品种规格繁多,为便于区别、使用和管理,必须加以分类。对机床常用的分类方法有以下几种。

按加工性质、所用刀具和机床的用途,机床可分为车床(lathes)、钻床(drillers)、镗床(borers)、磨床(grinders)、齿轮加工机床(gear cutting machines)、螺纹加工机床(planers and slotters)、铣床(millers)、刨插床(threading machines)、拉床(broachers)、特种加工机床(no-traditional machine tools)、锯床(sawing machines)和其他机床共 12 类。这是最基本的分类方法。在每一类机床中,又按工艺范围、布局形式和结构性能的不同,分为 10 个组,每一组又分若干系。

按机床的通用性程度,同类机床又可分为通用机床(万能机床)、专门化机床和专用机床。通用机床的工艺范围宽,通用性好,能加工一定尺寸范围的多种零件,完成多种工序,如卧式车床、卧式升降台铣床、万能外圆磨床等。通用机床的结构往往比较复杂,生产率也较低,故适用于单件小批生产。专门化机床只能加工一定尺寸范围内的某一类或几类零件,完成其中的某些特定工序,如曲轴车床、凸轮轴磨床、花键铣床等即是如此。专用机床的工艺范围最窄,通常只能完成某一特定零件的特定工序,如车床主轴箱的专用镗床、车床导轨的专用磨床等。组合机床也属于专用机床。

同类机床按工作精度又可分为普通机床、精密机床和高精度机床。

按重量和尺寸,可将机床分为仪表机床、中型机床、大型机床、重型机床和超重型机床。

按自动化程度,可将机床分为手动、机动、半自动和自动机床。

按主要工作机构的数目,可将机床分为单轴机床、多轴机床、单刀机床和多刀机床。

2. 机床的技术参数与尺寸系列

机床的技术参数是表示机床的尺寸大小和加工能力的各种技术数据,一般包括:主参数,第二主参数,主要工作部件的结构尺寸,主要工作部件的移动行程范围,各种运动的速度范围和级数,各电动机的功率,机床轮廓尺寸等。这些参数在每台机床的使用说明书中均详细列出,是用户选择、验收和使用机床的重要技术数据。

主参数(main parameters)是反映机床最大工作能力的一个主要参数,它直接影响机床的其他参数和基本结构的大小。主参数一般以机床加工的最大工件尺寸或与此有关的机床部件尺寸来表示。例如,普通车床的主参数为床身上最大工件回转直径,钻床的主参数为最大钻孔直径,外圆磨床的主参数为最大磨削直径,卧式镗床的主参数为镗轴直径,升降台铣床及龙门铣床的主参数为工作台工作面宽度,齿轮加工机床的主参数为最大工件直径等。有些机床的主参数不用尺寸而用力表示,例如,拉床的主参数就为最大拉力。

有些机床为了更完整地表示其工作能力和尺寸大小,还规定有第二主参数。例如,普通车床的第二主参数为最大工件长度,外圆磨床的第二主参数为最大磨削长度,齿轮加工机床的第二主参数则为最大加工模数。

3. 机床型号编制

机床型号是机床产品的代号,用以简明地表示机床的类型、主要技术参数、性能和结构特点等。我国现行的机床型号是按 2008 年颁布的标准 GB/T 15375—2008《金属切削机床　型号编制方法》(不包括组合机床)编制的。由此规定,机床型号由汉语拼音字母和阿拉伯数字按一定规律组合而成的,它可简明地表达出机床的类型、主要规格及有关特征等。

1) 通用机床的型号编制

(1) 通用机床的型号　通用机床的型号由基本部分和辅助部分组成,中间用"/"隔开,读作"之"。基本部分需统一管理,辅助部分是否纳入型号由生产厂家自定。型号构成如下:

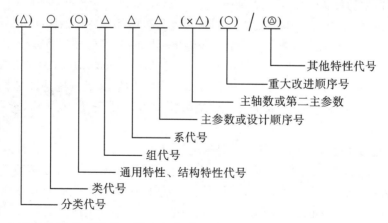

其中:① 有括号的代号或数字,当无内容时不表示,若有内容则不带括号;

② ○表示大写的汉语拼音字母;

③ △表示阿拉伯数字;

④ ◎表示大写的汉语拼音字母,或阿拉伯数字,或两者兼而有之。

(2) 机床类别、组别、系别的划分及其代号　机床的类别代号用大写的汉语拼音字母表示(表 2-5)。需要时各类还可分为若干分类,分类代号用阿拉伯数字表示,放在类别代号之前,作为型号的首位。第一分类代号前的"1"省略,"2""3"分类代号则应予以表示。

表 2-5　机床的类别和分类代号

类别	车床	钻床	镗床	磨　　床			齿轮加工机床	螺纹加工机床	铣床	刨插床	拉床	锯床	其他机床
代号	C	Z	T	M	2M	3M	Y	S	X	B	L	G	Q
读音	车	钻	镗	磨	磨	磨	牙	丝	铣	刨	拉	割	其

机床的组别和系别代号用两位阿拉伯数字表示,位于类别代号或特性代号之后。每类机床分为 10 组,用数字 0~9 表示,每个组又划分为若干个系(系列)。在同一类机床中,主要布局或使用范围基本相同的机床为同一组;在同一组机床中,主参数相同,主要结构及布局形式相同的机床为同一系。金属切削机床类别、组别划分见表 2-6。

表 2-6　机床类别、组别划分表

类　别		组　别									
		0	1	2	3	4	5	6	7	8	9
车床(C)		仪表车床	单轴自动车床	多轴(半)自动车床	转塔车床	曲轴及凸轮轴车床	立式车床	落地及卧式车床	仿形及多刀车床	轮、轴、辊、锭及铲齿车床	其他车床
钻床(Z)			坐标镗钻床	深孔钻床	摇臂钻床	台式钻床	立式钻床	卧式钻床	铣钻床	中心孔钻床	其他钻床
镗床(T)				深孔镗床		坐标镗床	立式镗床	卧式铣镗床	精镗床	汽车、拖拉机修理用镗床	其他镗床
磨床	(M)	仪表磨床	外圆磨床	内圆磨床	砂轮机	坐标磨床	导轨磨床	刀具刃磨床	平面及端面磨床	曲轴、凸轮轴、花键轴及轧辊磨床	工具磨床
	(2M)		超精机	内圆珩磨机	外圆及其他珩磨机	抛光机	砂带抛光及磨削机床	刀具刃磨及研磨机床	可转位刀片磨削机床	研磨机	其他磨床
	(3M)		球轴承套圈沟磨床	滚子轴承套圈滚道磨床	轴承套圈超精机		叶片磨削机床	滚子加工机床	钢球加工机床	气门、活塞及活塞环磨削机床	汽车、拖拉机修磨机床
齿轮加工机床 Y		仪表齿轮加工机		锥齿轮加工机	滚齿及铣齿机	剃齿及珩齿机	插齿机	花键轴铣床	齿轮磨齿机	其他齿轮加工机	齿轮倒角及检查机
螺纹加工机床 S				套丝机	攻丝机		螺纹铣床		螺纹磨床	螺纹车床	

续表

类　　别	组　　别									
	0	1	2	3	4	5	6	7	8	9
铣床 X	仪表铣床	悬臂及滑枕铣床	龙门铣床	平面铣床	仿形铣床	立式升降台铣床	卧式升降台铣床	床身铣床	工具铣床	其他铣床
刨插床 B		悬臂刨床	龙门刨床			插床	牛头刨床		边缘及模具刨床	其他刨床
拉床 L			侧拉床	卧式外拉床	连续拉床	立式内拉床	卧式内拉床	立式外拉床	键槽、轴瓦及螺纹拉床	其他拉床
特种加工机床 D		超声波加工机	电解磨床	电解加工机			电火花磨床	电火花加工机		
锯床 G			砂轮片锯床		卧式带锯床	立式带锯床	圆锯床	弓锯床	锉锯床	
其他机床 Q	其他仪表机床	管子加工机床	木螺钉加工机		刻线机	切断机	多功能机床			

（3）机床的特性代号　如果某类型机床除有普通型机床外，还具有某种通用特征，则在类别代号之后加上通用特性代号，见表 2-7。

表 2-7　机床的通用特性代号

通用特性	高精度	精密	自动	半自动	数控	加工中心（自动换刀）	仿形	轻型	加重型	柔性加工单元	数显	高速
代号	G	M	Z	B	K	H	F	Q	C	R	X	S
读音	高	密	自	半	控	换	仿	轻	重	柔	显	速

（4）机床主参数、主轴数、第二主参数和设计顺序号　机床主参数代表机床规格的大小，用折算值（主参数乘以折算系数）表示，位于系代号之后。当折算值大于 1 时，则取整数，前面不加"0"，当折算值小于 1 时，则取小数点后第一位数，并在前面加"0"。

某些通用机床，当无法用一个主参数表示时，则在型号中用设计顺序号表示。设计顺序号由 1 起始，当设计顺序号大于 10 时，则由 01 开始编写。

第二主参数（多轴机床的主轴数除外）一般不予表示，如有特殊情况，需在型号中表示，应按一定手续审批。在型号中表示的第二主参数，一般以折算成两位数为宜，最多不超过三位数。以长度、深度值等表示的，其折算系数为 1/100；以直径、宽度值等表示的，其折算系数为

1/10；以厚度、最大模数值等表示的，其折算系数为 1。当折算值大于 1 时，则取整数；当折算值小于 1 时，则取小数点后第一位数，并在前面加"0"。

对于多轴车床、多轴钻床、排式钻床等机床，其主轴数应以实际数值列入型号，置于主参数之后，用"×"分开，读作"乘"。单轴可省略，不予表示。

（5）机床的重大改进顺序号　当机床的性能和结构有更高的要求，并需按新产品重新设计、试制和鉴定时，才按改进后的先后顺序选用 A、B、C 等汉语拼音字母（但"I""O"两个字母不得选用），加在型号基本部分的尾部，以区别于原机床型号。凡属局部的小改进，或增减某些附件、测量装置及改变装夹工件的方法等，其型号不变。

（6）其他特性代号　其他特性代号，置于辅助部分之首。其中同一型号机床的变型代号，一般又应放在其他特性代号之首位。其他特性代号主要用于反映各类机床的特性，如：对于数控机床，可用来反映控制系统的不同等；对于加工中心，可用来反映控制系统、自动交换主轴头、自动交换工作台的不同等；对于柔性加工单元，可用来反映自动交换主轴箱的不同；对于一机多用机床，可用以补充表示某些功能；对于一般机床，可以反映同一型号机床的变型等。

其他特性代号可用汉语拼音字母（"I""O"两个字母除外）表示，其中 L 表示联动轴数，F 表示复合。当单个字母不够用时，可将两个字母组合起来使用，如 AB，AC，AD，…，或 BA，CA，DA，…。其他特性代号也可用阿拉伯数字或用阿拉伯数字和汉语拼音字母组合表示。当用汉语拼音字母表示时，应按汉语拼音字母读音，如有需要，也可用相对应的汉字字意读音。

例 2-1

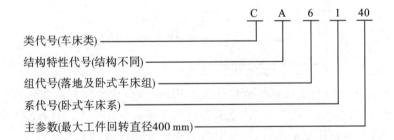

例 2-2

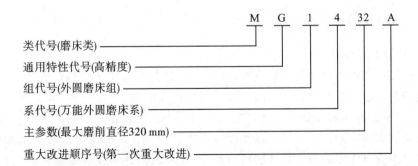

例 2-3

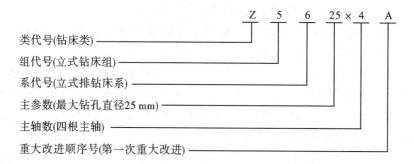

类代号(钻床类)
组代号(立式钻床组)
系代号(立式排钻床系)
主参数(最大钻孔直径25 mm)
主轴数(四根主轴)
重大改进顺序号(第一次重大改进)

Z 5 6 25×4 A

例 2-4

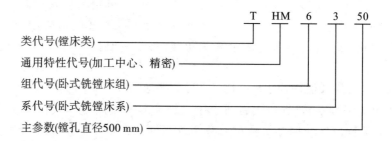

类代号(镗床类)
通用特性代号(加工中心、精密)
组代号(卧式铣镗床组)
系代号(卧式铣镗床系)
主参数(镗孔直径500 mm)

T HM 6 3 50

2) 专用机床的型号编制

专用机床的型号表示方法为:

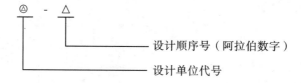

设计顺序号（阿拉伯数字）
设计单位代号

（1）设计单位代号　当设计单位为机床生产厂时,用机床生产厂所在城市名称的大写汉语拼音字母及该机床生产厂在该城市建立的先后顺序号或机床生产厂名称的大写汉语拼音字母表示;当设计单位为机床研究所时,用研究所名称的大写汉语拼音字母表示。

（2）专用机床的设计顺序号　按各机床生产厂和机床研究所的设计顺序（由"001"起始）排列,位于设计单位代号之后,并用"-"隔开。

2.2.2　机床的运动

1. 工件表面的形成方法

任何一种经切削加工得到的机械零件,其形状都是由若干便于刀具切削加工获得的表面组成的。这些表面包括平面、圆柱面、圆锥面以及各种成形表面(见图 2-31)。从几何观点看,这些表面(除了少数特殊情况如蜗轮叶片的成形面外)都可看成是一条线(母线)沿另一条线(导线)运动而形成的。如图 2-32 所示,平面可以由直母线 1 沿直导线 2 移动而形成;圆柱面及圆锥面可以由直母线 1 沿圆导线 2 旋转而形成;螺纹表面是由代表螺纹牙型的母线 1 沿螺旋导线 2 运动而形成的;使渐开线形的母线 1 沿直导线 2 移动,就得到直齿圆柱齿轮的齿形表面。

母线和导线统称表面的发生线。在用机床加工零件表面的过程中,工件、刀具之一或两者

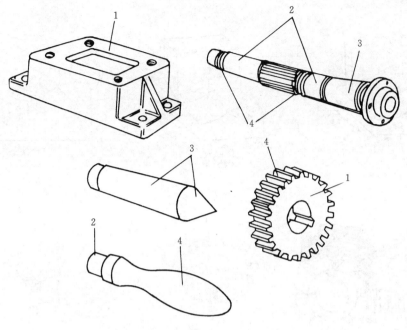

图 2-31　机械零件上常见的表面
1—平面；2—圆柱面；3—圆锥面；4—成形表面

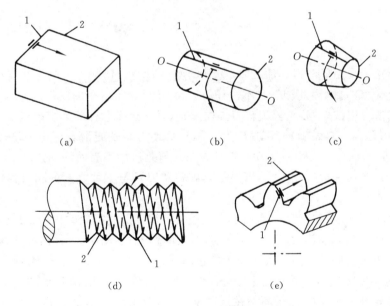

图 2-32　零件表面的形成
1—母线；2—导线

同时按一定规律运动,形成两条发生线,从而生成所要加工的表面。常用的形成发生线的方法有四种。

(1) 轨迹法　如图 2-33(a)所示,刀具切削刃与被加工表面为点接触。为了获得所需的发生线,切削刃必须沿发生线运动:当刨刀沿方向 A_1 做直线运动时,就形成直母线;当刨刀沿方向 A_2 做曲线运动时,就形成曲线形导线。因此,采用轨迹法形成所需的发生线需要一个独立的运动。

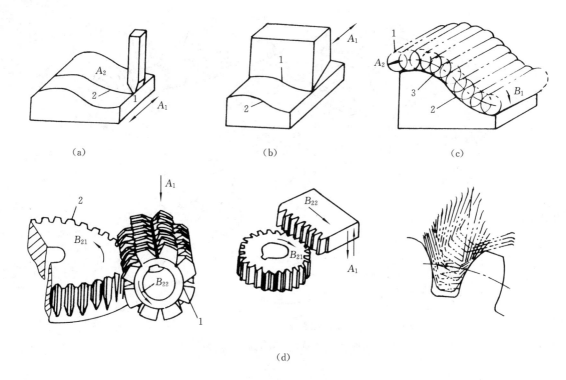

（a）　　　　　　　　　（b）　　　　　　　　　（c）

（d）

图 2-33　形成发生线所需的运动
1—刀尖或切削刃;2—发生线;3—刀具轴线的运动轨迹

（2）成形法　采用成形刀具加工时,如图 2-33(b)所示,切削刃 1 的形状与所需生成的曲线形母线 2 的形状一致,因此加工时不需任何运动,便可获得所需的发生线。

（3）相切法　用铣刀、砂轮等旋转刀具加工时,刀具圆周上有多个切削点 1 轮流与工件表面相接触,此时除了刀具做旋转运动(B_1)之外,还要使刀具轴线沿着一定的轨迹 3(即发生线 2 的等距线)运动,而各个切削点运动轨迹的包络线就是所加工表面的一条发生线 2(见图2-33(c))。因此采用相切法形成发生线,需要刀具旋转和刀具与工件之间的相对移动两个彼此独立的运动。

（4）展成法　图 2-33(d)所示为用滚刀或插齿刀加工圆柱齿轮的情形,刀具的切削刃与齿坯之间为点接触。当刀具与齿坯之间按一定的规律做相对运动时,工件的渐开线形母线,就是由与之相切的刀具切削刃一系列瞬时位置的包络线形成的。用展成法生成发生线时,工件的旋转与刀具的旋转(或移动)两个运动之间必须保持严格的运动协调关系,即刀具与工件犹如一对齿轮或齿轮与齿条做啮合运动。在这种情况下,两个运动不是彼此独立的,而是相互联系、密不可分的,它们共同组成一种复合运动(即展成运动)。

2. 机床的运动

机床加工零件时,为获得所需的表面,工件与刀具做相对运动,既要形成母线,又要形成导线,于是形成这两条发生线所需的运动的总和,就是形成该表面所需要的运动。机床上形成被加工表面所必需的运动,称为机床的工作运动(operating movement),又称表面成形运动。

例如,在图 2-33(a)中,用轨迹法加工时,刀具与工件的相对运动是形成母线所需的运动。刀具沿曲线轨迹的运动用来形成导线。这两种运动之间不必有严格的运动联系,因此它们是相互独立的。所以,要加工出图 2-33(a)所示的曲面,一共需要两个独立的工作运动:刀具与工件的相对运动和刀具沿曲线轨迹的运动。

用展成法加工齿轮时(见图 2-33(d)),如前所述,生成母线需要一个复合的成形运动($B_{21}+B_{22}$)。为了形成齿的全长,即形成导线,如果采用滚刀加工,用相切法,需要两个独立的运动:滚刀轴线沿导线方向的移动和滚刀的旋转。前一个运动是用轨迹法实现的,而滚刀的旋转运动由于要与工件的转动保持严格的复合运动关系,只能与滚刀的旋转(B_{22})为同一个运动而不可能另外增加一个运动。所以,用滚刀加工圆柱齿轮时,一共需要两个独立的运动:展成运动($B_{21}+B_{22}$)和滚刀沿工件轴向的移动 A_1。

机床的工作运动中,必有一个速度最高、消耗功率最大的运动,它是产生切削作用必不可少的运动,称为主运动(acting movement)。其余的工作运动使切削得以继续进行,直至形成整个表面,这些运动都称为进给运动(feed movement)。进给运动速度较低,消耗的功率也较小,一台机床上可能有一个或几个进给运动,也可能不需要专门的进给运动。

工作运动是机床上最基本的运动。每个运动的起点、终点、轨迹、速度、方向等要素的控制和调整方式,对机床的布局和结构有重大的影响。

机床上除了工作运动以外,还可能有下面的几种运动。

(1) 切入运动——使刀具切入工件表面一定深度,以获得所需的工件尺寸。

(2) 分度运动——工作台或刀架的转位或移位,以顺次加工均匀分布的若干个相同的表面,或使用不同的刀具顺次加工。

(3) 调位运动——根据工件的尺寸大小,在加工之前调整机床上某些部件的位置,以便于加工。

(4) 其他各种运动——如刀具快速趋近工件或退回原位的空程运动,控制运动的开、停、变速、换向的操纵运动等。

这几类运动与表面的形成没有直接关系,而是为工作运动创造条件,统称辅助运动。

2.2.3　机床的传动

1. 传动链

机床上最终实现所需运动的部件称为执行件,如主轴、工作台、刀架等。为执行件的运动提供能量的装置称为运动源。将运动和动力从运动源传至执行件的装置,称为传动装置。机床的运动源可以是各种电动机、液动机或气动发动机。交流异步电动机因价格便宜、工作可靠,在一般机床的主运动、进给运动和辅助运动中应用最为广泛。当转速或调速性能等不能满足要求时,应选用其他运动源。

机床的传动装置有机械、电气、液压、气动等多种类型。机械传动又有带传动、链传动、啮合传动、丝杠螺母传动及其组合等多种方式。从一个元件到另一个元件之间的一系列传动件,称为机床的传动链。传动链两端的元件称为末端件。末端件可以是运动源、某个执行件,也可以是另一条传动链中间的某个环节。每一条传动链并不是都需要单独的运动源,有的传动链可以与其他传动链共用一个运动源。

传动链的两个末端件的转角或移动量(称为"计算位移")之间如果有严格的比例关系要求,这样的传动链称为内联系传动链。若没有这种要求,则为外联系传动链。用展成法加工齿轮时,单头滚刀转一转,工件也应匀速转过一个齿,才能形成准确的齿形。因此,连接工件与滚刀的传动链,即展成运动传动链,就是一条内联系传动链。同样,在车床上车螺纹时,刀具的移动与工件的转动之间,也应由内联系传动链相连。在内联系传动链中,不能用带传动、摩擦轮传动等传动比不稳定的传动装置。

传动链中通常包括两类传动机构:一类是传动比和传动方向固定不变的传动机构,如定比齿轮副、蜗杆蜗轮副、丝杠螺母副等,称为定比传动机构;另一类是根据加工要求可以变换传动比和传动方向的传动机构,如挂轮变速机构、滑移齿轮变速机构、离合器换向机构等,统称为换置机构。

2. 传动原理图

拟定或分析机床的传动原理时,常用传动原理图。传动原理图只用简单的符号(见图2-34)表达各执行件、运动源之间的传动联系,并不表达实际传动机构的种类和数量。图2-35所示为车床的传动原理图。图中,电动机、工件、刀具、丝杠螺母等均以简单的符号表示,1~4及4~7分别代表电动机至主轴、主轴至丝杠的传动链。传动链中传动比不变的定比传动部分以虚线表示,如1~2、3~4、4~5、6~7之间均代表定比传动机构。2~3及5~6之间的符号表示传动比可以改变的机构,即换置机构,其传动比分别为u_v和u_x。

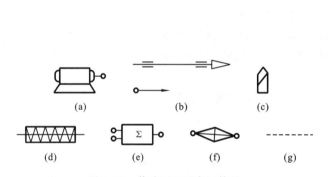

图 2-34 传动原理图常用符号

(a)电动机;(b)机床主轴;(c)车刀;(d)滚刀;(e)合成机构;

(f)传动比可变换的换置机构;(g)传动比不变的传动链

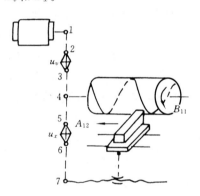

图 2-35 车床的传动原理图

3. 转速图

通用机床的工艺范围很广,因而其主运动的转速范围和进给运动的速度范围较大。例如,中型卧式车床主轴的最低转速n_{min}通常为每分钟几转至十几转,而最高转速n_{max}可达1 500~2 000 r/min。在最低转速与最高转速之间,根据机床对传动的不同要求,主轴的转速可能有两种变化方式——无级变速和有级变速。

采用无级变速方式时,主轴转速可以选择n_{min}与n_{max}之间的任何数值。其优点是可以得到最合理的转速,速度损失小,但无级变速机构的成本稍高。常用的无级变速装置有电动机的无级变速系统和机械的无级变速机构。

采用有级变速方式时,主轴转速在n_{min}和n_{max}之间只有有限的若干级中间转速可供选用。为了让转速分布相对均匀,常使各级转速的数值构成等比数列,其公比ϕ的标准值为1.12、1.25、1.41、1.58或2。也有的机床主轴转速数列中有两种不同的公比值,即在常用的中间一段转速范围内,ϕ取较小的值,主轴转速分布较密,而在两端的低速和高速范围内,ϕ取较大的值,主轴转速分布较疏。这种情形称为双公比数列。有级变速的缺点是在大多数情况下,能选用的转速与最合理的转速不能一致而造成转速损失,但由于有级变速可以用滑移齿轮等机械装置来实现,成本较低,结构紧凑,且工作可靠,所以在通用机床上仍得到广泛的应用。

为了表示有级变速传动系统中各级转速的传动路线,对各种传动方案进行分析比较,常使用转速图。图 2-36 所示为某车床主运动传动系统的转速图,图中每条竖线代表一根轴并标明轴号,竖线上的圆点表示该轴所能有的转速。为使转速图上表示转速的横线分布均匀,转速值以对数坐标绘出,但在图上仍标以实际转速。两轴(竖线)之间用一条相连的线段表示一对传动副,并在线旁标明带轮直径之比或齿轮的齿数比。两竖线之间的一组平行线代表同一对传动副。从左至右往上斜的线表示升速传动,往下斜的线表示降速传动。从转速图上很容易找出各级转速的传动路线和各轴、齿轮的转速范围。例如:主轴的转速范围为 31.5~1 400 r/min 共 12 级;主轴上 $n=500$ r/min 的一级转速,是由电动机轴的 1 440 r/min

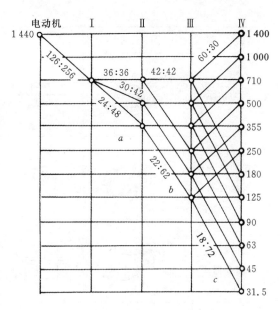

图 2-36　某车床主运动传运系统转速图

经传动比为 126∶256 的一对带轮传动至Ⅰ轴,再经Ⅰ~Ⅱ轴间一对传动比为 36∶36 的齿轮、Ⅱ~Ⅲ轴间一对传动比为 22∶62 的齿轮传至Ⅲ轴,最后经一对传动比为 60∶30 的齿轮传至主轴Ⅳ。

将各种可能的传动路线全部列出来,就得出主运动传动链的传动路线表达式(传动结构式):

$$
\begin{matrix} 电动机 \\ (3\ kW,1\ 440\ r/min) \end{matrix} - \frac{\phi126}{\phi256} - Ⅰ - \begin{bmatrix} \dfrac{36}{36} \\[4pt] \dfrac{30}{42} \\[4pt] \dfrac{24}{48} \end{bmatrix} - Ⅱ - \begin{bmatrix} \dfrac{42}{42} \\[4pt] \dfrac{22}{62} \end{bmatrix} - Ⅲ - \begin{bmatrix} \dfrac{60}{30} \\[4pt] \dfrac{18}{72} \end{bmatrix} - Ⅳ(主轴)
$$

4. 传动系统图

分析机床的传动系统时经常使用的另一种技术资料是传动系统图。它是表示机床全部运动的传动关系的示意图,用国家标准所规定的符号(见 GB 4460—2013《机械制图　机械运动简图用图形符号》,见表 2-8)代表各种传动元件,按运动传递的顺序画在能反映机床外形和各主要部件相互位置的展开图中。传动系统图上应标明电动机的转速和功率、轴的编号、齿轮和蜗轮的齿数、带轮直径、丝杠导程和头数等参数。传动系统图只表示传动关系,而不表示各零件的实际尺寸和位置。有时为了将空间机构展开为平面图形,还必须做一些技术处理,如将一根轴断开绘成两部分,或将实际上啮合的齿轮分开来画(用大括号或虚线连接起来),看图时应加以注意。图2-37所示为图2-36对应车床的主运动传动系统图。

表 2-8　传动系统中的常用符号

名　称	图　形	符　号	名　称	图　形	符　号
轴			滑动轴承		

名　称	图　形	符　号	名　称	图　形	符　号
滚动轴承	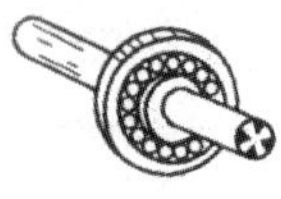	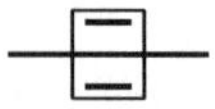	止推轴承		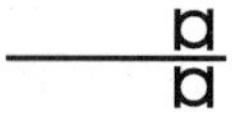
单向啮合式离合器	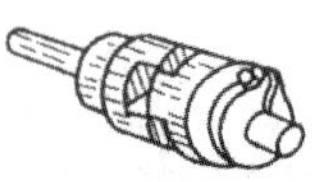	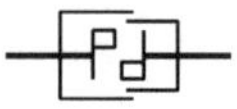	双向啮合式离合器	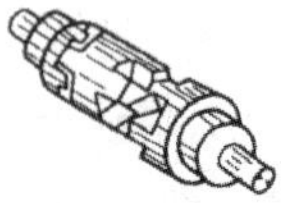	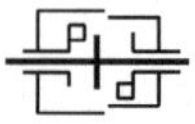
双向摩擦离合器	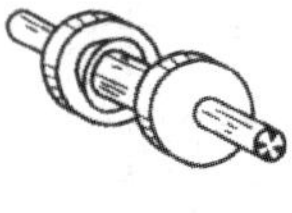	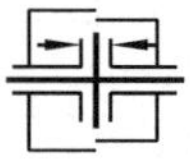	双向滑动齿轮		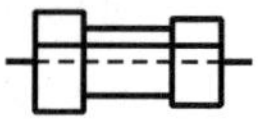
整体螺母传动			开合螺母传动	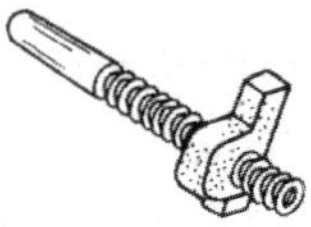	
平带传动	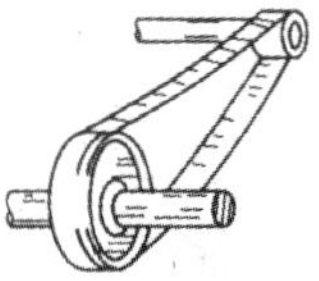	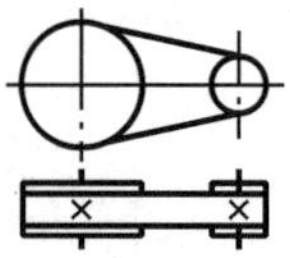	三角带传动		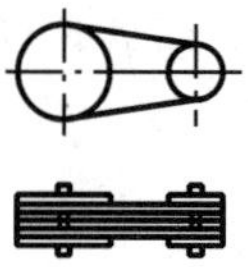
齿轮传动		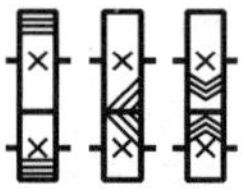	蜗杆传动	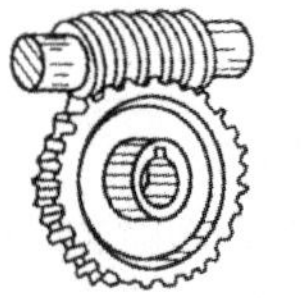	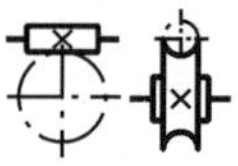
齿轮齿条传动		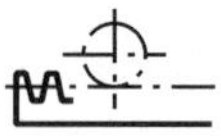	锥齿轮传动	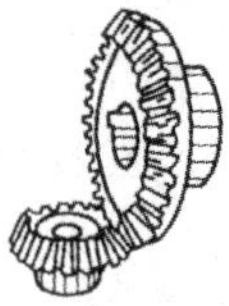	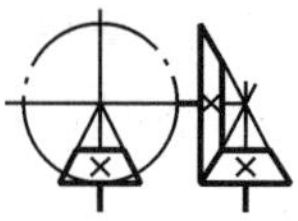

5. 运动平衡式

为了表达传动链两个末端件计算位移之间的数值关系,常将传动链内各传动副的传动比相连乘组成一个等式,称为运动平衡式。如图 2-37 所示的主运动传动链在图示的啮合位置时的运动平衡式为

$$1\ 440\ \text{r/min} \times \frac{126}{256} \times \frac{24}{48} \times \frac{42}{42} \times \frac{60}{30} = 710\ \text{r/min}$$

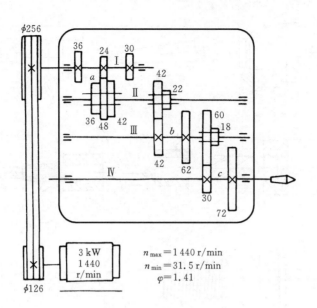

图 2-37　主运动传动系统图

运动平衡式还可以用来确定传动链中待定的换置机构传动比,这时传动链两末端件的计算位移常作为满足一定要求的已知量,例如用展成法加工齿轮时就属于这种情况。

2.3　车　　床

2.3.1　概述

车床(lathes)类机床是既可用车刀对工件进行车削加工,又可用钻头、扩孔钻、铰刀、丝锥、板牙、滚花刀等对工件进行加工的一类机床,可加工的表面有内外圆柱面、圆锥面、成形回转面、端平面和各种内外螺纹面等。车床的种类很多,按用途和结构的不同,可分为卧式车床(general purpose parallel lathes)、六角车床(turret lathes)、立式车床(vertical lathes)、单轴自动车床(single spindle automatic lathes)、多轴自动和半自动车床(multi-spindle automatic lathes and multi-spindle semi-automatic lathes)、仿形车床(copy lathes)、专门化车床(specialized lathes)等,应用极为普遍。在所有车床中,以卧式车床的应用最为广泛。它的工艺范围广,加工尺寸范围大(由机床主参数决定),既可以对工件进行粗加工、半精加工,也可以进行精加工。图 2-38 列出了卧式车床所能完成的典型加工工序,表 2-9 列出了刀架上最大工件回转直径为 200 mm 的精密和高精度卧式车床应能达到的加工精度。

2.3.2　CA6140 型卧式车床

CA6140 型卧式车床不仅能车削外圆,还可以切削成形回转面、各种螺纹、端面和内圆面等。车削外圆时,需要两个简单成形运动:工件旋转运动(主运动)和刀具直线进给运动(轨迹与工件旋转轴线平行)。CA6140 型卧式车床车削外圆时的传动原理图如图 2-35 所示,两条传动链均为外联系传动链。

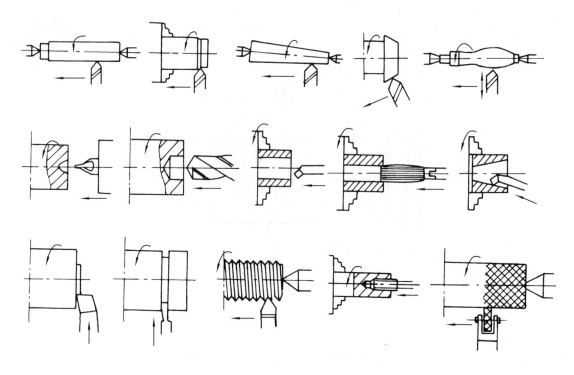

图 2-38　卧式车床的典型加工工序

表 2-9　精密和高精度车床的几项主要精度标准

精度项目	精密车床	高精度车床	精度项目	精密车床	高精度车床
精车外圆 的圆度	0.003 5 mm	0.001 4 mm	加工螺纹 的精度	不低于 8 级	不低于 7 级
精车外圆 的圆柱度	0.005 mm/100 mm	0.001 8 mm/100 mm	加工表面 粗糙度	$1.25 \sim 0.32 \ \mu m$	$0.32 \sim 0.02 \ \mu m$
精车端面 的平面度	0.008 5 mm/200 mm	0.003 5 mm/200 mm			

1. CA6140 型卧式车床的组成和主要技术参数

CA6140 型卧式车床的外形如图 2-39 所示。床身 4 固定在左、右床脚 9 和 5 上。床身的主要作用是支承机床各部件,使各部件保持准确的相对位置。主轴箱 1 固定在床身的左端,其内装有主轴及主运动变速机构。主轴通过安装于其前端的卡盘装夹工件,并带动工件按需要的转速旋转,以实现主运动。刀架 2 装在床身上的刀架导轨上,由纵溜板、横溜板、上溜板和方刀架组成,由电动机经主轴箱 1、挂轮变速机构 11、进给箱 10、光杠 6 或丝杠 7 和溜板箱 8 带动做纵向和横向进给运动。进给运动的进给量(加工螺纹时为螺纹导程)和进给方向的变换通过操纵进给箱和溜板箱的操纵机构实现。尾座 3 装在床身导轨上,其套筒中的锥孔可安装顶尖,以支承较长工件的一端,也可安装钻头、铰刀等孔加工刀具,利用套筒的轴向移动实现纵向进给运动来加工内孔。尾座的纵向位置可沿床身导轨（尾座导轨）进行调整，以适应加工不同长度工件的需要。尾座的横向位置可相对底座在小范围内进行调整，以车削锥度较小的长外圆锥面。

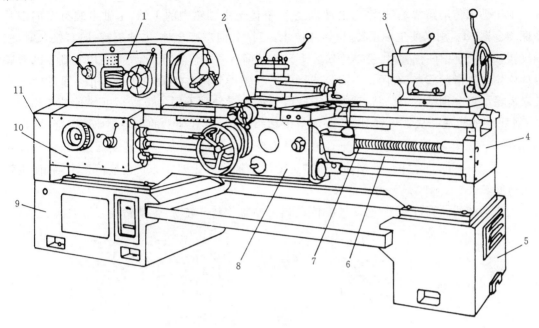

图 2-39　CA6140 型卧式车床外形

1—主轴箱；2—刀架；3—尾座；4—床身；5、9—床脚；6—光杠；

7—丝杠；8—溜板箱；10—进给箱；11—挂轮变速机构

CA6140 型卧式车床的部分主要技术参数如下：

床身上最大工件回转直径（主参数）：400 mm

刀架上最大工件回转直径：210 mm

最大棒料直径：47 mm

最大工件长度（第二主参数）：750 mm，1 000 mm，1 500 mm，2 000 mm

最大加工长度/mm：650，900，1 400，1 900

主轴转速范围/(r/min)：正转 10～1 400（24 级）

反转 14～1 580（12 级）

进给量范围/(mm/r)：纵向 0.028～6.33（共 64 级）

横向 0.014～3.16（共 64 级）

标准螺纹加工范围：公制 $t=1～192$ mm（44 种）

英制 $a=2～24$ 牙/in（20 种）

模数制 $m=0.25～48$ mm（39 种）

径节制 $DP=1～96$ 牙/in（37 种）

2. 传动系统

CA6140 型卧式车床的传动系统（见图 2-40）由主运动传动链、螺纹进给传动链和纵向、横向进给传动链等组成。

1) 主运动传动链

主运动传动链将电动机的旋转运动传至主轴,使主轴获得 24 级正转转速(10～1 400 r/min)和 12 级反转转速(14～1 580 r/min)。

主运动的传动路线是:运动由电动机经 V 带传至主轴箱中的 Ⅰ 轴,Ⅰ 轴上装有双向多片摩擦离合器 M_1,用来使主轴正转、反转或停止。当 M_1 向左接合时,主轴正转;向右接合时,主轴反转;M_1 处于中间位置时,主轴停转。Ⅰ～Ⅱ 轴间有两对齿轮可以啮合(利用 Ⅱ 轴上的双联滑移齿轮分别滑动到左、右两个不同位置),可使 Ⅱ 轴得到两种不同的转速。Ⅱ～Ⅲ 轴之间有三对齿轮可以分别啮合(利用 Ⅲ 轴上的三联滑移齿轮滑动到不同的位置),可使 Ⅲ 轴得到 $2\times3=6$ 种不同的转速。从 Ⅲ 轴到 Ⅵ 轴,有两条传动路线:若将 Ⅵ 轴上的离合器 M_2 接合(即齿轮 Z_{50} 在右位),则运动经 Ⅲ—Ⅳ—Ⅴ—Ⅵ 的顺序传至主轴 Ⅵ,使主轴以中速或低速回转;若齿轮 Z_{50} 处于图2-40所示的左位,即 M_2 脱开,则运动从 Ⅲ 轴经齿轮副 63/50 直接传至主轴,使主轴以高速回转。

主传动链的计算位移为"电动机旋转 n_0 转—主轴旋转 n 转"。传动路线表达式为

$$
电动机 \atop (7.5\ kW,1\ 450\ r/min) \; -\frac{\phi130}{\phi230}-\ Ⅰ\ -
\begin{bmatrix} \dfrac{M_1左接合}{(正转)} \\[4pt] \dfrac{M_1右接合}{(反转)}\ \dfrac{50}{34}\ Ⅶ-\dfrac{34}{30} \end{bmatrix}
\begin{bmatrix} \dfrac{51}{43} \\[2pt] \dfrac{56}{38} \end{bmatrix}
-\ Ⅱ\ -
\begin{bmatrix} \dfrac{22}{58} \\[2pt] \dfrac{30}{50} \\[2pt] \dfrac{39}{41} \end{bmatrix}
-\ Ⅲ
$$

$$
\begin{bmatrix} \dfrac{20}{80} \\[2pt] \dfrac{50}{50} \end{bmatrix}
-\ Ⅳ\ -
\begin{bmatrix} \dfrac{20}{80} \\[2pt] \dfrac{51}{50} \end{bmatrix}
-\ Ⅴ\ -\frac{26}{58}-M_2 \\[6pt]
\dfrac{63}{50} \qquad\qquad\qquad -\ Ⅵ(主轴)
$$

主轴正转时只能得到 $1\times2\times3\times(2\times2\times1-1+1)=24$ 级不同的转速。式中减 1 是由于从轴 Ⅲ 至轴 Ⅴ 的 4 种传动比中,$\dfrac{20}{80}\times\dfrac{51}{50}$ 与 $\dfrac{50}{50}\times\dfrac{20}{80}$ 的值近似相等。

主轴反转时,由于轴 Ⅰ 经惰轮至轴 Ⅱ 只有 1 种传动比,故反转转速为 12 级。当轴 Ⅱ 以后的各轴上的齿轮啮合位置完全相同时,反转的转速高于正转的转速。主轴反转主要用于车螺纹时退刀,快速反转能节省辅助时间。

2) 车螺纹进给传动链

CA6140 型卧式车床可以车削右旋或左旋的公制、英制、模数制和径节制四种标准螺纹,还可以车削加大导程非标准和较精密的螺纹。

车螺纹进给传动链的两末端件为主轴和刀架,计算位移为"主轴转 1 转——刀架移动导程 L mm",传动路线根据所要加工螺纹的种类分为 6 种情况。

车削公制螺纹时,主轴 Ⅵ 经轴 Ⅸ 与轴 Ⅹ 之间的左、右螺纹换向机构及传动比为 $\dfrac{63}{100}\times\dfrac{100}{75}$ 的挂轮传动进给箱上的轴 Ⅻ,进给箱中的离合器 M_5 接合,M_3 及 M_4 均脱开。此时,传动路线表达式为

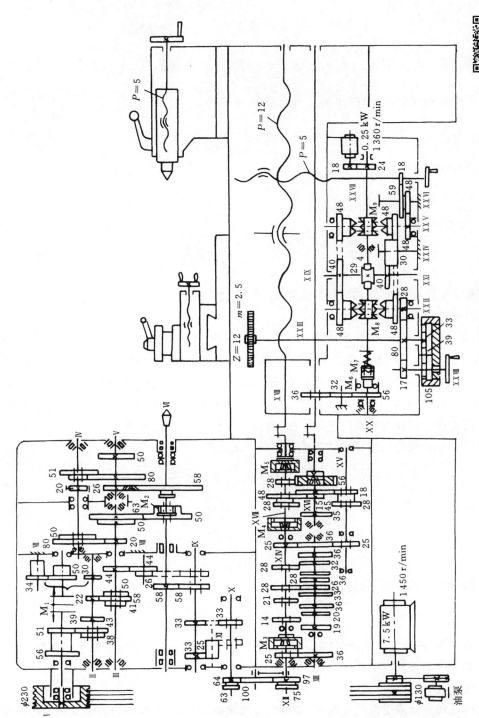

图 2-40　CA6140 型卧式车床传动系统图

$$主轴\text{VI}—\frac{58}{58}—\text{IX}—\begin{bmatrix}\frac{33}{33}（右旋螺纹）\\[6pt]\frac{33}{25}—\text{XI}—\frac{25}{33}（左旋螺纹）\end{bmatrix}—\text{X}—\frac{63}{100}\times\frac{100}{75}—\text{XII}—\frac{25}{36}—$$

（公制挂轮）

$$\text{XIII}—u_\text{j}—\text{XIV}—\frac{25}{36}\times\frac{36}{25}—\text{XV}—u_\text{b}—\text{XVII}—M_5—\text{XVIII}（丝杠）—刀架$$

表达式中：u_j 代表轴 XIII 至轴 XIV 间的 8 种可供选择的传动比$\left(\dfrac{26}{28},\dfrac{28}{28},\dfrac{32}{28},\dfrac{36}{28},\dfrac{19}{14},\dfrac{20}{14},\dfrac{33}{21},\dfrac{36}{21}\right)$；

u_b 代表轴 XV 至轴 XVII 间 4 种传动比$\left(\dfrac{28}{35}\times\dfrac{35}{28},\dfrac{18}{45}\times\dfrac{35}{28},\dfrac{28}{35}\times\dfrac{15}{48},\dfrac{18}{45}\times\dfrac{15}{48}\right)$。

车削公制螺纹时的运动平衡式为

$$1\times\frac{58}{58}\times\frac{33}{33}\times\frac{63}{100}\times\frac{100}{75}\times\frac{25}{36}\times u_\text{j}\times\frac{25}{36}\times\frac{36}{25}\times u_\text{b}\times12$$

$$=L=KP\quad（\text{mm}）$$

化简后得

$$L=7u_\text{j}u_\text{b}\quad（\text{mm}）$$

式中：K 为螺纹头数；P 为螺距；12 为车床丝杠（轴 XVIII）的导程。

3）纵向、横向进给传动链

刀架带着刀具做纵向或横向机动进给时，传动链的两个末端件仍是主轴和刀具，计算位移关系为主轴每转一转，刀具的纵向或横向移动量。机动进给的传动路线在主轴至离合器M_5的一段与螺纹进给传动链共用，可以经由公制或英制螺纹路线，但机动进给时离合器 M_5 应脱开，XVII 轴不传动丝杠而传动光杠 XIX，再经溜板箱中的降速和换向机构，传动 XXIII 轴上的纵向 $Z=12$ 进给齿轮或横溜板内的横向进给丝杠 XXVII。

纵向进给传动链经公制螺纹传动路线的运动平衡式为

$$f_纵=1\times\frac{58}{58}\times\frac{33}{33}\times\frac{63}{100}\times\frac{100}{75}\times\frac{25}{36}\times u_\text{j}\times\frac{25}{36}\times\frac{36}{25}\times u_\text{b}$$

$$\times\frac{28}{56}\times\frac{36}{32}\times\frac{32}{56}\times\frac{4}{29}\times\frac{40}{48}\times\frac{28}{80}\times\pi\times2.5\times12$$

化简后得

$$f_纵=0.71u_\text{j}u_\text{b}\quad（\text{mm/r}）$$

横向进给传动链的运动平衡式与此类似，且

$$f_横=\frac{1}{2}f_纵$$

以上所有的纵、横向进给量的数值及各进给量时相应的各个操纵手柄应处于的位置，均可从进给箱上的标牌中查到。

4）刀架快速移动

在刀架做机动进给或退刀的过程中，如需要刀架做快速移动，则用按钮将溜板箱内的快速移动电动机(0.25 kW,1 360 r/min)接通，经 Z_{18}、Z_{24} 齿轮使传动轴 XX 做快速旋转，再经后续的机动进给路线使刀架在该方向上做快速移动。松开按钮后，快速移动电动机停转，刀架仍按原有的速度做机动进给。XX 轴上的超越离合器 M_7，用来防止光杠与快速移动电动机同时传动 XX 轴时出现运动干涉而损坏传动机构。

2.4　齿轮加工机床

齿轮加工机床(gear cutting machines)是加工齿轮齿面或齿条齿面的机床。齿轮加工机床按加工对象的不同,分为圆柱齿轮加工机床和锥齿轮加工机床(bevel gear cutting machine)两大类。圆柱齿轮加工机床主要有滚齿机(gear hobbing machine)、插齿机(gear shaping machine)、车齿机等;锥齿轮加工机床有加工直齿锥齿轮的刨齿机(straight bevel gear planning machine)、铣齿机(straight bevel gear milling machine)、拉齿机(straight bevel gear broaching machine)和加工弧齿锥齿轮的铣齿机(spiral bevel gear rougher);用于精加工齿轮齿面的有研齿机(gear lapping machine)、剃齿机(gear shaving machine)、珩齿机(gear boning machine)和磨齿机(gear grinder)等。

齿轮加工机床种类较多,加工方式也各不相同,但按齿形加工原理来分只有成形法和展成法两种。成形法所用刀具的切削刃形状与被加工齿轮的齿槽形状相同,这种方法的加工精度和生产率通常都较低,仅在单件小批生产中采用。展成法是将齿轮啮合副中的一个齿轮转化为刀具,另一个齿轮转化为工件,齿轮刀具作切削主运动的同时,以内联系传动链强制刀具与工件作严格的啮合运动,于是刀具切削刃就在工件上加工出所要求的齿形表面来。这种方法的加工精度和生产率都较高,目前绝大多数齿轮加工机床都采用展成法,其中又以滚齿机应用最广。

2.4.1　滚齿机

1. 滚齿原理

滚齿原理前面已经讲过。滚齿时,工件装在机床工作台上,滚刀装在刀架的主轴上,使它们的相对位置如同一对螺旋齿轮相啮合时所处的位置。用一条传动链将滚刀主轴与工作台联系起来,对于单头滚刀,刀具旋转一转,强制工件转过一个齿,则滚刀连续旋转时,就可在工件表面加工出共轭的齿面。若滚刀再沿与工件轴线平行的方向做轴向进给运动,就可加工出全齿长。

2. 滚切直齿圆柱齿轮

根据前述表面成形原理可知,加工直齿圆柱齿轮的成形运动必须包括形成渐开线齿廓(母线)的展成运动($B_{11} + B_{12}$)和形成直线形齿长(导线)的运动 A_2,因此滚切直齿圆柱齿轮需要三条传动链,即展成运动传动链、主运动传动链和轴向进给运动传动链(见图 2-41)。

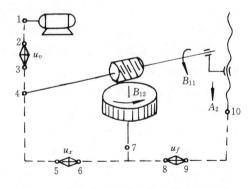

图 2-41　滚切直齿圆柱齿轮的传动原理图

1)展成运动传动链

展成运动传动链由滚刀到工作台的 4—5—u_x—6—7 构成。由于头数为 K 的滚刀旋转运动 B_{11} 与工作台的旋转运动 B_{12} 之间要保持严格的传动比关系,生成渐开线齿廓的展成运动是一个复合运动(记为($B_{11} + B_{12}$)),因而联系 B_{11} 和 B_{12} 的展成运动传动链为一条内联系传动链。

展成运动传动链的两个末端件的计算位移关系为

$$滚刀 1 转 —— 工件 \frac{K}{Z} 转$$

式中:Z 为工件的齿数。

传动链中的 u_x 表示换置机构的传动比,它的大小应根据不同情况加以调整,以满足上式的要求。由运动平衡式求出 u_x 的值后,一般是用 4 个挂轮的比值来代替 u_x。挂轮的计算应很精确,才能得到准确的齿形。滚刀的螺旋方向(左旋或右旋)若有改变,则复合运动($B_{11}+B_{12}$)中的工件运动 B_{12} 的方向亦应随之改变,故 u_x 的调整还包括方向的变更。

2)主运动传动链

展成运动传动链只能使滚刀与工件的计算位移之间保持一定的比例关系,但滚刀与工件的旋转速度,还必须由运动源到滚刀的传动链 1—2—u_v—3—4 来决定,这条外联系传动链称为主运动传动链。传动链中的换置机构用于调整渐开线齿廓的成形速度,以适应滚刀直径、滚刀材料、工件材料和硬度,以及加工质量要求等的变化。

由滚刀的切削速度和刀具直径确定了滚刀合适的转速后,就可以求出主运动传动链中换置机构的传动比 u_v。两末端件的计算位移关系为

$$电动机\ n_电\ r/min \text{——} 滚刀\ n_刀\ r/min$$

3)轴向进给运动传动链

为了形成全齿长,即形成齿面的导线——直线,滚刀需要沿工件轴线方向做进给运动。在滚齿机上,刀架沿立柱导轨的这个轴向进给运动是由丝杠-螺母机构实现的。轴向进给传动链 7—8—u_f—9—10 的两个末端件为工件和刀架,其计算位移关系为

$$工件\ 1\ 转 \text{——} 刀架移动\ f\ mm$$

传动链中的换置机构 u_f 用于调整轴向进给量的大小和进给方向,以适应不同的加工表面粗糙度的要求。轴向进给传动链是一条外联系传动链。由于轴向进给量是以工件或工作台每转中刀架移动量计算的,并且进给速度很低,所耗功率很小,所以这条传动链以工作台作为间接的运动源。

3. 滚切斜齿圆柱齿轮

1)机床的运动和传动原理图

斜齿圆柱齿轮与直齿圆柱齿轮相比,两者端面齿廓都是渐开线,但斜齿圆柱齿轮的齿长方向不是直线,而是螺旋线。因此加工斜齿圆柱齿轮也需要两个成形运动:一个是产生渐开线(母线)的展成运动,另一个是产生螺旋线(导线)的运动。前者与加工直齿圆柱齿轮时相同,后者则有所不同。加工直齿圆柱齿轮时,进给运动是直线运动,是一个简单运动;加工斜齿圆柱齿轮时,进给运动是螺旋运动,是一个复合运动。

滚切斜齿圆柱齿轮的两个成形运动都各需一条内联系传动链和一条外联系传动链,如图 2-42(a)所示。展成运动的内联系传动链(即展成运动传动链)和外联系传动链(即主运动传动链)与滚切直齿圆柱齿轮时完全相同。产生螺旋运动的外联系传动链——轴向进给运动传动链也与切削直齿圆柱齿轮时相同。但是由于这时的进给运动是复合运动,因此还需一条产生螺旋线的内联系传动链,即差动运动传动链。

2)差动运动传动链

斜齿圆柱齿轮的导线是一条螺旋线,如图 2-42(b)所示,将导线展开后得到直角三角形 $ap'p$。当刀架从 a 点沿工件轴向进给到 b 点时,为了使加工出的齿长为右旋的螺旋线,即加工出右旋的斜齿圆柱齿轮,工件上的 b 点应转到 b' 位置。也就是说,工件在随滚刀的运动 B_{11} 做展成运动 B_{12} 的同时,还应随同刀架的轴向进给 A_{21} 做附加的转动 B_{22}。由图 2-42(b)可知,当滚刀沿工件轴向进给一个工件螺旋线导程 T 时,工件附加转动量应为 1 转。附加转动 B_{22} 的方向与工件在展成运动中的旋转运动 B_{12} 的方向或者相同,或者相反,这取决于工件螺旋线方

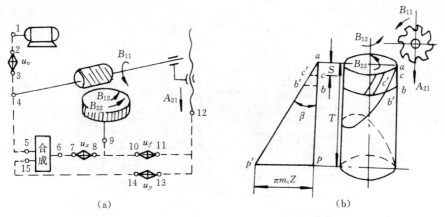

图 2-42　滚切斜齿圆柱齿轮的传动原理图

向、滚刀螺旋线方向及滚刀进给方向。当滚刀向下进给时,如果工件与滚刀螺旋线方向相同(即二者均为右旋或者均为左旋),则 B_{22} 和 B_{12} 同向,计算时附加运动取 +1;反之,若工件与滚刀螺旋线方向相反,则 B_{22} 和 B_{12} 方向相反,计算时附加运动取 -1。

工件的附加转动 B_{22} 与展成运动 B_{12} 是两条传动链中的两个不同的运动,不能互相代替。但工件最终的运动只能是一个旋转运动,所以应当用一个运动合成机构,将 B_{12} 和 B_{22} 两个旋转运动合成后再传动给工作台和工件。图 2-42(a)中的"　合成　"代表运动合成机构,联系刀架与工作台的传动链 12—13—u_y—14—15—　合成　—6—7—u_x—8—9 称为差动运动传动链,又称差动链或附加运动链。改变换置机构的传动比 u_y,则加工出的斜齿圆柱齿轮的螺旋角 β 也发生变化,u_y 的符号改变则会使工件齿的旋向改变。由图 2-42(b)可以得出,工件齿的螺旋角 β 与导程 T 之间的关系为

$$T = \frac{\pi m_t Z}{\tan\beta} = \frac{\pi m_n Z}{\tan\beta\cos\beta} = \frac{\pi m_n Z}{\sin\beta}$$

式中:m_t、m_n 分别为工件齿的端面模数和法向模数;Z 为工件齿数。

滚齿机是根据滚切斜齿圆柱齿轮的原理设计的,当加工直齿圆柱齿轮时,就将差动链断开,并把合成机构固定成一个如同联轴器的整体。

4. Y3150E 型滚齿机

Y3150E 型滚齿机为中型滚齿机,能加工直齿、斜齿圆柱齿轮;用径向切入法能加工蜗轮,配备切向进给刀架后也可以用切向切入法加工蜗轮。滚齿机的主参数为最大工件直径。

机床外形如图 2-43 所示。立柱 2 固定在床身 1 上,刀架溜板 3 可沿立柱上的导轨做轴向进给运动。安装滚刀的刀杆 4 固定在刀架体 5 中的刀具主轴上,刀架体能绕自身轴线倾斜一个角度,这个角度称为滚刀安装角,其大小与滚刀的螺旋升角大小及旋向有关。安装工件用的心轴 7 固定在工作台 9 上,工作台与后立柱 8 装在床鞍 10 上,可沿床身导轨做径向进给运动或调整径向位置。支架 6 用于支承工件心轴上端,以提高心轴的刚度。

1) 主运动传动链

图 2-44 所示为 Y3150E 型滚齿机的传动系统图。机床的主运动传动链在加工直齿、斜齿圆柱齿轮和加工蜗轮时是相同的,对照图 2-41 和图 2-44,可找出它的传动路线:电动机—Ⅰ—Ⅱ—Ⅲ—Ⅳ—Ⅴ—Ⅵ—Ⅶ—Ⅷ(滚刀主轴)。因此,其运动平衡式为

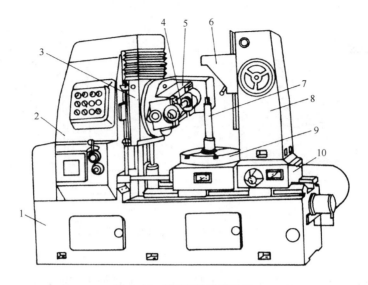

图 2-43 Y3150E 型滚齿机

1—床身；2—立柱；3—刀架溜板；4—刀杆；5—刀架体；

6—支架；7—心轴；8—后立柱；9—工作台；10—床鞍

$$1\ 430(\text{r/min}) \times \frac{115}{165} \times \frac{21}{42} \times u_{\text{II}-\text{III}} \times \frac{Z_{\text{A}}}{Z_{\text{B}}} \times \frac{28}{28} \times \frac{28}{28} \times \frac{28}{28} \times \frac{28}{28} \times \frac{20}{80} = n_{\text{刀}}$$

将上式化简后得到调整公式：

$$u_v = u_{\text{I}-\text{II}} \times \frac{Z_{\text{A}}}{Z_{\text{B}}} = \frac{n_{\text{刀}}}{124.58}$$

式中：$u_{\text{II}-\text{III}}$ 为速度箱中轴 II、III 间的传动比。

在 II 轴和 III 轴之间，用滑移齿轮可以得到三个传动比 $\frac{35}{35}$、$\frac{31}{39}$、$\frac{27}{43}$。滚刀转速 $n_{\text{刀}}$ 可根据切削速度和滚刀外径确定，然后再利用调整公式确定 $u_{\text{II}-\text{III}}$ 的值和挂轮齿数 Z_{A}、Z_{B}。挂轮传动比 $\frac{A}{B}$ 的值也有三种：$\frac{44}{22}$、$\frac{33}{33}$、$\frac{22}{44}$。由 $u_{\text{II}-\text{III}}$ 和 $\frac{A}{B}$ 的组合，机床上共有转速范围为 40～250 r/min 的 9 种主轴转速可供选用。

2）展成运动传动链

加工直齿、斜齿圆柱齿轮和蜗轮时使用同一条展成运动传动链，其传动路线为：滚刀主轴 VIII—VII—VI—V—IV—IX—$\boxed{\text{合成}}$—$\frac{e}{f} \times \frac{a}{b} \times \frac{c}{d}$—X—XVII（工作台），运动平衡式为

$$1\ \text{转}_{(\text{滚刀})} \times \frac{80}{20} \times \frac{28}{28} \times \frac{28}{28} \times \frac{28}{28} \times \frac{42}{56} \times u_{\text{合成}}$$

$$\times \frac{e}{f} \times \frac{a}{b} \times \frac{c}{d} \times \frac{1}{72} = \frac{K}{Z}\ \text{转}_{(\text{工件})}$$

式中：$u_{\text{合成}}$ 为运动合成机构的传动比。

Y3150E 型滚齿机使用差动轮系作为运动合成机构。滚切直齿圆柱齿轮或用径向切入法滚切蜗轮时，用短齿离合器 M_1 将转臂 H（即合成机构的壳体）与轴 IX 连成一体。此时，差动链没有运动输入，齿轮 Z_{72} 空套在转臂上，运动合成机构相当于一个刚性联轴器，将齿轮 Z_{56} 与挂轮 e 作刚性连接，合成机构的传动比 $u_{\text{合成}}=1$。滚切斜齿圆柱齿轮时，用长齿离合器 M_2 将转臂与齿轮 Z_{72} 联成一体，差动运动由 XVI 轴传入。设转臂为静止的，则 Z_{56} 与挂轮 e 的转速大小相

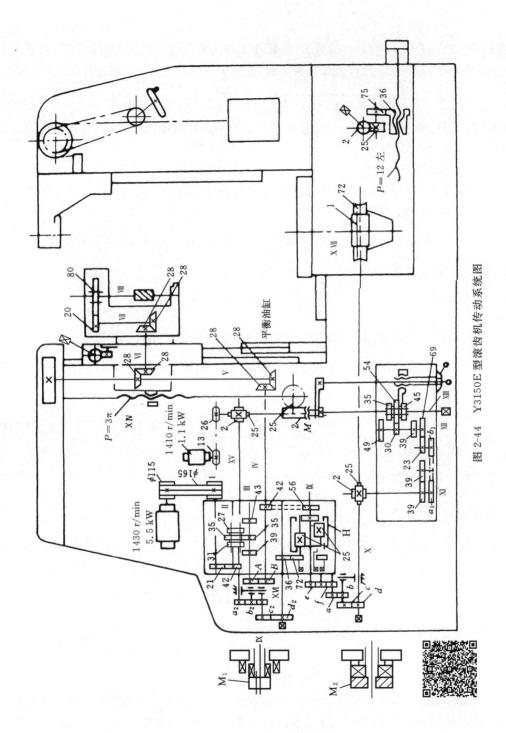

图 2-44　Y3150E 型滚齿机传动系统图

等,方向相反,$u_{合成}=-1$。若不计传动比的符号,则两种情况下,经过合成机构的传动比相同,将运动平衡式化简得到调整公式:

$$u_x = \frac{a}{b} \times \frac{c}{d} = \frac{f}{e} \times \frac{24K}{Z}$$

调整公式中的 e、f 用于调整 u_x 的数值,以使在工件齿数变化范围很大的情况下,挂轮的齿数 a、b、c、d 不至于相差过大,这样能使结构紧凑,并便于选取挂轮。e、f 的选择有三种情形:当 $5 \leqslant \frac{Z}{K} \leqslant 20$ 时,取 $\frac{e}{f} = \frac{48}{24}$;当 $21 \leqslant \frac{Z}{K} \leqslant 142$ 时,取 $\frac{e}{f} = \frac{36}{36}$;当 $\frac{Z}{K} \geqslant 143$ 时,取 $\frac{e}{f} = \frac{24}{48}$。滚切斜齿圆柱齿轮时,安装分齿挂轮 a、b、c、d,应按照机床说明书的要求使用惰轮,以使展成运动的方向正确。

3) 轴向进给运动传动链

轴向进给运动传动链的末端件为工作台和刀架,传动路线为工作台 ⅩⅦ — Ⅹ — Ⅺ — Ⅻ — ⅩⅢ — ⅩⅣ — 刀架,运动平衡式为

$$1 转_{(工件)} \times \frac{72}{1} \times \frac{2}{25} \times \frac{39}{39} \times \frac{a_1}{b_1} \times \frac{23}{69} \times u_{Ⅻ-ⅩⅢ} \times \frac{2}{25} \times 3\pi = f \text{ mm}$$

将上式化简后得到换置机构的调整公式:

$$u_f = \frac{a_1}{b_1} \times u_{Ⅻ-ⅩⅢ} = \frac{f}{0.4608\pi}$$

式中:$u_{Ⅻ-ⅩⅢ}$ 为进给箱中轴 Ⅻ — ⅩⅢ 的三联滑移齿轮的三种传动比,可取 $\frac{49}{35}$、$\frac{30}{54}$、$\frac{39}{45}$。

选择合适的挂轮 a_1、b_1 与三联滑移齿轮相组合,可得到工件每转时刀架的不同轴向进给量。

4) 差动运动传动链

差动运动传动链在传动系统图上为:丝杠 ⅩⅣ — ⅩⅢ — ⅩⅤ — $\frac{a_2}{b_2} \times \frac{c_2}{d_2}$ — ⅩⅥ — ⊙合成⊙ — Ⅸ — $\frac{e}{f} \times \frac{a}{b} \times \frac{c}{d}$ — Ⅹ — ⅩⅦ(工作台),运动平衡式为

$$T \text{ mm}_{(刀架)} \times \frac{1}{3\pi} \times \frac{25}{2} \times \frac{2}{25} \times \frac{a_2}{b_2} \times \frac{c_2}{d_2} \times \frac{36}{72} \times u_{合成} \times \frac{e}{f} \times u_x \times \frac{1}{72} = 1 转_{(工件)}$$

滚切斜齿圆柱齿轮时,使用长齿离合器 M_2 将转臂与齿数为 72 的空套齿轮连成一体后,附加运动自 ⅩⅥ 轴上的 Z_{36} 传入,设 Ⅸ 轴上的中心轮 Z_{56} 固定,对于此差动轮系,转臂转一转时,中心轮转两转,故 $u_{合成}=2$。前面已求得 $T = \frac{\pi m_n z}{\sin\beta}$,又在展成运动传动链中求得 $u_x = \frac{a}{b} \times \frac{c}{d} = \frac{f}{e} \times \frac{24K}{Z}$,代入上式并简化,得到调整公式:

$$u_y = \frac{a_2}{b_2} \times \frac{c_2}{d_2} = \frac{9\sin\beta}{m_n K}$$

从差动运动传动链的调整公式可以看出,其中不含工件齿数 Z,这是由于差动运动传动链与展成运动传动链有一共用段(轴 Ⅸ — Ⅹ — ⅩⅦ)的结果。因为差动挂轮 a_2、b_2、c_2、d_2 的选择与工件齿数无关,在加工一对斜齿齿轮时,尽管其齿数不同,但它们的螺旋角大小可加工得完全相等而与计算 u_y 时的误差无关,这样能使一对斜齿齿轮在全齿长上啮合良好。另外,由于刀架用导程为 3π 的单头模数螺纹丝杠传动,可使调整公式中不含常数 π,也简化了计算过程。与展

成运动传动链一样,在配装差动挂轮时,也应根据工件齿的旋向,参照机床说明书的要求使用惰轮,以使附加转动方向正确无误。

5) 空行程传动链

滚齿加工前刀架趋近工件或两次走刀之间刀架返回的空行程运动,应以较高的速度进行,以缩短空行程时间。Y3150E 型滚齿机上设有空行程快速传动链,其传动路线为:快速电动机 $(1\ 410\ \text{r/min}, 1.1\ \text{kW})$ — $\frac{13}{26}$ — M_3 — $\frac{2}{25}$ — XIV — 刀架。刀架快速移动的方向由电动机的旋向来改变。启动快速运动电动机之前,轴 XIII 上的滑移齿轮必须处于空挡位置,即轴向进给传动链应在轴 XII 和 XIII 之间断开,以免造成运动干涉。在机床上,通过电气连锁装置实现这一要求。

用快速电动机使刀架快速移动时,主电动机转动或不转动都可以进行。这是由于展成运动与差动运动(附加转动)是两个互相独立的运动。若主电动机转动,则刀架快速退回时工件的运动是 $(B_{12}+B_{22})$,其中的 B_{22} 取相反的方向、较高的速度;主电动机停开而刀架快速退回时,工件的运动为反方向、较高速度的 B_{22},而 B_{12} 为零,刀具不转动而沿原有的螺旋线快速返回。但是,若工件需要两次以上的轴向走刀才能完成加工,则两次走刀之间启动快速电动机时,绝不可将展成运动或差动运动传动链断开后再重新接合,否则就会造成工件错牙及损坏刀具。

工作台及工件在加工前后,也可以快速趋近或离开刀架,这个运动由床身右端的液压缸来实现。若用手柄经蜗轮副及齿轮 $\frac{2}{25}\times\frac{75}{36}$ 传动与活塞杆相连的丝杠上的螺母,则可实现工作台及工件的径向切入运动。

2.4.2　圆柱齿轮磨齿机

磨齿机是用砂轮磨削齿形表面,主要用于淬硬齿轮的精加工,齿轮精度可达到 6 级或更高。一般先由滚齿机或插齿机切出齿形后再磨齿,对于模数较小的齿轮,有的磨齿机可直接在齿轮毛坯上磨出齿来。

1. 齿形表面磨削方法及成形运动

按照齿形的形成方法,磨齿也有成形法和展成法两种。成形法磨齿是将砂轮截面形状修整成齿槽形状,使砂轮截面形状(切削刃)与齿槽形状吻合,齿形的形成是成形法,不需要成形运动。齿的形成靠砂轮高速旋转和砂轮与工件相对直线移动来实现,属于相切法,需要两个简单成形运动。每磨完一个齿槽,工件需做分度运动,然后再磨下一个齿。成形法磨齿用于磨削模数大的齿轮或磨削内齿轮。

展成法是广泛使用的磨齿方法,展成法磨齿分下列几种。

1) 蜗杆砂轮磨齿

如图 2-45(a)所示,砂轮直径大并修整成蜗杆形,转速也很高,其工作原理同滚齿机相似,生产率较高。由于展成运动速度高,砂轮主轴与工件轴之间采用同步电动机联系,以代替一般的机械传动链,靠电气系统保证两者严格运动关系。砂轮修整机构比较复杂,磨齿精度较低。

2) 锥形砂轮磨齿

如图 2-45(b)所示,砂轮两侧锥面的母线与齿条的齿形一致,当砂轮一边旋转一边沿齿长方向做往复直线运动时,锥面的母线就构成了假想齿条的齿形。若工件在此假想齿条的节线上做纯滚动,即工件转动一个齿($1/Z$ 转)的同时,工件轴心移动 πm mm 或者工件旋转 1

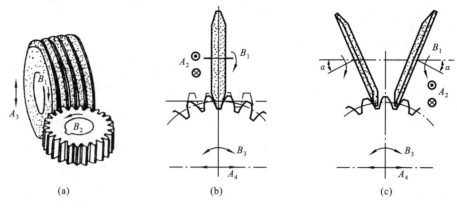

图 2-45 磨齿工作原理

转——工件轴心移动 πmZ mm,则可展成渐开线齿形。因此,齿形展成运动是工件旋转与移动(B_3 与 A_4 的合成),是一个复合成形运动。齿是用相切法制成的,需两个简单成形运动:砂轮的旋转运动 B_1 和砂轮的直线运动 A_2。显然,锥形砂轮的磨齿方法是由齿条与齿轮啮合原理转化而来的,即齿条转化为砂轮。

锥形砂轮磨削一个齿槽的两边齿形是分别进行的。工件向左滚动时,磨削左边齿形,向右滚动时,磨削右边齿形。工件来回滚动一次磨完一个齿槽后,便退离砂轮远一些,以便工件做分度运动。然后,再重复上述过程,磨削下一个齿槽。

3) 双碟形砂轮磨齿

如图 2-45(c)所示,两个碟形砂轮轴线相交呈角度 α 对称安装,它们的端平面构成假想齿条的齿形,同时磨削齿槽的左右齿形。成形运动和分度运动与锥形砂轮磨齿完全相同。砂轮的工作棱边很窄(约 0.5 mm)且垂直于砂轮轴线,修整精度较高;磨削接触面小,磨削力和磨削热也很小。这种磨齿机有砂轮磨损的自动补偿装置,始终保持砂轮锐利和精度,因此,磨齿精度可高达 4 级。但是,砂轮薄刚度较低,磨削用量较小,生产率较低。这种磨齿机以著名的瑞士 Maag 磨齿机为代表,是磨齿精度最高的一种。

2. 磨齿机的展成运动机构

在磨齿机中,实现工件展成运动的机构有下列几种。

1) 用传动链实现工件的展成运动

单砂轮磨齿的运动联系如图 2-46 所示。内传动链保证工件转一转的同时其轴心移动 πd mm,外传动链使展成运动(工件滚动)获得一定速度和方向。在外传动链中还设有自动换向机构,使工件能来回滚动。内传动链同滚齿机的展成传动链一样,需要精确调整,这是因为传动链中各传动件的传动误差会影响磨齿的精度。

2) 用渐开线凸轮靠模板实现工件的展成运动

利用靠模磨齿的工作原理如图 2-47 所示。凸轮靠模的渐开线是被磨齿形渐开线的若干倍大小,凸轮靠模板和工件安装在同一根轴上,当轴转动时,凸轮靠模板的渐开线在滚子上滚动,迫使轴心做直线移动,这样,就带着工件在砂轮上滚动而实现展成运动。凸轮靠模板上的渐开线与滚子就是展成运动的内联系,磨齿精度直接取决于靠模板渐开线的精度,不受其他传动件误差的影响。由于靠模板的渐开线放大了若干倍,因此,靠模板的制造误差就可缩小若干倍,磨齿精度可高达 4 级。但是,靠模板成本高,通用性较差。

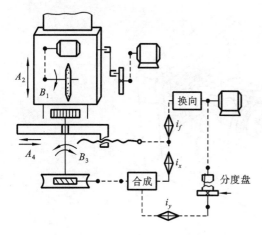

图 2-46　单砂轮磨齿的运动联系

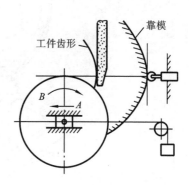

图 2-47　利用靠模磨齿的工作原理

3. 用钢带滚圆盘实现工件展成运动

利用钢带滚圆盘磨齿的工作原理如图 2-48 所示。工件主轴 5 的后面固定一个滚圆盘 8,两条钢带 7 的一端固定在滚圆盘上,另一端分别固定在框架 6 的两边,而且两条钢带在水平方向拉紧。当上滑板 2 由偏心轮(图上未标出)带动,在下滑板 1 上做垂直于工件主轴方向往复运动时,由于固定在框架上的两条钢带紧拉着滚圆盘,使滚圆盘在钢带中线所在平面上来回滚动,使工件主轴一边随上滑板移动,一边转动,装在工件主轴前端的工件 4 也就沿着假想齿条(砂轮 3)滚动,实现了展成运动。

如果滚圆盘的直径为 d_k,钢带厚度为 δ,则磨削齿轮滚圆直径为

$$d_m = 2\left(\frac{d_k}{2} + \frac{\delta}{2}\right) = d_k + \delta \tag{2-1}$$

即滚圆盘直径加上钢带厚度构成了工件滚圆直径,钢带中线构成假想齿条的节线。若砂轮磨削角等于工件分度圆压力角,则滚圆直径就等于分度圆直径 $d_f = mZ$。由此可知,被磨齿轮模数、齿数不同,分度圆直径也不同,就要使用不同直径的滚圆盘。由齿轮的基本原理可知,齿轮基圆直径 d_0、节圆(滚圆)直径 d_m 与砂轮磨削角 α_m 的关系为

$$d_0 = d_m \cos\alpha_m$$

于是可得

$$\cos\alpha_m = \frac{d_0}{d_m} = \frac{d_0}{d_k + \delta} = \frac{mZ\cos\alpha_f}{d_k + \delta} \tag{2-2}$$

和

$$d_k = \frac{mZ\cos\alpha_f}{\cos\alpha_m} - \delta \tag{2-3}$$

通常钢带厚度 δ 为定值,磨削压力角 α_f 为 20° 的齿轮时,滚圆盘直径 d_k 主要根据工件齿数 Z、模数 m 和砂轮磨削角 α_m 来确定;或者由工件齿数、模数和滚圆盘直径来确定磨削角。当工件齿数和模数已定,滚圆盘直径与磨削角可在不大的范围内互相补偿。

由此可知,磨削不同模数和齿数的工件,需要尺寸不同的滚圆盘,而且滚圆盘精度要求高。但是,这种钢带滚圆盘机构,由于没有传动链齿轮等带来的传动误差,且圆柱形滚圆盘容易做得很精确,故展成运动精度和加工精度都很高。

分度运动是在工件来回滚动一次后,退离工件稍远,然后靠分度传动链使工件转动一定角

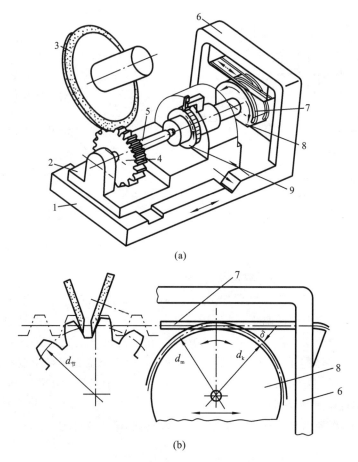

图 2-48　利用钢带滚圆盘磨齿的工作原理
1—下滑板；2—上滑板；3—砂轮；4—工件；5—主轴；
6—框架；7—钢带；8—滚圆盘；9—精密分度板

度(例如一个齿距)，这时，工件主轴与滚圆盘脱开，以便工件主轴单独转动分度。工件主轴上有精密分度板 9(见图 2-48)来实现精确定位，可达到很高的分度精度。

2.5　磨　　床

　　用磨料、磨具(如砂轮、砂带、油石、研磨料等)加工工件各种表面的机床，统称磨床(grinders)。磨床通常用于精加工，工艺范围非常广泛，平面、内外圆柱面和圆锥面、螺纹表面、齿轮的齿面、各种成形面，都可以用相应的磨床加工。对淬硬的零件和高硬度材料制品，磨床是主要的加工设备。磨床除了用于精加工外，也可用来进行高效率的粗加工或一次完成粗、精加工。磨床在机床总数中所占比例在工业发达的国家已达到 30%～40%。

　　磨床与其他机床相比，由于其加工方式及加工要求有独特之处，因而在传动和结构方面也有其特点。磨床上的主运动要求高而稳定的转速，故多采用带传动或内联式电动机等原动机直接驱动主轴；砂轮主轴轴承广泛采用各种精度高、吸振性好的动压或静压滑动轴承；直线进给运动多为液压传动；对旋转件的静、动平衡，冷却液的洁净度，进给机构的灵敏度和准确度等都有较高的要求。

　　磨床的种类很多，主要类型有外圆磨床(cylindrical grinders)、内圆磨床(internal grinders)、平面磨床(surface grinders)、工具磨床(tool and cutter grinding machines),以及加工某类特定零件如曲轴、花键轴等的各种专门化磨床。

2.5.1　外圆磨床

外圆磨床又可分为普通外圆磨床、万能外圆磨床、无心外圆磨床、宽砂轮外圆磨床、端面外圆磨床等。

1. M1432A 型万能外圆磨床

M1432A 型万能外圆磨床适于单件小批生产中磨削内外圆柱面、圆锥面、轴肩端面等,其主参数为最大磨削直径。图 2-49 所示为该磨床的外形图,床身 1 为机床的基础支承件,其内部有油池和液压系统。工作台 8 能以液压或手轮驱动在床身的纵向导轨上做进给运动。工作台由上、下两层组成,上工作台可相对于下工作台在水平面内回转一个不大的角度以磨削长锥面。头架 2 固定在工作台上,用来安装工件并带动工件旋转。为了磨削短的锥孔,头架在水平面内可转动一个角度。尾座 5 可在工作台的适当位置上固定,以顶尖支承工件。滑鞍 6 上装有砂轮架 4 和内圆磨具 3,转动横向进给手轮 7,通过横向进给机构能使滑鞍和砂轮架做横向运动。砂轮架也能在滑鞍上调整一定角度,以磨削锥度较大的短锥面。为了便于装卸工件及测量尺寸,滑鞍与砂轮架还可以通过液压装置做一定距离的快进或快退运动。将内圆磨具 3 放下并固定后,就能启动内圆磨具电动机,磨削夹紧在卡盘中的工件的内孔,此时电气连锁装置使砂轮架不能做快进或快退运动。

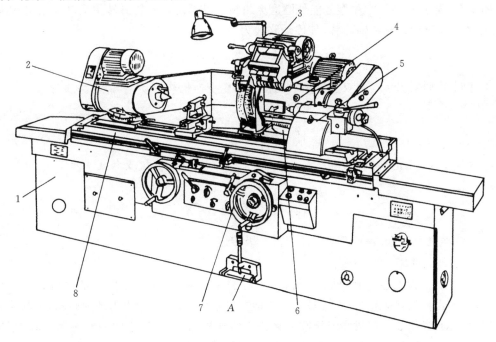

图 2-49　M1432A 型万能外圆磨床

1—床身;2—头架;3—内圆磨具;4—砂轮架;5—尾座;
6—滑鞍;7—手轮;8—工作台

图 2-50 所示为万能外圆磨床的几种典型加工方式。图(a)所示为以顶尖支承工件,磨削外圆柱面;图(b)所示为上工作台调整一个角度磨削长锥面;图(c)所示为砂轮架偏转,以切入

法磨削短圆锥面;图(d)所示为头架偏转磨削锥孔。

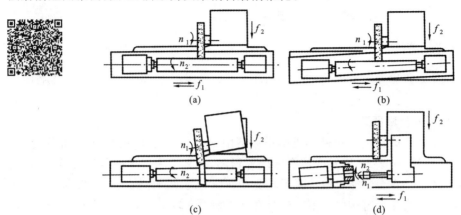

图 2-50　万能外圆磨床的典型加工方式

从万能外圆磨床的这些典型加工方式可知,机床应有以下几种运动:砂轮旋转主运动 n_1,由电动机经带传动驱动砂轮主轴作高速转动;工件圆周进给运动 n_2,转速较低,可以调整;工件纵向进给运动 f_1,通常由液压传动,以使换向平稳并能无级调速;砂轮架周期或连续横向进给运动 f_2,可由手动或液动实现。机床的辅助运动有砂轮架的横向快进、快退和尾座套筒的缩回,它们也用液压传动。

图 2-51 所示为 M1432A 型万能外圆磨床机械传动系统。砂轮旋转主运动 n_1 由电动机通过 V 形带直接带动砂轮主轴旋转,其传动路线为

$$\text{主电动机}—\frac{\phi 127}{\phi 113}—\text{砂轮}(n_1)$$

工件圆周进给运动 n_2 由双速异步电动机经塔轮变速机构传动,其传动路线为

$$\text{头架电动机(双速)}—\begin{bmatrix}\dfrac{\phi 49}{\phi 165}\\[4pt]\dfrac{\phi 112}{\phi 110}\\[4pt]\dfrac{\phi 131}{\phi 91}\end{bmatrix}—\frac{\phi 61}{\phi 183}—\frac{\phi 69}{\phi 178}—\text{拨盘或卡盘}(n_2)$$

由于电动机为双速,因而可使工件获得 6 级转速。

2. 无心外圆磨床

图 2-52 所示为无心磨削的加工原理。无心磨床磨削外圆时,工件不是用顶尖或卡盘定心,而是直接由托板和导轮支承,用被加工表面本身定位。图中:轮 1 为磨削砂轮,以高速旋转做切削主运动;导轮 3 是用树脂或橡胶为黏合剂的砂轮,它与工件之间的摩擦因数较大,当导轮以较低的速度带动工件旋转时,工件的线速度与导轮表面线速度相近;工件 4 由托板 2 与导轮 3 共同支承,工件的中心一般应高于砂轮与导轮的连心线,以免工件加工后出现棱圆形。

无心外圆磨削有两种方式:贯穿磨削法(纵磨法)和切入磨削法(横磨法)。用贯穿法磨削时,将工件从机床前面放到托板上并推至磨削区。导轮轴线在垂直平面内倾斜一个 α 角,导轮表面经修整后为一回转双曲面,其直母线与托板表面平行。工件被导轮带动回转时产生一个水平方向的分速度(见图 2-52(b)),从导轮与磨削砂轮之间穿过。用贯穿法磨削时,工件可以

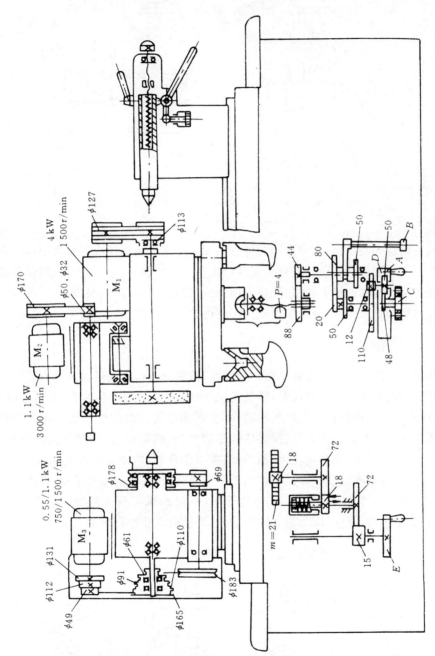

图 2-51　M1432A 型万能外圆磨床机械传动系统

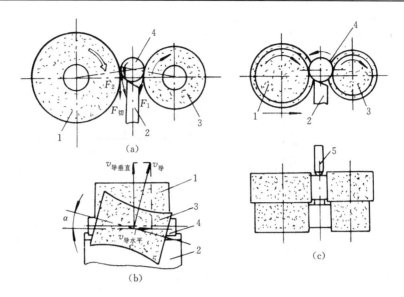

图 2-52　无心外圆磨床的加工原理

1—砂轮;2—托板;3—导轮;4—工件;5—挡块

一个接一个地连续进入磨削区,生产率高且易于实现自动化。用贯穿法可以磨削圆柱形、圆锥形、球形工件,但不能磨削带台阶的圆柱形工件。用切入法磨削时,导轮轴线的倾斜角度很小,仅用于使工件产生小的轴向推力,顶住挡块 5 而得到可靠的轴向定位(见图 2-52(c)),工件与导轮向磨削轮做横向切入进给,或由磨削轮向工件进给。

2.5.2　平面磨床

平面磨床用于磨削工件上的各种平面。磨削时,砂轮的工作表面可以是圆周表面,也可以是端面。以砂轮的圆周表面进行磨削时,砂轮与工件的接触面积小,发热少,磨削力引起的工艺系统变形也小,加工表面的精度和质量较高,但生产率较低。以这种方式工作的平面磨床,砂轮主轴为水平(卧式)布置。用砂轮(或多块扇形的砂瓦)的端面进行磨削时,砂轮与工件的接触面积较大,切削力增加,发热量也大,而冷却、排屑条件较差,加工表面的精度及质量比前一种方式的稍低,但生产率较高。以此方式加工的平面磨床,砂轮主轴为垂直(立式)布置。

根据平面磨床的工作方式和机床布局的不同,平面磨床可分为四类,如图 2-53 所示。图(a)所示为卧轴矩台式,图(b)所示为立轴矩台式,其运动有砂轮旋转主运动 n_1,矩形工作台

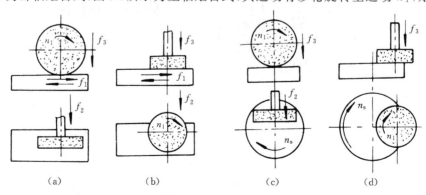

图 2-53　平面磨床的主要类型

的纵向往复进给运动 f_1,砂轮的周期性横向进给运动 f_2,以及砂轮的垂直切入运动 f_3。图(c)所示为卧轴圆台式,图(d)所示为立轴圆台式,其主运动为砂轮的旋转运动 n_1,进给运动有圆形工作台的旋转进给运动 n_s,砂轮的周期性垂直切入进给运动 f_3,对卧轴圆台平面磨床还有一个径向进给运动 f_2。

矩形工作台与圆形工作台相比较,前者的加工范围较宽,但有工作台换向的时间损失;后者为连续磨削,生产率较高,但不能加工较长的或带台阶的平面。

图 2-54 所示为常见的卧轴矩台平面磨床的外形。

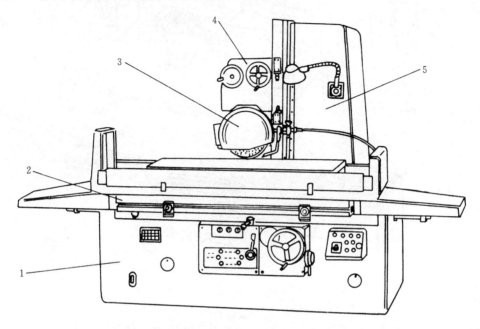

图 2-54　卧轴矩台平面磨床外形
1—床身;2—工作台;3—砂轮架;4—滑座;5—立柱

2.6　组 合 机 床

组合机床(modular machine tools)是根据特定工件的加工要求,以系列化、标准化的通用部件为基础,配以少量的专用部件所组成的专用机床。

组合机床的工艺范围主要包括平面加工和孔加工,如铣平面、车端面、锪平面、钻孔、扩孔、铰孔、镗孔、倒角、切槽、攻螺纹、锪沉头孔、滚压孔等。

组合机床最适于加工箱体类零件,如气缸体、气缸盖、变速箱体、阀门与仪表的壳体等。这些零件的加工表面主要是孔和平面,几乎都可以在组合机床上完成。另外,轴类、盘类、套类及叉架类零件,如曲轴、气缸套、连杆、飞轮、法兰盘、拨叉等,也能在组合机床上完成部分或全部加工工序。

图 2-55 所示为一种典型的双面复合式单工位组合机床。被加工工件装夹在夹具 5 中,加工时工件固定不动,镗削头 6 上的镗刀和多轴箱 4 中各主轴上的刀具分别由电动机通过动力箱 3 驱动做旋转主运动,并由各自的滑台 7 带动做直线进给运动,在机床电气控制系统控制下,完成一定形式的运动循环。整台机床的组成部件中,除多轴箱和夹具是专用部件外,其余

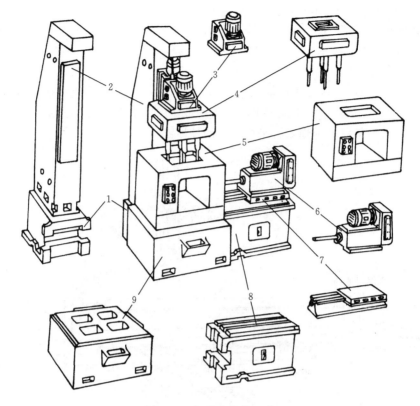

图 2-55　组合机床的组成

1—立柱底座;2—立柱;3—动力箱;4—多轴箱;5—夹具;

6—镗削头;7—滑台;8—侧底座;9—中间底座

均为通用部件。即使是专用部件,其中也有不少零件是通用件和标准件。通常一台组合机床中,通用部件和零件的数量占机床零、部件总数的 $70\%\sim90\%$ 。

组合机床与一般专用机床相比,有以下特点。

(1) 设计、制造周期短。这主要是由于组合机床的专用部件少,通用部件由专门工厂生产,可根据需要直接选购。

(2) 加工效率高。组合机床可采用多刀、多轴、多面、多工位和多件加工,因此,特别适用于汽车、拖拉机、电动机等行业定型产品的大批量生产。

(3) 当加工对象改变后,通用零部件可重复使用,组成新的组合机床,不致因产品的更新而造成设备的大量浪费。

(4) 可方便地组成组合机床自动线(参见第 5 章的图 5-17)。

2.7　数字控制机床简介

数字控制机床(简称数控机床,numerically-controlled machine tools)是一种用数字化的代码作为指令,由数字控制系统进行处理而实现自动控制的机床。它是综合应用计算机技术、自动控制、精密测量和机械设计等领域的先进技术成就而发展起来的一种新型自动化机床。它的出现和发展,有效地解决了多品种、小批量生产精密、复杂零件的自动化问题。

2.7.1 数控机床的特点及应用范围

1. 数控机床的特点

(1) 加工精度高。因为数控机床是按照预定的加工程序自动进行加工的,加工过程消除了操作者的人为误差,所以同批零件加工尺寸的一致性好,而且加工误差还可以利用软件来进行校正及补偿,因此可以获得比机床本身精度还要高的加工精度和重复精度。

(2) 对加工对象的适应性强。由于数控机床是按照记录在信息载体上的指令信息自动进行加工的,当加工对象改变时,除了重新调整工件的装夹和更换刀具外,只需换上另一张载有加工程序的磁盘(或其他信息载体),或手动输入加工程序,便可加工出新的零件,而无须对机床作任何其他调整或制造专用夹具。所以数控加工方法为新产品的试制及单件、小批生产的自动化提供了极大的便利,或者说数控机床具有很好的"柔性"。

(3) 加工形状复杂的工件比较方便。由于数控机床能自动控制多个坐标联动,因此可以加工一般通用机床很难甚至不能加工的复杂曲面。对于用数学方程式或型值点表示的曲面,加工尤为方便。

(4) 加工生产效率高。在数控机床上加工,对工夹具要求低,只需通用的夹具,又免去了划线等工作,所以加工准备时间大大缩短;数控机床有较高的重复精度,可以省去加工过程中对零件的多次测量和检验时间;对箱体类零件采用加工中心(可以自动换刀的数控机床)进行加工,可以实现一次装夹,多面加工,生产效率的提高更为明显。

(5) 易于建立计算机通信网络。由于数控机床是用数字信息的标准代码输入,有利于与数字计算机连接,形成计算机辅助设计与制造紧密结合的一体化系统,同时也为实现制造系统的快速重组及远程制造等先进制造模式创造了条件。

(6) 使用、维修技术要求高,机床价格较昂贵。

2. 数控机床的适用范围

根据以上特点,数控机床最适合在单件、小批生产条件下,加工具有下列特点的零件:用普通机床难以加工的形状复杂的曲线、曲面零件;结构复杂,要求多部位、多工序加工的零件;价格昂贵、不允许报废的零件;要求精密复制或准备多次改变设计的零件。

图 2-56 给出了数控机床的适用范围。图中"工件复杂程度"涉及的所谓"复杂"工件,不仅仅指那些形状复杂而难以加工的零件,还包括像印刷线路板钻孔那种虽然操作简单,但需钻孔数量很大(多至几千个),人工操作容易出错的零件。

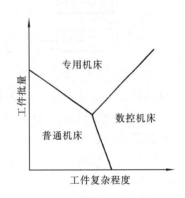

图 2-56 数控机床的适用范围

2.7.2 数控机床的组成与工作原理

数控机床通常由输入介质、数控装置、伺服系统和机床本体四个基本部分组成(见图2-57)。数控机床的工作过程大致如下:机床加工过程中所需的全部指令信息,包括加工过程所需的各种操作(如主轴变速、主轴启动和停止、工件夹紧与松开、选择刀具与换刀、刀架或工作台转位、进刀与退刀、冷却液开关等),机床各部件的动作顺序以及刀具与工件之间的相对位移量,都用数字化的代码来表示,由编程人员编制成规定的加工程序,通过输入介质送入数控装置。数控装置根据这些指令信息进行运算与处理,不断地发出各种指令,控制机床的伺服系统和其他执行元件(如电磁铁、液压缸等)动作,自动地完成预定的工作循环,加工出所需的工件。

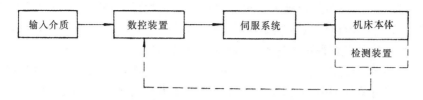

图 2-57　数控机床组成框图

1. 输入介质

数控机床工作时,不需要人去直接操作机床,但又要执行人的意图,因此人和数控机床之间必须建立某种联系,这种联系的媒介物称为输入介质或信息载体、控制介质。

输入介质上存储着加工零件所需要的全部操作信息和刀具相对工件的移动信息。输入介质因数控装置的类型而异,可以是磁盘、磁带,也可以是穿孔纸带或其他信息载体。

以数字化代码的形式存储在输入介质上的零件加工工艺过程,通过信息输入装置(如磁盘驱动器、键盘、磁带阅读机或光电阅读机等)输送到数控装置中。

2. 数控装置

数控装置是数控机床的运算和控制系统,一般由输入接口、存储器、控制器、运算器和输出接口等组成,如图 2-58 所示。

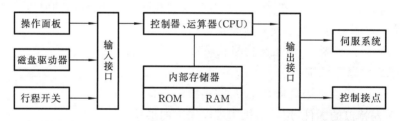

图 2-58　数控装置原理图

输入接口接收输入介质或操作面板上的信息,并对信息代码进行识别,经译码后送入相应的存储器,作为控制和运算的原始依据。

控制器根据输入的指令控制运算器和输出接口,使机床按规定的要求协调地进行工作。

运算器接收控制器的指令,及时地对输入数据进行运算,并按控制器的控制信号不断地向输出接口输出脉冲信号。

输出接口则根据控制器的指令,接收运算器的输出脉冲,经过功率放大,驱动伺服系统,使机床按规定要求运动。

数控装置中的译码、处理、计算和控制的步骤都是预先安排好的。这种安排可以用专用计算机的硬件结构(称为硬件数控或简称 NC(numerical control))来实现,也可以用通用微型计算机的系统控制程序(称为软件控制或简称 CNC(computer numerical control))来实现。用微型计算机构成的数控装置,其 CPU 实现控制和运算;内部存储器中的只读存储器(ROM)存放系统控制程序,读写存储器(RAM)存放零件的加工程序和系统运行时的中间结果;输入/输出接口实现输入/输出功能。

数控机床的功能强弱主要由数控装置来决定,所以数控装置是数控机床的核心部分。

3. 伺服系统

伺服系统的作用是把来自数控装置的脉冲信号转换为机床移动部件的运动,使工作台(或溜板)精确定位或按规定的轨迹做严格的相对运动,以加工出符合图样要求的零件。

伺服系统由伺服驱动装置和进给传动装置两部分组成。对于闭环控制系统,则还包括工作台等机床运动部件的位移检测装置。数控装置每发出一个脉冲,伺服系统驱动机床运动部件沿某一坐标轴进给一步,产生一定的位移量。这个位移量称为脉冲当量。常用的脉冲当量为每脉冲 $0.01\sim0.001$ mm。显然,数控装置发出的脉冲数量决定了机床移动部件的位移量,而单位时间内发出的脉冲数(即脉冲频率)则决定了部件的移动速度。

4. 机床本体

它是在普通机床的基础上发展起来的,但也做了许多改进和提高,如采用轻巧的滚珠丝杠进行传动,采用滚动导轨或贴塑导轨消除爬行,采用带有刀库及机械手的自动换刀装置来实现自动快速换刀,以及采用高性能的主轴系统,并努力提高机械结构的动刚度和阻尼精度等。

由于采用数控软件调速,数控机床的机械传动系统较同类机床简单许多(见图 2-59),这对保证和提高机床的精度有益。

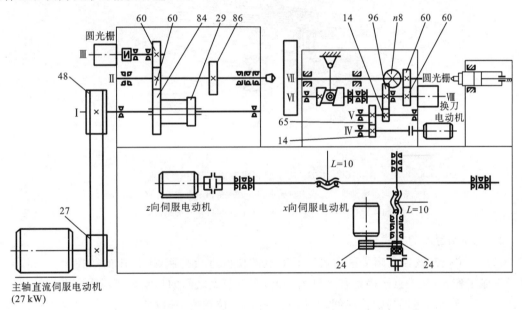

图 2-59　TND360 型卧式数控车床传动系统图

2.7.3　数控机床的分类

1. 按工艺用途分类

(1) 一般数控机床　这类机床与传统的通用机床类型一样,有数控车、铣、钻、镗、磨和齿轮加工机床等,其加工方法、工艺范围也与传统的同类型通用机床相似。所不同的是,除装卸工件外,这类机床的加工过程是完全自动的,并且还可以加工形状复杂的表面。

(2) 可自动换刀的数控机床　这类机床通常又称加工中心(machining centres),与一般数控机床相比,其主要特点是带有一个容量较大的刀库(可容纳的刀具数量一般为 $10\sim120$ 把)和自动换刀装置,使工件能在一次装夹中完成大部分甚至全部加工工序。典型的加工中心有镗铣加工中心和车削加工中心。镗铣加工中心(见图 2-60)加工对象主要为形状复杂、需进行多面多工序(如铣、钻、镗、铰和攻螺纹等)加工的箱体零件。

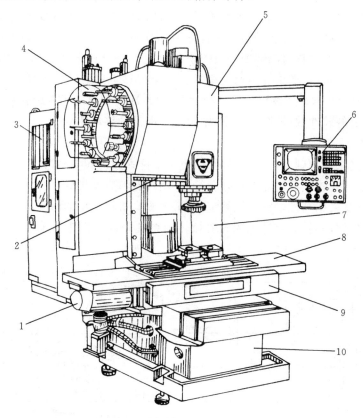

图 2-60　JCS-018A 型立式镗铣加工中心外观
1—直流伺服电动机;2—换刀机械手;3—数控柜;4—盘式刀库;5—主轴箱;
6—机床操作面板;7—驱动电源柜;8—工作台;9—滑座;10—床身

2. 按控制运动的方式分类

(1)点位控制数控机床　这类机床只对点的位置进行控制,即机床的数控装置只控制刀具或机床工作台,从一点准确地移动到另一点,而点与点之间的运动轨迹不需要严格控制。为了减少移动部件的运动与定位时间,并保证良好的定位精度,一般应先快速移动至终点附近位置,然后以低速准确移动到终点定位位置。移动过程中刀具不进行切削。采用点位控制的数控机床有数控钻床、数控镗床及数控车床等。

(2)点位直线控制数控机床　这类机床不仅要控制刀具或工作台从一点准确地移动到另一点,而且还要保证两点之间的运动轨迹为一条直线。由于刀具相对于工件移动时要进行切削,因此移动速度也需控制。生产中,简易数控车床、数控磨床及数控铣床一般均为点位直线控制数控机床。

(3)轮廓控制数控机床　这类机床的特点是能对两个或两个以上的坐标轴进行严格的连续控制,它不仅要控制移动部件的起点和终点位置,而且还要控制整个加工过程中每一点的位置和速度,以将零件加工成一定的轮廓形状。功能比较齐全的数控铣床、数控车床和加工中心都属于轮廓控制数控机床。

3. 按伺服系统类型分类

（1）开环控制数控机床　这类机床采用开环伺服系统，一般由步进电动机、配速齿轮和丝杠螺母副等组成（见图 2-61(a)）。步进电动机每接收一个电脉冲信号，它就转过一定角度，这个角度称为步距角。步进电动机的步距角通常为 0.75° 或 1.5°。为了得到要求的脉冲当量，在步进电动机与传动丝杠之间设有配速齿轮。由于伺服系统没有检测反馈装置，不能对运动部件的实际位移量进行检测，也不能进行误差校正，故其位移精度主要取决于步进电动机的步距角精度、配速齿轮和丝杠螺母副的制造精度与间隙，因而机床加工精度的提高受到限制。但开环伺服系统结构简单、调试维修方便、价格低廉，故适用于中、小型经济型数控机床。

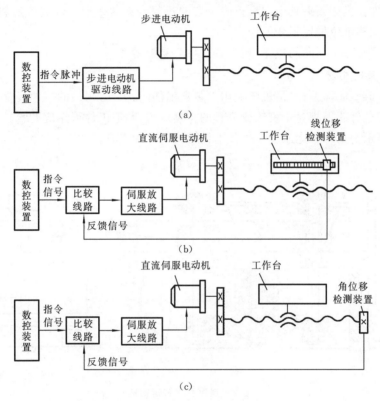

图 2-61　开环、闭环和半闭环伺服系统

（2）闭环控制数控机床　这类机床采用闭环伺服系统，通常由直流伺服电动机（或交流伺服电动机）、配速齿轮、丝杠螺母副和位移检测装置组成（见图 2-61(b)）。安装在机床工作台上的直线位移检测装置将检测到的工作台实际位移值反馈到数控装置中，与指令要求的位置进行比较，用差值进行控制，直至差值为零。因此从理论上讲，这类机床运动部件的位移精度主要取决于检测装置的检测精度，而与机床传动链的精度无关。闭环伺服系统可保证机床达到很高的位移精度，但由于系统比较复杂，调整、维修比较困难，故一般应用在高精度的数控机床上。

（3）半闭环控制数控机床　这类机床的伺服系统也属于闭环控制的范畴，只是位移检测装置不是装在机床的工作台上，而是装在传动丝杠或伺服电动机轴上（见图 2-61(c)）。由于丝杠螺母等传动机构不在控制环内，不能对它们的误差进行校正，因此这种机床的精度不及闭环控制数控机床，但其位移检测装置结构简单，系统的稳定性较好，调试较容易，因此应用比较广泛。

2.8　机　床　夹　具

2.8.1　概述

为了在工件的某一部位上加工出符合规定技术要求的表面,必须在加工前将工件装夹在机床上或夹具中。

装夹(set-up)是将工件在机床上或夹具中定位(positioning)、夹紧(clamping)的过程。定位是指确定工件在机床或夹具中占有正确位置的过程。夹紧是指工件定位后将其固定,使其在加工过程中保持定位位置不变的操作。

定位与夹紧是两个不同的概念,初学者往往容易混淆。

1. 机床夹具的用途

机床夹具(jigs,简称夹具)是机床上用以装夹工件(和引导刀具)的一种装置。其作用是将工件定位,以使工件获得相对于机床或刀具的正确位置,并把工件可靠地夹紧。

图 2-62 所示为在车床尾座套筒零件上铣键槽的专用夹具。

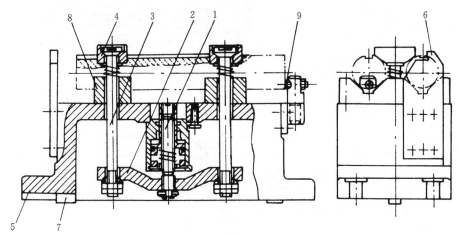

图 2-62　尾座套筒铣键槽夹具

1—油缸;2—杠杆;3—拉杆;4—压板;5—夹具体;
6—对刀装置;7—定向键;8—V 形块;9—限位螺钉

工件加工要求如图 2-63(a)所示。其中除键槽宽度尺寸 12H8 由铣刀本身宽度保证外,其余各项要求需要依靠工件相对于刀具及其切削成形运动所处的位置来保证。如图 2-63(b)所示,正确位置要求为:

(1) 工件 $\phi70h6$ 外圆柱面的轴向中心面 D 与铣刀对称面 C 重合;

(2) 工件 $\phi70h6$ 外圆柱面下母线 B 距铣刀圆周刃口 E 64 mm;

(3) 工件 $\phi70h6$ 外圆柱面的轴线与走刀方向 f 平行(包括水平平面和垂直平面两个方向);

(4) 走刀终了时工件左端面距铣刀距离为 L(L 尺寸需由尺寸 285 mm 换算得出)。

加工前需找正(aligning)夹具的位置。为此,首先将夹具放在铣床工作台上(夹具体 5 的底面与工作台台面接触,定向键 7 嵌在工作台的 T 形槽内),用螺钉紧固。然后用对刀装置 6 及塞尺调整夹具相对铣刀的位置,使铣刀侧刃和周刃与对刀装置 6 的距离正好为 3 mm(此为

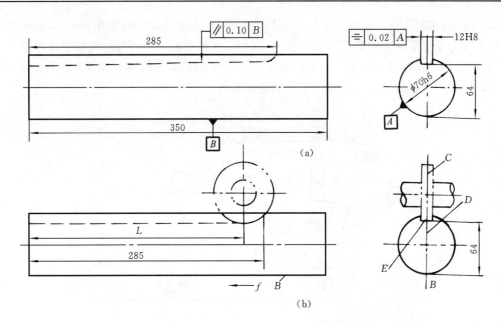

图 2-63　尾座套筒铣键槽工序及工件加工时的正确位置

塞尺厚度)。机床工作台(连同夹具)纵向走刀的终了位置则由行程挡铁控制,挡铁位置可通过试切一个至数个工件来确定。

　　加工时每次装夹两个工件,分别放在两副 V 形块 8 上,工件右端顶在限位螺钉 9 的头部,这样工件就能自然在夹具中占据所要求的正确位置。油缸 1 在压力油作用下通过杠杆 2 将两根拉杆 3 向下拉,带动两块压板 4 同时将工件夹紧,从而保证加工中工件的既定位置不变。

　　由于夹具设计制造时,已经保证了对刀块的侧面与 V 形块中心面的距离为键槽宽度(12H8)的一半再加上塞尺厚度 3 mm,也保证了对刀块的底面与放置在 V 形块上的 φ70 样柱的下母线 B 的距离为加工要求尺寸 64 mm 减去塞尺厚度 3 mm,同时还保证了 V 形块的中心在垂直面内与夹具底面平行,在水平面内与定向键(2 个)侧面平行,而机床工作台台面和 T 形槽侧面与走刀方向平行,所以工件的正确位置能够保证。

　　采用夹具装夹工件,既可准确确定工件、机床和刀具三者的相对位置,降低对工人的技术要求,保证工件的加工精度,又可减少工人装卸工件的时间和劳动强度,提高劳动生产率,有时还可扩大机床的使用范围。所以,机床夹具在生产中应用十分广泛。

2. 机床夹具的分类

　　机床夹具可根据其应用范围和特点,分为通用夹具、专用夹具、组合夹具、通用可调夹具和成组夹具等类型。

　　(1) 通用夹具(universal jigs)　如通用三爪或四爪卡盘、机器虎钳、万能分度头、磁力工作台等,其最大特点是通用性强,使用时无须调整或稍加调整就可适应多种工件的装夹,因而被广泛应用于单件小批生产之中。

　　(2) 专用夹具(special jigs)　它是专为某一工件的某道工序而设计的,一般不能用于其他零件或同一零件的其他工序。图 2-62 所示的夹具就是专用夹具。专用夹具适用于定型产品的成批大量生产。

　　(3) 通用可调夹具(adjustable jigs)和成组夹具(modular jigs)　它们的共同点是,在加工完一种工件后,只需对夹具进行适当调整或更换个别元件,即可用于加工形状、尺寸相近或加工工艺相似的多种工件。这两种夹具的不同之处在于，前者的加工对象并不明确，适用范围较广；后者专为某一零件组的成组加工而设计，其加工对象明确，针对性强，结构更加紧凑。

最典型的通用可调夹具有滑柱钻模及带各种钳口的机器虎钳等。图 2-64 所示为一种滑柱钻模，它可用于加工多种回转体类零件的端面孔。

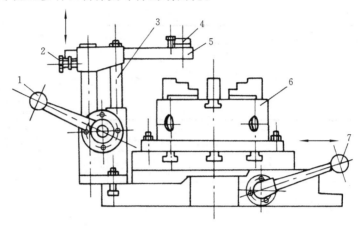

图 2-64　滑柱钻模
1,7—手柄；2—捏手；3—滑柱；4—钻套；5—钻模板；6—三爪卡盘

（4）组合夹具（build up jigs）　组合夹具是由一套预先制造好的标准元件和合件组装而成的专用夹具（见图 2-65）。这些元件和合件的用途、形状和尺寸规格各不相同，具有较好的

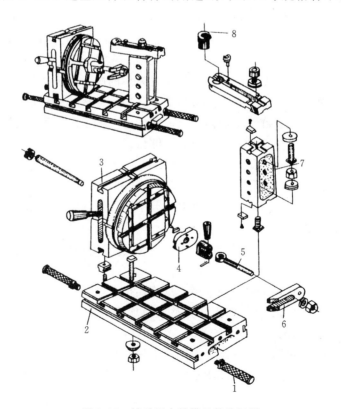

图 2-65　槽系组合钻模元件分解图
1—其他件；2—基础件；3—合件；4—定位件；5—紧固件；6—压紧件；7—支承件；8—导向件

互换性、耐磨性和较高的精度,能根据工件的加工要求,组装成各种专用夹具。组合夹具使用完毕后,可将元件拆散,经清洗后保存,留待下次组装新夹具时使用。组合夹具是机床夹具中标准化、系列化、通用化程度最高的一种夹具。其基本特点是:结构灵活多变,元件能长期重复使用,设计和组装周期短。正因为如此,组合夹具特别适用于单件小批生产、新产品试制和完成临时突击性生产任务。组合夹具的缺点是:与专用夹具相比,一般显得体积重量较大、刚度较差、需要大量的元件储备和较大的基本投资。随着组合夹具的设计、制造及组装技术的不断提高,这些缺点将逐步得到克服。

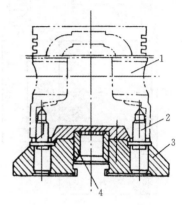

　　(5) 随行夹具(follow fixture)　随行夹具是大批量生产中在自动线上使用的一种移动式夹具。它除了对工件进行装夹外,还带着工件沿自动线运动,以使工件通过自动生产线上的各台机床,依次进行加工。随行夹具用于那些适合在自动线上加工,但又无良好输送基面的工件,也可用于一些虽有良好输送基面,但材质较软,容易划伤已加工的定位基面的非铁金属工件。图 2-66 为某活塞加工自动线所采用的随行夹具。设计随行夹具时,不光要考虑工件在随行夹具中的定位和夹紧问题,还要考虑随行夹具在机床夹具上的定位和夹紧以及在自动线上的输送等问题。

图 2-66　加工活塞的随行夹具
1—工件;2—定位销;
3—随行夹具底板;4—定位套

　　机床夹具还可按其所使用的机床和产生夹紧力的动力源等进行分类。根据所使用的机床,可将夹具分为车床夹具(lathe fixture)、铣床夹具(fixture of milling machine)、钻床夹具(钻模)(fixture of drilling machine)、镗床夹具(镗模)(boring machine jigs)、磨床夹具(fixture of grinding machine)和齿轮机床夹具(fixture of gear cutting machine)等。根据产生夹紧力的动力源,可将夹具分为手动夹具、气动夹具、液压夹具、电动夹具、电磁夹具和真空夹具等。

　　除少数通用夹具如三爪卡盘、四爪卡盘、虎钳、万能分度头等可以直接从市场上购买以外,生产中所用的大多数夹具都要自行设计和制造。

3. 机床夹具的组成

机床夹具一般由以下几个部分组成。

　　(1) 定位元件,在夹具上起定位作用的零部件,用于确定工件在夹具中的位置,如图 2-62 中的 V 形块 8 和限位螺钉 9。

　　(2) 夹紧装置,用于夹紧工件,如图 2-62 中由油缸 1、杠杆 2、拉杆 3 及压板 4 等组成的夹紧装置。

　　(3) 对刀、导引元件或装置,用于确定刀具相对于夹具定位元件的位置,防止刀具在加工过程产生偏斜,如图 2-62 中的对刀装置 6,图 2-64 中的钻套 4。

　　(4) 连接元件,用于确定夹具本身在工作台或机床主轴上的位置,如图 2-62 中的定向键 7。

　　(5) 其他装置或元件,如用于分度的分度元件,用于自动上、下料的上、下料装置等。

　　(6) 夹具体,用于将夹具上的各种元件和装置连接成一个有机的整体,如图 2-62 中的夹具体 5。夹具体是夹具的基座和骨架。

　　定位元件、夹紧装置和夹具体是夹具的基本组成部分。

2.8.2 基准及其分类

基准(datum)是用来确定生产对象上几何要素间的几何关系所依据的那些点、线、面。基准根据其功用的不同可分为设计基准(design datum)和工艺基准(process datum)。

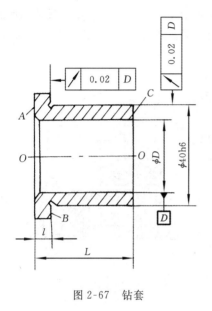

图 2-67 钻套

1. 设计基准

设计基准是设计图样上所采用的基准,是标注设计尺寸或位置公差的起点。例如图2-67所示的钻套零件,其中心线 $O—O$ 是各外圆表面和内孔的设计基准,端面 A 是端面 B、C 的设计基准,内孔 ϕD 的中心线是外圆 $\phi 40h6$ 的径向跳动和端面 B 的端面圆跳动的设计基准。

2. 工艺基准

工艺基准是在工艺过程中采用的基准。工艺基准按它的用途不同可分为定位基准(fixed datum)、测量基准(measuring datum)、装配基准(assembly datum)和工序基准(operation datum)。

(1) 定位基准 它是加工中用做定位的基准。例如图 2-67 中,车床尾座套筒的外圆柱面 $\phi 40h6$ 和右端面即为工件的定位基准。

(2) 测量基准 它是测量时所采用的基准。例如图 2-67 所示零件,当将孔 ϕD 套在测量心轴上测量 $\phi 40h6$ 的径向跳动和端面 B 的端面圆跳动时,内孔 ϕD 即是零件的测量基准。

(3) 装配基准 它是装配中确定零件或部件在产品中的相对位置时所采用的基准。例如图 2-68 所示的齿轮,以内孔和左端面确定其安装在轴上的位置,内孔和左端面就是齿轮的装配基准。

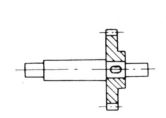

图 2-68 齿轮的装配基准

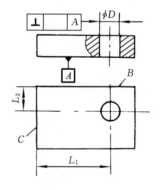

图 2-69 工件钻孔工序简图

(4) 工序基准 它是在工序图上用来确定该工序加工表面加工后的尺寸、形状、位置的基准,是某工序所要达到的加工尺寸(即工序尺寸)的起点。图 2-69 所示为一工件钻孔工序的工序简图。加工表面为 ϕD 孔,要求其中心线与 A 面垂直,并与 C 面和 B 面保持距离 L_1 和 L_2,因此表面 A、B、C 均为本工序的工序基准。

有时作为基准的点、线、面在工件上不一定具体存在,例如孔的中心线和对称中心平面等,其作用是由某些具体表面(如内孔圆柱面)体现的。体现基准作用的表面称为基面。

2.8.3　工件在夹具中的定位

1. 六点定位原理

任何一个未受约束的物体,在空间都具有六个自由度,即沿三个互相垂直坐标轴的移动(用$\vec{X}$、$\vec{Y}$、$\vec{Z}$表示)和绕这三个坐标轴的转动(用$\widehat{X}$、$\widehat{Y}$、$\widehat{Z}$表示),如图 2-70(a)所示。因此要使物体在空间具有确定的位置(即定位),就必须对这六个自由度加以约束。

理论上讲,工件的六个自由度可用六个支承点加以限制,前提是这六个支承点在空间按一定规律分布,并保持与工件的定位基面相接触。如图 2-70(b)所示,在 OXY 平面上布置三个支承点 1、2、3,当六方体工件的底面与这三个支承点接触时,工件的$\widehat{X}$、$\widehat{Y}$、$\vec{Z}$三个自由度就被限制;然后在 OXZ 平面上布置两个支承点 4、5,当工件侧面与之接触时,工件的$\vec{Y}$和$\widehat{Z}$两个自由度就被限制;再在 OYZ 平面上布置一个支承点 6,使工件背面靠在这个支承点上,工件的$\vec{X}$自由度就被限制。用图中如此设置的六个支承点,去分别限制工件的六个自由度,从而使工件在空间得到确定位置的方法,称为工件的六点定位原理。

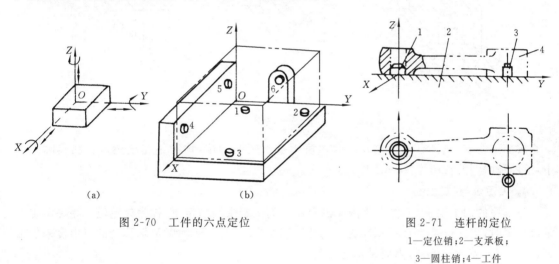

(a)　　　　　　　　(b)

图 2-70　工件的六点定位

图 2-71　连杆的定位
1—定位销;2—支承板;
3—圆柱销;4—工件

2. 支承点与定位元件

为便于理解,六点定位原理中使用支承点来限制工件的自由度,一个支承点限制工件的一个自由度。工件在夹具中定位时,实际上是通过定位元件与工件定位基面接触来限制工件自由度的。常用的定位元件有支承钉、支承板、心轴、V 形块、圆柱销、圆锥销等(参见表 2-10)。除支承钉可以直观地理解为一个支承点外,其他定位元件相当于几个支承点,应由它所限制的工件的自由度数来判断。

例如,图 2-71 所示为加工连杆大头孔时的定位情况。连杆以其底面安装在支承板 2 上,支承板此时限制了工件三个自由度($\widehat{X}$、$\widehat{Y}$、$\vec{Z}$),即相当于三个支承点;小头孔中的圆柱销 1 限制了工件的两个自由度($\vec{X}$、$\vec{Y}$),相当于两个支承点;与连杆大头侧面接触的圆柱销 3,限制了工件的一个自由度($\widehat{Z}$),相当于一个支承点。

这里应注意的是,尽管定位元件 1 和 3 都是圆柱销,但它们相当的支承点数是不同的,这是因为它们限制的自由度数不同的缘故。

3. 完全定位与不完全定位

工件的六个自由度完全被限制的定位称为完全定位。如图 2-71 中连杆的定位即为完全定位。

工件定位时,并非在任何情况下都要对其六个自由度全部加以限制,要限制的只是那些影响工件加工精度的自由度。如图 2-72 所示,若在工件上铣键槽,要求保证工序尺寸 x、y、z 及键槽侧面和底面分别与工件侧面和底面平行,那么加工时必须限制全部六个自由度,即采用完全定位(见图2-72(a));若在工件上铣台阶面,要求保证工序尺寸 y、z 及其两平面分别与工件底面和侧面平行,那么加工时只要限制除 $\vec{X}$ 以外的五个自由度就够了(见图2-72(b)),因为 $\vec{X}$ 对工件的加工精度并无影响。若在工件上铣顶面,仅要求保证工序尺寸 z 及与工件底面平行,那么只要限制 $\vec{X}$、$\vec{Y}$、$\vec{Z}$ 三个自由度就行了(见图 2-72(c))。

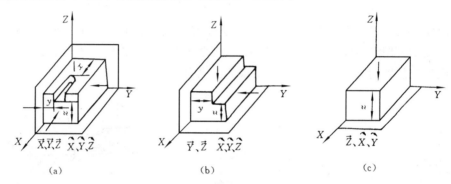

图 2-72　完全定位与不完全定位

按加工要求,允许有一个或几个自由度不被限制的定位,称为不完全定位。在实际生产中,工件被限制的自由度数一般不少于三个。

4. 欠定位与过定位

按工序的加工要求,工件应该限制的自由度而未予限制的定位,称为欠定位。在确定工件定位方案时,欠定位是绝对不允许的。例如在图 2-72(a)中,若对沿 X 轴移动的自由度未加限制,则尺寸 x 就无法保证,因而是不允许的。

工件的同一自由度被两个或两个以上的支承点重复限制的定位,称为过定位(又称重复定位)。图 2-73 所示为几种常见的过定位实例。

图 2-73(a)所示为用四个支承钉支承一个平面的定位。四个支承点只消除了 $\vec{X}$、$\vec{Y}$ 和 $\vec{Z}$ 三个自由度,所以这是重复定位。如果定位表面粗糙,甚至未经加工,这时实际上就可能只是三点接触。对于一批工件来说,有的工件与这三点接触,有的工件则与另三点接触,这样,工件占有的位置就不是唯一的了。为避免这种情况,可撤去一个支承点,然后再将三个支承点重新布置,也可将四个支承钉之一改为辅助支承,使该支承钉只起支承而不起定位作用。

图 2-73(b)所示为孔与端面联合定位的情况。由于大端面可限制三个自由度($\vec{Y}$、$\vec{X}$、$\vec{Z}$),而长销可限制四个自由度($\vec{X}$、$\vec{Z}$、$\vec{X}$、$\vec{Z}$),因此 $\vec{X}$、$\vec{Z}$ 受重复限制而出现了过定位。此时如果工件端面与轴线不垂直,则在轴向夹紧力作用下,将使工件或定位销产生变形而引起较大误差。为改善此种情况,可采取如下措施:

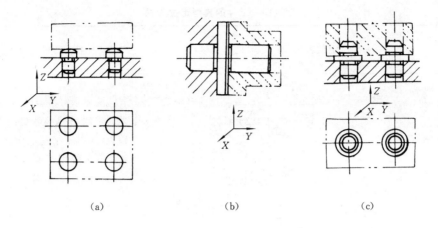

图 2-73　常见的几种过定位实例

（1）将长销与小端面组合，此时小端面只限制一个自由度 $\vec{Y}$（见图 2-74(a)）；

（2）将短销与大端面组合，此时短销只限制两个自由度，即 $\vec{X}$ 与 $\vec{Z}$（见图 2-74(b)）；

（3）将长销与球面垫圈组合，此时球面垫圈亦只限制一个自由度 $\vec{Y}$（见图 2-74(c)）。

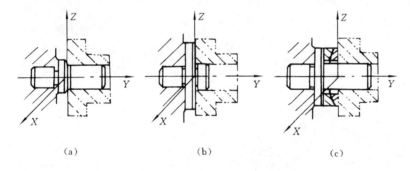

图 2-74　改善过定位的措施

图 2-73(c)所示为利用工件底面及两销孔（定位销用短销）定位的情况。由于两短销均限制了 $\vec{Y}$ 自由度，因而产生过定位。此时由于同批工件两孔中心距及夹具两销中心距的误差，可能造成部分工件无法同时装入两定位销内的现象发生（称为过定位干涉）。解决的办法是，将两定位销之一做成削边销，使之不限制 $\vec{Y}$ 自由度而避免过定位干涉的发生。

通常情况下，应尽量避免出现过定位。消除过定位及其干涉一般有两种途径：其一是改变定位元件的结构，以消除被重复限制的自由度；其二是提高工件定位基面之间及夹具定位元件工作表面之间的位置精度，以减小或消除过定位引起的误差。例如图 2-73(a)所示的定位方案中，假如工件定位平面加工得很平，而四个支承钉工作表面又准确地位于同一平面内（装在夹具上一次磨出），这时就不会因过定位造成不良后果，反而能增加定位的稳定性，提高支承刚度。

5. 常见的定位方式及定位元件

工件在夹具中的定位是通过工件上的定位基准表面与夹具中的定位元件的工作表面接触或配合而实现的。工件上被选做定位基准的表面常有平面、圆柱面、圆锥面、成形表面（如齿形面、导轨面）等及它们的组合。所采用的定位方法和定位元件的具体结构应与工件基面的形式相适应。表 2-10 列出了工件典型定位方式、定位元件及所限制的自由度。

表 2-10　工件的典型定位方式

工件定位基面	定位元件	定位方式及所限制的自由度	特点及适用范围
平面	支承钉	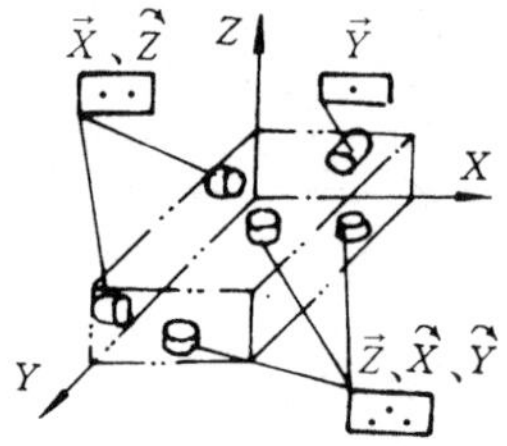	圆头支承钉易磨损,多用于粗基准的定位;平头支承钉的支承面积较大,常用于精基准面的定位;齿纹头支承钉用于要求有较大摩擦力的侧面定位
	支承板	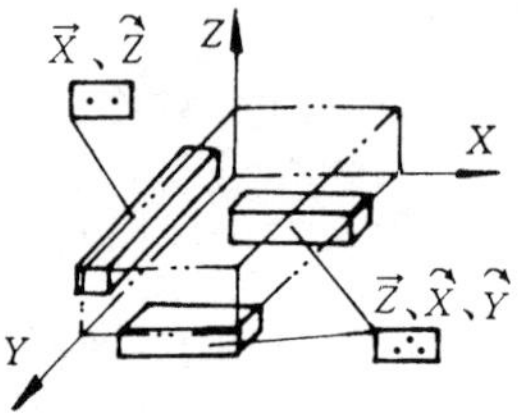	主要用于定位平面为精基准的定位
平面	固定支承与自位支承	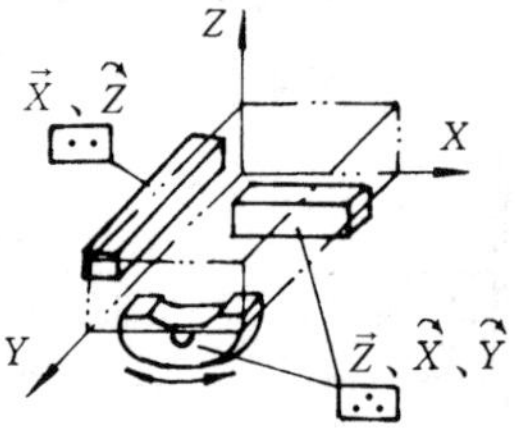	可使工件支承稳固,避免过定位;用于粗基准定位及工件刚度不足的场合
	固定支承与辅助支承	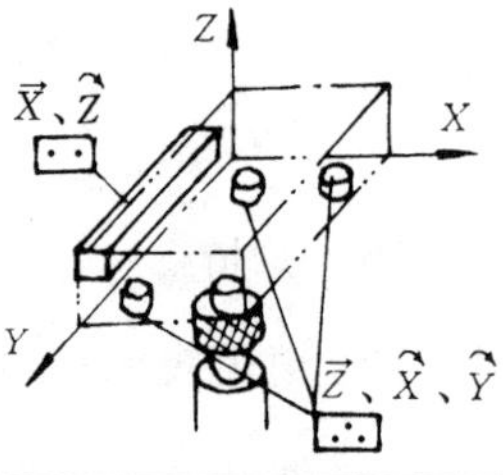	辅助支承不起定位作用;可提高工件的支承刚度
圆孔	定位销(菱形销)	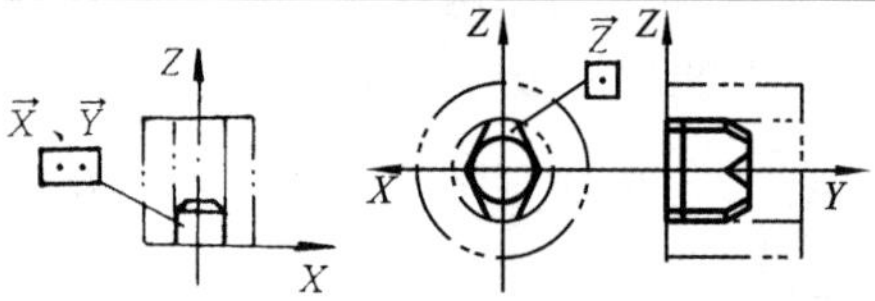	结构简单,装卸工件方便;定位精度取决于孔与销的配合精度
	心轴	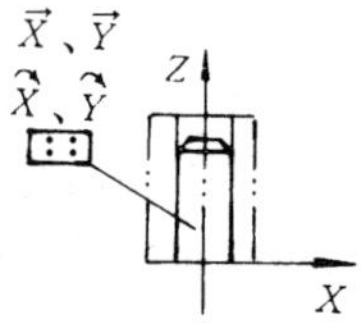	间隙配合心轴装卸方便,但定位精度不高;过盈配合心轴的定位精度高,但装卸不便
	锥销	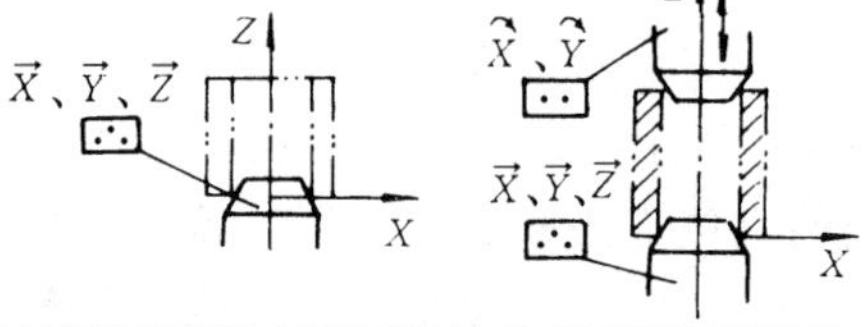	对中性好,安装方便;基准孔的尺寸误差将使轴向定位尺寸产生误差;定位时工件容易倾斜,故应和其他元件组合起来应用

工件定位基面	定位元件	定位方式及所限制的自由度	特点及适用范围
外圆柱面	支承钉或支承板	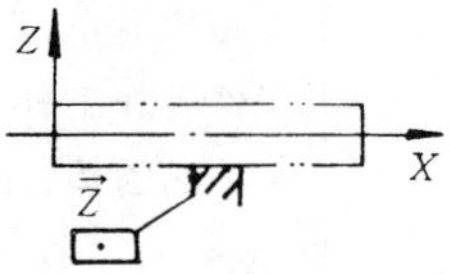 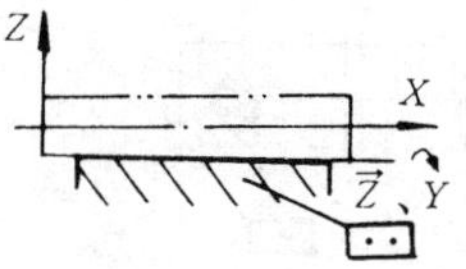	结构简单,定位方便
	V 形块	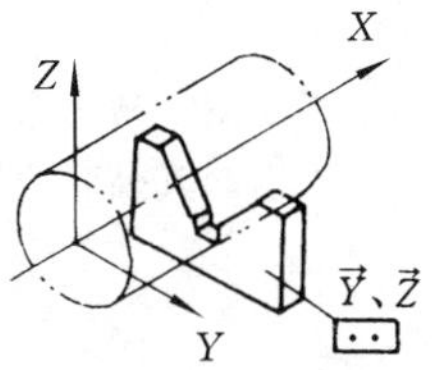 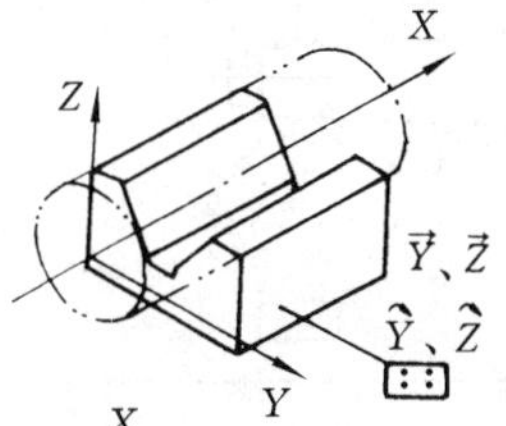 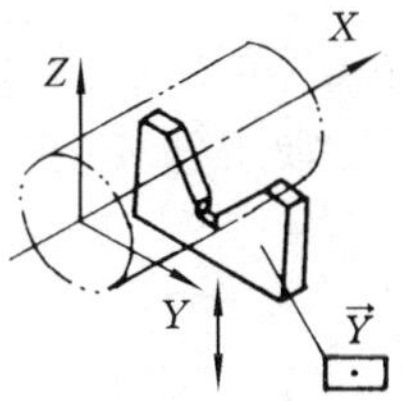	对中性好,不受工件基准直径误差的影响;常用于加工表面与外圆轴线有对称度要求的工件定位
	定位套	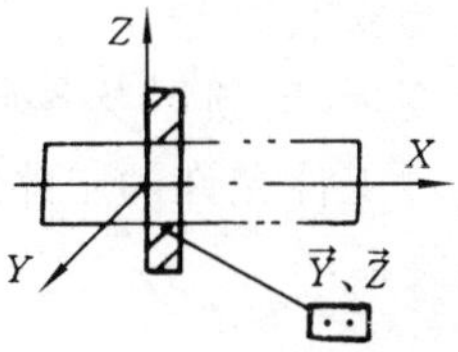 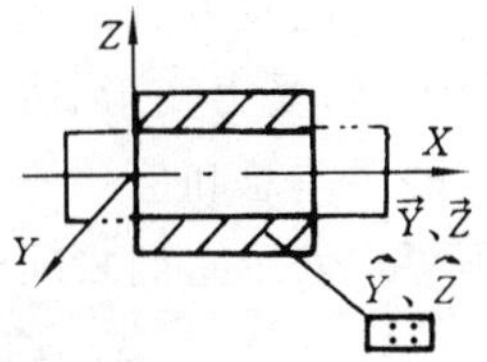	结构简单,定位方便;定位有间隙,定心精度不高
	半圆孔	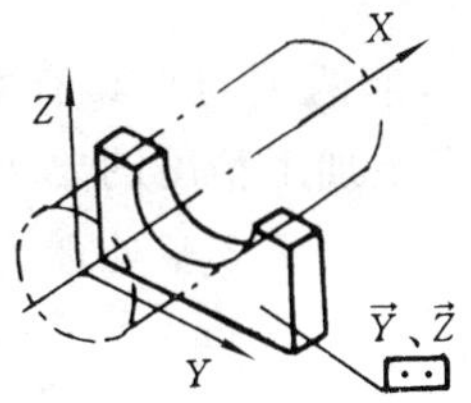 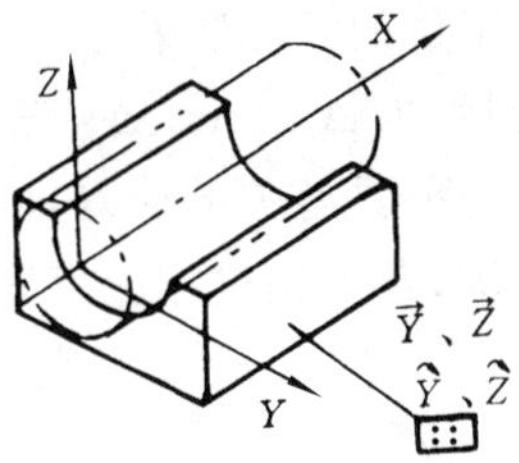	对中性好,夹紧力在基准表面上分布均匀;工件基准面精度不应低于 IT8～IT9 级
	锥套	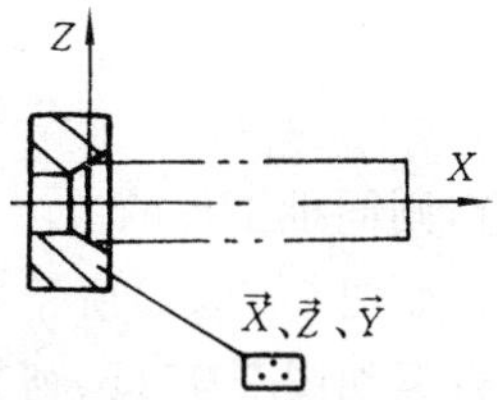 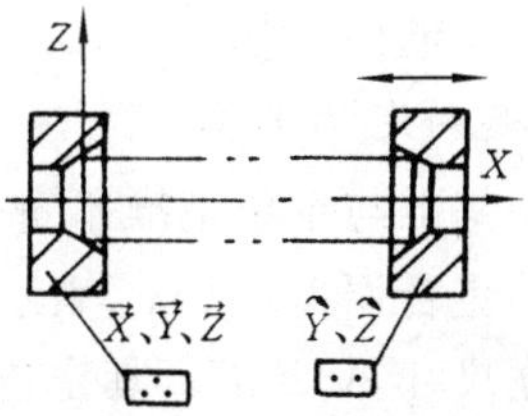	对中性好,装卸方便;定位时容易倾斜,故应与其他元件组合起来应用

工件定位基面	定位元件	定位方式及所限制的自由度	特点及适用范围
锥	顶尖	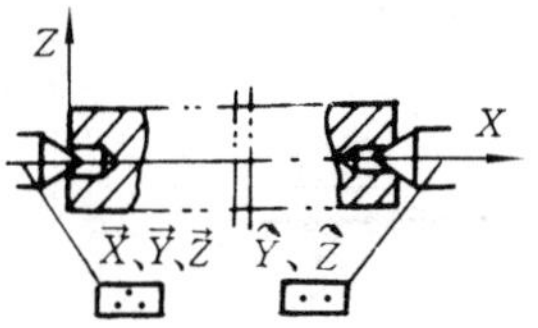	结构简单,对中性好,易于保证工件各加工外圆表面的同轴度及与端面的垂直度
孔	锥心轴	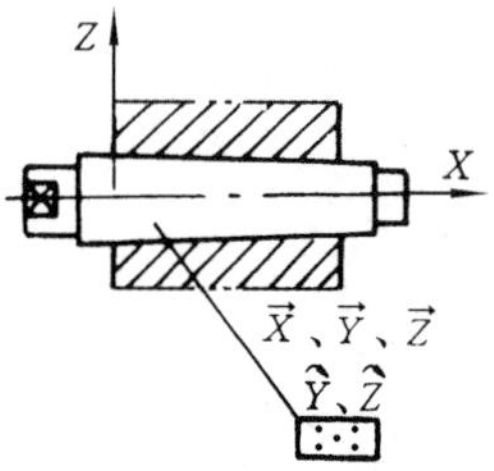	定心精度高;工件孔尺寸误差会引起其轴向位置的较大变化

有时同一工件有多种不同的定位方式和定位元件可供选择,具体选用哪一种,应根据在保证工件加工精度的前提下,尽量简化夹具的结构、方便工件装夹的原则,作出分析判断,必要时还要计算工件的定位误差。

2.8.4　定位误差分析

使用夹具加工工件时,影响被加工零件位置精度的误差因素很多,其中:来自夹具方面的有定位误差,夹紧误差,对刀或导向误差以及夹具的制造与安装误差等;来自加工过程方面的误差有工艺系统(除夹具外)的几何误差,受力变形、受热变形、磨损以及各种随机因素所造成的加工误差。上述各项因素所造成的误差总和应该不超过工件允许的工序公差,这样才能使工件加工合格。可以用加工误差不等式表示它们之间的关系:

$$\Delta_{dw} + \Delta_{za} + \Delta_{gc} < \delta_K$$

式中:Δ_{dw}为与定位有关的误差,简称定位误差;Δ_{za}为与夹具有关的其他误差,简称夹具制造安装误差;Δ_{gc}为加工过程误差;δ_K为工件的工序公差。

加工误差不等式把误差因素归纳为Δ_{dw}、Δ_{za}、Δ_{gc}三项,前两项与夹具有关,第三项与夹具无关。在设计夹具时,应尽量减小与夹具有关的误差,以满足加工精度的要求。在作初步估算时,可粗略地先按三项误差平均分配,各不超过相应工序公差的1/3来处理。下面仅对其中的定位误差Δ_{dw}进行分析和计算。

1. 定位误差及其产生原因

同批工件在夹具中定位时,工序基准位置在工序尺寸方向或沿加工要求方向上的最大变动量,称为定位误差。引起定位误差的原因如下。

1) 由基准不重合误差Δ_{bc}引起的定位误差

在定位方案中,若工件的工序基准与定位基准不重合,则同批工件的工序基准位置相对定位基准的最大变动量,称为基准不重合误差,以Δ_{bc}表示。如图 2-75(a)所示的为在工件上加工通槽的工序简图,要求保证工序尺寸 A、B、C。其定位方案如图 2-75(b)所示。现仅分析对工序尺寸 B 的定位误差。

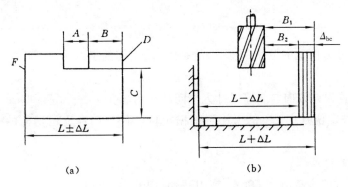

图 2-75　基准不重合引起的定位误差

如图(b)所示,在工序尺寸 B 方向上的定位基准为 F 面,而工序基准为 D 面,工序基准与定位基准不重合,使工序基准 D 的位置在尺寸 L 的公差范围内变动,因而引起工序尺寸 B 的误差,这是由基准不重合所引起的工序尺寸 B 的定位误差。

当工序基准仅与一个定位基准有关时,基准不重合误差的大小,一般等于定位基准到工序基准间的尺寸(简称定位尺寸)公差。本例中定位尺寸为 L,所以

$$\Delta_{bc} = 2\Delta L = T_L$$

式中:ΔL 为尺寸 L 的偏差;T_L 为尺寸 L 的公差。

由 Δ_{bc} 引起的定位误差 Δ_{dw},应注意取其在工序尺寸方向上的分量(投影),即

$$\Delta_{dw} = \Delta_{bc}\cos\beta \tag{2-4}$$

式中:β 为定位尺寸方向(或基准不重合误差方向)与工序尺寸方向间的夹角。

定位尺寸有可能是某一尺寸链中的封闭环,此时应按尺寸链原理计算出该尺寸的公差。当工序基准与多个定位基准有关时,则定位尺寸不止一个,此时 Δ_{bc} 如何影响定位误差,可参考有关夹具设计书籍对这个问题的分析。

2) 由基准位置误差 Δ_{jw} 引起的定位误差

如图 2-76 所示,外圆柱面在 V 形块中定位,若在工件轴端钻孔,其工序基准为外圆几何中心,此时工序基准与定位基准重合,$\Delta_{bc} = 0$。当工件基准外圆直径为最大值 d 时($T_d = 0$),外圆中心在 O_1;当直径为最小值 $d - T_d$ 时($T_d > 0$),工件显然要下移才能与 V 形块接触,即外圆中心下移到 O_2。外圆中心位置的变动量 OO_1 即为基准位置误差 Δ_{jw},可以证明

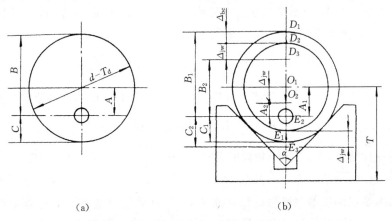

图 2-76　在 V 形块上定位的定位误差分析

$$\Delta_{jw} = O_1 O_2 = \frac{T_d}{2\sin(\alpha/2)} \tag{2-5}$$

Δ_{jw}在加工工序尺寸方向上的分量(投影),就是由Δ_{jw}引起的定位误差,即

$$\Delta_{dw} = \Delta_{jw}\cos\gamma \tag{2-6}$$

式中:γ为基准位置误差方向与工序尺寸方向间的夹角。

对于其他各种定位方式,Δ_{jw}的大小可根据定位元件与工件定位基面的配合情况分析确定。

2. 定位误差的计算

如前所述,定位误差是由Δ_{bc}和Δ_{jw}所引起的,因此,先求出Δ_{bc}和Δ_{jw}的大小,然后取它们在工序尺寸方向上的分量的代数和,即为所求定位误差。其一般计算式就是式(2-4)和式(2-6)的综合,即

$$\Delta_{dw} = \Delta_{bc}\cos\beta \pm \Delta_{jw}\cos\gamma \tag{2-7}$$

当Δ_{bc}与Δ_{jw}的方向相同时取"+"号,相反时取"一"号,现举例说明如下。

例 2-5 如图 2-76 所示,一圆盘形工件在 V 形块上定位钻孔,孔的位置尺寸的标注方法假定有三种,其相应工序尺寸为A、B、C(见图(a)),显然此时工序基准分别为外圆中心、上母线和下母线,定位基准是外圆中心。当外圆直径最大为d时,如图(b)所示,其上、下母线和外圆中心分别在D_1、E_1、O_1处;当外圆直径最小为$d - T_d$时,假定此时外圆中心仍保持在O_1处,则上母线由D_1变到D_2,下母线由E_1变到E_2,工序基准位置变动量为$\Delta_{bc} = D_1 D_2 = E_1 E_2 = T_d/2$,其位移方向前者向下、后者朝上。由于变小的外圆要下移到与 V 形块接触,此时外圆中心由O_1下移到O_2,相应的D_2变到D_3,E_2变到E_3,因圆盘上各点下移的距离相同,即

$$\Delta_{jw} = O_1 O_2 = D_2 D_3 = E_2 E_3 = \frac{T_d}{2\sin(\alpha/2)}$$

且方向都是向下,因此,对于这三种不同的尺寸标注方法,其定位误差分别如下。

(1) 对于工序尺寸A,因工序基准与定位基准重合,$\Delta_{bc} = 0$,又因Δ_{jw}方向与工序尺寸方向一致,即两者间的夹角$\gamma = 0$,所以

$$\Delta_{dw(A)} = A_1 - A_2 = O_1 O_2 = \frac{T_d}{2\sin(\alpha/2)} \tag{2-8}$$

(2) 对于工序尺寸B,因工序基准是上母线,与定位基准不重合,Δ_{bc}和Δ_{jw}同时存在,且两者方向相同,并与工序尺寸方向一致,因此

$$\Delta_{dw(B)} = B_1 - B_2 = D_1 D_2 + D_2 D_3 = \Delta_{bc} + \Delta_{jw} = \frac{T_d}{2}\left[\frac{1}{\sin(\alpha/2)} + 1\right] \tag{2-9}$$

(3) 对于工序尺寸C,工序基准为下母线,Δ_{bc}和Δ_{jw}同时存在,但两者方向正好相反,所以

$$\Delta_{dw(C)} = C_2 - C_1 = E_2 E_3 - E_1 E_2 = \Delta_{jw} - \Delta_{bc} = \frac{T_d}{2}\left[\frac{1}{\sin(\alpha/2)} - 1\right] \tag{2-10}$$

综合上述三种情况,在α与T_d相同的条件下,有

$$\Delta_{dw(C)} < \Delta_{dw(A)} < \Delta_{dw(B)}$$

需要指出的是定位误差一般总是针对批量生产,并采用调整法加工的情况而言的。在单件生产时,若采用调整法加工(采用样件或对刀规对刀),或在数控机床上加工时,同样存在定位误差。若采用试切法进行加工,则一般不考虑定位误差。

2.8.5　工件在夹具中的夹紧

1. 夹紧装置的组成及基本要求

1）夹紧装置的组成

工件在夹具中的夹紧是由夹具的夹紧装置完成的。夹紧装置通常由动力装置和夹紧机构两大部分组成。典型夹紧装置如图 2-77 所示。其中,气缸 7 是产生夹紧动力的,称为动力装置;压板 4 是直接用于夹紧工件的,称为夹紧元件;介于两者之间的滚子 2 和杠杆 3,将气缸产生的原动力以一定的大小和方向传递给夹紧元件,称为中间传力机构。中间传力机构和夹紧元件在有些夹具中是混在一起的,难以区分,所以统称为夹紧机构。

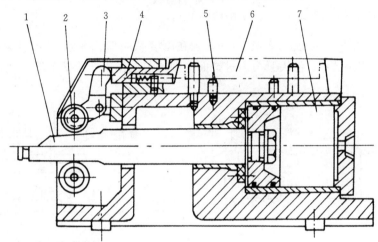

图 2-77　铣槽通用夹具

1—斜面推杆;2—滚子;3—杠杆;4—压板;5—定位支承件;6—工件;7—气缸

2）夹紧装置的基本要求

（1）夹紧时不能破坏工件在夹具中占有的正确位置。

（2）夹紧力要适当,既要保证工件在加工过程中不移动、不转动、不振动,又不因夹紧力过大而使工件表面损伤、变形。

（3）夹紧机构的操作应安全、方便、迅速、省力。

（4）结构应尽量简单,制造、维修要方便。

2. 夹紧力的确定

1）夹紧力作用点的选择

夹紧力的作用点是指夹紧元件与工件接触的位置。夹紧力作用点的选择应包括正确确定作用点的位置和数目两个方面。

（1）夹紧力的作用点应正对支承元件或位于支承元件所形成的支承面内。图 2-78 是没有遵循这一原则的示例。由于夹紧力作用点位于支承元件之外,夹紧时所产生的转动力矩将会使工件发生翻转。图中,虚线箭头所示位置为夹紧力作用点的正确位置。由于工件夹紧时位置是稳定的,所以工件的定位位置不会因夹紧而遭到破坏。

（2）夹紧力作用点应位于工件刚度较好的部位。对于薄壁件,如果必须在工件刚度较差的部位夹紧时,应使夹紧力分布均匀,以减小工件的变形。如图 2-79 所示,当夹紧力处在图中虚线所示位置时,将引起较大的工件变形;如改在图中实线位置,由于该部位工件刚度较好,变

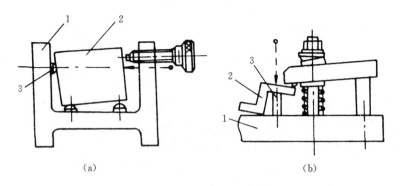

图 2-78　夹紧力作用点的选择
1—夹具体；2—工件；3—定位支承

形就小多了。又如图 2-80 所示薄壁工件，必须在刚度差的部位夹紧，这时如果在压板下面增加一厚度较大的锥面垫圈，使夹紧力通过锥面垫圈均匀地作用在薄壁工件上，就可避免工件被局部压陷。

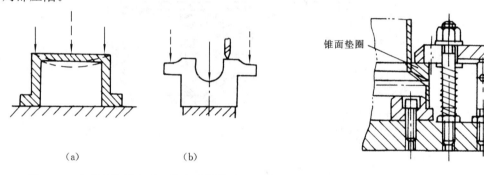

图 2-79　夹紧力作用点对工件变形的影响　　　　图 2-80　薄壁件的夹紧

（3）夹紧力的作用点应尽量靠近加工表面，以减小切削力对夹紧点的力矩，防止或减小工件加工时的振动或弯曲变形。

2）夹紧力作用方向的选择

（1）夹紧力的方向应使定位基面与定位元件接触良好，保证工件定位准确可靠。当工件由几个表面组合定位时，在各相应方向都应施加夹紧力，且主要夹紧力的方向应朝向主要定位基面。如图 2-81 所示，工件以 A、B 面定位镗孔 K，要求保证孔的轴线与 A 面垂直。显然 A 面是主要定位基面，主要夹紧力应朝向该面（见图(a)）。如果使夹紧力指向 B 面（见图(b)），则由于 A、B 两面间存在垂直度误差，$\alpha \neq 90°$，加工要求将不能得到满足。

（2）夹紧力的方向应与工件刚度最大的方向一致，以减小工件夹紧变形。图 2-82 给出加工薄壁套筒的两种夹紧方式。由于工件的径向刚度很差而轴向刚度很大，因此采用图(b)所示的夹紧方式较采用图(a)所示的方式，工件的加工精度更容易保证。

（3）夹紧力的方向应尽量与工件的切削力、重力等的方向一致，以减小夹紧力。

3）夹紧力的计算

为了保证夹紧的可靠性，选择合适的夹紧装置以及确定机动（如气动、液动等）夹紧装置的动力部件（如缸孔直径）时，一般需要确定夹紧力的大小。

在确定夹紧力时，可将夹具和工件看成一个刚性系统，并视工件在切削力、夹紧力、重力和惯性力作用下处于静力平衡，然后列出平衡方程式，即可求出理论夹紧力。为使夹紧可靠，应

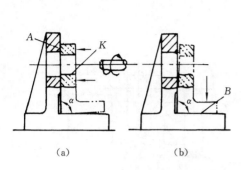

图 2-81 夹紧力方向的选择

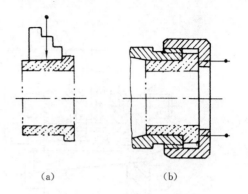

图 2-82 夹紧力方向与工件刚度的关系

再乘以安全系数 K,作为实际所需的夹紧力。K 值在粗加工时取 $2.5\sim3$,精加工时取 $1.5\sim2$。

由于在加工过程中,切削力的作用点、方向和大小可能都在变化,因此应按最不利的情况考虑。例如在图 2-83 中,设切削力 $F_{Py}=800\ \text{N}$,$F_{Pz}=200\ \text{N}$,工件自重 $G=100\ \text{N}$。静力平衡条件为

$$F_{Py}l - \left[F\frac{l}{10} + Gl + F\left(2l - \frac{l}{10}\right) + F_{Pz}y \right] = 0$$

考虑最不利情况,取 $y=l/5$。将已知条件代入上式,得理论夹紧力为 $F=380\ \text{N}$。取安全系数 $K=3$,得实际夹紧力 $F_r=900\ \text{N}$。

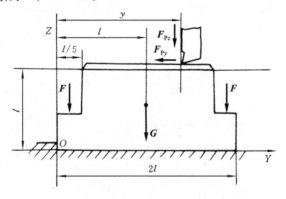

图 2-83 夹紧力计算图例

在实际的夹具设计中,夹紧力大小并非在所有情况下都需要计算。如对手动夹紧机构,常根据经验或类比法确定所需的夹紧力。对于关键工序所用的夹具,当需准确计算夹紧力时,常通过工艺试验来实测切削力的大小,然后计算夹紧力。

3. 典型夹紧机构

1) 斜楔夹紧机构

斜楔是夹紧机构中最基本的一种形式。后面将要介绍的螺旋夹紧机构和圆偏心夹紧机构,从原理上讲都是斜楔的变形。

图 2-84 给出利用斜楔夹紧工件的三个示例。斜楔夹紧机构具有一定的增力性,并能改变原动力的作用方向,其增力比(见图 2-85)为

$$i = \frac{F}{F_P} = \frac{1}{\tan\varphi_1 + \tan(\alpha + \varphi_2)}$$

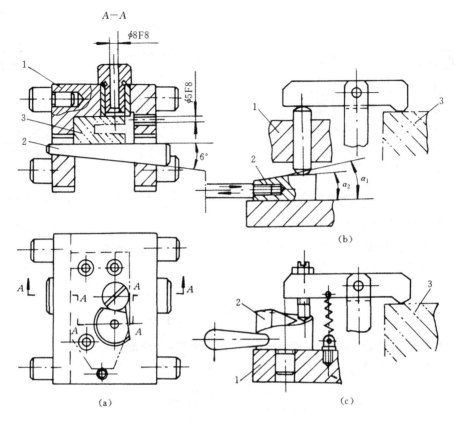

图 2-84　斜楔夹紧的应用实例

1—夹具体;2—斜楔;3—工件

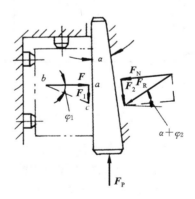

图 2-85　斜楔夹紧受力分析

式中:F 为作用于工件上的夹紧力;F_P 为作用于斜楔上的原动力;α 为斜楔两工作面间的夹角;φ_1 为斜楔与工件间的摩擦角;φ_2 为斜楔与夹具体间的摩擦角。

　　一般取 $\alpha = \varphi_1 = \varphi_2 \approx 6°$,代入上式得 $i \approx 3$,即斜楔夹紧机构能将原动力放大约 3 倍后作用于工件上,当 $\alpha \leqslant \varphi_1 + \varphi_2$ 时,斜楔夹紧机构能在纯摩擦力的作用下保持对工件的夹紧,即具有自锁性。斜楔夹紧机构的缺点是夹紧行程短,手动操作不方便。斜楔夹紧机构常作为自锁机构用在气动、液压夹紧装置中。

2）螺旋夹紧机构

简单的螺旋夹紧机构采用螺杆直接压紧工件（见图2-86），实际生产中，螺旋-压板组合夹紧机构在手动操作时应用更为普遍（见图 2-87）。

螺旋夹紧机构的螺旋可以看做是绕在圆柱体上的斜面，将它展开就相当于一个斜楔。对于图2-86所示的方牙螺杆，其增力比（见图 2-88）为

$$i = \frac{F}{F_P} = \frac{L}{r'\tan\varphi_1 + r_{平均}\tan(\alpha + \varphi_2)}$$

式中：F 为螺杆对工件的夹紧力；F_P 为作用于手柄上的原动力；L 为原动力 F_P 至螺杆轴线的作用力臂；$r_{平均}$ 为螺纹中径之半；r' 为螺杆末端（或压板）与工件接触处的当量摩擦半径；α 为螺纹升角；φ_1 为螺杆末端（或压板）与工件接触处的摩擦角；φ_2 为螺杆与螺母之间的摩擦角。

通常标准夹紧螺钉的螺纹升角 α 很小，如M8～

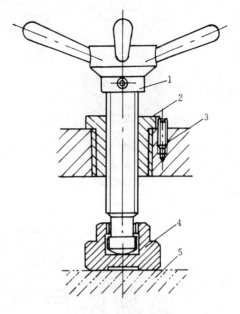

图 2-86　单螺旋夹紧
1—螺杆；2—螺母；3—螺钉；4—压块；5—工件

M52 的螺钉，其 $\alpha = 3°10' \sim 1°50'$，远小于摩擦角 φ_1 及 φ_2，故螺旋夹紧机构总能保证自锁。若取 $r' = 0$，$\alpha = 3°$，$\varphi_2 = 7°$，$L = 28r_{平均}$，可求得增力比 $i = 158$，这远大于斜楔夹紧机构的增力比。

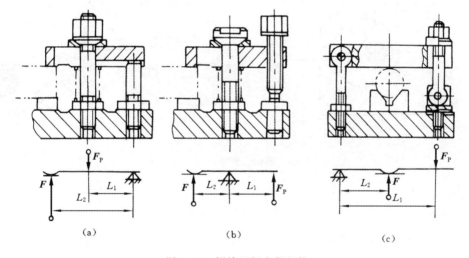

图 2-87　螺旋压板夹紧机构

螺旋夹紧机构具有结构简单、紧凑，增力比大，自锁性好，夹紧行程长等优点，故在手动夹紧装置中应用广泛。其缺点是夹紧、松开动作缓慢，因此在高效夹具中应用较少。

3）圆偏心夹紧机构

图 2-89 为几种圆偏心夹紧机构的应用示例。其中，图（a）所示为用圆偏心轮直接夹紧的夹紧机构，图（b）、图（c）所示为圆偏心轮与其他元件组合使用的夹紧机构。

圆偏心夹紧机构的偏心轮可以看成一缠绕在基圆盘上的弧形楔（见图 2-90），将它展开后可以看出，曲线上任意点 x 的斜楔升角 α_x 是变化的，并可用下式计算：

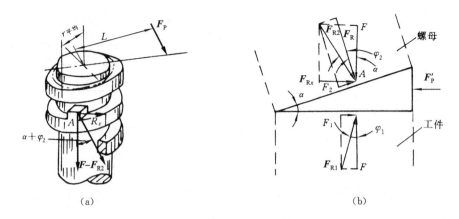

图 2-88　螺旋夹紧力分析

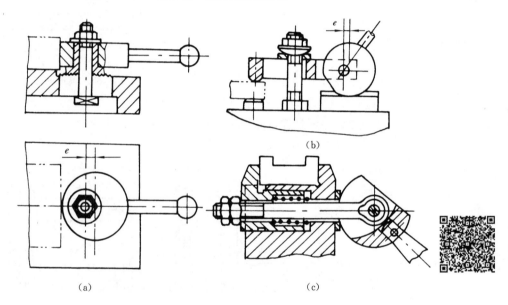

图 2-89　圆偏心夹紧机构应用示例

$$\alpha_x = \arcsin\left(\frac{2e}{D}\sin\psi\right)$$

式中:e 为偏心距;D 为圆盘直径;ψ 为圆盘转角,ψ 的变化范围为 $0°\sim180°$。

当 $\psi=0°$时,m 点的升角 $\alpha_m=0$;当 $\psi=90°$时,p 点的升角 $\alpha_p=\arcsin\frac{2e}{D}=\alpha_{\max}$;当 $\psi=180°$时,n 点的升角 $\alpha_n=0$。

与斜楔夹紧机构类似,圆偏心夹紧机构的自锁条件为

$$\alpha_{\max}\leqslant\varphi_1+\varphi_2$$

式中:φ_1 为圆偏心轮与工件间的摩擦角;φ_2 为圆偏心轮与转轴的摩擦角。

圆偏心夹紧的增力比(在图示 t 点夹紧)为

$$i=\frac{F_j}{F_P}=\frac{L}{\rho\left[\tan\varphi_1+\tan(\alpha_t+\varphi_2)\right]}$$

式中:F_j 为圆偏心轮对工件的垂直夹紧力;F_P 为作用于手柄上的原动力;L 为原动力 F_P 到旋转

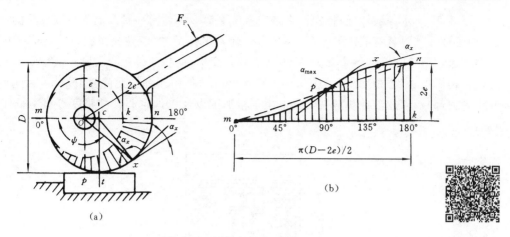

图 2-90　圆偏心轮的分析

中心 O 的力臂;ρ 为旋转中心 O 至夹紧点 t 之间的距离;α_t 为夹紧点 t 处的斜楔升角。

若取 $\rho = D/2$,$\varphi_1 = \varphi_2 = \arctan 0.15$,$L = (4 \sim 5)D/2$,则增力比 $i = 12 \sim 13$。

圆偏心夹紧机构的最大行程为 $2e$。设计圆偏心夹紧机构时,偏心轮的偏心距 e 主要根据要求的夹紧行程 h 来确定,一般应使 $e \geqslant 0.71h$;圆偏心轮直径 D 主要由自锁条件决定,当 $D/e \geqslant 14 \sim 20$ 时,圆偏心夹紧机构能保证自锁。

圆偏心夹紧机构具有结构简单、操作方便、夹紧迅速及夹紧行程小、增力比不大、自锁性不稳定的特点,主要适用于切削负荷小、无振动及工件尺寸公差不大的场合。

4)定心夹紧机构

定心夹紧机构的特点是定位与夹紧由同一(组)元件完成,即利用该元件等速趋近(或退离)某一中心线或对称平面,或利用该元件的均匀弹性变形,完成对工件的定位夹紧或松开。定心夹紧机构主要适用于几何形状对称并以对称轴线、对称中心或对称平面为工序基准的工件的定位夹紧。

图 2-91 所示为螺旋式定心夹紧机构,螺杆 3 两端分别有螺距相等的左右螺纹,转动螺杆时,通过左右螺纹带动两个 V 形块 1、2 同时向中心移动,从而实现定心夹紧。中间的叉形件 7 用于限制螺杆的轴向位移。叉形件的位置通过螺钉 5 和 9 来调节,然后用螺钉 4、6、8、10 固定。

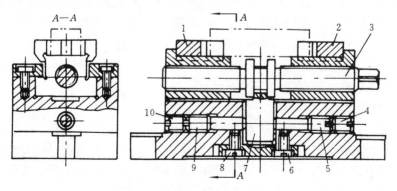

图 2-91　螺旋式定心夹紧机构
1、2—V 形块;3—螺杆;7—叉形件;4~6、8~10—螺钉

　　图 2-92 所示为液性塑料夹具,它是在薄壁套筒 2 中注有一种常温下呈冻胶状的液性塑料 3。由于液性塑料具有液体的不可压缩性,当旋入螺钉 1 时,液性塑料在封闭的套筒内将压力同时传递到薄壁套筒的各个部分,使之产生均匀变形,而将工件定心夹紧。液性塑料夹具的特点是结构简单、定心精度高(可达 0.01～0.02 mm),但由于弹性元件变形量小,因此夹紧行程和夹紧力都较小,故液性塑料夹具仅适用于精加工以及工件定心尺寸精度等级不低于 IT8 的场合。

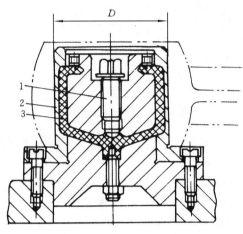

图 2-92　液性塑料夹具
1—螺钉;2—薄壁套筒;3—液性塑料

　　5) 铰链夹紧机构

　　铰链夹紧机构的主要特点是结构简单、增力比大,但自锁性差。它常用在气动夹具中作为增力机构,以弥补气缸原动力的不足。图 2-93 列举了三种典型铰链夹紧机构的应用示例。其中,图(a)所示是单臂铰链夹紧机构,图(b)所示是双臂单作用铰链夹紧机构,图(c)所示是双臂双作用铰链夹紧机构(活塞、气缸同时向相反方向运动)。

　　6) 联动夹紧机构

　　联动夹紧机构是一种操作简便的高效夹紧机构。它可通过一个操作手柄或利用一个动力装置,实现对一个工件的同一方向或不同方向的多点夹紧,或同时夹紧若干个工件。

　　图 2-94(a)所示为双向联动夹紧机构,旋紧螺母 2 能使夹紧力作用在两个相互垂直的方向上,每个方向上有两个夹紧点,两个方向上的夹紧力可通过杠杆臂 L_1、L_2 的长度比来调整。图 2-94(b)所示为平行式联动夹紧机构,各点夹紧力互相平行。

　　图 2-95 给出了几个多件联动夹紧的实例。其中,图(e)所示的夹紧方法仅适用于顺着工件排列方向(图中 F 方向)没有工序尺寸精度要求的场合。

　　4. 夹紧动力装置

　　用人的体力,通过各种增力机构对工件进行夹紧,称为手动夹紧。手动夹紧的夹具结构比较简单,在生产中获得了广泛应用。但人的体力有限,手动夹紧操作劳动强度大,尤其是大批大量生产夹紧频繁时更是如此。因此需采用动力装置来代替人的体力进行夹紧,此即机动夹紧。机动夹紧时,原始夹紧力可连续作用,夹紧可靠,机构不必自锁。

　　机动夹紧的动力装置有气动、液压、电磁、真空夹紧等,其中用得最广的是气动与液压动力装置。

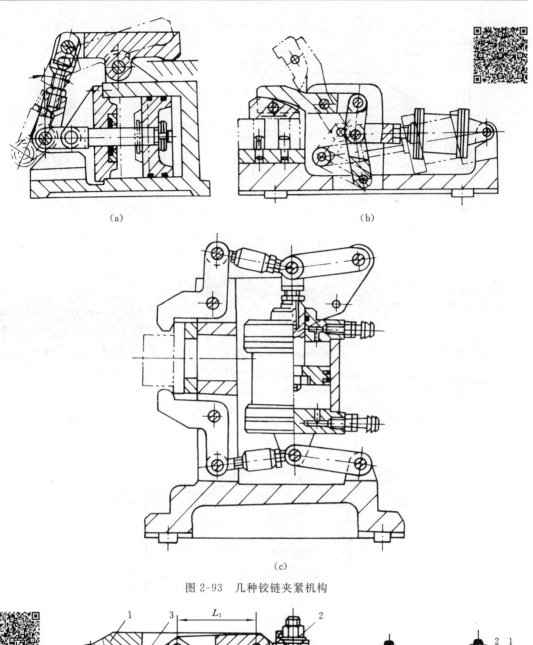

(a)

(b)

(c)

图 2-93 几种铰链夹紧机构

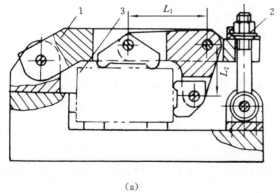

(a)

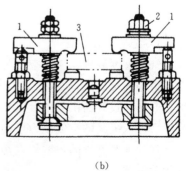

(b)

图 2-94 联动夹紧机构

1—压板;2—螺母;3—工件

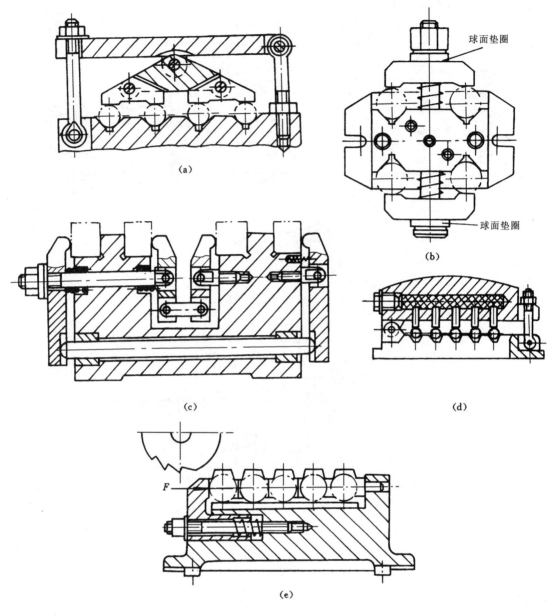

图 2-95　多件联动夹紧

1) 气动夹紧装置

气动夹紧装置以压缩空气为工作介质,推动气缸中的活塞和活塞杆,活塞杆与夹紧机构的作用力输入端相连,从而推动夹紧机构夹紧工件,如图 2-93 所示。压缩空气一般由集中的压缩空气站通过管路供给各台机床。压缩空气站供应的压缩空气压力为 0.7～0.9 MPa,经管路损失后进入夹具的空气压力可稳定在 0.4～0.6 MPa 之间。

气动夹紧装置的主要特点是夹紧力基本恒定,夹紧动作迅速,但由于空气是可压缩的,夹紧刚度较差。

2) 液压夹紧装置

液压夹紧装置的工作原理与气压夹紧装置类似,不同的是它是以液压油产生动力。它与气动夹紧装置比较有以下优点：工作压力可达 6 MPa，比气压高十多倍，故油缸尺寸比气缸尺寸小得多；由于产生的动力大，可不用增力机构，且夹紧刚度大，工作平稳，夹紧可靠，噪声小，因此在大切削力时广为应用。其缺点是，必须有一套专用的液压辅助装置，成本较高，所以一般多在液压机床上使用，此时可利用已有液压系统来控制夹紧机构。

3) 真空夹紧装置

对于铜、铝（及其合金）、塑料等非导磁材料制成的薄片工件，或刚度很差的大型薄壳钢制件，夹紧时容易变形，若其加工精度又要求较高，则可采用真空夹紧装置。

真空夹紧装置是利用封闭腔内的真空度吸紧工件的，实质上是利用大气压力来夹紧工件，具体应用实例如图 2-96 所示。图(a)所示为未夹紧情况，夹具上有橡皮密封圈 1，工件放在密封圈上，使工件与夹具体形成密封腔 A；然后通过孔道 2 用真空泵抽腔内空气，使密封腔内形成一定真空度，在大气压力作用下，工件定位基准面与夹具支承面接触（见图(b)）并获得一定的夹紧力。

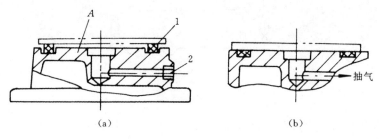

(a)　　　　　　　　　(b)

图 2-96　真空夹紧装置
1—橡皮密封圈；2—孔道

4) 电磁夹紧装置

电磁夹紧装置一般多用做机床的附件，如平面磨床上的磁力工作台、内外圆磨床上所用的电磁吸盘等。它所产生的夹紧力不大，一般在 $(2\sim13)\times10^5$ Pa 范围内，但分布均匀，故适用于夹紧较薄的、切削力不大且要求变形小的小型精加工导磁工件。

习题与思考题

2-1　车削有什么特点？标准麻花钻钻削有什么特点？

2-2　铣削有什么特点？拉削有什么特点？

2-3　何谓拉削方式？各拉削方式有什么特点？

2-4　常用的车刀有哪几大类？各有何特点？

2-5　什么是逆铣？什么是顺铣？各有何特点？

2-6　简述插齿刀的工作原理和加工范围。

2-7　砂轮的特性主要由哪些因素所决定？一般如何选用砂轮？

2-8　自动化加工对刀具有哪些要求？

2-9　在自动化加工设备中，对刀具进行管理的任务和内容是什么？

2-10　以简图分析进行下列加工时的表面形成方法，并标明所需的运动。

(1) 用成形车刀车外圆锥面；(2) 在卧式车床上钻孔；(3) 用丝锥攻螺纹；(4) 用螺纹铣刀铣螺纹。

2-11 举例说明什么是表面成形运动? 什么是简单运动和复合运动?

2-12 试分析题图 2-1 所示的三种车螺纹时的传动原理图各有何特点。

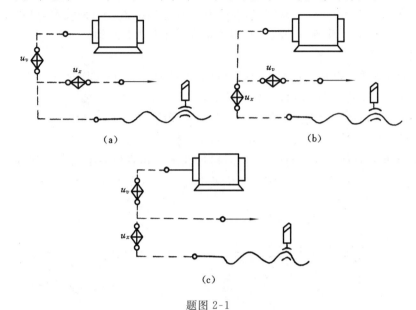

题图 2-1

2-13 机床的传动链中为什么要设置换置机构? 分析传动链一般有哪几个步骤?

2-14 在什么情况下机床的传动链可以不设置换置机构?

2-15 证明 CA6140 型车床的机动进给量 $f_横 \approx 0.5 f_纵$。

2-16 在图 2-40 所示的齿轮啮合位置,若将 M_1 往左或往右接合,车床主轴的转速各为多少? 是正转还是反转?

2-17 在 Y3150E 型滚齿机上加工斜齿轮时,如果进给挂轮的传动比有误差,是否会导致斜齿圆柱齿轮的螺旋角 β 产生误差? 为什么?

2-18 在 Y3150E 型滚齿机上加工斜齿圆柱齿轮,已知工件 $m=4$ mm,$Z=56$,$\beta=19°07'$,右旋;滚刀 $K=1$,$\lambda=2°47'$,左旋。试进行展成运动链、差动运动链的调整计算。已知 Y3150E 型滚齿机的挂轮表:主运动变速挂轮 $m=3$,齿数 22,33(2 个),44;e、f 变换挂轮 $m=2$,齿数 24,36(2 个),48;展成运动和差动运动调整用挂轮 $m=2$,齿轮(共 47 个)分别为 20(2 个),23,24,25,26,30,32,33,34,35,37,40,41,43,45,46,47,48,50,52,53,55,57,58,59,60(2 个),61,62,65,67,70,71,73,75,79,80,83,85,89,90,92,95,97,98,100。计算时,调整公式中的 a、b、c、d、e、f、a_2、b_2、c_2、d_2 只能从挂轮表中选取。

2-19 万能外圆磨床有哪些成形运动?

2-20 什么是组合机床? 它与通用机床及一般专用机床有哪些主要区别? 有什么特点?

2-21 各类机床中,能用于加工外圆、内孔、平面和沟槽的各有哪些机床? 它们的适用范围有何区别?

2-22 简述数控机床的特点及应用范围。

2-23 数控机床是由哪些部分组成的? 各有什么作用?

2-24 开环、闭环和半闭环伺服系统各有什么特点? 各适用于什么场合?

2-25 试分析下列情况中图示零件的基准。

(1) 题图 2-2 所示为齿轮的设计基准、装配基准及滚切齿形时的定位基准、测量基准。

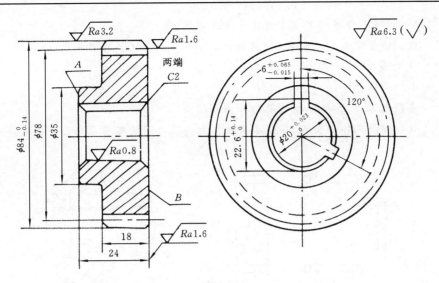

题图 2-2

（2）题图 2-3 所示为小轴零件图及在车床顶尖间加工小端外圆及台肩面 2 的工序图，试分析台肩面 2 的设计基准、定位基准及测量基准。

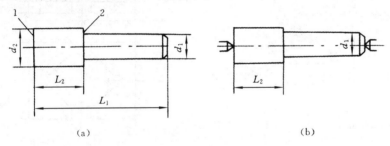

题图 2-3

(a)零件图；(b)工序图

2-26 试分析下列情况的定位基准：

（1）浮动铰刀铰孔；（2）珩磨连杆大头孔；（3）浮动镗刀镗孔；（4）磨削床身导轨面；（5）无心磨外圆；（6）拉孔；（7）超精加工主轴轴颈。

2-27 题图 2-4 所示零件的 A、B、C 面和 $\phi10H7$ 及 $\phi30H7$ 孔均已加工，试分析加工 $\phi12H7$ 孔时选用哪些表面定位较为合理，为什么？

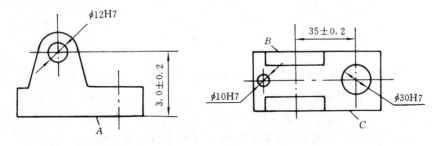

题图 2-4

2-28 分析题图 2-5 所列定位方案：（1）指出各定位元件所限制的自由度；（2）判断有无欠

定位或过定位;(3)对不合理的定位方案提出改进意见。

图(a) 过三通管中心 O 打一孔,使孔轴线与管轴线 OX、OZ 垂直相交;

图(b) 车外圆,保证外圆与内孔同轴;

图(c) 车阶梯轴外圆;

图(d) 在圆盘零件上钻孔,保证孔与外圆同轴;

图(e) 钻铰链杆零件小头孔,保证小头孔与大头孔之间的距离及两孔平行度。

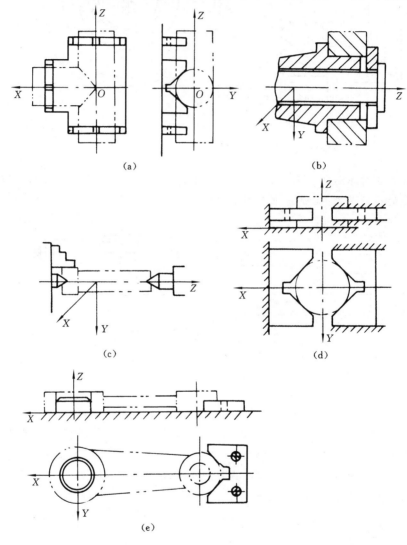

题图 2-5

2-29 分析题图 2-6 所列加工零件中必须限制的自由度,选择定位基准和定位元件,并在图中示意画出;确定夹紧力作用点的位置和作用方向,并用规定的符号在图中标出。

图(a) 过球心打一孔;

图(b) 加工齿轮坯两端面,要求保证尺寸 A 及两端面与内孔的垂直度;

图(c) 在小轴上铣槽,保证尺寸 H 和 L;

图(d) 过轴心打通孔,保证尺寸 L;

图(e) 在支座零件上加工两通孔,保证尺寸 A 和 H。

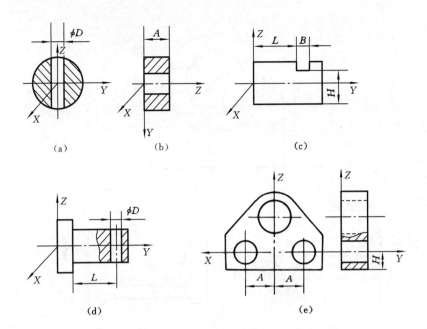

题图 2-6

2-30　求出影响题图 2-7(a)、(b)中工序尺寸 A、H 和 B 的定位误差,写出计算表达式。

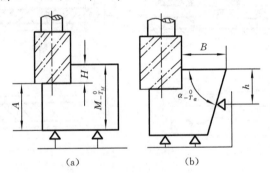

题图 2-7

2-31　用 V 形块定位加工小孔时,试比较题图 2-8 所示四种定位方案中尺寸 A、B、C 和 E 的定位误差。已知圆盘直径为 $D_{-T_D}^{0}$ mm,V 形块两工作表面夹角为 α。

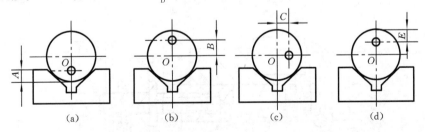

题图 2-8

2-32　如题图 2-9 所示,工件以外圆柱面在 V 形块上定位,在插床上对套筒进行插键槽工序。已知外径 d 为 $\phi 50_{-0.03}^{0}$ mm,内径 D 为 $\phi 30_{0}^{+0.05}$ mm,试计算影响工序尺寸 H 的定位误差。

2-33　指出题图 2-10 所示各定位、夹紧方案及结构设计中不正确的地方,并提出改进意见。

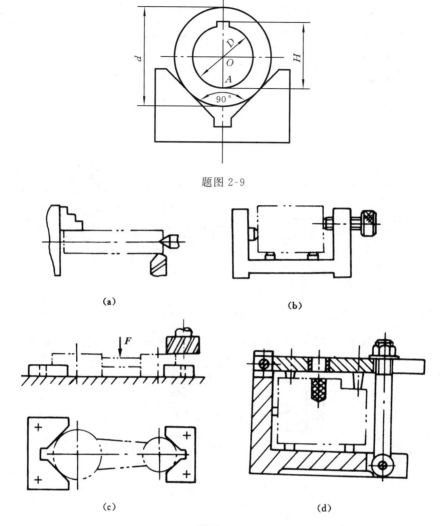

题图 2-9

题图 2-10

2-34　夹紧装置如题图 2-11 所示,已知操纵力 $F_P = 150$ N,$L = 150$ mm,螺杆为 M12×1.75,$D = 40$ mm,$d_1 = 10$ mm,$l = l_1 = 100$ mm,$\alpha = 30°$,各处摩擦因数 $\mu = 0.1$。试计算夹紧力 F 的大小。

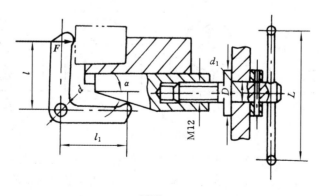

题图 2-11

第3章

机械加工工艺规程的制定

3.1 概　　述

3.1.1　生产过程与机械加工工艺过程

生产过程(production process)是指将原材料转变为成品的全过程。它包括：原材料的运输、保管和准备，产品的技术，生产准备，毛坯的制造，零件的机械加工及热处理，部件或产品的装配、检验、油漆、包装，以及产品的销售和售后服务等。

在生产过程中，直接改变生产对象的形状、尺寸、相对位置与性质等，使其成为成品或半成品的过程称为工艺过程(process)。机械产品的工艺过程又可分为铸造、锻造、焊接、冲压、机械加工、热处理、装配、油漆等工艺过程。

采用机械加工方法(切削或磨削)直接改变毛坯的形状、尺寸、相对位置与性质等，使其成为零件的工艺过程称为机械加工工艺过程。从广义上来说，特种加工(包括各种电加工、超声波加工、电子束加工及离子束加工等)也是机械加工工艺过程的一部分，但其实质上不属于切削加工范畴。机械加工工艺过程直接决定零件的精度，对零件的成本、生产周期都有较大的影响，是整个工艺过程的重要组成部分。

机械制造工艺(machine-building technology)是各种机械制造方法与过程的总称。机械制造工艺过程一般包括零件的机械加工工艺过程和机器的装配工艺过程。

3.1.2　机械加工工艺过程的组成

工序是机械加工工艺过程的基本组成单元。

1. 工序

所谓工序(operation)，是指一个或一组工人，在一个工作地对同一个或同时对几个工件连续作业的那一部分工艺过程。

工作地、工人、工件和连续作业是构成工序的四个要素，其中任一要素的变更即构成新的工序。连续作业是指在某一工序内全部工作要不间断地接连完成的作业。对于图 3-1 所示的阶梯轴，若外圆表面的粗车与精车是连续进行的，即粗车外圆后，接着进行精车，则整个粗、精车外圆为一个工序(见表 3-1)。如果阶梯轴的生产批量很大，则宜将粗车与精车分开，先对这批零件进行粗车，再对这批零件进行精车。此时虽然其他条件未变，但粗、精车外圆因中间间断而成为两个工序(见表 3-2)。

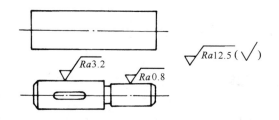

图 3-1　阶梯轴及毛坯

表 3-1　单件生产阶梯轴的工艺过程			表 3-2　大批大量生产阶梯轴的工艺过程		
工序号	工 序 名 称	设备	工序号	工 序 名 称	设 备
1	车端面,打中心孔,车外圆切退刀槽,倒角	车床	1	铣端面,打中心孔	铣端面和打中心孔机床
			2	粗车外圆	车床
2	铣键槽	铣床	3	精车外圆,倒角,切退刀槽	车床
			4	铣键槽	铣床
3	磨外圆,去毛刺	磨床	5	磨外圆	磨床
			6	去毛刺	钳工台

　　从表 3-1 和表 3-2 中可以看出,尽管加工内容完全相同,但由于产量不同,加工阶梯轴时所采用的工艺方案与设备均不相同,因此工序的划分和每一工序所包含的加工内容也不尽相同。

　　由零件加工的工序数就可以知道工作面积的大小、工人人数和设备数量。因此,工序是制定时间定额、配备工人和机床设备、安排作业计划和检验质量的基本单元。

　　工序可以进一步划分为安装、工位、工步和走刀。

2. 安装

　　安装(setup)是工件经一次装夹后所完成的那一部分工序。

　　在同一工序中,工件在加工位置上可能只需装夹一次,也可能要装夹几次。对于图 3-2 所示的阶梯轴,在车外圆工序中一般需进行两次装夹才能把工件上所有的外圆柱表面加工出来。

　　从减小装夹误差及缩短装夹工件所花费的时间考虑,应尽量减少安装次数。

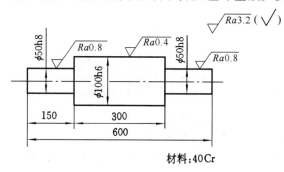

材料:40Cr

图 3-2　阶梯轴

3. 工位

为了完成一定的工序,一次装夹工件后,工件与夹具或设备的可动部分一起相对刀具或设备的固定部分所占据的每一个位置,称为工位(position)。

一个工序可能只包含一个工位,也可能包含几个工位。图 3-3 所示为在具有回转工作台的多工位机床上加工 IT7 级精度孔的工序。工件仅装夹一次,在不同工位上依次完成钻、扩、铰加工。

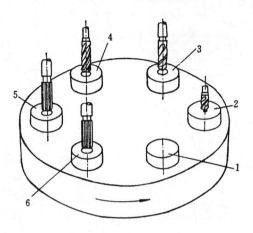

图 3-3　包括 6 个工位的工序
1—装卸工件工位;2—预钻孔工位;3—钻孔工位;
4—扩孔工位;5—粗铰工位;6—精铰工位

4. 工步

工步(step)是指在加工表面(或装配时的连接表面)、加工(或装配)工具不变的情况下,所连续完成的那一部分工序。因此,工步是加工表面、切削刀具和切削用量(仅指主轴转速和进给量)等要素都不变的情况下所完成的那一部分工艺过程。改变其中任一要素就成为另一工步。

在一次安装或一个工位中,可能有几个工步。如图 3-4 所示的在六角车床上加工零件的一个工序中就包括 6 个工步(其回转刀架的一次转位所完成的工位内容属于一个工步)。

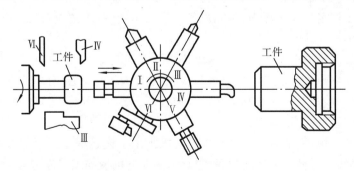

图 3-4　包括 6 个工步的工序

对于连续进行的几个相同的工步,例如在法兰上依次钻 4 个 $\phi15$ 的孔(见图 3-5(a)),习惯上算作一个工步,称为连续工步。如果同时用几把刀具(或用一把复合刀具),在一次进给中加工不同的几个表面,这也算作一个工步,称为复合工步(见图 3-5(b))。

5. 走刀

在一个工步中,如果要切去的金属层很厚,则需分几次切削,这时每切削一次就称为一次走刀。图 3-6 所示为用棒料制造阶梯轴的情形,其中第二工步包括了两次走刀。

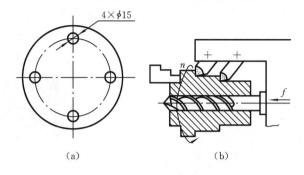

图 3-5　连续工步和复合工步示例
(a) 连续工步;(b) 复合工步

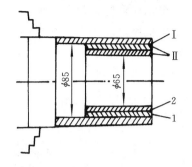

图 3-6　用棒料制造阶梯轴
Ⅰ—第一工步(在 $\phi85$ mm 处)
Ⅱ—第二工步(在 $\phi65$ mm 处)
1—第二工步第一次走刀;2—第二工步第二次走刀

3.1.3　机械加工工艺规程

规定产品或零件制造过程和操作方法等的工艺文件,称为工艺规程(procedure)。工艺规程是企业生产中的指导性技术文件,也是企业生产产品的科学程序和科学方法的具体反映。

1. 工艺规程的种类

在生产上用来说明机械加工工艺规程的工艺文件主要有机械加工工艺过程卡(procedure sheet)和机械加工工序卡(operation sheet),分别如表 3-3 和表 3-4 所示。对于在自动和半自动机床上完成的工序,还要有机床调整卡(adjusting table);对于检验工序,还要有检验工序卡。

零件的机械加工工艺过程卡是以工序为单位来说明零件的整个工艺过程应如何进行的一种工艺文件。卡片上一般应注明产品的名称与型号,零(部)件的名称与图号,毛坯的种类与外形尺寸,工序号、工序名称及工序内容,完成各工序的车间,所用的设备和工艺装备,工序时间等。

零件的机械加工工序卡是在机械加工工艺过程卡的基础上,按每道工序所编制的一种工艺文件。卡片上详细地说明了工序的内容和步骤,并绘有工序简图,注明了每道工序的定位基准和工件的装夹形式、加工表面及其工序尺寸和公差、加工表面的粗糙度和技术要求、刀具的类型及其位置、进刀方向和切削用量等。

在单件小批生产中,一般只用比较简单的机械加工工艺过程卡。对于大批大量生产的零件,除了要有较详细的机械加工工艺过程卡以外,还要有机械加工工序卡。

2. 机械加工工艺规程的作用

(1) 机械加工工艺规程是组织车间生产的主要技术文件。机械加工工艺规程是车间中一切从事生产的人员都要严格、认真贯彻执行的工艺技术文件,按照它组织生产,就能使各工序间科学地衔接,实现优质、高效、无污染、低消耗生产。

表 3-3 机械加工工艺过程卡

(厂名全称)	机械加工工艺过程卡		产品型号		零(部)件图号		文件编号		
			产品名称		零(部)件名称		共 页 第 页		
材料牌号		毛坯种类		毛坯外形尺寸		每坯件数	每台件数	备注	
工序号	工序名称	工 序 内 容			车间	工段	设备	工 艺 装 备	工序时间
									准终 / 单件
描图									
描校									
底图号									
装订号									
*	a ①				编制(日期)	审核(日期)	会签(日期)	*	*
	标记 处数	更改文件号	签字 日期	标记 处数	更改文件号	签字 日期			

* 空格可根据需要填写。

(2) 机械加工工艺规程是生产准备和计划调度的主要依据。有了机械加工工艺规程,在产品投产之前不仅可以根据它进行一系列的准备工作,如原材料和毛坯的供应、机床的调整、专用工艺装备(如专用夹具、刀具和量具)的设计与制造、生产作业计划的编排、劳动力的组织,以及生产成本的核算等;还可以制定所生产产品的进度计划和相应的调度计划,使生产均衡、顺利地进行。

(3) 机械加工工艺规程是新建或扩建工厂、车间的基本技术文件。在新建或扩建工厂、车间时,只有根据机械加工工艺规程和生产纲领,才能准确确定生产所需机床的种类和数量,工厂、车间面积,机床的平面布置,生产工人的工种、等级、数量,以及各辅助部门的工作安排等。

表 3-4　机械加工工序卡

（厂名全称）	机械加工工序卡	产品型号		零(部)件图号		文件编号		
							共　页	
		产品名称		零(部)件名称			第　页	

（工序简图）	车间	工序号	工序名称	材料牌号
	毛坯种类	毛坯外形尺寸	每坯件数	每台件数
	设备名称	设备型号	设备编号	同时加工件数
	夹具编号		夹具名称	冷却液
				工序时间
			准终	单件

工步号	工步内容	工艺装备	主轴转速 /(r/min)	切削速度 /(m/min)	进给量 /(mm/r)	背吃刀量 /mm	走刀次数	工时定额	
								基本	辅助

描图										
描校										
底图号										
装订号										

＊	a	①			编制 （日期）	审核 （日期）	会签 （日期）	＊	＊
	标记	处数	更改文件号	签字	日期	标记	处数	更改文件号	签字	日期				

＊空格可根据需要填写。

3.1.4　制定机械加工工艺规程所需的原始资料

制定零件机械加工工艺规程时应具备下列原始资料。

(1) 产品的全套技术文件　包括产品的全套图纸、产品验收的质量标准及产品的生产纲领。

(2) 铸件图　成批、大量生产时，铸造、锻造、冲压等工艺过程都要有铸件图。通常，铸件图由铸件制造的技术人员绘制，并经机械加工工艺技术人员审查确定。在制定零件的机械加工工艺规程时,机械加工技术人员应了解铸件的生产情况,研究铸件图,以弄清铸件余量,铸件的分型面、浇口和冒口位置,以及模锻件的飞边位置、出模斜度等。只有这样才能正确选择零件加工时的装夹部位和加工方法。

单件小批生产时,一般不绘制铸件图,但需实地了解铸件的形状、尺寸及力学性能等。

(3) 生产条件　如果工厂是现有的,应了解工厂的设备、刀具、夹具、量具、生产面积,工人的技术水平,以及专用设备、工艺装备的制造能力等;如果工厂是新建的,则应对国内外现有生产技术、加工设备和工艺装备的性能规格有所了解。

(4) 技术资料　包括各有关手册、标准及工艺资料等。

3.1.5　制定机械加工工艺规程的原则和步骤

制定机械加工工艺规程的原则是:在一定的生产条件下,根据资源节约、环境友好原则,以最少的劳动消耗和最低的费用,按照计划规定的进度,可靠地加工出符合图纸上所提出的各项技术要求的零件。工艺规程不仅要保证产品的质量,还要保证最好的经济效益、较高的生产效率和能使产品尽快投放市场。因此,编制工艺规程时,应做到技术上先进、经济上合理,还要有良好而安全的劳动条件。

随着工艺技术的发展和加工设备的更新,工艺规程在经过一段时间的实践之后,也要作相应的修订。只有不断地完善和改进工艺规程,才能对生产起到指导作用和促进作用。但工艺规程的修订必须要经过一定的生产试验和严格的审批手续。

制定零件机械加工工艺规程的步骤如下。

1) 分析加工零件的工艺性

(1) 了解零件的各项技术要求,并提出必要的改进意见。

(2) 审查零件的结构工艺性。

2) 根据零件的生产纲领决定生产类型

这里主要是指定出零件的生产批量(在成批生产时)或生产节奏(指生产一个零件的时间,在大量流水线生产时应用),以及生产组织形式、专业化水平等。

3) 选择毛坯的种类和制造方法

选择毛坯的种类和制造方法时应全面考虑机械加工成本和毛坯制造成本,以达到降低零件生产总成本的目的。

4) 拟定工艺过程

工艺过程的拟定包括选择定位基准、选择零件表面的加工方法、划分加工阶段、安排加工顺序和组合工序等。

5) 工序设计

工序设计包括确定加工余量、计算工序尺寸及其公差、确定切削用量、计算工时定额及选择机床和工艺装备等。

6) 编制工艺文件

机械加工工艺规程的工艺文件主要有机械加工工艺过程卡和机械加工工序卡。

3.1.6　生产纲领和生产类型

1. 生产纲领

生产纲领(production program)是指企业在计划期内应当生产的产品的产量和进度计划。

计划期通常为一年,所以生产纲领也通常称为年生产量。

在产品的生产纲领确定后,就可根据某零件在产品中的数量、供维修用的备品率和在整个加工过程中允许的废品率来确定该零件的生产纲领。零件在计划期为一年的生产纲领 N 可按下式计算

$$N = Qn(1+a\%)(1+b\%) \quad (件/年)$$

式中:Q 为产品的年产量(台/年);n 为每台产品中该零件的数量(件/台);a 为备品的百分率;b 为废品的百分率。

在成批生产中,在零件的生产纲领确定后,就要根据车间的具体情况按一定期限分批投产。一次投入或产出的同一零件的数量,称为生产批量。

2. 生产类型

生产类型(types of production)是指企业(或车间、工段、班组、工作地)生产专业化程度的分类,一般分为大量生产、成批生产和单件生产三种类型。

(1) 大量生产　产品的数量很大,其结构和规格比较固定,大多数工作地点长期进行某一零件的某一道工序的加工。例如,汽车、拖拉机、轴承、缝纫机、自行车等的制造通常都是以大量生产的方式进行的。

(2) 成批生产　一年中分批地生产相同的零件,生产呈周期性的重复。成批生产的标志是,在每一工作地点分批地完成若干零件的加工。例如,普通机床、食品机械和纺织机械等的制造都是比较典型的成批生产类型。按照批量的大小,成批生产又可分为小批生产、中批生产及大批生产三种类型。

(3) 单件生产　在单个或少数几个工作地点生产不同结构、尺寸的产品,生产过程中各工作地点的工作完全不重复或很少重复。例如,重型机器、专用设备及大型船舶等的制造就属于单件生产。

应该指出,在一个生产厂内,甚至在同一个生产车间内,可能同时存在不同的生产类型。例如,东风汽车集团有限公司是一个具有大量生产性质的单位,但是它的工具分公司却是成批生产性质的单位。因此,在判断一个生产厂(或一个生产车间)的生产类型时,应根据单位(或生产车间)的主要工艺过程的性质来确定。

生产类型的划分主要取决于生产纲领,但也要考虑产品本身的大小和结构的复杂程度。例如,一台重型镗铣床比一台台钻要大得多,也复杂得多。生产 20 台台钻属于单件生产,而生产 20 台重型镗铣床属于小批生产。

不同生产类型的零件的加工工艺有很大的不同。产量大、产品固定时,有条件采用各种高生产率的专用机床和专用工装,因此劳动生产率高、成本低。但在产量小、产品品种多时,就不宜采用专用专用机床和专用工装,因为调整时间长,机床利用率低、折旧率高,成本反而会增加。表 3-5 列出了各种生产类型的生产纲领及工艺特点。

表 3-5　各种生产类型的生产纲领及工艺特点

单位:件

产品类型及工艺特点		单件生产	成批生产			大量生产
			小　批	中　批	大　批	
产品类型	重型机械	<5	5~100	100~300	300~1 000	>1 000
	中型机械	<20	20~200	200~500	500~5 000	>5 000
	轻型机械	<100	100~500	500~5 000	5 000~50 000	>50 000

续表

产品类型及 工艺特点		单件生产	成批生产			大量生产
			小　批	中　批	大　批	
工 艺 特 点	毛坯的制 造方法及 加工余量	自由锻造，木模手工造型；毛坯精度低、余量大	部分采用模锻、金属模造型；毛坯精度及余量中等		广泛采用模锻、机器造型等高效方法；毛坯精度高、余量小	
	机床设备 及机床布 置	通用机床按机群式排列；部分采用数控机床及柔性制造单元	通用机床和部分专用机床及高效自动机床；机床按零件类别分工段排列		广泛采用自动机床、专用机床；采用自动线或专用机床流水线排列	
	夹具及尺 寸保证	通用夹具、标准附件或组合夹具；划线试切保证尺寸	通用夹具、专用或成组夹具；定程法保证尺寸		高效专用夹具；用定程及自动测量控制尺寸	
	刀具、量具	通用刀具，标准量具	专用或标准刀具、量具		采用专用刀具、量具，自动测量	
	零件的互 换性	配对制造，互换性低，多采用钳工修配	多数互换，部分试配或修配		全部互换，高精度偶件采用分组装配、配磨	
	工艺文件 的要求	编制简单的工艺过程卡	编制详细的工艺规程及关键工序的工序卡		编制详细的工艺规程、工序卡、调整卡	
	生产率	用传统加工方法，生产率低，用数控机床可提高生产率	中　等		高	
	成本	较高	中　等		低	
	对工人的 技术要求	需要技术熟练的工人	需要一定熟练程度的技术工人		对操作工人的技术要求较低，对调整工人的技术要求较高	
	发展趋势	采用成组工艺、数控机床、加工中心及柔性制造单元	采用成组工艺，用柔性制造系统或柔性自动线		用计算机控制的自动化制造系统、车间或无人工厂，实现自适应控制	

注：重型机械、中型机械和轻型机械可分别以轧钢机、柴油机和缝纫机为代表。

由上述内容可知，生产类型对零件的机械加工工艺规程的制定影响很大。因此，在制定机械加工工艺规程时，首先应根据零件的生产纲领确定其相应的生产类型。生产类型确定后，零件制造工艺过程的总体轮廓也就勾画出来了。

3.2　零件的工艺性分析

3.2.1　分析和审查产品的装配图和零件图

通过分析研究产品的装配图和零件图，可熟悉产品的用途、性能及工作条件，明确被加工零件在产品中的位置与作用，了解各项技术要求制定的依据，在此基础上，审查图样的完整性和正确性，例如图样是否有足够的视图，尺寸和公差是否标注齐全，零件的材料、热处理要求及其他技术要求是否完整合理。在熟悉零件图的同时，要对零件结构的工艺性进行初步分析。只有这样，才能综合判别零件的结构、尺寸公差、技术要求是否合理。若有错误和遗漏，应提出修改意见。

零件的技术要求主要包括:被加工表面的尺寸精度和几何形状精度;各个被加工表面之间的相互位置精度;被加工表面的粗糙度、表面质量、热处理要求等。在分析零件的技术要求时,要了解这些技术要求的作用,并从中找出主要的技术要求,以及在工艺上难以达到的技术要求,特别是对制定工艺方案起决定作用的技术要求。在分析零件技术要求时,还应考虑影响达到技术要求的主要因素,并着重研究零件在加工过程中可能产生的变形及其对技术要求的影响,以便掌握制定工艺规程时应解决的主要问题,为合理地制定工艺规程做好必要的准备。

3.2.2　分析零件的结构工艺性

对零件进行工艺分析的一个主要内容就是研究、审查机器和零件的结构工艺性。

所谓产品结构工艺性(technological efficiency of product design),是指所设计的产品在能满足设计功能和精度要求的前提下,制造、维修的可行性和经济性。所谓零件结构工艺性(technological efficiency of parts design),是指所设计的零件在能满足设计功能和精度要求的前提下,制造的可行性和经济性。

对于零件或整个机器的结构,要根据其用途和使用要求来设计。但是在结构上是否完善合理,还要看它是否符合工艺方面的要求,即在保证产品使用性能的前提下,是否能用生产率高、劳动量小、材料和能源消耗少、对环境造成的危害小、生产成本低的方法制造出来。因此,针对产品及零件的设计,提出了结构工艺性概念。

结构工艺性是一个相对概念。生产规模不同或生产条件不同,对产品结构工艺性的要求也不同。例如,某些单件生产的产品结构,如要扩大产量改为按流水生产线来加工可能就很困难,若按自动线加工则困难更大,甚至不可能。又如,同样是单件小批生产,若分别以数控机床和万能机床为主,由于两者在制造能力上差异很大,因此对零件结构工艺性的要求就有很大的不同。

事实上,数控加工对传统的零件结构工艺性衡量标准产生了巨大影响。例如,精度要求很高的复杂曲线、曲面的加工,对传统加工来说是工艺难点,但对数控加工来说是非常简便的;又如,预备多次改型设计的零件,对于数控加工而言,通常只需改写部分程序和重新调整机床就可以了,故其工艺性并无不妥善之处。

特种加工对零件结构工艺性的要求与普通切削、磨削加工的要求差别更大。例如,在普通的切削、磨削加工中,方孔、小孔、弯孔、窄缝等被认为是工艺性很差的典型,有的甚至是"禁区",而采用特种加工改变了这种局面。例如,对于电火花穿孔、电火花线切割工艺来说,加工方孔和加工圆孔的难易程度是一样的;而喷油嘴小孔、喷丝头小异形孔、涡轮叶片上大量的小冷却深孔、窄缝、静压轴承和静压导轨的内油囊型腔等,采用电火花加工后也变难为易了。

产品及零件的制造包括毛坯生产、切削加工、热处理和装配等阶段,各个阶段都是有机地联系在一起的。进行结构设计时,必须全面考虑,使产品在各个阶段都具有良好的工艺性。产生矛盾时,应统筹考虑,抓住矛盾的主要方面,予以妥善解决。

在产品的设计过程中,结构工艺性问题不是一次就能解决的。而且,在产品设计的开始阶段,就应充分注意结构设计的工艺性,而不是在产品设计完成以后再考虑它的工艺性。

目前,主要采用定性的方式对结构工艺性的好坏进行评判,如何将结构工艺性分析建立在定量化基础上尚未解决。

1. 衡量结构工艺性的标准

对于整个机械产品,主要应从以下几个方面来衡量其结构工艺性。

（1）零件的总数　虽然零件的复杂程度可能差别很大，但是一般来说，组成产品的零件越少，特别是不同名称的零件越少，产品的结构工艺性越好。另外，在一定的零件总数中利用生产上已掌握的零件和组合件越多（即设计的结构有继承性），或是标准的、通用的零件越多，产品的结构工艺性就越好。

（2）机械零件的平均精度　产品中所有零件的加工尺寸的平均精度越低，其结构工艺性越好。

（3）材料的需要量　制造整个产品所需各种材料的数量，特别是贵重材料、稀有材料和难加工材料的数量也是影响结构工艺性的一个重要因素，因为它影响产品的成本。

（4）机械零件各种制造方法的比例　一些非切削工艺方法如冷冲压、冷挤压、精密铸造、精密锻造等，对于切削加工来说，可以提高生产率，降低成本。显然机械产品中采用这类零件的比例越大，产品的结构工艺性就越好。对于切削加工，采用加工费用低的方法来制造的零件越多，产品的结构工艺性越好。

（5）产品装配的复杂程度　产品装配时，无须任何附加加工和调整的零件越多，则装配效率高，装配工时少，装配成本低，产品的结构工艺性越好。

2. 结构设计应考虑的几个方面

为了改善零件机械加工的工艺性，在结构设计时应注意以下几个方面。

（1）要保证加工的可能性和方便性，加工表面应有利于刀具的进入与退出。

（2）在保证零件使用性能的前提下，零件的尺寸精度、几何精度和表面粗糙度的要求应经济合理，应尽量减轻重量，减小加工表面面积，并尽量减少内表面加工。

（3）对于有相互位置要求的各个表面，应尽可能在一次装夹中加工完，这就要求有合适的定位基面。

（4）加工表面形状应尽量简单，并尽可能布置在同一表面或同一轴线上，以减少刀具调整与走刀次数，提高加工效率。

（5）零件的结构要素应尽可能统一，尺寸要规格化、标准化，尽量使用标准刀具和通用量具，减少刀具和量具的种类，减少换刀次数。

（6）零件尺寸的标注应考虑最短尺寸链原则、设计基准的正确选择及基准的重合原则，以便于加工、测量、装配。

（7）零件的结构应便于工件装夹，减少装夹次数，有利于增强刀具与工件的刚度。

表 3-6 列举了零件机械加工工艺性对比的一些典型实例，可供分析零件结构切削、磨削工艺性时参考。

表 3-6　零件机械加工结构工艺性示例

序号	结构工艺性不好	结构工艺性好	说　明
1	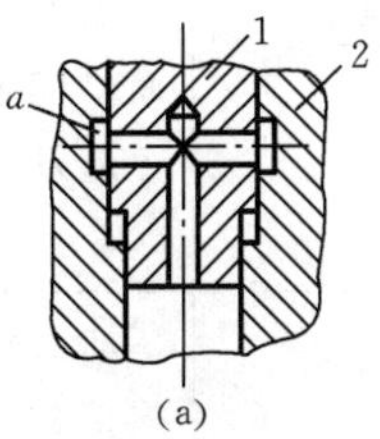 (a)	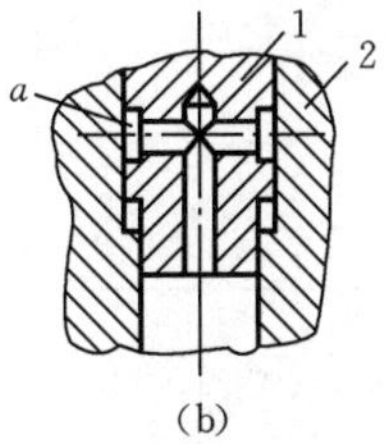 (b)	在图(a)中，件 2 上的凹槽 a 不便于加工和测量。宜将凹槽 a 改在件 1 上，如图(b)所示
2	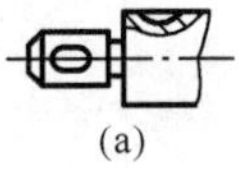 (a)	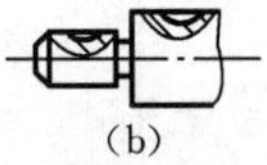 (b)	键槽的尺寸、方位相同，则可在一次装夹中加工出全部键槽，以提高生产率

序号	结构工艺性不好	结构工艺性好	说　明
3	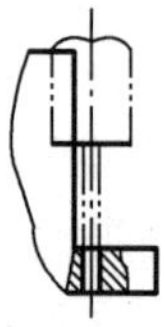 (a)	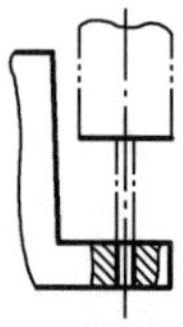 (b)	图(a)中的加工面不便引进刀具
4	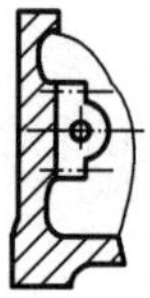 (a)	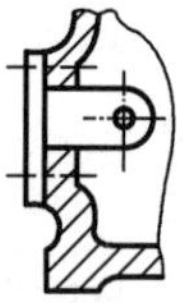 (b)	箱体类零件的外表面比内表面容易加工,应以外部连接表面代替内部连接表面
5	 (a)	 (b)	图(b)所示的三个凸台表面,可在一次走刀中加工完毕
6	 (a)	 (b)	图(b)所示底面的加工工作量较小,且有利于装夹平稳、可靠
7	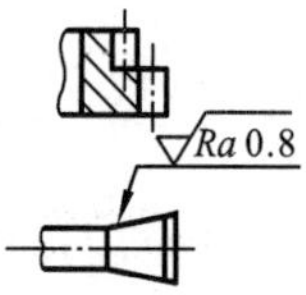 (a)　$Ra\,0.8$	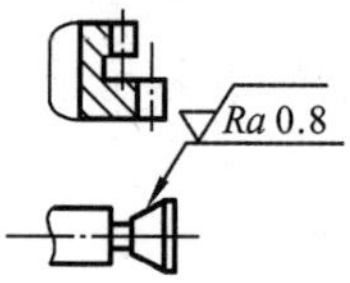 (b)　$Ra\,0.8$	图(b)所示结构有退刀槽,保证了加工的可能性,并可减少刀具(砂轮)的磨损
8	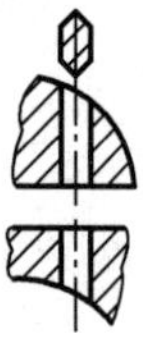 (a)	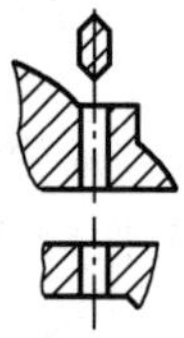 (b)	加工图(a)所示结构上的孔时钻头容易引偏
9	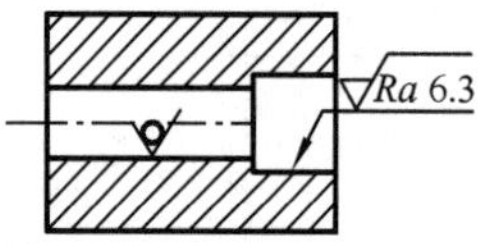 (a)　$Ra\,6.3$	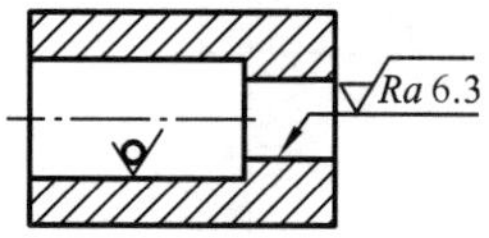 (b)　$Ra\,6.3$	加工表面与非加工表面之间要留有台阶,便于退刀
10	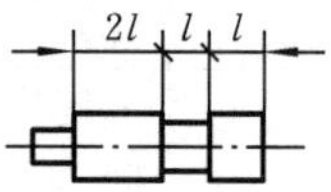 (a)　$2l$ l l	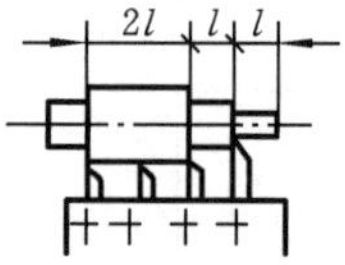 (b)　$2l$ l l	加工表面长度相等或成倍数,直径尺寸沿一个方向递减,便于布置刀具,可在多刀半自动车床上加工,如图(b)所示

序号	结构工艺性不好	结构工艺性好	说　明
11	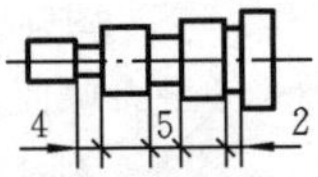 (a) 4　5　2	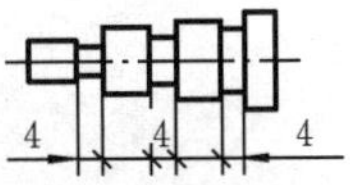 (b) 4　4　4	凹槽尺寸相同,可减少刀具种类,缩短换刀时间,如图(b)所示
12	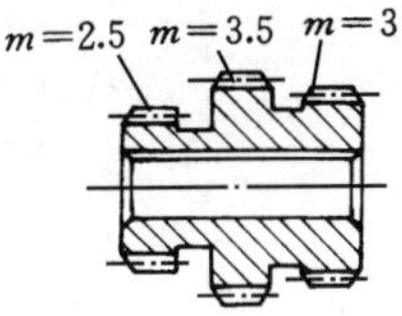 $m=2.5$　$m=3.5$　$m=3$ (a)	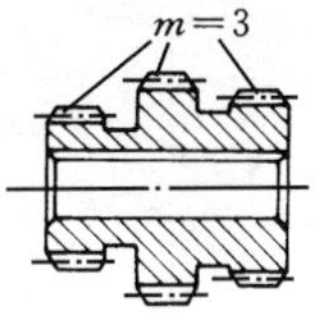 $m=3$ (b)	图(a)所示结构需要三种模数的齿轮刀具,而图(b)所示结构只需要一种
13	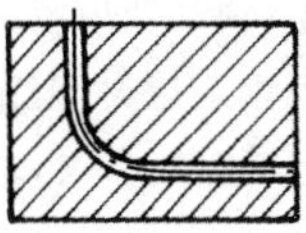 (a) 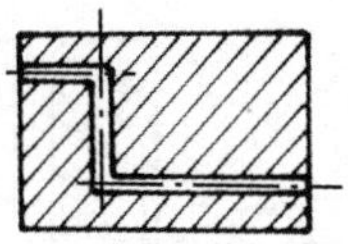　　(b)	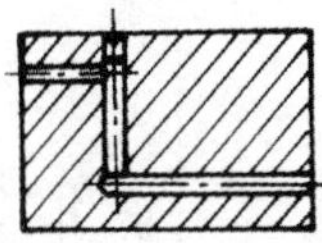 (c)	图(a)、图(b)所示的弯曲孔,不便于切削加工,应改为图(c)所示的结构
14	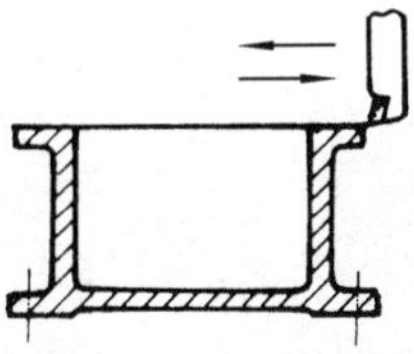 (a)	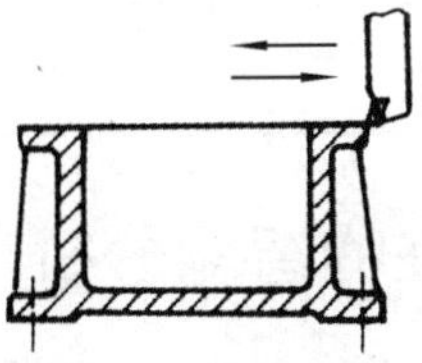 (b)	图(a)所示的零件结构刚度低,刨刀切入的冲击力大,工件易变形,宜改为图(b)所示的结构,其中设置的筋板提高了工件的刚度
14	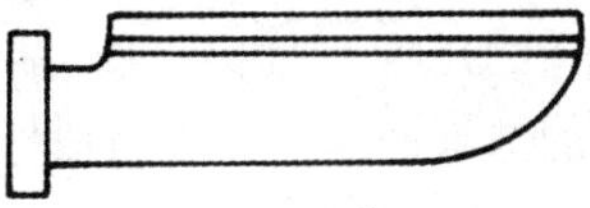 (a)	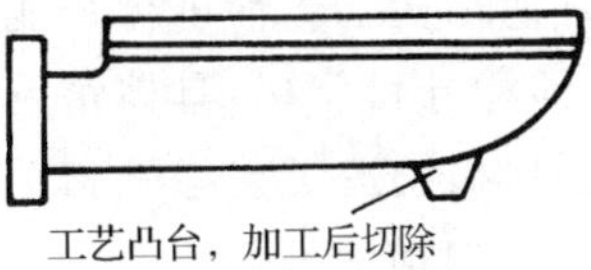 工艺凸台,加工后切除 (b)	图(a)所示的数控铣床床身,刨削上平面时定位困难,改为图(b)所示的有工艺凸台的结构,则很容易定位
15	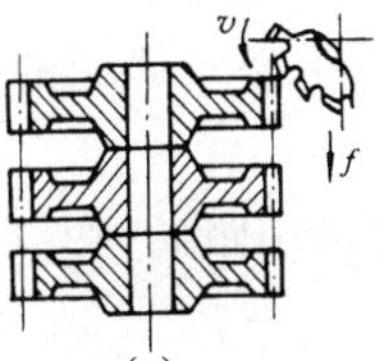 (a)	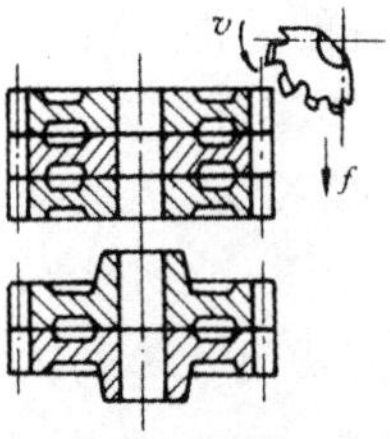 (b)	图(a)所示的齿轮结构,多件滚齿时刚度低,轴向进给行程长。应改为图(b)所示的结构,其刚度高且加工时行程短,可提高生产效率

序号	结构工艺性不好	结构工艺性好	说　　明
16	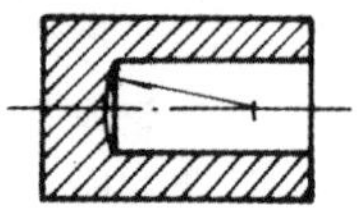 (a)	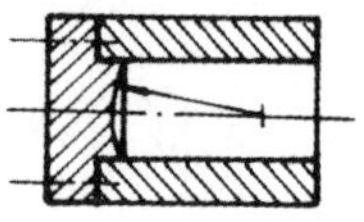 (b)	图(a)所示的零件内部为球面凹槽,很难加工,改为两个零件,凹槽变为外部加工,比较方便,如图(b)所示
	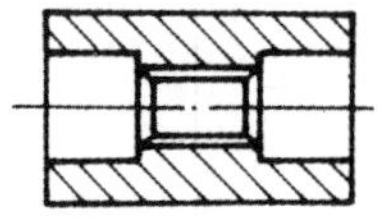 (a)	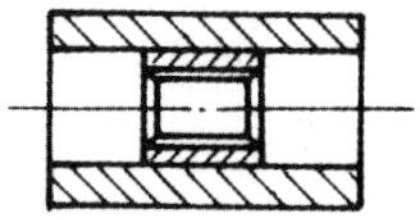 (b)	图(a)所示的滑动轴套中部花键孔加工比较困难,改为圆套、花键套,分别加工后再组合比较方便,如图(b)所示
	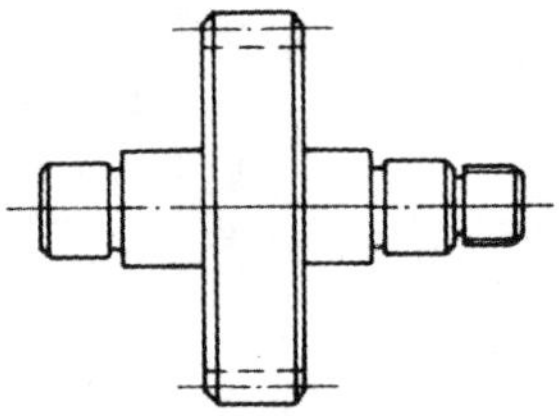 (a)	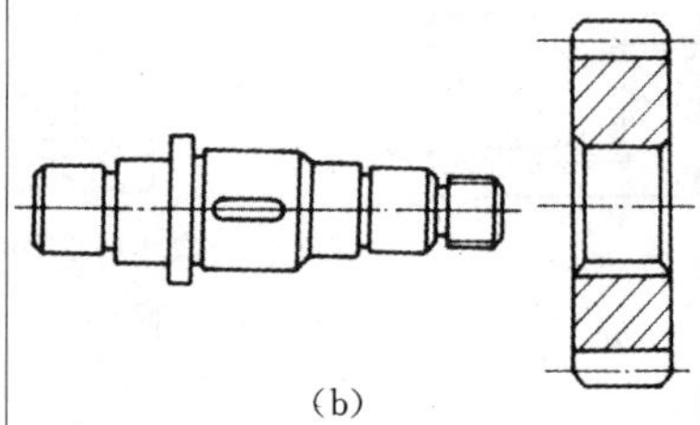 (b)	图(a)所示的连轴齿轮,轴颈和齿轮齿顶圆直径相差甚大,若用整料加工,费工、费料;若采用锻件,也不便于锻造。应改为图(b)所示的轴和齿轮结构,分别加工后用键连接,既节约材料,又便于加工和维修

3.2.3　结构工艺性的智能分析

3DDFM

　　零件的结构工艺性分析过去主要采用人工方式完成,分析结果的好坏和分析效率的高低对工艺经验的依赖性高。随着科学技术的发展,现在已经可以采用计算机软件对零件的结构工艺性进行智能化分析。比如,由武汉开目信息技术股份有限公司(以下简称开目公司,具体情况可扫描 3DDFM 二维码了解)研发的集成了各个行业众多机械制造工艺经验和工艺知识的三维产品——可制造性分析系统 3DDFM(见图 3-7,具体情况可扫描 3DDFM 二维码了解),就是可以在较少人工干预的条件下,实现零件结构工艺性智能化分析的软件系统。

　　图 3-8 所示为某壳体零件的三维模型及用开目 3DDFM 审查后发现的结构工艺性问题。

　　可以采用开目 3DDFM 检查的零件(产品)类型和结构工艺性项目包括:

　　(1)机加类零件:支持对该类零件在钻削、车削、铣削、磨削中经常遇到的结构工艺性问题,如小直径深孔、斜面钻孔、孔壁过薄、薄壁切削等的检查。

　　(2)钣金类零件:支持对该类零件的尺寸,如孔与孔之间的最小距离,切口、槽、孔之间的有效距离,最小弯曲半径,最小开槽尺寸等的工艺性检查。

　　(3)铸造类零件:支持对铸件的拔模角度、磨具壁厚、腔体形状、凸台、支柱、肋板等重要设计参数工艺合理性进行审查。

　　(4)注塑类零件:支持对注塑件的拔模角度、磨具壁厚、腔体形状、凸台、肋板等重要设计

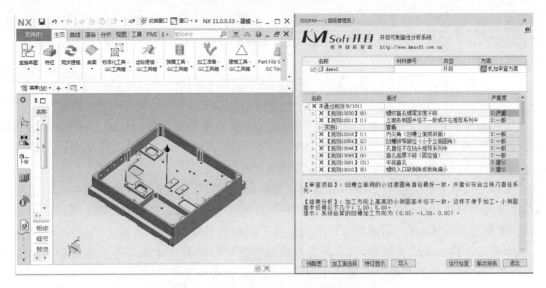

图 3-7　开目可制造性分析系统

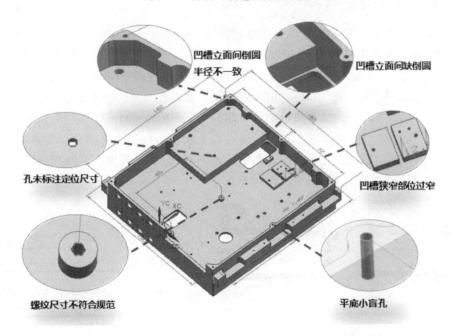

图 3-8　某壳体零件存在的工艺性问题(3DDFM)的操作界面

参数工艺合理性进行审查。

（5）焊接类零件：支持对电焊焊接件的焊点间距、焊点边距、两板厚度比、筒形件点焊有效长度，氩弧焊焊接件的焊缝到侧壁的距离、熔焊焊缝交叉和集中等设计参数工艺合理性进行检查。

（6）导管类零件：支持对导管产品的设计尺寸，如壁厚、直径、半径、最短直线段长度，最小弯曲半径、弯折角度等的规范性进行检查。

（7）装配类产品：支持对装配产品的定位孔、间隙尺寸等进行有效性检查。

开目 3DDFM 还支持对所设计三维模型的规范化如三维尺寸、几何公差、粗糙度标注是否符合国家标准，物料号和表面粗糙度信息是否为空，以及所设计的二维图上的尺寸标注是否符合国家标准、标题栏中的零件代号或名称是否为空等进行检查,并可根据定制的模板输出多种格式(如 Excel、XML、HTML、3DPDF 格式)的审查报告等(操作方式和过程可扫码了解)。

3.3 定位基准的选择

定位基准有粗基准和精基准之分。工件加工的第一道工序或最初几道工序,只能用毛坯上未经加工的表面作为定位基准,这种定位基准称为粗基准。在以后的工序中则使用经过加工的表面作为定位基准,这种定位基准称为精基准。

工件上没有能作为定位基准用的恰当表面时,就必须在工件上专门设置或加工出定位基面,这种基面称为辅助基面。辅助基面在零件的使用中并无用处,它完全是为了加工需要而设置的,轴加工用的中心孔、活塞加工用的止口和下端面就是典型的例子。

在制定零件加工工艺规程时,总是先考虑选择怎样的精基准才能把各个主要表面加工出来,再考虑选择怎样的粗基准才能把作为精基准的表面先加工出来。

3.3.1 粗基准的选择

选择不同的粗基准所带来的影响可以通过图 3-9 中的例子来说明。

对于图 3-9 所示的零件毛坯,由于在铸造时内孔 2 与外圆 1 之间难免有偏心,因此在加工时,如果用不需加工的外圆 1 作为粗基准(用三爪卡盘夹持外圆 1)来加工内孔 2,由于此时外圆 1 的中心线和机床主轴回转中心线重合,因此加工后内孔 2 与外圆 1 是同轴的,即加工后孔的壁厚是均匀的,但是内孔的加工余量却是不均匀的,如图 3-9(a)所示。相反,如果选择内孔 2 作为粗基准(用四爪卡盘夹持外圆 1,然后按内孔 2 找正),由于此时内孔 2 的中心线和机床主轴回转中心线重合,因此内孔 2 的加工余量是均匀的,但加工后内孔 2 与外圆 1 不同轴,即加工后孔的壁厚是不均匀的,如图 3-9(b)所示。

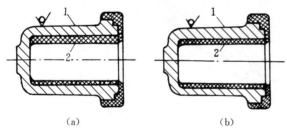

(a)   (b)

图 3-9　两种粗基准选择对比
1—外圆;2—内孔

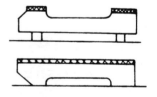

图 3-10　车床床身加工

由此可见,粗基准的选择,主要影响不加工表面与加工表面间的相互位置精度(如图 3-9 中加工后的壁厚均匀性)、加工表面的余量分配和夹具结构。

因此,选择粗基准时,一般应遵循以下原则。

(1)合理分配加工余量的原则。若工件必须首先保证某重要表面的加工余量均匀,则应选该表面为粗基准。例如,对于床身导轨面的加工,由于导轨面是床身的主要表面,精度要求高,并且要求耐磨,因此在铸造床身毛坯时,导轨面需向下放置,以使其表面层的金属组织细致均匀,没有气孔、夹砂等缺陷,而加工时要求加工余量均匀,以便达到较高的精度,又可使切去的金属层尽可能薄一些,保留组织紧密、耐磨的金属表层。采用图 3-10 所示的定位方法来加工,即先以导轨面为粗基准加工床脚平面,再以床脚平面为精基准加工导轨面,则可保证导轨面的加工余量比较均匀。此时床脚平面上的加工余量可能不均匀,但它不影响床身的加工质量。反之,则会造成导轨面加工余量不均匀。

在没有要求保证重要表面加工余量均匀的情况下,若零件上每个表面都要加工,则应该以加工余量最小的表面作为粗基准。这样,可使这个表面在以后的加工中不致因余量太小和留下没有经过加工的毛坯表面而造成废品。如图 3-11 所示阶梯轴,表面 B 加工余量最小,应选择表面 B 作为粗基准,如果以表面 A 或表面 C 为粗基准来加工其他表面,则可能因这些表面间存在较大位置误差而造成表面 B 加工余量不足。

(2) 保证零件加工表面相对于不加工表面具有一定位置精度的原则,即在与第(1)条相同的前提条件下,若零件上有的表面不需加工,则应以不加工表面中与加工表面的位置精度要求较高的表面为粗基准,以达到壁厚均匀、外形对称等要求。例如,对于图 3-9 所示的零件,一般为了保证镗内孔 2 后零件壁厚均匀,应选不加工外圆表面 1 作为粗基准,因此图 3-9(a)所示的方案是正确的。又如,对于图 3-12 所示的零件,有三个不加工表面,若表面 4 和表面 2 壁厚均匀度要求较高,则在加工表面 4 时,应选表面 2 为粗基准。

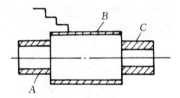

图 3-11　阶梯轴的加工

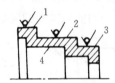

图 3-12　粗基准选择

若工件既要求保证某重要表面加工余量均匀,又要求保证不加工表面与加工表面的位置精度,则仍应按本项处理。此时重要表面的加工余量可能会不均匀,它对保证该表面加工精度所带来的不利影响则可通过采取其他一些工艺措施(如减小背吃刀量、增加走刀次数)来减小。

(3) 便于装夹原则。选作为粗基准的表面应尽量平整光洁,不应有飞边、浇口、冒口及其他缺陷,这样,可减小定位误差,并能保证零件夹紧可靠。

(4) 粗基准一般不得重复使用原则。粗基准一般只在第一道工序中使用,以后不应重复使用,以免因用精度及表面粗糙度都很差的毛面多次定位而引起较大的定位误差。但是当毛坯是精密铸件或精密锻件时,其质量很高,如果工件的精度要求不高,这时可以重复使用某一粗基准。

3.3.2　精基准的选择

精基准的选择应从保证零件的加工精度,特别是加工表面的相互位置精度来考虑,同时也要照顾到装夹方便、夹具结构简单。因此,选择精基准一般应遵循下列原则。

1. "基准重合"原则

要尽可能选用设计基准作为精基准,即遵循基准重合原则,特别是在最后精加工时,为保证加工精度,更应遵循这个原则。这样,可以避免因基准不重合而引起的误差。

2. "基准统一"原则

应尽可能选择加工多个表面时都能使用的定位基准作为精基准,即遵循基准统一的原则。这样,便于保证各加工面间的相互位置精度,避免因基准变换而产生误差,并简化夹具的设计和制造。

例如,对于轴类零件,采用顶尖孔作为统一基准加工各个外圆表面及轴肩端面,这样,可以保证各个外圆表面之间的同轴度,以及各轴肩端面与轴心线的垂直度;对于机床主轴箱箱体,多采用底面和导向面为统一基准加工各轴孔、前端面和侧面;对于一般箱体形零件,常采用较大平面和两个距离较远的孔为精基准;对于圆盘和齿轮零件,常用某端面和短孔为精基准;对于活塞,常用底面和止口作为精基准。

图 3-13 所示为汽车发动机的机体,在加工机体上的主轴座孔、凸轮轴座孔、气缸孔及座孔端面时,就是采用统一的基准——底面 A 及底面 A 上相距较远的两个工艺孔作为精基准的,这样,就能较好地保证这些加工表面的相互位置关系。

3."互为基准"原则

当两个表面相互位置精度及它们自身的尺寸与形状精度都要求很高时,可以采用互为精基准原则,反复多次进行精加工。

例如,加工精密齿轮时,通常是在齿面淬硬后磨齿面及内孔,由于齿面淬硬层较薄,磨削余量应力求小而均匀,因此,需先以齿面为基准磨内孔(见图 3-14),再以内孔为基准磨齿面。这样加工,不但可以保证磨齿余量小而均匀,而且能保证轮齿基圆对内孔有较高的同轴度。又如,车床主轴的主轴颈和前端锥孔的同轴度要求很高,因此,也常运用互为基准原则。

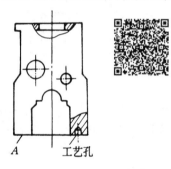

图 3-13　发动机机体的精基准

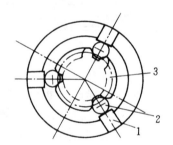

图 3-14　以齿形表面定位加工
1—卡盘;2—滚柱;3—齿轮

4."自为基准"原则

有些精加工或光整加工工序要求余量小而均匀,在加工时就应尽量选择加工表面本身作为精基准,即遵循自为基准原则,而该表面与其他表面之间的位置精度由先行的工序保证。

例如,在磨削床身导轨面时,为保证加工余量小而均匀,以及提高导轨面的加工精度和生产率,常在磨头上安装百分表,在床身下安装可调支撑,以导轨面本身为精基准来调整找正(见图 3-15)。此外,用浮动铰刀铰孔、用圆拉刀拉孔、用珩磨头珩孔及用无心磨床磨外圆等,都是以加工表面本身作为精基准的。

应该强调的是,选择精基准时,一定要保证工件定位准确、夹紧可靠、夹具结构简单、工件装夹方便。因此,零件上用于定位的表面既应具有较高的尺寸精度、形状精度及较低的表面粗糙度,以保证定位准确;同时,又应具有较大的面积并应尽量靠近加工表面,以保证在切削力和夹紧力作用下不至于使零件位置偏移或产生太大变形。由于零件的装配基准往往面积较大,而且精度较高,因此,用零件的装配基准作为精基准,对于提高定位精度、减小受力变形,往往都是十分有利的。

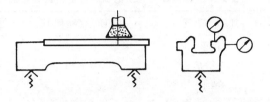

图 3-15　床身导轨面自为基准

还应指出的是,上述基准选择的各项原则在实际应用时往往会出现相互矛盾的情况,例如,保证了基准的统一,就不一定符合基准重合原则。因此,在使用这些原则时,必须结合具体的生产条件和生产类型,综合考虑,灵活把握。

3.4　工艺路线的拟定

拟定零件的机械加工工艺路线(process route)是制定工艺规程的一项重要工作。拟定工艺路线时需要解决的主要问题是:选定各表面的加工方法,划分加工阶段,安排工序的先后顺序,确定工序的集中与分散程度。

3.4.1　表面加工方法的选择

具有一定技术要求的加工表面,通常都不是只进行一次加工就能达到图样要求的,而达到同样精度要求所能采用的加工方法往往也是多种多样的。拟定零件的机械加工工艺路线时,首先要确定工件上各加工表面的加工方法和加工次数。在进行这一工作时,要综合考虑以下几方面的因素。

1. 加工方法的经济精度及表面粗糙度

加工经济精度(economical accuracy of machining)是指在正常加工条件下(采用符合质量标准的设备、工艺装备和标准技术等级的工人,不延长加工时间)所能保证的加工精度。

大量统计资料表明,同一种加工方法的加工误差和加工成本是成反比例关系的。精度愈高,加工成本也愈高。但精度有一定极限,如图 3-16 所示,当超过 A 点后,即使再增加加工成本,加工精度也很难再提高;当超过 B 点后,即使再降低加工精度,加工成本也降低极少,成本也有一定极限。曲线中加工精度和加工成本

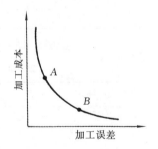

图 3-16　加工成本与加工误差的关系

互相适应的为 AB 段,属于经济精度的范围。每一种加工方法都有一个经济的加工精度范围。例如,在普通车床上加工外圆的经济精度是尺寸精度为 IT 8～9 级,表面粗糙度 Ra 为 1.25～2.5 μm;在普通外圆磨床上磨削外圆的经济精度是尺寸精度为 IT 5～6 级,表面粗糙度 Ra 为 0.16～0.32 μm。

各种加工方法所能达到的经济精度、表面粗糙度如表 3-7 至表 3-9 所示。为了实现生产的优质、高产、低消耗,表面加工方法的选择应与它们相适应。

表 3-7　外圆加工中各种加工方法的加工经济精度和表面粗糙度

加工方法	加工情况	加工经济精度 IT	表面粗糙度 $Ra/\mu m$
车	粗车	12～13	10～80
	半精车	10～11	2.5～10
	精车	7～8	1.25～2.5
	金刚石车(镜面车)	5～6	0.02～1.25
铣	粗铣	12～13	10～80
	半精铣	11～12	2.5～10
	精铣	8～9	1.25～2.5
车槽	一次行程	11～12	10～20
	二次行程	10～11	2.5～10
外磨	粗磨	8～9	1.25～10
	半精磨	7～8	0.63～2.5
	精磨	6～7	0.16～1.25
	精密磨(精修整砂轮)	5～6	0.08～0.32
	镜面磨	5	0.008～0.08
抛光			0.008～1.25
研磨	粗研	5～6	0.16～0.63
	精研	5	0.04～0.32
	精密研	5	0.008～0.08
超精加工	精	5	0.08～0.32
	精密	5	0.01～0.16
砂带磨	精磨	5～6	0.02～0.16
	精密磨	5	0.01～0.04
滚压		6～7	0.16～1.25

注:加工非铁金属时,表面粗糙度 Ra 取小值。

表 3-8　孔加工中各种加工方法的加工经济精度和表面粗糙度

加工方法	加工情况	加工经济精度 IT	表面粗糙度 $Ra/\mu m$
钻	$\phi15$ mm 以下	11～13	5～80
	$\phi15$ mm 以上	10～12	20～80
扩	粗扩	12～13	5～20
	一次扩孔(铸孔或冲孔)	11～13	10～40
	精扩	9～11	1.25～10
铰	半精铰	8～9	1.25～10
	精铰	6～7	0.32～2.5
	手铰	5	0.08～1.25
拉	粗拉	9～10	1.25～5
	一次拉孔(铸孔或冲孔)	10～11	0.32～2.5
	精拉	7～9	0.16～0.63

续表

加工方法	加工情况	加工经济精度 IT	表面粗糙度 $Ra/\mu m$
推	半精推	6～8	0.32～1.25
	精推	6	0.08～0.32
镗	粗镗	12～13	5～20
	半精镗	10～11	2.5～10
	精镗(浮动镗)	7～9	0.63～5
	金刚镗	5～7	0.16～1.25
内磨	粗磨	9～11	1.25～10
	半精磨	9～10	0.32～1.25
	精磨	7～8	0.08～0.63
	精密磨(精修整砂轮)	6～7	0.04～0.16
珩	粗珩	5～6	0.16～1.25
	精珩	5	0.04～0.32
研磨	粗研	5～6	0.16～0.63
	精研	5	0.04～0.32
	精密研	5	0.008～0.08
挤	滚珠、滚柱扩孔器，挤压头	6～8	0.01～1.25

注:加工非铁金属时,表面粗糙度 Ra 取小值。

表 3-9　平面加工中各种加工方法的加工经济精度及表面粗糙度

加工方法	加工情况	加工经济精度 IT	表面粗糙度 $Ra/\mu m$
周铣	粗铣	11～13	5～20
	半精铣	8～11	2.5～10
	精铣	6～8	0.63～5
端铣	粗铣	11～13	5～20
	半精铣	8～11	2.5～10
	精铣	6～8	0.63～5
车	半精车	8～11	2.5～10
	精车	6～8	1.25～5
	细车(金刚石车)	6	0.02～1.25
刨	粗刨	11～13	5～20
	半精刨	8～11	2.5～10
	精刨	6～8	0.63～5
	宽刀精刨	6	0.16～1.25
插			2.5～20
拉	粗拉(铸造或冲压表面)	10～11	5～20
	精拉	6～9	0.32～2.5

加 工 方 法	加 工 情 况		加工经济精度 IT	表面粗糙度 $Ra/\mu m$
平磨	粗磨		8～10	1.25～10
	半精磨		8～9	0.63～2.5
	精磨		6～8	0.16～1.25
	精密磨		6	0.04～0.32
刮	25 mm× 25 mm 内点数	8～10		0.63～1.25
		10～13		0.32～0.63
		13～16		0.16～0.32
		16～20		0.08～0.16
		20～25		0.04～0.08
研磨	粗研		6	0.16～0.63
	精研		5	0.04～0.32
	精密研		5	0.008～0.08
砂带磨	精磨		5～6	0.04～0.32
	精密		5	0.01～0.04
滚压			7～10	0.16～2.5

注:加工非铁金属时,表面粗糙度 Ra 取小值。

必须指出,各种加工方法的经济精度不是不变的,随着生产技术的发展和工艺水平的提高,同一种加工方法所能达到的经济精度会提高,粗糙度值会减小。

加工表面的技术要求是决定表面加工方法的首要因素。必须强调的是,这些技术要求除了零件设计图纸上所规定的以外,还包括因基准不重合而提高的对某些表面的加工要求,以及因被作为精基准而可能对其提出的更高加工要求。

2. 零件材料的可加工性

硬度很低而韧度较大的金属材料如非铁金属材料应采用切削的方法加工,而不宜用磨削的方法加工,因为磨屑会堵塞砂轮的工作表面。例如,加工精度为 IT7 级、表面粗糙度 $Ra＝1.25～0.8\ \mu m$ 的内孔,若材料为非铁金属,则采用镗、铰、拉等切削加工方法比较适宜,而很少采用磨削加工。淬火钢、耐热钢因硬度高很难切削,最好采用磨削方法加工。又如,加工精度为 IT6 级、表面粗糙度 $Ra＝1.25～0.8\ \mu m$ 的外圆,若零件要求淬硬到 58～60HRC,则宜采用磨削而不能采用车削。

3. 生产类型

大批大量生产时,应尽量采用先进的加工方法和高效率的机床设备,如用拉削方法加工内孔和平面,用半自动液压仿形车床加工轴类零件,用组合铣或组合磨方法同时加工几个表面等。此时生产率高,设备和专用工装能得到充分利用,因而加工成本也低。在单件小批生产中,一般多采用通用机床和常规加工方法。为了提高企业的竞争能力,也应该注意采用数控机床、数显装置、柔性制造系统(FMS),以及成组技术等先进的设备和先进的加工方法。

4. 工件的形状和尺寸

由于受结构的限制,箱体上某些孔不宜用拉削和磨削加工时,可采用其他加工方法,如大孔可用镗削,小孔可用铰削。有轴向沟槽的内孔不能采用直齿铰刀加工。形状不规则的工件外圆表面则不能采用无心磨削。

5. 对环境的影响

为了可持续发展，应尽量采用绿色制造工艺、净洁加工（少用或不用切削液）和生态工艺方法。实践表明，产品的加工方法不同，物料和能源的消耗将不一样，对环境的影响也不相同。绿色制造工艺就是物料和能源消耗少、废物的产生量和毒性小、对环境污染小的制造工艺。生态工艺是指排放的废物对自然界无害或者容易被微生物、动物和植物所分解的工艺，因此，它是对环境没有污染的加工工艺。

6. 现有生产条件

选择表面加工方法时不能脱离工厂现有设备状况和工人技术水平。既要充分利用现有设备，又要注意不断地对原有设备和工艺进行技术改造，挖掘企业潜力。

在选择表面加工方法时还应注意以下几个问题。

（1）加工方法选择的步骤总是首先确定被加工零件主要表面的最终加工方法，然后依次向前选定各预备工序的加工方法。例如，加工一个精度为 IT6 级、表面粗糙度 Ra 为 0.2 μm 的外圆表面时，最终工序的加工方法如选用精磨，则前面的各预备工序可选为：粗车、半精车、精车、粗磨和半精磨。

主要表面的加工方法选定以后，再选定各次要表面的加工方法。

（2）在被加工零件各表面加工方法分别初步选定以后，还应综合考虑为保证各加工表面位置精度要求而采取的工艺措施。例如，几个同轴度要求较高的外圆或孔，应安排在同一工序的一次装夹中加工，这时就可能要对已选定的加工方法作适当的调整。

（3）一个零件通常由许多表面组成，但各个表面的几何性质不外乎是外圆、孔、平面及其他各种成形表面等，因此，熟悉和掌握这些典型表面的各种加工方案对制定零件加工工艺过程是十分必要的。工件上各种典型表面所采用的典型工艺路线如图 3-17 至图 3-19 所示。

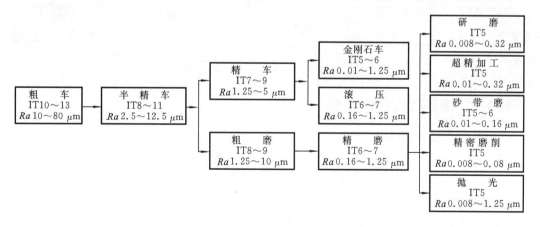

图 3-17　外圆表面加工方案

在各表面的加工方法选定以后，需要进一步确定这些加工方法在零件加工工艺路线中的顺序及位置，这与加工阶段的划分有关。

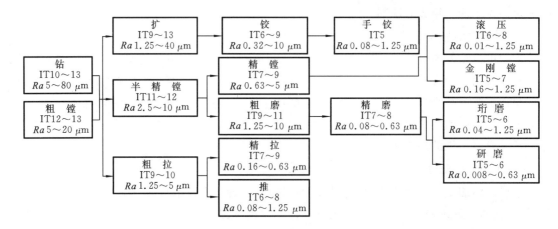

图 3-18　孔表面加工方案

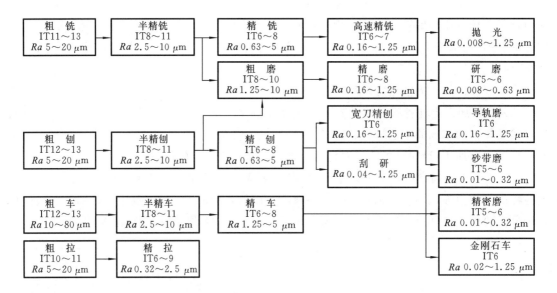

图 3-19　平面加工方案

3.4.2　加工阶段的划分

1. 零件加工工艺过程的几个阶段

制定工艺路线时,往往要把加工质量要求较高的主要表面的工艺过程,按粗、精加工分开的原则划分为几个阶段,其他加工表面的工艺过程根据同一原则作相应的划分,并分别安排到由主要表面所确定的各个加工阶段中,这样,就可得到由各个加工阶段所组成的、包含零件全部加工内容的整个零件的加工工艺过程。按照工序性质的不同,一个零件的加工工艺过程通常可划分为以下几个阶段。

(1) 粗加工阶段　此阶段的主要任务是切除工件各加工表面上的大部分余量,并加工出精基准。粗加工所能达到的精度较低(一般在 IT12 级以下)、表面粗糙度较大($Ra50 \sim 12.5 \ \mu m$)。此阶段主要任务是获得较高的生产率。

(2) 半精加工阶段　此阶段的主要目的是消除主要表面经粗加工后留下的误差,使其达到一定的精度,为精加工做好准备,并完成一些次要表面的加工(如钻孔、攻螺纹、铣键槽等)。

经半精加工后,表面精度可达 IT10～12 级,表面粗糙度则为 Ra 6.3～3.2 μm。

(3) 精加工阶段　此阶段的任务是保证各主要加工表面达到图样所规定的质量要求。精加工切除的余量很少。表面经精加工后可以达到较高的尺寸精度(IT7～10 级)和较小的表面粗糙度(Ra 1.6～0.4 μm)。

(4) 光整加工阶段　对于精度要求很高(IT5 级以上)、表面粗糙度要求很低(Ra 0.2 μm 以下)的零件,必须有光整加工阶段。光整加工的典型方法有珩磨、研磨、抛光、超精加工及无屑加工等。这些加工方法不但能提高表面层物理力学性能、降低表面粗糙度,而且能提高尺寸精度和形状精度,但一般都不能提高位置精度。

2. 零件划分加工阶段的作用

划分加工阶段有以下作用。

(1) 能减小或消除内应力、切削力和切削热对精加工的影响。毛坯都有内应力存在,切削加工也会引起内应力。如果精度要求很高的表面很早便加工到所要求的精度,则必然会被粗加工其他表面时因内应力重新分布所产生的较大变形所破坏。加工过程划分为几个阶段以后,一方面由于零件在精加工和光整加工阶段中被切去的金属层较薄,因此,由内应力引起的变形较小;另一方面,每一阶段加工完成后,零件将获得一段停放时间,有利于使工件消除内应力和充分变形,在后续加工阶段中就可逐步对此予以修正。

粗加工时,由于切除的金属层较厚,切削力和切削热都比较大,所需的夹紧力也大,因此零件会产生较大的弹性变形和热变形。精加工和光整加工时所引起的零件弹性变形和热变形比粗加工时小得多。因此,若划分阶段加工,则前一阶段的变形可在后一阶段的加工中消除,能使加工质量得到保证。

(2) 有利于及早发现毛坯缺陷并及时处理。粗加工各表面后,由于切除了各加工表面大部分余量,可及早发现毛坯缺陷(如裂纹、气孔、砂眼和余量不够等),以便及时报废或修补,避免由于继续加工所造成的工时和费用的浪费。

(3) 便于安排热处理。很多零件在加工过程中需要进行热处理,划分加工阶段后,可根据不同的热处理要求,在适当的不同加工阶段中安排热处理工序。如精密主轴加工中,在粗加工后进行去除应力的时效处理,半精加工后进行淬火,精加工后进行冰冷处理及低温回火,最后进行光整加工。

(4) 可合理使用机床。加工过程划分阶段后,粗加工可安排在精度低、功率大、生产效率高的机床上进行;精加工则可采用精度高、功率小的机床,以确保零件的加工要求。这样,设备就能充分发挥各自的性能,延长使用寿命。

(5) 表面精加工安排在最后,可避免或减少在夹紧和运输过程中损伤已精加工过的表面。

应当指出,将工艺过程划分成几个阶段是对整个加工过程而言的,不能简单地以某一工序的性质或某一表面的加工特点来决定。例如,零件的定位基准,在半精加工阶段(甚至在粗加工阶段)中就需要加工得很准确,而某些钻小孔、铣沟槽之类的粗加工工序,也可安排在精加工阶段进行。同时,加工阶段的划分不是绝对的,对于刚度较好、加工精度要求不高或余量不大的零件就不必划分加工阶段。对于刚度好的重型零件,由于运输、装卸不便,常在一次装夹中完成某些表面的粗、精加工。在组合机床和自动机床上加工零件,也常常不划分加工阶段。

3.4.3　加工工序的组织

确定了加工方法和划分了加工阶段以后,零件加工的各个工步也就确定了,接着就要考虑如何合理地将这些工步组合成不同的工序。组合工序有两种不同的原则,即工序集中原则和工序分散原则。

如果在每道工序中安排的加工内容多,则一个零件的加工将集中在少数几道工序里完成,这时工艺路线短、工序少,故称为工序集中。若在每道工序中安排的加工内容少,则一个零件的加工就分散在很多工序里完成,这时工艺路线长、工序多,故称为工序分散。

工序集中的特点是:①在零件的一次装夹中,可以加工好零件上的多个表面,这样,可以较好地保证这些表面之间的相互位置精度,同时,也可以减少装夹工件的次数和辅助时间,并减少零件在机床之间的搬运次数和工作量,有利于缩短生产周期;②可以减少机床的数量,并相应地减少操作工人,节省车间面积,简化生产计划和生产组织工作。

工序分散的特点是:①机床设备及工夹具比较简单,调整比较容易,操作工人便于掌握;②生产、技术准备工作量小而容易,投产期短,易于变换产品。

工序集中的程度应由生产纲领、零件技术要求、现场的生产条件和产品的发展情况等因素决定。一般来说,单件小批生产多遵循工序集中原则,大批大量生产既可采取工序集中方式,又可采取工序分散方式。但从今后发展趋势看,由于数控机床、柔性制造单元和柔性制造系统等的发展,应该提高工序的集中程度。因此,在制定工艺规程时,只要具备以下条件,就应该使工序集中程度有相应的提高。

(1) 集中进行的各项加工内容应是零件的结构形状所容许的、在一次装夹中能同时实现加工的内容。零件上各个同时或连续加工的部位的加工过程既不互相干涉,又不相互影响各自的加工精度。

(2) 工序集中时,有的加工内容可能是连续进行的,这时工序的生产节拍将会增长,而所增长的工序节拍也能保证完成生产纲领所提出的加工任务。

(3) 工序集中时,机床结构的复杂性和调整的困难性将会有适当的增加。也就是说,仍然不妨碍稳定地保证加工精度,设备投资不会太大,调整和操作不是很困难。

3.4.4　加工路线的拟订

1. 切削加工工序的排列

在排列切削加工工序时,一般应遵循以下原则。

(1) 基准先行,即先加工基准表面,后加工功能表面。

零件上的功能表面都是有加工要求的工作表面,只有在一定精度的基准表面定位下加工才能保证达到零件加工表面的要求。所以一个零件加工时的头几道工序都是为了加工出精基准,之后用精基准定位来加工其他表面。如果精基准不止一组,都必须在使用之前加工完毕。因此,当粗、精基准选定后,切削加工工序的排列也就大致确定。

例如:对于轴类零件,一般总是先以外圆为粗基准来加工中心孔,再以中心孔为精基准来加工外圆、端面等其他表面;对于箱体类零件,则一般先以主要孔为粗基准来加工平面,再以平面为精基准来加工孔系和其他表面。

(2) 先主后次,即先加工主要表面,后加工次要表面。

零件的主要表面一般都是表面质量和精度要求比较高的表面,它们的加工工序比较多,而且加工的好坏对整个零件的质量影响较大,因此,应首先安排加工。对于自由表面、键槽、紧固用的螺孔和光孔等次要表面,精度要求较低,其加工可适当安排在后面的工序中进行。对于对主要表面有相互位置要求的次要表面,一般应安排在主要表面的半精加工之后,最终精加工或光整加工之前进行。对于某些配合关系和相互位置关系要求很高的表面,还可以放在装配工艺过程中进行配作加工。

例如,箱体零件中,主轴孔、孔系和底平面一般是主要表面,应首先考虑它们的加工顺序。固定用的通孔和螺纹孔、端面和侧面为次要表面。通孔和螺纹孔的加工可以穿插在上述主要表面的半精加工之后进行,端面和侧面的加工则可安排在加工底面、顶面时一起进行。在加工完通孔、螺纹孔后,再精加工主轴孔。

(3) 先粗后精,即先安排粗加工工序,后安排精加工工序。

对于加工质量要求较高的零件,各个表面的加工顺序应为粗加工、半精加工、精加工、光整加工,这样,就能使零件逐渐达到较高的加工质量。

(4) 先面后孔,即先加工平面,后加工孔。

对于箱体、支架、连杆等零件,其主要加工面是孔和平面,一般先以孔作粗基准加工平面,再以平面作精基准加工孔。这是因为,在一般情况下平面的面积较大,作为精基面定位时稳定、可靠,定位精度也较高,且孔加工及其位置的确定都较平面的加工难度要高,所以"先面后孔"可使孔的加工具有良好的精基准,余量也比较均匀。

2. 热处理工序的安排

热处理的目的在于改变工件材料的性能和消除内应力。热处理的目的不同,热处理工序的内容及其在工艺过程中所安排的位置也不一样。

1) 预备热处理

预备热处理多安排在机械加工之前,目的是改善工件材料的切削性能,消除毛坯制造时的内应力。常用的热处理方法有以下几种。

(1) 退火与正火　通常安排在粗加工之前。例如,对于碳的质量分数大于 0.7% 的碳钢和合金钢,为降低硬度,常采用退火;碳的质量分数小于 0.3% 的低碳钢和合金钢则采用正火以提高硬度,防止切削时出现黏刀现象,使加工出来的表面比较光滑。

(2) 调质　由于调质能得到组织细致均匀的回火索氏体,所以有时也用作预备热处理,但一般安排在粗加工以后进行。

2) 最终热处理

最终热处理通常安排在半精加工之后和磨削加工之前,目的是提高材料的强度、表面硬度和耐磨性。常用的热处理方法有以下几种。

(1) 调质　由于经调质后的零件不仅有一定的强度和硬度,还有良好的冲击韧度,综合力学性能较好,因此,调质处理还常作为最终热处理工序,一般安排在精加工之前进行。机床、汽车、拖拉机等产品中一些重要的传动件,如机床主轴、齿轮,汽车半轴、曲轴、连杆等都要进行调质处理。

(2) 淬火　淬火可分为整体淬火和表面淬火两种,常安排在精加工之前进行。这是因为工件淬硬后,表面会产生氧化层并产生一定的变形,需要由精加工工序来修整。在淬硬工序以前,应完成铣槽、钻孔、攻螺纹和去毛刺等次要表面的加工。工件被淬硬以后就很难再加工了。表面淬火因优点多而应用广泛。为了提高零件内部性能和获得细马氏体的表层淬火组织,表面淬火前要进行调质和正火处理,其加工路线一般为:下料→锻造→正火或退火→粗加工→调质→半精加工→表面淬火→精加工。

(3) 渗碳淬火 对于低碳钢或低碳合金钢零件,当要求表面硬度高而内部韧度好时,可采用表面渗碳淬火。渗碳层深度一般为 0.3～1.6 mm。由于渗碳温度高,容易产生变形,因此,渗碳淬火一般安排在精加工之前进行。材料为低碳钢、低碳合金钢的齿轮、轴、凸轮轴的工作表面都可以进行渗碳淬火。当零件需要作渗碳淬火处理时,常将渗碳工序放在次要表面加工之前进行,待次要表面加工完之后再淬硬,这样,可以减小次要表面与淬硬表面之间的位置误差。

(4) 氮化处理 采用氮化工艺可以获得比渗碳淬火更高的表面硬度和耐磨性、更高的疲劳强度及耐蚀性。由于氮化层较薄,因此氮化处理后磨削余量不能太大,一般应安排在粗磨之后、精磨之前进行。为了消除内应力,减少氮化变形,改善加工性能,氮化前应对零件进行调质处理和去内应力处理。

3) 时效处理

时效处理有人工时效和自然时效两种,目的都是消除毛坯制造和机械加工中产生的内应力。精度要求一般的铸件,只需进行一次时效处理,安排在粗加工后较好,可同时消除铸造和粗加工所产生的应力。有时为减小运输工作量,也可放在粗加工之前进行。精度要求较高的铸件,则应在半精加工之后安排第二次时效处理,使精度稳定。精度要求很高的精密丝杠、主轴等零件,则应安排多次时效处理。对于精密丝杠、精密轴承、精密量具及油泵油嘴偶件等,为了消除残余奥氏体、稳定尺寸,还要采用冰冷处理(冷却到 −80～−70 ℃,保温 1～2 h),一般在回火后进行。

4) 表面处理

对于某些零件,为了进一步提高其表面的耐蚀能力,增加耐磨性,以及使表面美观光泽,常采用表面处理工序,使零件表面覆盖一层金属镀层或非金属涂层、氧化膜等。金属镀层有镀铬、镀锌、镀镍、镀铜、镀金、镀银等;非金属涂层有涂油漆、磷化等;得到氧化膜层的方法如钢的发蓝、发黑、钝化,铝合金的阳极氧化处理等。零件的表面处理工序一般都安排在工艺过程的最后进行。表面处理对工件表面本身尺寸的改变一般可以不考虑,但对精度要求很高的表面应考虑尺寸的增大量。当零件的某些配合表面不要求进行表面处理时,则应进行局部保护或采用机械加工的方法予以切除。

3. 检验工序和辅助工序的安排

检验工序是保证产品质量的有效措施之一,是工艺过程中不可或缺的内容。除了各工序操作者自检以外,在下列场合还应考虑单独安排检验工序:①零件从一个车间送往另一个车间的前后;②零件粗加工阶段结束之后;③重要工序加工的前后;④零件全部加工结束之后。

特别值得提出的是,不应忽视去毛刺、倒棱、去磁及清洗等辅助工序。如果缺少这些工序或者要求不严,将给装配工作造成困难,甚至使机器不能使用。所以,零件在装配以前一般都应安排清洗工序,尤其是在研磨、珩磨等工序之后,更要进行清洗,以防止残余砂粒嵌入工件表面,加剧零件在使用中的磨损。在用磁力夹紧的工序以后,要安排去磁工序,不要让有磁性的零件进入装配线。

3.5 机床加工工序的设计

拟定了零件的工艺路线后,对其中用机床加工的工序来说还有如下设计工作:加工余量及工序尺寸的确定、机床及工艺装备的选择和设计、切削用量的选择,以及工时定额的制定。

如加工同一零件有不同方案(全部工序不同或部分工序不同),则应对其经济性进行评价。在采用流水线生产时,特别是自动线生产时,还要进行工序的单件时间平衡与调整,并且要计算所用机床的负荷率,力求每一台机床都得到有效的利用。

3.5.1 加工余量的确定

1. 加工余量的概念

所谓加工余量,是指为使加工表面达到所需的精度和表面质量,应切除的金属表层厚度。加工余量分为工序余量和加工总余量两种。

工序余量(亦称工序加工余量)是指相邻两工序的工序尺寸之差,也就是在一道工序中所切除的金属层厚度。

加工总余量(亦称毛坯余量)是指零件在毛坯变为成品的整个加工过程中某一表面被切除的金属层总厚度,即毛坯尺寸与零件图设计尺寸之差。

显然,某个表面加工总余量为该表面各个工序的工序余量之和,即

$$Z_\Sigma = \sum_{i=1}^{n} Z_i$$

式中:Z_Σ 为加工总余量;Z_i 为第 i 道工序的工序余量;n 为该表面的加工工序数。

由于工序尺寸有公差,实际切除的余量是变化的,因此,加工余量又有公称余量、最大余量与最小余量之分。

在上述各式中,如果工序尺寸都是基本尺寸,则得到的加工余量就是工序的公称余量。

最大余量和最小余量同工序尺寸公差有关。在加工外表面时(见图 3-20(a)),有

$$Z_{bmin} = a_{min} - b_{max}$$
$$Z_{bmax} = a_{max} - b_{min}$$
$$T_{zb} = Z_{bmax} - Z_{bmin} = a_{max} - a_{min} + b_{max} - b_{min}$$
$$= T_a + T_b$$

式中:Z_{bmin}、Z_{bmax} 分别为最小、最大工序余量;a_{min}、a_{max} 分别为上工序的最小、最大工序尺寸;b_{min}、b_{max} 分别为本工序的最小、最大工序尺寸;T_{zb} 为余量公差(工序余量的变化范围);T_a、T_b 分别为上工序与本工序的工序尺寸的公差。

在加工内表面时(见图 3-20(b)),有

$$Z_{bmin} = b_{min} - a_{max}, \quad Z_{bmax} = b_{max} - a_{min}$$
$$T_{zb} = Z_{bmax} - Z_{bmin} = T_a + T_b$$

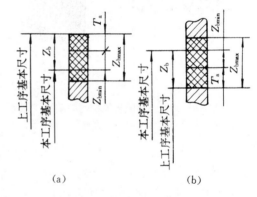

图 3-20 加工余量及公差

(a) 外表面;(b) 内表面

计算结果表明,无论是加工外表面还是加工内表面,本工序余量公差总是等于上工序和本工序两工序尺寸公差之和。

工序尺寸的公差,一般规定按"入体原则"标注。对于被包容面(轴),最大工序尺寸就是基本尺寸,取上偏差为零;而对于包容面(孔),最小工序尺寸就是基本尺寸,取下偏差为零。采用这种标注方法,便于工人在加工时控制尺寸,进行尺寸检验时可以使用通用量具(如通规和止规),而不必设计和制造专用量具。

但应注意,在毛坯的基本尺寸上一般都注以双向偏差(可用对称偏差或不对称偏差),这是因为毛坯的尺寸比较难以控制。

在计算总余量时,第一道工序的公称余量不考虑毛坯尺寸的全部公差,而只用"入体"方向的允许偏差,即外表面用"负"部分,内表面用"正"部分。

必须指出的是,一般所说的工序余量均指公称余量。由工艺手册直接查得的加工余量和计算切削用量时所用的加工余量就是公称余量。但在计算第一道工序的切削用量时,应采用最大工序余量,因为这道工序的余量公差很大,对切削过程的影响也很大。

2. 影响加工余量的因素

正确规定加工余量的数值,是编制工艺规程的任务之一。如果余量过大,不仅浪费金属,增加切削工时,增大机床和刀具的负荷,有时还会将加工表面所需保存的最耐磨的表面层切掉;如果余量过小,则不能去掉表面在加工前所存在的误差和缺陷层以致产生废品,有时还会使刀具处于恶劣的工作条件,例如刀尖要直接切削夹砂外皮和冷硬层,从而加剧刀具的磨损。

为了合理确定加工余量,必须了解影响加工余量的各项因素。影响工序余量(指公称余量)的因素有以下几个方面。

(1) 加工表面上的表面粗糙层的厚度 H_{1a} 和表面缺陷层的深度 H_{2a}。 如图 3-21 所示,为使加工后的表面不留下前一工序的痕迹,加工前表面上的表面粗糙层和表面缺陷层应在本工序加工时切除。表面缺陷层指的是铸件的冷硬层、气孔夹渣层,锻件和热处理件的氧化皮、脱碳层、表面裂纹或其他破坏层,以及切削加工后在加工表面上形成的塑性变形层等。

H_{1a} 与 H_{2a} 的大小与采用的加工方法有关,其实验数据可以在《机械加工工艺师手册》中查得。

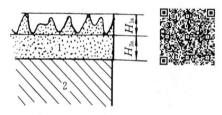

图 3-21　加工表面的粗糙层与缺陷层

1—缺陷层;2—正常组织

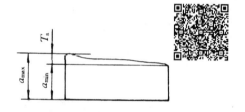

图 3-22　上工序留下的形状误差

(2) 加工前或上工序的尺寸公差 T_a。 在加工表面上存在着各种几何形状误差,如平面度、圆度、圆柱度等(见图 3-22),这些误差的总和一般不超过上工序的尺寸公差 T_a。所以当考虑加工一批零件时,为了纠正这些误差,应将 T_a 计入本工序的加工余量之中。T_a 的数值可从工艺手册中按加工经济精度查得。

(3) 加工前或上工序各表面间相互位置的空间偏差 ρ_a。 工件上有一些形状和位置误差不包括在尺寸公差的范围内,但对这些误差又必须在加工中加以纠正,因此,需要单独考虑它们对加工余量的影响。属于这一类的误差有轴心线的弯曲、偏移、偏斜,以及平行度、垂直度等误差,阶梯轴轴颈中心线的同轴度,外圆与孔的同轴度,平面的弯曲、偏斜、平面度、垂直度等。

例如,一根长轴在粗加工或热处理后产生了轴心线弯曲(见图 3-23),弯曲量为 δ。如果对这根轴不进行校直而继续加工,则直径上的加工余量至少增大 2δ 才能保证该轴在加工后消除弯曲的影响。换句话说,上一工序加工时,至少在直径上要留 2δ 的加工余量,才能保证位置精度。对于精密轴类零件,考虑到有内应力变形问题,不允许采用校直工序,一般都用留余量的方法来保证零件位置精度的要求,即在本工序中去掉这些余量。

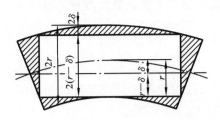

图 3-23　轴的弯曲对加工余量的影响

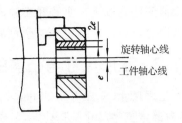

图 3-24　三爪卡盘上的装夹误差

ρ_a 的数值与加工方法有关,可根据有关资料查得或用计算方法作近似计算。

当同时存在两种以上的空间形状偏差时,总的偏差为各空间偏差的矢量和。

(4) 本工序加工时的装夹误差 ε_b　这项误差包括定位误差和夹紧误差,它会影响切削刀具与被加工表面的相对位置,使加工余量不够,所以也应计入工序余量之中。例如,用三爪卡盘夹持工件外圆磨削加工内孔(见图 3-24)时,若三爪卡盘本身定心不准确,致使工件轴心线与机床旋转轴心线偏移一个 e 值,这时为了保证加工表面所有缺陷及误差都能切除,就需要将磨削余量加大 $2e$。

夹紧误差一般可由有关资料查得,而定位误差用定位方法计算。由于这两项误差都是矢量,因此装夹误差是它们的矢量和。

由于上工序各表面间相互位置的空间偏差 ρ_a 与本工序的安装误差 ε_b 在空间中可能有不同方向,因此也要取二者的矢量和。

3. 加工余量的确定

1) 分析计算法

综上所述,可以建立以下工序余量计算关系式:

加工外圆和孔时,　　　　　$2Z_b = T_a + 2(H_{1a} + H_{2a}) + 2|\rho_a + \varepsilon_b|$

加工平面时,　　　　　　　$Z_b = T_a + (H_{1a} + H_{2a}) + \rho_a + \varepsilon_b$

以上两式在实际应用中可以根据具体条件简化。

(1) 用浮动铰刀铰孔和用拉刀拉孔时(端面为浮动支承),因无法纠正孔轴线的空间位置误差,所以上工序的空间位置误差 ρ_a 不影响加工余量的大小。此外,因按自身定位而无装夹误差 ε_b,所以计算公称余量的公式为

$$2Z_b = T_a + 2(H_{1a} + H_{2a})$$

(2) 在无心外圆磨床上加工外圆时,本工序的装夹误差 ε_b 可略去不计,因此

$$2Z_b = T_a + 2(H_{1a} + H_{2a}) + \rho_a$$

(3) 在超精加工及抛光时,加工余量主要用于减小工件表面粗糙度,故公称余量为

$$2Z_b = 2H_{1a} \quad (\text{对于外圆和孔})$$

或　　　　　　　　　　　　$$Z_b = H_{1a} \quad (\text{对于平面})$$

用分析计算法确定加工余量是最经济合理的,但需要有比较全面、充分的资料,且计算过程较复杂,所以在实际生产中并不常用。

2) 经验估计法

经验估计法是根据工艺人员的经验确定加工余量的方法。为了防止因余量不够而产生废品,所估余量一般偏大。此法常用于单件小批生产。

3）查表修正法

查表修正法是以生产实践和实验研究所积累的关于加工余量的资料数据为基础,结合实际加工情况进行修订来确定加工余量的方法,在生产中应用较为广泛。

3.5.2　工序尺寸与公差的确定

由于工序尺寸(operation dimension)是在零件加工过程中各工序应保证的加工尺寸,因此,正确地确定工序尺寸及其公差,是制定工艺规程的一项重要工作。

工序尺寸的计算要根据零件图上的设计尺寸、已确定的各工序的加工余量及定位基准的转换关系来进行。工序尺寸公差则按各工序加工方法的经济精度选定。工序尺寸及偏差标注在各工序的工序简图上,作为加工和检验的依据。

当基准不重合时,或零件在加工过程中需要多次转换工序基准时,或工序尺寸尚需从继续加工的表面标注时,工序尺寸的计算是比较复杂的,需要应用尺寸链原理,所以这一部分内容放在"工艺尺寸链"一节中讲述,这里不作介绍。

对于各工序的定位基准与设计基准重合时的表面的多次加工,其工序尺寸的计算比较简单,此时只要根据零件图上的设计尺寸、各工序的加工余量、各工序所能达到的精度,从最后一道工序开始依次向前推算,直至毛坯为止,就可确定各个工序的工序尺寸及其公差。具体步骤是:首先拟定加工表面的工艺路线,确定工序及工步;然后,按工序用分析计算法或查表法求出其加工余量;再按工序确定其加工经济精度和表面粗糙度;最后,确定各工序的工序尺寸及其公差。

例如,某车床主轴箱箱休(材料为铸铁)的主轴孔的设计要求是:$\phi 100^{+0.035}_{0}$ mm,$Ra0.8$ μm。首先参照图 3-18 中内孔表面的加工路线,选定该主轴孔的工艺过程为粗镗→半精镗→精镗→浮动镗(或铰),然后查阅机械加工工艺手册可得各工序的加工余量、经济精度与表面粗糙度,见表 3-10 中第 2、3、4 三列,最后确定各工序间尺寸、公差、表面粗糙度及毛坯尺寸,具体计算及结果见表 3-10 中第 5、6、7 三列。

表 3-10　工序尺寸及公差的计算

工序名称	工序间余量/mm	工　序　间		工序间尺寸/mm	工　序　间	
		经济精度/mm	表面粗糙度/μm		尺寸公差/mm	表面粗糙度/μm
铰孔	0.1	H7($^{+0.035}_{0}$)	$Ra\ 0.8$	100	$\phi 100^{+0.035}_{0}$	$Ra\ 0.8$
精镗孔	0.5	H8($^{+0.054}_{0}$)	$Ra\ 1.25$	100−0.1=99.9	$\phi 99.9^{+0.054}_{0}$	$Ra\ 1.25$
半精镗孔	2.4	H10($^{+0.14}_{0}$)	$Ra\ 2.5$	99.9−0.5=99.4	$\phi 99.4^{+0.14}_{0}$	$Ra\ 2.5$
粗镗孔	5	H13($^{+0.54}_{0}$)	$Ra\ 16$	99.4−2.4=97.0	$\phi 97^{+0.54}_{0}$	$Ra\ 16$
毛坯孔	—	$^{+1}_{-2}$	—	97.0−5.0=92.0	$\phi 92^{+1}_{-2}$	—

3.5.3　制造工艺装备的选择

零件的加工精度和生产率在很大程度上取决于所用的机床设备。选择机床时一方面要考虑生产的经济性,另一方面还应考虑机床性能与加工工序的适应性。因此,选择机床设备时应注意的基本原则是:

（1）机床的加工尺寸应与工件的外形尺寸相适应；

（2）机床的精度应与工序要求的精度相适应；

（3）机床生产效率应与工件的年生产纲领相适应；

（4）与现有设备条件相适应。

如果工件尺寸太大，精度要求过高，没有相应设备可供选择，应根据具体要求提出机床设计任务书来改装旧机床或设计专用机床。机床设计任务书中应附有与该工序加工有关的一切必要的数据、资料，例如机床的生产率要求、工序尺寸公差及技术条件、工件的定位夹紧方式，以及机床的总体布置形式等。

工艺装备的选择将直接影响机床的加工精度、生产率、经济性和工艺范围，应根据不同情况作适当选择。在中小批量生产条件下，应首先考虑采用机床所配备的各种通用夹具和附件，如卡盘、虎钳及回转工作台等；在大批大量生产条件下，应根据工序要求设计专用高效的夹具。

刀具选择主要取决于加工方法、加工表面的尺寸、工件材料、工件的加工精度和表面粗糙度、生产率、经济性及所用的机床性能等。在一般情况下应尽量选用标准刀具。在组合机床上加工时，由于按工序集中原则组织生产，可采用专用的复合刀具。

量具主要根据生产类型和所要求检验的精度来选择。在大批大量生产中，应采用极限量规和高生产率的检查量仪。

3.5.4　切削用量的确定

在用常规的制造方式进行单件小批生产时，切削用量可不必在工艺文件中规定，由操作工人自行确定。除此之外，在工艺文件中要规定每一工步的切削用量。选择切削用量可以采用查表法或计算法。其步骤为：

（1）由工序余量确定背吃刀量，每个工步的余量最好在一次进给中切除；

（2）根据加工表面粗糙度要求确定进给量；

（3）选择刀具磨钝标准及确定刀具耐用度；

（4）确定切削速度，并按机床主轴转速表选取接近的转速；

（5）校验机床功率。

3.6　工艺过程的生产率与技术经济分析

3.6.1　生产率分析

3.6.1.1　时间定额

时间定额（standard time）是在一定的生产条件下，规定生产一件产品或完成一道工序所需消耗的时间。它是一个说明生产率高低的重要指标。因此，时间定额是工艺规程的重要组成部分。

时间定额主要利用经过实践而累积的统计资料及部分计算来确定。合理的时间定额能促进工人生产技能和技术熟练程度的不断提高，发挥他们的积极性和创造性，进而推动生产发展。因此，制定时间定额时要防止过紧和过松两种倾向，应该具有平均先进水平，并随着生产水平的发展及时修订。

完成零件一道工序的时间定额称为单件时间 t_d，它包括下列组成部分。

1. 基本时间(machining time)t_j

基本时间是直接改变生产对象的形状、尺寸、相对位置、表面状态或材料性能等所耗费的时间。对于机械加工来说,就是切除金属层所耗费的机动时间(包括刀具的切入和切出时间)。

2. 辅助时间(auxiliary time)t_f

辅助时间是为实现工艺过程所必须进行的各种辅助动作所消耗的时间。它包括装卸工件、找正、开车、停车、改变切削用量、试切和测量工件尺寸等所耗费的时间。

基本时间与辅助时间的总和称为作业时间(basic cycle time)。辅助时间可根据统计资料来确定,也可以用基本时间的百分比来估算。

3. 布置工作地时间(time for machine servicing)t_b

布置工作地时间是指为使加工正常进行,工人照管工作地(如更换刀具、润滑机床、清理切屑、收拾工具等)所消耗的时间。一般按作业时间的 $2\%\sim7\%$ 来估算。

4. 休息与生理需要的时间(time for rest and personal needs)t_x

休息与生理需要的时间是指工人在工作班内为恢复体力和满足生理上的需要所消耗的时间。对于机床操作工人,一般按作业时间的 2% 来估算。

所以单件时间 t_d 可以用下式表示

$$t_\text{d} = t_\text{j} + t_\text{f} + t_\text{b} + t_\text{x}$$

5. 准备与终结时间(time for preparation and finish)t_z

准备与终结时间是指工人为了生产一批产品或零件,进行准备和结束工作所消耗的时间。这些工作包括:加工开始时熟悉图样和工艺文件,领取毛坯或原材料,领取和装夹刀具和夹具,调整机床和其他工艺装备等;加工终结时卸下和归还工艺装备,发送成品等。所以在成批生产中,如果一批零件的数量为 N,则每个零件所需的准备与终结时间为 t_z/N。将这部分时间加到单件时间 t_d 上,就得到单件核算时间 t_h,即

$$t_\text{h} = t_\text{d} + t_\text{z}/N$$

在大量生产中,每个工作地点始终只完成一个固定的加工工序,即零件数量 $N\rightarrow\infty$,所以大量生产时的单件核算时间可以不计入准备与终结时间。

3.6.1.2　工序单件时间的平衡

制定机械加工工艺规程时,不仅要保证达到零件设计图样上所提出的各项质量要求,而且还应要求一定的生产率,以保证达到零件年生产纲领所提出的产量要求。

按照零件的年生产纲领,可以确定完成一个工序所要求的单件时间

$$t_\text{p} = 60t\eta/N_\text{年} \quad (\text{min})$$

式中:t 为年基本工时(小时/年),如按两班制考虑,$t=4\,600$(小时/年);η 为设备负荷率,一般取 $0.75\sim0.85$;$N_\text{年}$ 为零件的年生产纲领。

按照所制定的工艺方案,可以确定实际所需的单件核算时间 t_h。制定工艺规程时,对于按流水线方式组织生产的零件,应对每一道工序的 t_h 进行检查,只有当各工序的 t_h 大致相等时,才能最大限度地发挥各台机床的生产效能,而且只有当各个工序的平均 t_h 小于 t_p 时,才能完成生产任务。这一工作称为工序单件时间的平衡与调整。

对各个工序的 t_h 与 t_p 进行比较,可以找出 t_h 大于 t_p 的工序,这些工序限制了工艺过程达到所需的生产率的能力,或者限制了工艺过程中其他工序利用机床的充分程度,故称为限制性

工序。对于限制性工序,可通过下列方法缩短 t_h,以达到平衡工序单件时间的目的。

(1) 若 $t_p < t_h \leqslant 2t_p$,可采用改进刀具,适当地增大切削用量,或采用高效率加工方法,缩短工作行程等,以缩短 t_h。

(2) 若 $t_h > 2t_p$,当用高效率加工方法仍不能达到所需的生产率时,则可采用以下方法来成倍地提高生产率。

① 增加顺序加工工序　对于粗加工和精度要求不高的工序,当其为限制性工序而 t_h 过长时,可将该工序的工作内容分散在几个工序上顺序进行,如将长的工作行程 l 分成若干段,分在几个工序上完成。例如,粗镗汽缸体的缸孔工序,就是将走刀行程 l 分散到相邻的两个工序上进行的,在一个工序中加工缸孔的上半截,在另一个工序中加工缸孔的下半截。

② 增加平行加工工序　对于限制性工序,如其精度要求比较高,这时就得采用增加平行加工工序的方法。即安排几个相同的机床或工位,同时,平行地进行这个限制性工序,这样,就自然地提高了该工序的生产率而使其 t_h 大大缩短。

(3) 对于 $t_h < t_p$ 的工序,因其生产率高或单件工时很短,所以可以采用一般的通用机床及工艺装备。

3.6.1.3　提高劳动生产率的工艺途径

一般,劳动生产率是以工人在单位时间内制造合格产品的数量来评定的。采取各种措施来缩短单件核算时间中的每个组成部分,特别是在单件核算时间中占比较大的部分,是提高劳动生产率的有力措施。

1. 缩短基本时间 t_j 的工艺措施

显然,提高切削速度、增加进给量、减少加工余量、增加背吃刀量、缩短刀具的工作行程等,都可以减少基本时间。因此,高速和强力切削是提高机械加工劳动生产率的重要途径。

采用多刀多刃和多轴机床进行加工,可同时加工一个零件上的几个表面,或同时加工几个零件的几个表面,使很多表面加工的基本时间重合,从而缩短每个零件加工的基本时间。在龙门铣床上采用多轴组合铣削床身零件的各个表面(见图 3-25)就是非常典型的例子。

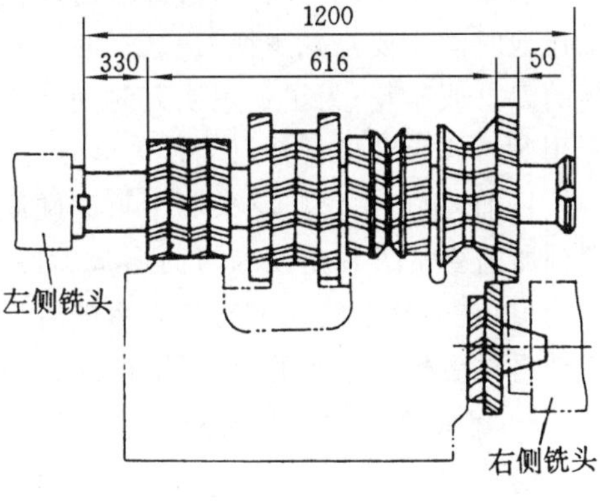

2. 缩短辅助时间 t_f 的工艺措施

一是直接减少辅助时间,实现辅助动作的机械化或自动化;二是使辅助时间与基本时间部分地或全部地重叠。

为了使辅助动作实现机械化与自动化,常采用

图 3-25　用组合铣刀铣削床身零件

先进的夹具来缩短工件的装卸时间。例如,在大批大量生产中采用高效的气动、液压夹具,在中小批量生产中采用元件能够通用的组合夹具。在机床方面,则可以提高机床的自动化程度,采用集中控制手柄、定位挡块机构、快速行程机构和速度预选机构等来缩短辅助时间。现代数字控制机床和程序控制机床在减少辅助时间上都有显著效果,它们能自动变换主运动速度和进给运动速度,有较高的自动化程度。

为了使辅助时间与基本时间重叠,可采用多位夹具或多位工作台。多位夹具的工作情况如图 3-26 所示,图中,1 和 2 为工件,3 为两位夹具。当一个工位上的工件在加工时,可同时在

另一工位上装卸工件,当一个工位上的工件加工完毕后,即可对另一工位上的工件进行加工。多位工作台的工作情况如图 3-27 所示。机床上有两个主轴,对其顺次进行粗铣和精铣,工件装在回转工作台上,装卸工件时机床可以不停止工作,所以装卸工件的辅助时间完全与基本时间重合。此外,采用主动测量或数字显示自动测量装置,可使加工过程中的工件测量时间与基本时间重合。例如,内、外圆上的主动测量装置可以在不停止加工的情况下测量工件的实际尺寸,并可根据测量的结果控制机床的自动循环;用光栅、磁栅、感应同步器作为检测元件的数显装置,目前已配备在各类机床上,可将正在加工的工件尺寸连续地显示出来,这样,不仅便于工人快速准确地控制机床,提高了生产率,而且提高了加工精度。

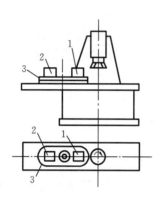

图 3-26　铣床上的两位夹具

1,2—工件;3—两位夹具

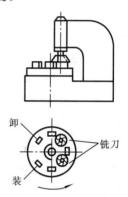

图 3-27　多工位的回转工作台

3. 缩短布置工作地时间 t_b 的工艺措施

在布置工作地时间中,大部分时间消耗在更换刀具及微调刀具的工作上。因此,缩短布置工作地时间主要是减少换刀次数和换刀所需时间。为了减少换刀次数,就需要采用耐用度较高的刀具或砂轮;为了缩短换刀时间和刀具微调时间,可以采用各种快换刀夹、刀具微调装置、专用对刀样板和样件及自动换刀装置。

目前,生产中已广泛采用不重磨硬质合金可转位刀片,这种刀片可按需要预制成形,以便得到所需要的刀片角度和刀面形状,刀片通过机械夹持方法固定在刀夹中。一个刀片有几个切削刃,在刀片上的一个切削刃用钝后,可以松开紧固螺钉,迅速地转换一个刀刃,待整个刀片用钝后再更换一个新的刀片,所以大大减少了换刀、磨刀的时间。

4. 缩短准备与终结时间 t_z 的工艺措施

增大制造零件的批量是缩短分摊到每个零件上的准备与终结时间的根本措施,因此,在产品设计时就应注意产品系列化、部件通用化和零件标准化。生产中采用成组工艺生产形式,也可以有效地增大批量,缩短准备与终结时间。此外,使夹具和刀具调整通用化,使用准备与终结时间较短的先进设备及工装,如液压仿形刀架、插销板式程序控制机床和数控机床等,都能够大大缩短准备与终结时间,提高生产率。

3.6.2　工艺过程方案的技术经济分析

设计某一零件的机械加工工艺规程时,一般可以拟订出几种方案,它们都能达到零件图上规定的各项技术要求,但其生产成本却不相同。对工艺过程方案进行技术经济分析,就是为了比较不同方案的生产成本,以便在给定生产条件下选择最经济的方案。

　　工艺方案的技术经济分析可分为两种情况：一是对不同工艺方案进行工艺成本的分析和比较；二是按某些相对技术经济指标进行方案分析。

　　生产成本是指制造一个零件或一台产品时所必需的一切费用的总和。它包括两大类费用：第一类是与工艺过程直接有关的费用，称为工艺成本，工艺成本占工件（或产品）生产成本的 70%～75%；第二类是与工艺过程无关的费用，如行政人员工资，厂房折旧及维护费用，照明、取暖和通风费用等。对零件工艺方案进行经济分析时，只需分析比较与工艺过程直接有关的工艺成本即可。因为，在同一生产条件下与工艺过程无关的费用基本上是相等的。

　　在对工艺方案进行经济分析时，还必须全面考虑节能减排、改善劳动条件、提高劳动生产率、促进生产技术发展等问题。

3.6.2.1　工艺成本的组成

工艺成本由可变费用和不变费用两部分组成。

1. 可变费用

可变费用是与年产量成比例的费用。这类费用以 V 表示，它包括材料费 C_c、机床工人的工资 C_{jg}、机床电费 C_d、普通机床折旧费 C_{wz}、普通机床修理费 C_{wx}、刀具费 C_{da} 和万能夹具费 C_{wj} 等。

2. 不变费用

不变费用是与年产量的变化无直接关系的费用。当年产量在一定范围内变化时，全年的费用基本上保持不变。这类费用以 S 表示，它包括调整工人的工资 C_{tg}、专用机床折旧费 C_{zz}、专用机床修理费 C_{zx} 和专用夹具费 C_{zja} 等。

　　因此，一种零件（或一个工序）的全年工艺成本可用下式表示

$$E = VN + S \quad （元）$$

式中：V 为可变费用（元/件），且 $V = C_c + C_{jg} + C_d + C_{wz} + C_{wx} + C_{da} + C_{wj}$；$N$ 为年产量（件）；S 为不变费用（元），由 4 个部分组成，即 $S = C_{tg} + C_{zz} + C_{zx} + C_{zja}$。

　　单件工艺成本（或单件的一个工序的工艺成本）为

$$E_d = V + S/N \quad （元/件）$$

　　全年工艺成本 $E = VN + S$ 的图解为一直线，如图 3-28(a) 所示，它说明全年工艺成本的变化 ΔE 与年产量的变化 ΔN 成正比。单件工艺成本 E_d 与年产量 N 成双曲线关系，如图 3-28(b) 所示。当 N 增大时，E_d 减小，且逐渐接近于 V。

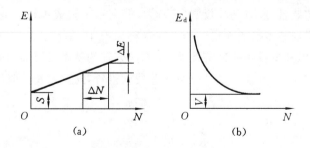

图 3-28　工艺成本的图解曲线

(a) 全年工艺成本与年产量的关系；(b) 单件成本与年产量的关系

3.6.2.2 工艺方案经济性评定

制定工艺规程时,对于生产规模较大的主要零件,应该通过计算工艺成本来评定工艺方案的经济性;对于一般零件,可以利用各种技术经济指标,结合生产经验,进行不同方案的经济论证,从而决定不同方案的取舍。

下面以两种不同的情况为例,说明分析、比较其经济性的方法。

1. 基本投资或使用设备相同的情况

若两种方案的基本投资相近,或者以现有设备为条件,在这种情况下,工艺成本即可作为衡量各个方案经济性的依据。

设两种不同工艺方案的全年工艺成本分别为

$$E_1 = NV_1 + S_1, \quad E_2 = NV_2 + S_2$$

当年产量一定时,先分别计算两种方案的全年工艺成本,然后进行比较,选其小者;当年产量变化时,可根据上述公式用图解法进行比较,如图 3-29 所示。当计划年产量 $N < N_k$ 时,宜采用第二方案;当 $N > N_k$ 时,则第一方案较经济。N_k 称为临界产量,由图 3-29(a)可以看出,两条直线交点的横坐标便是 N_k 值。所以,由

$$N_k V_1 + S_1 = N_k V_2 + S_2$$

可得

$$N_k = \frac{S_2 - S_1}{V_1 - V_2}$$

若两条直线不相交(见图 3-29(b)),则不论年产量如何,第一方案总是比较经济的。

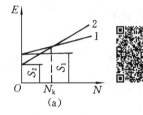
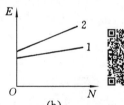

图 3-29　两种工艺方案的技术经济对比

2. 基本投资差额较大的情况

若两种方案的基本投资相差较大,例如,第一方案采用了生产率较低但价格较便宜的机床和工艺装备,所以基本投资(K_1)小,但全年工艺成本(E_1)较高;第二方案采用了高生产率且价格较贵的机床及工艺装备,所以基本投资(K_2)大,但全年工艺成本(E_2)较低,也就是说,工艺成本的降低是由于增加基本投资而得到的。在这种情况下,单纯比较工艺成本是难以评定其经济性的,故必须考虑基本投资的经济效益,即不同方案的基本投资的回收期。

所谓回收期,是指第二方案比第一方案多花费的投资,需要多长的时间方能因全年工艺成本的降低而收回。

回收期 τ 可用下式表示

$$\tau = \frac{K_2 - K_1}{E_1 - E_2} = \frac{\Delta K}{\Delta E} \quad (年)$$

式中:ΔK 为基本投资差额(元);ΔE 为全年生产费用节约额(元/年)。

回收期愈短,则经济效果愈好。一般回收期应满足以下要求:

(1) 回收期小于所采用设备的使用年限;

（2）回收期小于市场对该产品的需要年限；

（3）回收期小于国家规定的标准回收期，例如新夹具的标准回收期为 2～3 年，新机床的标准回收期为 4～6 年。

3.6.2.3　工艺过程优化

工艺过程优化（process optimization）是指在满足一定约束条件下，安排工艺过程使之能获得理想的目标。工艺过程优化问题有两种基本类型：一种类型是参数优化问题，3.5.4 节中所述的切削用量优化就属于这类问题；另一种类型是路径优化问题，当零件加工包含多个工序且有多条工艺路线可供选择时，如何选取最优方案就属于路径优化问题。

例如，图 3-30 所示为用网络形式表示的多种不同的工艺路线。在该例中，零件的基本加工工序有 4 个，分别是车削、铣削（或刨削）、钻削（或镗削）和磨削。图中箭线表示工序，箭线上方的大写英文字母表示工序所用机床（如 L 表示车床，M 表示铣床，S 表示牛头刨床，P 表示龙门刨床，D 表示钻床，B 表示镗床，G 表示磨床，MC 表示加工中心机床等），箭线上方括号内数字表示工序时间或成本。

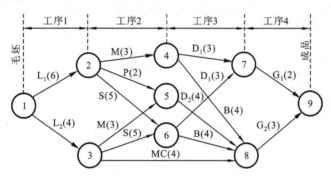

图 3-30　工艺路线网络表示

从表示原材料（毛坯）的起点 1，到表示成品的终点 9，用箭线按箭头方向顺序连接的每一条路径，表示一条工艺路线。其中最短路径即为最优工艺路线。因此，工艺路线优化问题转变为寻找最短路径问题。

寻找最短路径问题有多种解法（如 Dijkstra 算法、SPFA 算法、Floyd 算法、A* 算法等），下面以动态规划算法为例介绍其求解过程。

这种方法是将给定的问题分段解决。首先解决问题的一小部分，找出局部最优解，然后在此基础上将问题逐步扩大，并加以解决，最后得出整个问题的最优解。

以图 3-30 所示的工艺路线网络图为例，从结点 j 到达终点 9 所需要的最短时间（假定图中括号内的数字表示工序时间）用 $f(j)$ 表示。对于结点 j 的紧前结点 i，从结点 i 移到结点 j 的加工时间用 T_{ij} 表示，则从结点 i 移动到结点 j，并进一步到终点 9 的时间为 $T_{ij} + f(j)$。由于结点 i 的后续结点不止一个，因此从结点 i 到终点的最短时间路线为

$$f(i) = \min_i [T_{ij} + f(j)] \tag{3-1}$$

利用上述公式，整个计算可采用如下后退计算法，即从 $f(9)=0$ 开始计算，终点 9 前面的结点 8 和 7：

8→9

$$f(8) = \min_i [T_{ji} + f(i)] = \min[T_{8,9} + f(9)] = \min[3 + 0] = 3$$

同样地，7→9

$$f(7) = \min[T_{7,9} + f(9)] = \min[2 + 0] = 2$$

对于结点 6：

$$f(6) = \min[T_{6,8} + f(8), T_{6,7} + f(7)] = \min[4+3, 3+2] = 5$$

最优路径为 6→7→9。

对于结点 5：

$$f(5) = \min[T_{5,8} + f(8)] = \min[4+3] = 7$$

最优路径为 5→8→9。

对于结点 4：

$$f(4) = \min[T_{4,8} + f(8), T_{4,7} + f(7)] = \min[4+3, 3+2] = 5$$

最优路径为 4→7→9。

对于结点 3：

$$f(3) = \min[T_{3,8} + f(8), T_{3,6} + f(6), T_{3,5} + f(5)] = \min[4+3, 5+5, 3+7] = 7$$

最优路径为 3→8→9。

对于结点 2：

$$f(2) = \min[T_{2,6} + f(6), T_{2,5} + f(5), T_{2,4} + f(4)] = \min[5+5, 2+7, 3+5] = 8$$

最优路径为 2→4→7→9。

对于结点 1：

$$f(1) = \min[T_{1,3} + f(3), T_{1,2} + f(2)] = \min[4+7, 6+8] = 11$$

最优路径为 1→3→8→9。

3.7　工艺尺寸链

无论是结构设计，还是加工工艺分析或装配工艺分析，经常会遇到相关尺寸、公差和技术要求的确定问题，在很多情况下，这些问题可以运用尺寸链原理来解决。

3.7.1　尺寸链的定义和组成

尺寸链(dimensional chain)是指在零件的加工过程和机器的装配过程中，互相联系且按一定顺序排列的封闭尺寸组合。在零件的加工过程中，由同一零件有关工序尺寸所组成的尺寸链，称为工艺尺寸链(process dimension chain)。在机器的装配过程中，由有关零件设计尺寸和装配技术要求所组成的尺寸链，称为装配尺寸链(dimensional chain for assembly)。

图 3-31(a)所示为工艺尺寸链的一个示例。工件上尺寸 A_1($60_{-0.1}^{\ 0}$ mm)已加工好。现以底面 A 定位，用调整法加工台阶面 B，直接得到尺寸 A_2。显然，尺寸 A_1 和 A_2 确定之后，在加工中未予直接保证的尺寸 A_0 也就随之而确定(间接得到)。此时，A_1、A_2 和 A_0 三个尺寸就形成了一个封闭的尺寸组合，即形成了尺寸链，如图 3-31(b)所示。

图 3-32(a)所示为一个装配尺寸链示例。装配时孔的尺寸 A_1 和轴的尺寸 A_2 已经确定，通过装配将这两个尺寸联系起来，并形成装配间隙 A_0。这里的尺寸 A_1、A_2 和 A_0 也构成了一个尺寸链，如图 3-32(b)所示。

由尺寸链的定义可知：尺寸链图形必须封闭，并且各尺寸是按照一定顺序首尾相接的；尺寸链中必有一个尺寸是最后间接得到的(自然形成)的。

在分析计算尺寸链时，为了方便起见，常不绘出零件或机器的具体结构，而只按照大致的比例依次绘出各个尺寸，从而得到一个封闭形式的尺寸图形，称为尺寸链图。

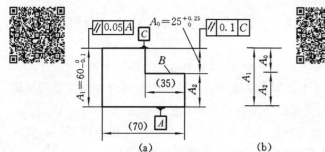

图 3-31　工艺尺寸链示例

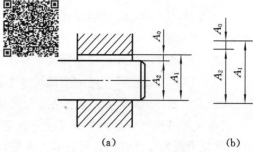

图 3-32　装配尺寸链示例

构成尺寸链的每一个尺寸都称为环。根据尺寸链中各环形成的顺序和特点,尺寸链的环又可分为封闭环和组成环。

(1) 封闭环　在零件的加工过程或机器的装配过程中,最后自然形成(即间接获得或间接保证)的一个尺寸称为封闭环,如图 3-31 和图 3-32 中的 A_0 都是封闭环。

必须注意的是,封闭环既然是尺寸链中最后形成的一个环,所以在加工或装配未完成以前,它是不存在的。在工艺尺寸链中,封闭环必须在加工顺序确定后才能判断,当加工顺序改变时,封闭环也随之改变。在装配尺寸链中,封闭环就是装配技术要求,比较容易确定。

封闭环的概念非常重要,应用尺寸链分析问题时,封闭环必须判断正确,若封闭环判断错误,则全部分析计算的结论,也必然是错误的。

(2) 组成环　尺寸链中除了封闭环以外的各环称为组成环,图 3-31 和图 3-32 中尺寸 A_1 和 A_2 均为组成环。一般说来,组成环是在加工中直接得到(直接保证)的尺寸。

组成环按其对封闭环的影响又可分为增环和减环。在尺寸链中,当其余组成环不变时,凡因其增大而封闭环也相应增大的组成环称为增环。

在尺寸链中,当其余组成环不变时,凡因其增大而封闭环减小的组成环称为减环。

在图 3-31 和图 3-32 中, A_1 均为增环, A_2 均为减环。

在应用尺寸链原理解算问题时,对增、减环的判断也不能有误。判断一个组成环是增环还是减环,可以直接从定义出发来分析,也可以采用下面的方法来区分。

在尺寸链图中,给封闭环任定一方向并画上箭头,然后沿此方向环绕尺寸链依次给每一组成环画出箭头,若组成环箭头所指方向与封闭环箭头所指方向相反,则该组成环为增环;若组成环箭头所指方向与封闭环箭头方向相同,则该组成环为减环。

在建立尺寸链时,应首先确定哪一个尺寸是间接获得的尺寸,并把它定为封闭环,然后从封闭环的一端开始,依次画出有关的直接获得的尺寸,并把它定为组成环,直到尺寸的终端回到封闭环的另一端,形成一个封闭的尺寸链图为止。同时还必须注意使组成环的环数达到最少(称为最短尺寸链原理)。

3.7.2　尺寸链的分类

1. 按尺寸链的形成和应用场合分类

按尺寸链的形成和应用场合,尺寸链可分为工艺尺寸链和装配尺寸链。

2. 按尺寸链中各组成尺寸所处的空间位置分类

按尺寸链中各组成尺寸所处的空间位置,尺寸链可分为线性尺寸链、平面尺寸链和空间尺寸链。

(1) 线性尺寸链　尺寸链全部尺寸位于同一平面内,且彼此平行。图 3-31 和图 3-32 所示均为线性尺寸链。

(2) 平面尺寸链　尺寸链全部尺寸位于同一平面内,但其中有一个或几个尺寸不平行。

(3) 空间尺寸链　尺寸链的全部尺寸不在同一平面内且不平行。这种尺寸链在空间机构的运动误差计算中,以及在具有复杂空间关系的零部件设计和加工中会遇到。

当在尺寸链运算中遇到平面尺寸链或空间尺寸链时,要将它们的尺寸投影到某一共同方位上,转化为线性尺寸链再进行计算。因此,线性尺寸链的计算是最基本的。

3. 按尺寸链各环的几何特征分类

按尺寸链各环的几何特征,尺寸链可分为长度尺寸链和角度尺寸链。

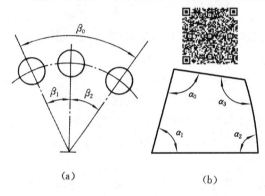

(a)　　　　　　　(b)

图 3-33　简单角度尺寸链示例

(1) 长度尺寸链　尺寸链各环均为直线长度量。

(2) 角度尺寸链　尺寸链各环均为角度量。角度尺寸链最简单的形式如图 3-33 所示。其中,图(a)所示为具有公共角顶的封闭角度图形,图(b)所示是由角度尺寸组成的封闭多边形。在这两个角度尺寸链中,封闭环与各组成环之间分别具有如下函数关系:

$$\beta_0 = \beta_1 + \beta_2, \quad \alpha_0 = 360° - (\alpha_1 + \alpha_2 + \alpha_3)$$

4. 按尺寸链间相互联系的形态分类

按尺寸链间相互联系的形态,尺寸链可分为独立尺寸链和并联尺寸链。

(1) 独立尺寸链　这种尺寸链的所有环都只属于一个尺寸链,因此,尺寸链中所有环无论怎样变化都不会影响其他尺寸链。

(2) 并联尺寸链　这种尺寸链是由两个或两个以上尺寸链通过一个或几个公共环联系起来的,并构成了并联的形式。并联尺寸链按公共环的特点又可分为两种形式。

① 公共环是各尺寸链的组成环,如图 3-34(a)所示。

② 公共环在一个尺寸链中是封闭环,而在另一个尺寸链中是组成环,如图 3-34(b)所示。在该并联尺寸链中,C_0 是 C 尺寸链的封闭环,但在 D 尺寸链中,$D_1(=C_0)$ 是组成环。

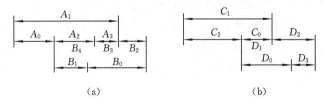

(a)　　　　　　　(b)

图 3-34　并联尺寸链的两种形式

很明显,作为并联尺寸链中的公共环必须能同时满足所并联的几个尺寸链的要求。在装配尺寸链和工艺尺寸链中,并联尺寸链是一种常见的形式。有关并联尺寸链的解法特点,将在后面结合实例予以介绍。

3.7.3　尺寸链的计算方法

计算尺寸链有以下两种方法。

1. 概率法

概率法是指应用概率论原理来进行尺寸链计算的方法。此法能克服极值法的缺点,主要用于环较多的场合,以及大批大量自动化生产中。

2. 极值法

极值法是按误差综合的两种最不利情况来计算封闭环极限尺寸的方法。也就是说,各增环均为最大极限尺寸而各减环均为最小极限尺寸,以及各增环均为最小极限尺寸而各减环均为最大极限尺寸。

此法的优点是简便、可靠,其缺点是当封闭环公差较小、组成环较多时,组成环的公差要求将会过于严格。

尺寸链的各种计算公式,就是按照这两种不同的计算方法分别推导出来的。

尺寸链的计算可以分为下列三种情况。

(1) 已知组成环,求封闭环。根据各组成环基本尺寸及公差(或偏差),来计算封闭环的基本尺寸及公差(或偏差),称为尺寸链的正计算。正计算主要用于审核图样,验证设计的正确性,以及校核零件加工后能否满足零件的技术要求。正计算的结果是唯一的。

(2) 已知封闭环,求组成环。根据设计要求的封闭环基本尺寸、公差(或偏差)及各组成环的基本尺寸,反过来计算各组成环的公差(或偏差),称为尺寸链的反计算。反计算一般常用于产品设计、加工和装配工艺计算等方面。反计算的解不是唯一的。如何将封闭环的公差正确地分配给各组成环,这里有一个优化问题。

(3) 已知封闭环及部分组成环,求其余组成环。根据封闭环和其他组成环的基本尺寸及公差(或偏差),来计算尺寸链中其余一个或几个组成环的基本尺寸及公差(或偏差),称为尺寸链的中间计算。中间计算在工艺设计上应用较多,如基准的换算、工序尺寸的确定等。其解可能是唯一的,也可能是不唯一的。

解尺寸链时,根据问题要分清正计算、反计算和中间计算。初学者往往一概而论,把未知数当作封闭环,把已知数当作组成环,这就等于把一切问题都当作正计算问题去求解,这当然是不正确的。

3.7.4　解尺寸链的基本计算公式

1. 极值法

机械制造中的尺寸和公差要求,通常是以基本尺寸(A)及上、下偏差(ES_A、EI_A)来表示的。在尺寸链计算中,各环的尺寸和公差要求,还可以用最大极限尺寸(A_{max})和最小极限尺寸(A_{min})或用平均尺寸(A_M)和公差(T_A)来表示。这些尺寸、偏差和公差之间的关系,如图 3-35 所示。

由基本尺寸求平均尺寸可按下面两式进行

$$A_M = \frac{A_{max} + A_{min}}{2} = A + \Delta_M A$$

$$\Delta_M A = \frac{ES_A + EI_A}{2} \tag{3-2}$$

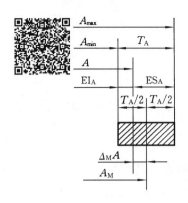

图 3-35　各种尺寸和
偏差的关系

式中:$\Delta_M A$ 为中间偏差。

1) 封闭环的基本尺寸

根据尺寸链的封闭性,封闭环的基本尺寸等于所有增环基本尺寸之和减去所有减环基本尺寸之和,即

$$A_0 = \sum_{z=1}^{m} A_z - \sum_{j=m+1}^{n} A_j \tag{3-3}$$

式中:A_0 为封闭环的基本尺寸;A_z 为增环的基本尺寸;A_j 为减环的基本尺寸;m 为增环的环数;n 为组成环的总环数(不包括封闭环)。

2) 封闭环的极限尺寸

若组成环中的增环都是最大极限尺寸,减环都是最小极限尺寸,则封闭环必然是最大极限尺寸,即

$$A_{0max} = \sum_{z=1}^{m} A_{zmax} - \sum_{j=m+1}^{n} A_{jmin} \tag{3-4}$$

同理,封闭环的最小极限尺寸等于各增环的最小极限尺寸之和减去各减环的最大极限尺寸之和,即

$$A_{0min} = \sum_{z=1}^{m} A_{zmin} - \sum_{j=m+1}^{n} A_{jmax} \tag{3-5}$$

3) 封闭环的上、下偏差

将封闭环最大极限尺寸和封闭环最小极限尺寸分别减去封闭环的基本尺寸,即可得到封闭环的上偏差 ES_0 和下偏差 EI_0:

$$ES_0 = A_{0max} - A_0 = \sum_{z=1}^{m} ES_z - \sum_{j=m+1}^{n} EI_j \tag{3-6}$$

$$EI_0 = A_{0min} - A_0 = \sum_{z=1}^{m} EI_z - \sum_{j=m+1}^{n} ES_j \tag{3-7}$$

式中:ES_z、ES_j 分别为增环和减环的上偏差;EI_z、EI_j 分别为增环和减环的下偏差。

以上两式表明,封闭环的上偏差等于所有增环上偏差之和减去所有减环下偏差之和;封闭环的下偏差等于所有增环下偏差之和减去所有减环上偏差之和。

4) 封闭环的公差

封闭环的上偏差减去封闭环的下偏差,即可得到封闭环的公差

$$T_0 = ES_0 - EI_0 = \sum_{z=1}^{m} T_z + \sum_{j=m+1}^{n} T_j = \sum_{k=1}^{n} T_k \tag{3-8}$$

式中:T_z、T_j 分别为增环和减环的公差,并可一并记成 T_k。

式(3-8)表明,尺寸链封闭环的公差等于各组成环公差之和。

从式(3-8)中还可知道,封闭环公差比任何组成环公差都要大。因此,在设计零件时,设计人员应尽量选择最不重要的尺寸作为封闭环。但在解装配尺寸链和工艺尺寸链时,封闭环是装配的最终要求或者是加工中最后自然得到的,不能任意选择。为了减小封闭环的公差,就应尽量减少尺寸链中的组成环。这一原则称为"最短尺寸链原则"。对于装配尺寸链,可通过改变零部件的结构设计、减少零件来减少组成环;对于工艺尺寸链,则可通过改变加工工艺方案以改变工艺尺寸链的组成来减少尺寸链。

5）封闭环的平均尺寸

$$A_{0M} = \frac{A_{0max} + A_{0min}}{2} = A_0 + \frac{ES_0 + EI_0}{2} = \sum_{z=1}^{m} A_{zM} - \sum_{j=m+1}^{n} A_{jM} \quad (3\text{-}9)$$

式中：A_{zM}、A_{jM} 分别为增环和减环的平均尺寸。

式（3-9）表明，封闭环的平均尺寸等于所有增环平均尺寸之和减去所有减环平均尺寸之和。

在计算复杂尺寸链时，利用各环的平均尺寸进行计算，常可使计算过程简化。当计算出有关环的平均尺寸后，应使其公差相对平均尺寸呈双向对称分布，写成 $A_{0M} \pm T_0/2$ 或 $A_{KM} \pm T_k/2$ 的形式。全部计算完成后，再根据加工、测量及调整方面的需要，改注成具有整数基本尺寸和上、下偏差形式。

2. 概率法（统计法）

机械制造中的尺寸分布多数为正态分布，但也有非正态分布，非正态分布又有对称分布与不对称分布之分。

用概率法解尺寸链的基本计算公式除了可应用极值法解直线尺寸链的有些基本公式（如式（3-2）、式（3-6）、式（3-7）、式（3-9)）以外，还有以下两个基本计算公式可以应用。

（1）封闭环中间偏差

$$\Delta_M A_0 = \sum_{i=1}^{m} \xi_i (\Delta_M A_i + \alpha_i T_i/2) \quad (3\text{-}10)$$

（2）封闭环公差

$$T_0 = \frac{1}{k_0} \sqrt{\sum_{i=1}^{m} \xi_i^2 k_i^2 T_i^2} \quad (3\text{-}11)$$

式中：α_i 为第 i 组成环尺寸分布曲线的不对称系数；$\alpha_i T_i/2$ 为第 i 组成环尺寸分布中心相对于公差带中心的偏移量；k_0 为封闭环的相对分布系数；k_i 为第 i 组成环的相对分布系数。

常见尺寸分布曲线的 α 值与 k 值见表 4-7。

尺寸链各组成环误差对封闭环误差的影响程度是不一样的，影响程度的大小可以用误差传递系数 ξ 来表示。增环的 ξ 值为正值，减环的 ξ 值为负值。线性尺寸链的 ξ 等于 ±1。

例 3-1　图 3-36(a)所示为车床溜板部位局部装配简图，装配间隙 A_0 要求为 $0.005 \sim 0.025$ mm，已知有关零件的基本尺寸及其偏差为：$A_1 = 25^{+0.084}_{0}$ mm，$A_2 = (20 \pm 0.065)$ mm，$A_3 = (5 \pm 0.006)$ mm，试校核装配间隙 A_0 能否得到保证。

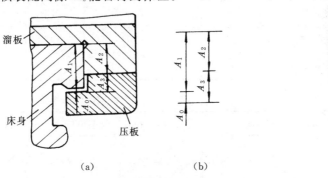

（a）　　　　　　　　　　　（b）

图 3-36　车床溜板部件

解　此例属正计算问题。间隙 A_0 为装配技术要求，所以是装配尺寸链的封闭环。以 A_0 为封闭环，绘出尺寸链图，如图 3-36(b)所示。在该尺寸链中，A_1 为减环，A_2、A_3 为增环。

由式(3-3),有

$$A_0=(A_2+A_3)-A_1=(20+5)\ mm-25\ mm=0$$

由式(3-6)与式(3-7),有

$$ES_0=(ES_2+ES_3)-EI_1=[(0.065+0.006)-0]\ mm=0.071\ mm$$

$$EI_0=(EI_2+EI_3)-ES_1=[(-0.065-0.006)-0.084]\ mm=-0.155\ mm$$

即

$$A_0=0^{+0.071}_{-0.155}\ mm$$

很明显,间隙得不到保证,其原因是组成环的公差不合理。

3.7.5　反计算问题中的公差分配

在实际问题中经常会遇到封闭环公差已确定,需要确定各组成环公差的问题。解决这类问题的方法有下面几种。

1. 等公差法

等公差法是按照等公差原则将封闭环的公差平均分配给各组成环的,即

$$T_k=\frac{T_0}{n} \tag{3-12}$$

等公差法在计算上比较简便,当各组成环的基本尺寸相近,加工方法相同时,可优先考虑采用。

2. 等精度法

等精度法是按照等精度原则来分配封闭环公差的。等精度原则认为各组成环公差具有相同的公差等级,据此求出公差等级系数,进而求出各组成环的公差。

根据国家标准,零件尺寸公差与其基本尺寸有如下关系:

$$T=\alpha I$$

在≤500 mm尺寸范围内

$$I=0.45\sqrt[3]{A}+0.001A\quad(\mu m)$$

式中:T为零件尺寸公差(μm);A为零件尺寸所属尺寸段的平均尺寸(mm);α为精度系数,也称公差等级系数,α无量纲,见表3-11;I为公差单位(μm),见表3-12。

表3-11　精度系数

精度等级	IT5	IT6	IT7	IT8	IT9	IT10	IT11
精度系数 α	7	10	16	25	40	64	100
精度等级	IT12	IT13	IT14	IT15	IT16	IT17	IT18
精度系数 α	160	250	400	640	1 000	1 600	2 500

表3-12　尺寸分段的公差单位

尺寸分段/mm	公差单位 $I/\mu m$	尺寸分段/mm	公差单位 $I/\mu m$	尺寸分段/mm	公差单位 $I/\mu m$
≤3	0.54	>30~50	1.56	>250~315	3.23
>3~6	0.73	>50~80	1.86	>315~400	3.54
>6~10	0.90	>80~120	2.17	>400~500	3.89
>10~18	1.08	>120~180	2.52		
>18~30	1.31	>180~250	2.90		

按照等精度原则,应该有

$$\alpha_1 = \alpha_2 = \cdots = \alpha_n = \alpha$$

$$T_k = \alpha I_k$$

将上式代入式(3-8),得

$$T_0 = \sum_{k=1}^{n} T_k = \alpha \sum_{k=1}^{n} I_k$$

由此得

$$\alpha = T_0 \Big/ \sum_{k=1}^{n} I_k \qquad\qquad (3\text{-}13)$$

采用等精度法求组成环公差时,首先根据各组成环所在的尺寸分段,在表 3-12 中查出公差单位的数值,然后代入式(3-13)中算出平均精度系数 α,最后在表 3-11 中查出相应的精度等级,并据此查出各组成环尺寸的标准公差值。

等精度法在工艺上比较合理,当各组成环加工方法相同,但基本尺寸相差较大时,应考虑使用等精度分配原则。

3. 实际可行性分配法

首先按实际可行性(可参考经济加工精度)拟定各组成环的公差,然后校核结果是否满足 $\sum_{k=1}^{n} T_k \leqslant T_0$。若校核结果满足要求,则可将分配的公差予以确定;若校核结果满足不了要求,则应提高组成环加工精度要求。当然,若封闭环的精度经校核有相当的富余,也可将拟定的组成环公差适当放大。

当各组成环的加工方法不同时,应该采用实际可行性分配原则来决定各组成环的公差。

在确定了组成环的公差后,即可确定其上、下偏差。对于包容尺寸及被包容尺寸,公差带的位置一般应按入体原则标注(见图 3-37(a)、(b)、(c));对于孔系类尺寸,则应按对称偏差来标注(见图 3-37(d))。

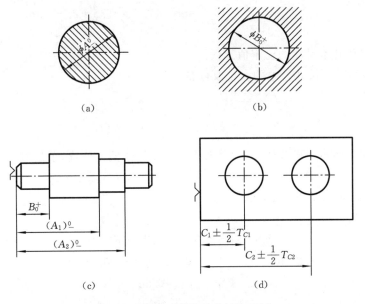

图 3-37　工序尺寸偏差的标注示例

必须强调的是,在确定组成环公差带位置时,要保留一组成环作为协调环,其公差既不对称分布,也不单向入体,而应由式(3-6)、式(3-7)确定。一般应选易于制造并可用通用量具测量的尺寸作为协调环。

对于解反计算问题,还有以下几点应该注意。

(1)当组成环属于标准件尺寸(如轴承环或挡圈的厚度等)时,其公差大小和分布位置在相应的标准中已有规定为定值,故不能随意改变。

(2)如果有一组成环是几个不同尺寸链的公共环时,其公差大小和公差带位置应根据对其精度要求最严的那个尺寸链确定。

(3)为便于应用标准量规,应使组成环公差数值(协调环除外)尽可能符合"公差与配合"国家标准。

(4)在确定各待定组成环公差大小时,可根据具体情况选用上述三种方法中的一种,但一般是将上述诸方法综合起来使用。

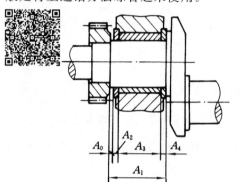

图 3-38 曲轴轴颈装配尺寸链

例 3-2 图 3-38 所示为汽车发动机曲轴的第一轴颈局部装配图,设计要求轴向装配间隙 $A_0 = 0^{+0.25}_{+0.05}$ mm,在曲轴主轴颈前、后两端套有止推垫片,正时齿轮被压紧在主轴颈台肩上,试确定曲轴主轴颈长度 $A_1 = 43.5$ mm,前、后止推垫片厚度 $A_2 = A_4 = 2.5$ mm,轴承座宽度 $A_3 = 38.5$ mm 等尺寸的上、下偏差。

解 (1)画出装配尺寸链图,校核各基本尺寸。

首先画出装配尺寸链图,如图 3-38 下方所示。在该尺寸链中,A_0 为封闭环,A_1 为增环,A_2、A_3、A_4 为减环。由式(3-3),有

$$A_0 = A_1 - (A_2 + A_3 + A_4)$$
$$= 43.5 \text{ mm} - (2.5 + 38.5 + 2.5) \text{ mm}$$
$$= 0$$

可见各组成环基本尺寸的已定值无误。

(2)确定各组成环尺寸公差的大小及分布位置。

按等公差法计算,则

$$T_k = \frac{T_0}{n} = \frac{0.25 - 0.05}{4} \text{ mm} = 0.05 \text{ mm}$$

根据各环加工难易调整各环公差,并按入体原则安排偏差位置,于是得

$$A_2 = A_4 = 2.5^{\ 0}_{-0.04} \text{ mm}, \quad A_3 = 38.5^{\ 0}_{-0.07} \text{ mm}$$

以 A_1 为协调环,计算其上、下偏差。

由式(3-6),有

$$\text{ES}_0 = \text{ES}_1 - (\text{EI}_2 + \text{EI}_3 + \text{EI}_4)$$

即

$$0.25 \text{ mm} = \text{ES}_1 - (-0.04 - 0.07 - 0.04) \text{ mm}$$

得

$$\text{ES}_1 = +0.10 \text{ mm}$$

由式(3-7),有

$$\text{EI}_0 = \text{EI}_1 - (\text{ES}_2 + \text{ES}_3 + \text{ES}_4)$$

即

$$0.05 \text{ mm} = \text{EI}_1 - (0 + 0 + 0) \text{ mm}$$

得

$$\text{EI}_1 = 0.05 \text{ mm}$$

所以
$$A_1 = 43.5^{+0.10}_{+0.05}\text{ mm}$$

下面按等精度法计算。

查表 3-12 得到各组成环相对应的公差单位：$I_1 = 1.56\ \mu\text{m}$，$I_2 = I_4 = 0.54\ \mu\text{m}$，$I_3 = 1.56\ \mu\text{m}$。由式(3-13)，求出精度系数为

$$\alpha = \frac{T_0}{\sum\limits_{k=1}^{4} I_k} = \frac{200}{2 \times 1.56 + 2 \times 0.54} = 47.6$$

查表 3-11 可知 47.6 与 40 相近，故各环精度均按 IT9 级定公差值，并按入体原则安排偏差位置，则

$$T_2 = T_4 = 0.025\text{ mm}, \quad T_3 = 0.062\text{ mm}$$

$$A_2 = A_4 = 2.5^{\ 0}_{-0.025}\text{ mm}, \quad A_3 = 38.5^{\ 0}_{-0.062}\text{ mm}$$

以 A_1 为协调环，计算其上、下偏差：

$$\text{ES}_1 = 0.25\text{ mm} + (-0.025 - 0.062 - 0.025)\text{ mm} = 0.138\text{ mm}$$

$$\text{EI}_1 = 0.05\text{ mm} + (0 + 0 + 0)\text{ mm} = 0.05\text{ mm}$$

所以
$$A_1 = 43.5^{+0.138}_{+0.050}\text{ mm}$$

由此例可知，反计算结果不是唯一的。而且，尽管由上述两种方法所得结果都是可行的，但不一定是最优的。如何利用优化方法来解反计算问题，有兴趣的读者请查阅有关文献。

3.7.6　几种工艺尺寸链的分析和计算

在机械加工过程中，确定各加工工序的工序尺寸，是为了使加工表面能达到所需的设计要求，同时还使加工时能有一个合理的加工余量。或者说，由于工序尺寸是直接保证的，因此加工表面的设计要求(包括尺寸精度要求，形状、位置精度要求，以及其他诸如渗层、镀层厚度要求等)和加工余量是间接保证的。因此，工艺尺寸链的设计要求或加工余量，一般以封闭环的形式出现。

1. 基准不重合时的尺寸换算

在拟定零件加工工艺规程时，一般总是尽量使工序基准(定位基准或测量基准)与设计基准重合，以避免产生基准不重合误差。但有时由于工艺上的某种原因，某些工序不能按照工序基准与设计基准重合的原则进行加工或测量，这就需要进行工序尺寸换算。

例 3-3　对于图 3-31(a)所示的零件，表面 A 和表面 C 已加工，现加工表面 B，要求保证尺寸 $A_0 = 25^{+0.25}_{0}\text{ mm}$，并保证关于 C 面的平行度为 0.1 mm。很明显，表面 B 的设计基准是表面 C。因表面 C 不宜作定位基准，故选表面 A 为定位基准。在采用调整法加工时，为了调整刀具位置及便于反映加工中的问题，通常将表面 B 的工序尺寸及工序平行度要求从定位表面 A 注出，即以 A 面为工序基准标注工序尺寸 A_2 及平行度公差 T_{a2}，因此需要确定工序尺寸 A_2 及平行度公差 T_{a2}。

解　在采用调整法加工表面 B 时，直接控制的是工序尺寸 A_2 和平行度 α_2，而设计尺寸 $A_0 = 25^{+0.25}_{0}\text{ mm}$ 及平行度公差 $T_{a0} = 0.1\text{ mm}$ 则是通过尺寸 A_1 和 A_2 及平行度公差 T_{a1} 和 T_{a2} 间接保证的，因此，在由 A_1、A_2 和 A_0 组成的长度尺寸链(见图 3-31(b))中，A_0 为封闭环，A_1 为增环，A_2 为减环；在由平行度 α_1、α_2 和 α_0 构成的角度尺寸链(可以自己画出尺寸链简图)中，α_0 为封闭环，α_1 为增环，α_2 为减环。

根据已知条件：$A_1 = 60^{\ 0}_{-0.1}\text{ mm}$，$A_0 = 25^{+0.25}_{0}\text{ mm}$，解图 3-31(b)中的尺寸链，得

$$A_2 = A_1 - A_0 = (60 - 25) \text{ mm} = 35 \text{ mm}$$
$$ES_2 = EI_1 - EI_0 = (-0.1 - 0) \text{ mm} = -0.1 \text{ mm}$$
$$EI_2 = ES_1 - ES_0 = (0 - 0.25) \text{ mm} = -0.25 \text{ mm}$$

所以工序尺寸 $\qquad\qquad A_2 = 35 _{-0.25}^{-0.10} \text{ mm}$

显然这是一个中间计算问题。

根据已知条件:$T_{a_1} = 0.05 \text{ mm}$,$T_{a_0} = 0.1 \text{ mm}$,解前述中的尺寸链,可求出平行度 a_2 的公差

$$T_{a_2} = T_{a_0} - T_{a_1} = (0.1 - 0.05) \text{ mm} = 0.05 \text{ mm}$$

当然这也是一个中间计算问题。

关于此例,有下面几点尚需说明。

(1) 由此例可以看出,由平行度、垂直度等位置精度所构成的角度尺寸链的计算方法与线性尺寸链的计算方法相同,而且由于位置度误差通常是双向对称的,因此只需进行公差计算即可。只有当位置度误差有方向要求时,才需进行上、下偏差计算。

(2) 从零件的设计要求看(见图 3-31(a)),在由 A_1、A_0 和 A_2 三个尺寸组成的设计尺寸链中,A_2 是该设计尺寸链的封闭环(因为尺寸 A_2 在零件图上未直接注出),它的上、下偏差要求应为

$$ES_2 = ES_1 - EI_0 = 0 - 0 = 0$$
$$EI_2 = EI_1 - ES_0 = (-0.1 - 0.25) \text{ mm} = -0.35 \text{ mm}$$

即设计要求 $\qquad\qquad A_2 = 35 _{-0.35}^{0} \text{ mm}$

对比前面工艺尺寸链的计算结果可见,设计要求的 A_2 尺寸精度较低。这说明,转换基准将使零件的制造精度要求提高。因此,在可能的情况下,应尽量减少或避免基准的转换。

(3) 在利用工艺尺寸链原理对工序尺寸进行换算时,需要注意可能出现的假废品问题。

如果工序尺寸 $A_2 = 35 _{-0.25}^{-0.10} \text{ mm}$ 得到满足,则该加工零件满足设计要求,是合格品。只要利用尺寸链的基本算式,对图纸尺寸 $A_0 = 25 _{0}^{+0.25} \text{ mm}$ 进行验算即可知

$$A_{0max} = A_{1max} - A_{2min} = 60 \text{ mm} - (35 - 0.25) \text{ mm} = 25.25 \text{ mm}$$
$$A_{0min} = A_{1min} - A_{2max} = 59.9 \text{ mm} - (35 - 0.1) \text{ mm} = 25 \text{ mm}$$

此验算结果说明,工序尺寸 A_2 及其偏差计算正确,能够保证设计尺寸 $25 _{0}^{+0.25} \text{ mm}$。

如果工序尺寸 A_2 不满足其设计要求($35 _{-0.35}^{0} \text{ mm}$),则该加工零件肯定为废品。

如果工序尺寸 A_2 满足其设计要求($35 _{-0.35}^{0} \text{ mm}$),但不满足 $A_2 = 35 _{-0.25}^{-0.10} \text{ mm}$,则不能判断该加工零件一定是废品。例如,若 A_2 的实际尺寸比它允许的最小尺寸 $A_{2min} = 34.75 \text{ mm}$ 还小 0.1 mm,即做成 34.65 mm,在工序检验时该零件将被认为是废品。但检验人员测量 A_1 时,如 A_1 也凑巧做成最小,为 59.9 mm,则此时 A_0 的实际尺寸为

$$A_0 = (59.9 - 34.65) \text{ mm} = 25.25 \text{ mm}$$

可见尺寸 A_0 仍合格。

同样,当尺寸 A_1 做成 $A_{1max} = 60 \text{ mm}$,A_2 做成 35 mm(比 $A_{2max} = 34.9 \text{ mm}$ 大 0.1 mm),则 A_0 的实际尺寸为

$$A_0 = (60 - 35) \text{ mm} = 25 \text{ mm}$$

仍为合格。

通过这一分析可知,在实际加工中如果换算后的工序尺寸超差,只要它的超差量小于或等于其他组成环公差之和,则有可能是假废品,应该对零件进行复检。

假废品的出现,给生产质量管理带来诸多麻烦。因此不是迫不得已,不要使工序基准与设

计基准不重合。

测量基准与设计基准不重合时，为了保证零件的设计要求，同样需要进行尺寸换算，这里就不讨论了。

2. 标注工序尺寸的基准是尚待加工的设计基准

例 3-4　图 3-39(a)所示为一带键槽的齿轮孔，孔需淬火后磨削，故键槽深度的最终尺寸 $43.6^{+0.34}_{0}$ mm 不能直接获得，因为其设计基准内孔要继续加工，所以插键槽时的深度只能作为加工中间的工序尺寸，拟订工艺规程时应计算插键槽的工序尺寸及其公差。有关内孔及键槽的加工顺序是：

(1) 镗内孔至 $\phi 39.6^{+0.1}_{0}$ mm；

(2) 插键槽至尺寸 A；

(3) 热处理；

(4) 磨内孔至 $\phi 40^{+0.05}_{0}$ mm，同时间接获得键槽深度尺寸 $43.6^{+0.34}_{0}$ mm。

试确定工序尺寸 A 及其公差（为简单起见，不考虑热处理后内孔的变形误差）。

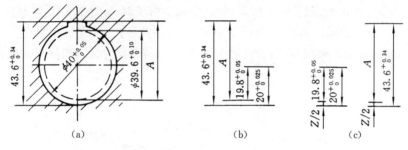

图 3-39　内孔及键槽的工艺尺寸链

解　由图 3-39(a)的有关尺寸，可以建立图 3-39(b)所示的四环尺寸链。在该尺寸链中，设计尺寸 $43.6^{+0.34}_{0}$ mm 是间接保证的，所以是尺寸链的封闭环，A 和 $20^{+0.025}_{0}$ mm（即 $\phi 40^{+0.05}_{0}$ mm 的半径）为增环，$19.8^{+0.05}_{0}$ mm（即 $\phi 39.6^{+0.10}_{0}$ mm 的半径）为减环。利用尺寸链的基本公式进行计算

$$A = (43.6 - 20 + 19.8) \text{ mm} = 43.4 \text{ mm}$$
$$\text{ES}_A = (0.34 - 0.025) \text{ mm} = 0.315 \text{ mm}$$
$$\text{EI}_A = (0 + 0.05) \text{ mm} = 0.05 \text{ mm}$$

所以　　　　　　　　　　　　$A = 43.4^{+0.315}_{+0.050} \text{ mm} = 43.45^{+0.265}_{0} \text{ mm}$

在本例中，由于工序尺寸 A 是从还需加工的设计基准内孔注出的，因此与设计尺寸 $43.6^{+0.34}_{0}$ mm 间有一个半径磨削余量 $Z/2$ 的差别，利用这个余量，可将图 3-39(b)所示的尺寸链分解成为两个并联的三环尺寸链，如图 3-39(c)所示，其中 $Z/2$ 为公共环。

在由尺寸 $20^{+0.025}_{0}$ mm、$19.8^{+0.05}_{0}$ mm 和 $Z/2$ 组成的尺寸链中，半径余量 $Z/2$ 的大小取决于半径尺寸 $20^{+0.025}_{0}$ mm 及 $19.8^{+0.05}_{0}$ mm，是间接形成的，因而是尺寸链的封闭环。解此尺寸链可得

$$Z/2 = 0.2^{+0.025}_{-0.050} \text{ mm}$$

对于由尺寸 $Z/2$、A 和 $43.6^{+0.34}_{0}$ mm 组成的尺寸链，由于半径余量 $Z/2$ 作为中间变量已由上述计算确定，而设计尺寸 $43.6^{+0.34}_{0}$ mm 取决于工序尺寸 A 及余量 $Z/2$，因而在该尺寸链中 $43.6^{+0.34}_{0}$ mm 是封闭环，$Z/2$ 变成了组成环。解此尺寸链可得

$$A = 43.45_{0}^{+0.265}\ \text{mm}$$

与上面计算结果完全相同。由此结果还可以看到,工序尺寸 A 的公差比设计尺寸 $43.6_{0}^{+0.34}$ mm 的公差恰好少了一个余量公差的数值。这正是从还需继续加工的设计基准开始标注工序尺寸时工序尺寸公差的特点。

3. 多尺寸保证时工艺尺寸链的计算

在零件图上常常有几个设计尺寸是从同一个设计基准面标注出的。由于这种基准面的精度和表面粗糙度要求较高,其加工常安排在精加工阶段作为最终加工工序,因此,那些在前面工序中完成的表面加工无法以它作为工序基准,即无法保证基准重合原则。当然在这个主要设计基准面终加工时,可以保证其中一个设计尺寸(在工艺尺寸链中它以组成环的形式出现),其他以此为基准的设计尺寸就只能间接获得了(在工艺尺寸链中它们以封闭环的形式出现)。一般情况下,应选取公差要求最严的设计尺寸作为最终加工时直接获得的组成环,选取那些要求不高的设计尺寸作为封闭环。

例 3-5　在图 3-40(a)所示零件中,A 面为主要轴向设计基准,直接根据它标注的设计尺寸是 $5_{-0.16}^{0}$ mm、9.5_{0}^{+1} mm、2 ± 0.2 mm 和 52 ± 0.4 mm。由于对 A 面要求高,将其安排在最后加工,但在图 3-40(b)所示标注磨削 A 面的工序尺寸中,只能注出(或直接控制)尺寸 $5_{-0.16}^{0}$ mm,而其他尺寸需要通过换算来间接保证(这称为加工 A 面时多尺寸保证工序尺寸的换算)。

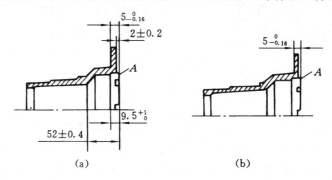

图 3-40　多尺寸保证

试确定表面 A 磨削前的车削工序中,上述各设计尺寸的控制尺寸及其公差。

解　根据上述工艺过程可画出图 3-41 所示的尺寸链。假定尺寸 $5_{-0.16}^{0}$ mm 磨削前的车削尺寸控制为 $A\pm T_A=5.3\pm0.05$ mm,此时所留的磨削余量 Z 为封闭环,可以求出

$$\text{ES}_z=+0.05\ \text{mm}-(-0.16)\ \text{mm}=+0.21\ \text{mm}$$

$$\text{EI}_z=-0.05\ \text{mm}-0\ \text{mm}=-0.05\ \text{mm}$$

因此,余量的尺寸为 $Z=0.3_{-0.05}^{+0.21}$ mm。

当然,对其他各尺寸在磨削前也应予以控制,只有这样才能在磨 A 面后达到各个应该保证的尺寸。此时磨后各尺寸为封闭环,磨削余量 Z 为组成环,按图 3-41 所示尺寸链,便能逐个求得磨前各尺寸,即

$$B=2.3_{+0.01}^{+0.15}\ \text{mm},\quad C=9.8_{+0.21}^{+0.95}\ \text{mm},\quad D=52.3_{-0.19}^{+0.35}\ \text{mm}$$

4. 余量校核

工序余量的变化量取决于本工序及前面有关工序加工误差的大小,在已知工序尺寸及其公差的情况下,可以利用工艺尺寸链计算余量的变化,校核余量大小是否适宜。由于粗加工的余量一般取值较大,因此,一般不对粗加工余量进行校核,而仅需校核精加工余量。

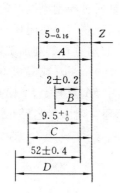

图 3-41　多尺寸保证时的尺寸链

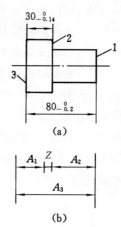

图 3-42　用工艺尺寸链校核余量

例 3-6　为得到图 3-42(a)所示小轴的轴向尺寸,需做如下加工:

(1) 车端面 1;

(2) 车端面 2,保证端面 1 和端面 2 之间的距离尺寸 $A_2 = 49.5_{\ 0}^{+0.3}$ mm;

(3) 车端面 3,保证总长 $A_3 = 80_{\ -0.2}^{\ \ 0}$ mm;

(4) 磨端面 2,保证端面 2 和端面 3 之间的距离尺寸 $A_1 = 30_{\ -0.14}^{\ \ 0}$ mm。

试校核磨削端面 2 的余量。

解　有关轴向尺寸的工艺尺寸链如图 3-42(b)所示,余量 Z 由于是在加工过程中间接获得的,因此是尺寸链的封闭环。

由尺寸链的基本算式,有

$$Z = A_3 - (A_1 + A_2) = 80 \text{ mm} - (30 + 49.5) \text{ mm} = 0.5 \text{ mm}$$

$$Z_{\max} = A_{3\max} - (A_{1\min} + A_{2\min})$$

$$= 80 \text{ mm} - (30 - 0.14) \text{ mm} - (49.5 - 0) \text{ mm}$$

$$= 0.64 \text{ mm}$$

$$Z_{\min} = A_{3\min} - (A_{1\max} + A_{2\max})$$

$$= (80 - 0.2) \text{ mm} - (30 - 0) \text{ mm} - (49.5 + 0.3) \text{ mm}$$

$$= 0 \text{ mm}$$

由于 $Z_{\min} = 0$ mm,在磨端面 2 时,有的零件就可能磨不着,因此必须使 $Z_{\min}$ 增大。在上面第三式中,$A_{3\min}$ 和 $A_{1\max}$ 不能更改(因为是设计要求),所以只有使 $A_{2\max}$ 减小。令 $Z_{\min} = 0.1$ mm,则由该式可得

$$A_{2\max} = 49.7 \text{ mm}$$

所以工序尺寸 $A_2 = 49.5_{\ 0}^{+0.2}$ mm。

需要注意的是,A_2 的基本尺寸不能更改,否则尺寸链中的基本尺寸就不封闭了。

5. 零件进行表面处理工艺时的工序尺寸换算

零件表面处理工艺一般分为两类:一类是镀层类,如镀铬、镀锌、镀铜等;另一类是渗入类,如渗碳、渗氮、氰化等。

1) 零件进行表面镀层处理时的工序尺寸的换算

对机器上的某些零件如手柄、罩壳等进行电镀处理的目的是美观和防锈,这些零件的表面

并没有精度要求，所以也就没有工序尺寸换算的问题，但对于有些零件，不仅在表面工艺中要控制镀层厚度，还要控制镀层表面的最终尺寸，这就需要用工艺尺寸链进行换算。

一般情况下，工件表面电镀后不再进行加工，而电镀层的厚度是通过控制电镀工艺条件来直接获得的，所以电镀层的厚度是组成环，而工件电镀后的尺寸是间接获得的封闭环。

例 3-7　对于图 3-43(a)所示的圆环零件，外圆表面要求镀铬。镀前进行磨削加工，保证尺寸 ϕA。镀铬时控制镀层厚度为 $0.025 \sim 0.04$ mm（双边为 $0.05 \sim 0.08$ mm，或写成 $0.8_{-0.03}^{0}$ mm），并间接保证设计尺寸 $\phi 28_{-0.045}^{0}$ mm。试确定磨削时的工序尺寸 ϕA 及其上、下偏差。

解　零件尺寸 $\phi 28_{-0.045}^{0}$ mm 是镀后间接保证的，所以它是封闭环。列出工艺尺寸链（见图 3-43(b)）并解之得

$$A = 28 \text{ mm} - 0.08 \text{ mm} = 27.92 \text{ mm}$$

$$\text{ES}_A = 0 \text{ mm} - 0 \text{ mm} = 0 \text{ mm}$$

$$\text{EI}_A = -0.045 \text{ mm} - (-0.03) \text{ mm} = -0.015 \text{ mm}$$

所以镀前磨削工序尺寸 $\phi A = \phi 27.92_{-0.015}^{0}$ mm。

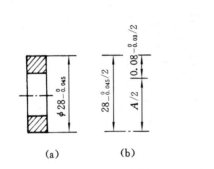

图 3-43　镀层零件工序尺寸换算

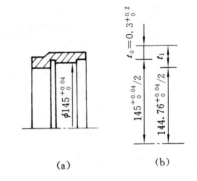

图 3-44　渗氮层工序尺寸换算

2）零件进行表面渗碳、渗氮处理时的工序尺寸的换算

这类工艺尺寸链计算要解决的问题是：在最终加工前使渗碳或渗氮层达到一定深度，然后进行最终加工。在最终加工时，不仅要保证加工表面的尺寸精度，还要同时保证获得图纸上规定的渗碳或渗氮层深度。显然，在此种情况下，图纸上规定的渗碳或渗氮层深度就是封闭环。

例 3-8　对于图 3-44(a)所示的轴承衬套，内孔要求渗氮处理，渗氮层深度 t_0 规定为 $0.3_{0}^{+0.2}$ mm（单边）。零件上与此有关的加工工序如下：

（1）磨内孔，保证尺寸 $\phi 144.76_{0}^{+0.04}$ mm；

（2）渗氮处理，控制渗氮层深度为 t_1；

（3）精磨内孔，保证尺寸 $\phi 145_{0}^{+0.04}$ mm，同时保证渗氮层深度达到规定的要求。

试确定 t_1 的数值。

解　根据工艺过程，可以建立图 3-44(b)所示的工艺尺寸链，其中 t_0 是最终渗氮层深度，为间接保证的尺寸，因而是尺寸链的封闭环。解该尺寸链得

$$t_1 = (145/2 + 0.3 - 144.76/2) \text{ mm} = 0.42 \text{ mm}$$

$$\text{ES}_{t_1} = (0.2 - 0.02 + 0) \text{ mm} = 0.18 \text{ mm}$$

$$\text{EI}_{t_1} = (0 - 0 + 0.02) \text{ mm} = 0.02 \text{ mm}$$

所以精磨前渗氮层深度 $t_1 = 0.42_{+0.02}^{+0.18}$ mm（单边）。

6. 孔系坐标尺寸换算

在孔系加工中,由于各孔的孔距精度要求较高,因此,生产中常采用坐标法来加工。所谓孔系加工的坐标法,就是将设计图样上从结构性能要求出发规定的孔距尺寸及精度要求,换算成两个互相垂直的坐标尺寸,通过控制机床的坐标位移尺寸和公差来间接保证孔距的尺寸精度的一种孔系加工方法。

将孔距尺寸公差换算成加工用的坐标尺寸公差,实质上就是求解一个平面尺寸链问题。

例 3-9　图 3-45 所示为一箱体零件孔系,已知 $L_{OA}=129.49^{+0.17}_{+0.27}$ mm,$L_{AB}=125^{-0.17}_{-0.27}$ mm,$L_{OB}=166.5^{+0.30}_{+0.20}$ mm,$Y_{O\text{-}B}=54$ mm。试确定在镗床上加工时孔系的坐标尺寸及其偏差。

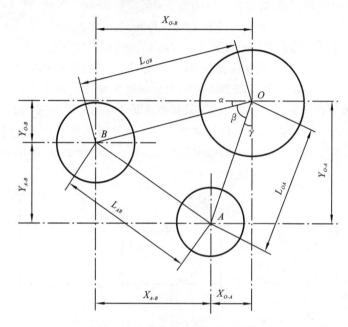

图 3-45　三轴孔的孔心距与坐标尺寸

解　由零件图所给尺寸(图 3-45 中省略了)可知,O 孔为基准孔。加工时应先加工 O 孔,然后以 O 为坐标原点,分别按坐标尺寸 $X_{O\text{-}A}$、$Y_{O\text{-}A}$、$X_{O\text{-}B}$、$Y_{O\text{-}B}$ 移动工作台或主轴来镗 A 孔及 B 孔。

(1)换算尺寸　为计算方便,将零件图上的孔距尺寸换算成平均尺寸及对称偏差。

利用公式

$$A_M \pm \frac{T_A}{2} = \left(A + \frac{\text{ES}_A + \text{EI}_A}{2}\right) \pm \frac{\text{ES}_A - \text{EI}_A}{2}$$

可得
$$L_{OA} = 129.71 \pm 0.05 \text{ mm}$$
$$L_{AB} = 125.22 \pm 0.05 \text{ mm}$$
$$L_{OB} = 166.75 \pm 0.05 \text{ mm}$$

(2)求孔系坐标基本尺寸　因为

$$\cos\beta = \frac{L_{OA}^2 + L_{OB}^2 - L_{AB}^2}{2L_{OA}L_{OB}}$$

将 L_{OA}、L_{OB}、L_{AB} 的平均值代入上式得

$$\beta = 47°59'27''$$

由

$$\sin\alpha = \frac{Y_{O\text{-}B}}{L_{OB}} = \frac{54}{166.75}$$

可得

$$\alpha = 18°53'40''$$

$$\gamma = 90° - (\alpha + \beta) = 23°6'53''$$

由此求得各坐标尺寸为

$$X_{O\text{-}A} = L_{OA}\sin\gamma = 50.915 \text{ mm}$$

$$Y_{O\text{-}A} = L_{OA}\cos\gamma = 119.288 \text{ mm}$$

$$X_{O\text{-}B} = L_{OB}\cos\alpha = 157.769 \text{ mm}$$

$$Y_{O\text{-}B} = 54 \text{ mm}$$

(3) 求孔系坐标尺寸的公差　孔心距尺寸 L_{OB} 是由坐标尺寸 $X_{O\text{-}B}$、$Y_{O\text{-}B}$ 间接保证的,孔心距 L_{OA} 是由坐标尺寸 $X_{O\text{-}A}$、$Y_{O\text{-}A}$ 间接保证的,而孔心距 L_{AB} 是 A、B 两孔加工好后自然获得的,因此,它是由 $X_{O\text{-}A}$、$Y_{O\text{-}A}$、$X_{O\text{-}B}$、$Y_{O\text{-}B}$ 四个坐标尺寸所间接决定的。由于 L_{OA}、L_{OB} 及 L_{AB} 的公差都等于 0.1 mm,确定各坐标尺寸的公差时,只要能满足 L_{AB} 的公差要求,就一定可以满足 L_{OA} 与 L_{OB} 的公差要求,因此必须根据 L_{AB} 为封闭环的这一尺寸链来确定各坐标尺寸的公差。

由图 3-45 可分解出图 3-46 所示的三个尺寸链,鉴于上述理由,先解图 3-46(a)所示的尺寸链。

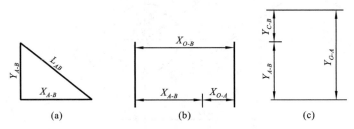

图 3-46　三轴孔坐标尺寸链的分解

由图 3-46(a)得

$$L_{AB}^2 = X_{A\text{-}B}^2 + Y_{A\text{-}B}^2$$

对上式取全微分,得

$$2L_{AB}\,\mathrm{d}L_{AB} = 2X_{A\text{-}B}\,\mathrm{d}X_{A\text{-}B} + 2Y_{A\text{-}B}\,\mathrm{d}Y_{A\text{-}B}$$

考虑到箱体镗孔时,纵、横坐标尺寸的误差一般相等,故可令

$$\mathrm{d}X_{A\text{-}B} = \mathrm{d}Y_{A\text{-}B}$$

所以

$$\mathrm{d}X_{A\text{-}B} = \mathrm{d}Y_{A\text{-}B} = \frac{L_{AB}\,\mathrm{d}L_{AB}}{X_{A\text{-}B} + Y_{A\text{-}B}}$$

以微小增量 ΔL_{AB}、$\Delta X_{A\text{-}B}$、$\Delta Y_{A\text{-}B}$ 代替各微分,可得到近似的增量关系式

$$\Delta X_{A\text{-}B} = \Delta Y_{A\text{-}B} = \frac{L_{AB}\,\Delta L_{AB}}{X_{A\text{-}B} + Y_{A\text{-}B}}$$

代入已知数值,得

$$\Delta X_{A\text{-}B} = \Delta Y_{A\text{-}B} = \frac{125.22 \times (\pm 0.05)}{(157.769 - 50.915) + (119.288 - 54)} \text{ mm} = \pm 0.036 \text{ mm}$$

即 $X_{A\text{-}B}$、$Y_{A\text{-}B}$ 的公差为 $T_{X_{A\text{-}B}} = T_{Y_{A\text{-}B}} = \pm 0.036 \text{ mm}$。

由图 3-46(b)知,$X_{A\text{-}B}$ 是由 $X_{O\text{-}A}$ 与 $X_{O\text{-}B}$ 间接确定的,是该尺寸链的封闭环。同样,$Y_{A\text{-}B}$ 为图 3-46(c)尺寸链的封闭环。利用等公差法分配封闭环的公差,可得到各组成环的公差

$$T_{X_{O\text{-}A}} = T_{X_{O\text{-}B}} = T_{Y_{O\text{-}A}} = T_{Y_{O\text{-}B}} = \frac{\pm 0.036}{2} \text{ mm} = \pm 0.018 \text{ mm}$$

所以轴孔 A、B 的坐标尺寸和公差分别为

$$X_{O\text{-}A} = (50.915 \pm 0.018) \text{ mm}, \quad X_{O\text{-}B} = (157.769 \pm 0.018) \text{ mm}$$

$$Y_{O\text{-}A} = (119.288 \pm 0.018) \text{ mm}, \quad Y_{O\text{-}B} = (54 \pm 0.018) \text{ mm}$$

7. 用图解追踪法确定工序尺寸

若零件的某一表面需要经过几道工序(如粗、半精、精、光整工序)加工才能完成,则在工艺规程设计时对每道工序都需规定相应的工序尺寸和公差。这些工序尺寸和公差一般应这样来确定:首先根据零件图要求,确定最终工序的工序尺寸和公差,然后选定每道工序加工的余量值,再按选定的余量值确定前面工序的工序尺寸;工序尺寸的公差和粗糙度则由该工序加工方法的经济精度来确定。

对于长度尺寸简单的零件的内、外圆柱面,按以上方法确定工序尺寸和公差一般没有什么困难,但对于轴向尺寸比较复杂的零件,如果工序较多,工序中基准又不重合,尺寸还需要换算,因而工序尺寸和公差的确定就比较复杂(关键是不容易正确画出工艺尺寸链)。这时,如果采用图解追踪法,就能够比较方便、可靠地找出工艺过程的全部尺寸链,进而即可求出(或利用计算机求出)各工序尺寸、公差和余量。

例 3-10　图 3-47 所示的轴套零件有关轴向尺寸的加工工序如下:

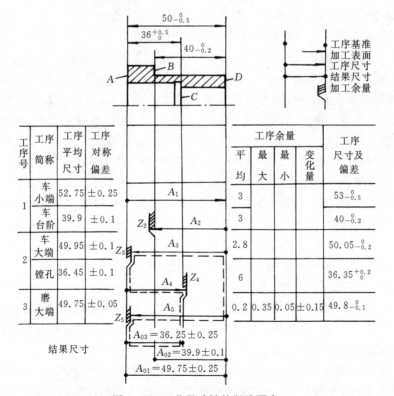

图 3-47　工艺尺寸链的跟踪图表

工序 1　轴向以 A 面定位,粗车 D 面,保证工序尺寸 A_1;车 B 面,保证工序尺寸 $A_2 =$

$40_{-0.20}^{0}$ mm。

　　工序 2　以 D 面定位,精车 A 面,保证工序尺寸 A_3;粗车 C 面,保证工序尺寸 A_4。

　　工序 3　以 D 面定位,磨 A 面,保证工序尺寸 $A_5 = 50_{-0.50}^{0}$ mm。

　　试确定各工序尺寸、公差及余量。

　　下面结合例 3-10 来介绍图解追踪法。

　　(1) 绘制跟踪图。

　　① 在图表上方画出零件简图(当零件为对称形状时,可以只画出它的一半),并标出与工艺尺寸链计算有关的轴向设计尺寸。

　　② 按加工顺序自上而下地填入工序号和工序名称。

　　③ 从零件简图各端面向下引出引线至加工区域(这些引线代表了在不同加工阶段中有余量区别的不同加工表面),并按图 3-47 所规定的符号标出工序基准(定位基准或测量基准)、加工余量、工序尺寸及结果尺寸(即设计尺寸)。

　　工序尺寸箭头指向加工后的已加工表面,用余量符号隔开的上方竖线为该次加工前的待加工面,余量符号按入体原则标注。

　　应注意同一工序内的所有工序尺寸,要按加工或尺寸调整的先后顺序依次列出,与确定工序尺寸无关的粗加工余量(如 Z_1)一般不必标出(这是因为总余量通常由查表确定,毛坯尺寸也就相应确定了)。

　　④ 为便于计算,应将有关设计尺寸换算成平均尺寸和双向对称偏差的形式并将其标于结果尺寸栏内。

　　⑤ 用查表法或经验估计法确定各工序平均余量并填入表中。

　　(2) 用追踪法查找工艺过程全部尺寸链。上文已经提到,在一般情况下,设计尺寸和加工余量是工艺尺寸链的封闭环,所以查找工艺尺寸链就是要找出以所有设计尺寸或加工余量为封闭环的尺寸链。查找的方法一般为追踪法,即从结果尺寸或加工余量符号的两端出发,沿着零件表面引线同时垂直向上跟踪,当追踪线遇到尺寸箭头时,说明与该工序尺寸有关,追踪线就顺着箭头拐入,沿该工序尺寸线经另一端拐出继续往上追踪,若遇到圆点,不要拐入,仍顺着引线往上找,直至两路追踪线在加工区内会合。两端的追踪线会合,说明尺寸链已封闭,即与该封闭环有关的组成环(就是追踪路线所经过的工序尺寸)已全部找到,追踪到此结束。

　　图 3-47 中虚线就是以结果尺寸 A_{03} 为封闭环向上跟踪所找到的一个工艺尺寸链。按照上述方法,可列出该例工艺过程的全部五个尺寸链,如图 3-48 所示。其中,图(a)、图(b)、图(c)的封闭环为结果尺寸,称为结果尺寸链;图(d)、图(e)的封闭环为余量,称为余量尺寸链。

　　(3) 计算工序尺寸、公差及余量。在具体求解尺寸链之前,应确定解哪个尺寸链。一般原则是:先解结果尺寸链,使求解出的工序尺寸能满足零件设计要求;再解以精加工余量为封闭环的余量尺寸链,以保证加工余量不致过小或过大。在解结果尺寸链时,如果有一个(或数个)作为组成环的工序尺寸是几个尺寸链的公共环,则应先解设计要求较高、组成环较多的尺寸链,再解其他结果尺寸链。按这样的步骤求解工序尺寸公差,就比较容易保证零件的所有设计要求都能被满足,避免不必要的返工。

　　在本例所列出的五个工艺尺寸链(见图 3-48)中,图(d)所列尺寸链并不是独立的,它可以由图(b)所列尺寸链分解得出,所以在决定先解哪一个尺寸链时,图(d)所列尺寸链不必考虑。在图(a)、图(b)、图(c)、图(e)所列四个尺寸链中,由于工序尺寸 A_5 是图(a)与图(b)所列两个尺寸链的公共环,而图(b)是环较多、封闭环公差又比较严格的结果尺寸链,因此应先解图(b)

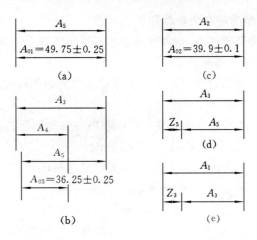

图 3-48 用跟踪法列出的尺寸链

所列尺寸链。反过来,如果先解图(a)尺寸链,则 $A_5 = A_{01} = (49.75 \pm 0.25)$ mm。很明显,这时图(b)所列尺寸链就无法求解了。

① 解图(b)所列尺寸链。

a. 确定各工序平均尺寸。

由图(a) $\qquad A_5 = A_{01} = 49.75$ mm

由图(b) $\qquad A_3 = A_5 + Z_5 = (49.75 + 0.2)$ mm $= 49.95$ mm

$$A_4 = A_{03} + Z_5 = (36.25 + 0.2) \text{ mm} = 36.45 \text{ mm}$$

b. 确定各工序尺寸的公差。考虑到加工方法的经济精度及加工的难易程度将封闭环 A_{03} 的公差 $T_{A_{03}}$ 按等公差原则分配给工序尺寸 A_3、A_4 及 A_5。

$$T_{A_3} = \pm 0.10 \text{ mm}, \quad T_{A_4} = \pm 0.10 \text{ mm}, \quad T_{A_5} = \pm 0.05 \text{ mm}$$

所以 $\qquad A_3 = (49.95 \pm 0.10)$ mm

$$A_4 = (36.45 \pm 0.10) \text{ mm}$$

$$A_5 = (49.75 \pm 0.05) \text{ mm}$$

② 解图(c)所列尺寸链。因为 A_2 不是有关尺寸链的公共环,所以可直接由图(c)所列尺寸链解得

$$A_2 = A_{02} = (39.9 \pm 0.10) \text{ mm}$$

该结果说明,如设计尺寸两端的引线包容的只是一个工序尺寸,则此设计尺寸直接由该工序尺寸保证,所以工序尺寸的公差可直接取此设计尺寸的公差值。

③ 解图(e)所列尺寸链。因为 A_1 也不是有关尺寸链的公共环,所以可直接由图(e)所列尺寸链解得

$$A_1 = A_3 + Z_3 = (49.95 + 2.8) \text{ mm} = 52.75 \text{ mm}$$

按粗车的经济精度取 $T_{A_1} = \pm 0.25$ mm,故

$$A_1 = (52.75 \pm 0.25) \text{ mm}$$

该结果说明,对于与保证设计尺寸没有直接联系的工序尺寸,其公差值可按该工序的加工经济精度来确定。

④ 按图(d)所列尺寸链验算磨削余量。

$$Z_{5\max} = A_{3\max} - A_{5\min} = (50.05 - 49.7) \text{ mm} = 0.35 \text{ mm}$$

$$Z_{5\min} = A_{3\min} - A_{5\max} = (49.85 - 49.8) \text{ mm} = 0.05 \text{ mm}$$

即 $Z_5 = 0.05 \sim 0.35$ mm,能满足磨削余量要求。

如果余量变化过大(特别要注意,余量变化过小易造成废品),则需通过减小有关工序尺寸的公差或改变有关尺寸的注法来调整。

需指出的是,拟订工艺过程时也不是每道工序的余量都必须校验,如粗加工工序的余量一般较大,常可不必验算。

⑤ 将各工序尺寸按入体原则转换为基本尺寸和单向偏差的形式:

$$A_1 = 53_{-0.5}^{0} \text{ mm}$$

$$A_2 = 40_{-0.2}^{0} \text{ mm(按图样尺寸标注)}$$

$$A_3 = 50.05_{-0.2}^{0} \text{ mm}$$

$$A_4 = 36.35_{0}^{+0.2} \text{ mm}$$

$$A_5 = 49.8_{-0.1}^{0} \text{ mm(不按图样尺寸标注)}$$

3.8 成组技术与 CAPP

3.8.1 成组技术

近年来,由于科学技术的飞速发展和市场竞争的日趋激烈,机械工业产品更新越来越快,产品品种增多,而每种产品的生产数量却并不很大。据统计,世界上 $70\% \sim 80\%$ 的机械产品是以中小批量生产方式制造的。与大量生产企业相比,中小批生产企业的劳动生产率比较低,生产周期长,产品成本高,市场竞争能力差。如何用规模生产方式组织中小批产品的生产,一直是国际生产工程界广为关注的重大研究课题,成组技术(group technology,GT)就是针对生产中的这种需求发展起来的一种生产技术。

3.8.1.1 成组技术的概念

充分利用事物之间的相似性,将许多具有相似信息的研究对象归并成组,并用大致相同的方法来解决这一组研究对象的生产技术问题,这样就可以发挥规模生产的优势,达到提高生产率、降低生产成本的目的,这种技术统称为成组技术。

3.8.1.2 零件的分类编码

在机械加工中应用成组技术的关键是利用零件的相似性(见图 3-49),对其进行分类编码。

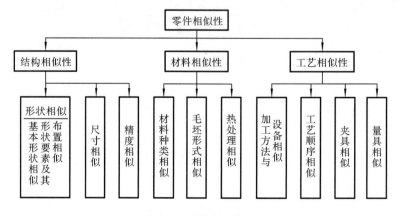

图 3-49 零件的相似性

　　所谓零件的分类编码就是用数字来描述零件的名称、几何形状、工艺特征、尺寸和精度,使零件的名称、特征等数字化。代表零件特征的每一个数字称为特征码。迄今为止,世界上已有70多种分类编码系统,应用最广的是奥匹兹(Opitz)分类编码系统。我国于1984年制定的"机械零件编码系统(简称 JLBM-1 系统)"是在分析德国奥匹兹分类编码系统和日本 KK 分类编码系统的基础上,根据我国机械产品设计的具体情况制定的。该系统由名称类别、形状及加工码、辅助码三部分共15个码位组成,每一码位包括从0到9的10个特征项号,如图3-50所示。

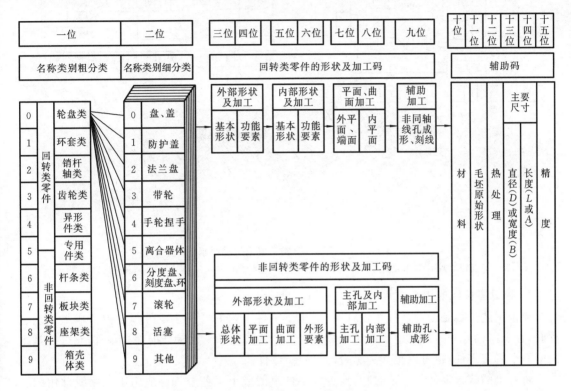

图 3-50　JLBM-1 分类编码系统

　　有了分类编码系统,就可以对工厂生产的所有零件进行编码。图 3-51 是两类零件的JLBM-1 分类编码系统编码示例。

3.8.1.3　成组工艺

1. 划分零件族(组)

根据零件编码划分零件族(组)的方法有以下几点。

　　(1) 特征码位法　以加工相似性为出发点,选择几位与加工特征直接有关的特征码位作为形成零件组的依据。例如,可以规定第1、2、6、7码位值相同的零件划为一组,根据这个规定,编码为043063072、041103070、047023072的三个零件可划为同一组。

　　(2) 码域法　对分类编码系统中某些码位的码值规定一定的码域作为零件分组的依据,例如,可以规定某一组零件的第1码位的特征码只允许取0和1,第2码位的特征码只允许取0、1、2、3等,凡各码位上的特征码落在规定码域内的零件划为同一组。

　　(3) 特征位码域法　这是一种将特征码位与码域法相结合的零件分组方法。根据具体生产条件与分组需要,选取几位特征性较强的码位作为特征码位,并规定另几位特征码允许的变化范围(码域),并以此作为零件分组的依据。

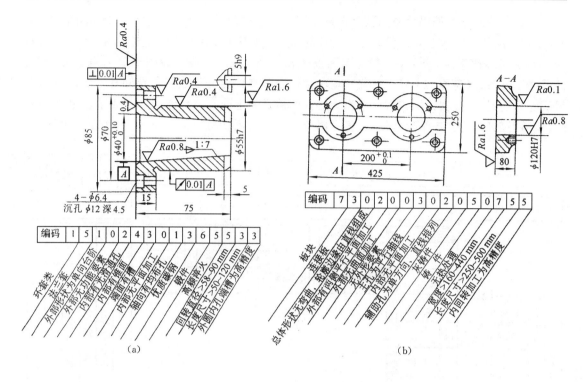

图 3-51　JLBM-1 分类编码系统编码示例

(a) 回转类零件(名称:锥套;材料:45 钢锻件);(b) 非回转类零件(名称:连接板;材料:HT150)

2. 拟订零件组的工艺过程

成组工艺过程是针对零件组设计的,适用于零件组内的每一个零件。在拟订成组工艺过程时,首先需设计一个能集中反映该组零件全部结构特征和工艺特征的综合零件,它可以是组内的一个真实零件,也可以是人为综合的"假想"零件。

将制定的综合零件的工艺过程,作为该零件组的成组工艺过程。成组工艺路线常用图表格式表示,图 3-52 是由 6 个零件组成的零件组的综合零件及其成组工艺过程卡的示意图。

3.8.1.4　机床的选择与布置

成组加工所用机床应具有良好的精度和刚度,且加工范围可调,可选用改装的通用机床,也可选用可调高效自动化机床。数控机床已在成组加工中得到广泛应用。

机床负荷率可根据工时核算,并应保证各台设备特别是关键设备达到较高的负荷率(例如80%)。若机床负荷不足或过大,可适当调整零件组,使机床负荷率达到规定的指标。

成组加工所用机床,根据生产组织形式有 3 种不同布置方式。

(1) 成组单机　可用一个单机设备完成一组零件的加工,该设备可以是独立的成组加工机床,也可以是成组加工柔性制造单元。

(2) 成组生产单元　一组或几组工艺上相似零件的全部工艺过程,由相应的一组机床完成,图 3-53 所示的生产单元由 4 台机床组成,可完成 6 个零件组全部工序的加工。

(3) 成组生产流水线　机床设备按零件组工艺流程布置,各台设备的生产节拍基本一致。与普通流水线不同的是:在生产线上流动的不是一种零件而是一组零件,有的零件可能不经过某一台或某几台机床设备。

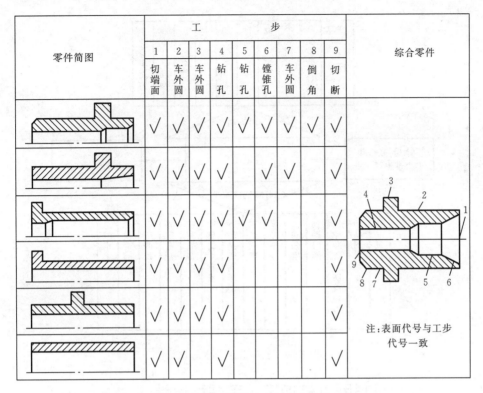

图 3-52　套筒类零件成组工艺过程

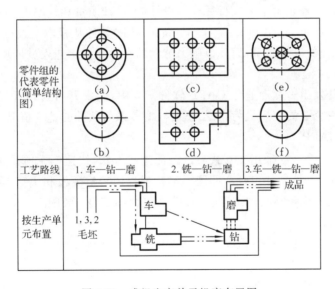

图 3-53　成组生产单元机床布置图

3.8.1.5　推广应用成组技术的效益

实施成组技术所能取得的效益是多方面的(见图 3-54),成组技术已成为提高多品种、小批生产经济效益的一种有效方法。

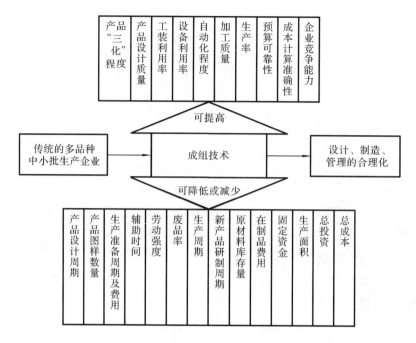

图 3-54　实施成组技术的效益

3.8.2　计算机辅助机械加工工艺规程设计

长期以来,工艺规程是由工艺人员凭经验设计的,设计质量和效率因人而异。计算机辅助工艺规程设计(computer aided process planning,CAPP)软件从根本上改变了上述状况,它不仅可以提高工艺规程的设计质量,而且以脑力劳动的自动化使工艺人员从烦琐、重复的工作中摆脱出来。

目前,我国已开发出多款商业化 CAPP 软件。其中,武汉开目公司开发的开目 CAPP 系列软件,在机械制造企业的应用最为广泛,下面介绍该系列软件的基本情况。

1. 开目二维 CAPP

开目二维 CAPP 是一款采用交互式方法与派生式方法,快速产生所需工艺规程文件的 CAPP 软件。该软件包含全部国标工艺规程用表格模板和丰富、实用的工艺资源,可利用其完成包括机加工工艺、焊接工艺、铸造工艺、装配工艺等在内的各类工艺规程的设计。

开目二维
CAPP

开目二维 CAPP 软件的基本情况、组成模块、功能和操作方法等,请扫描二维码查询。

2. 开目三维 CAPP

开目三维 CAPP 由开目三维零件工艺规划系统(3DMPS)、开目三维装配工艺规划系统(3DAST)、开目三维工艺管理系统(KMPPIM)和开目制造工艺管理系统(eCOL MPM)4 个软件构成,分别用于机械制造企业的三维零件工艺规程设计、三维装配工艺规程设计、二维/三维工艺规程管理和结构化工艺规程管理。

3DMPS

1) 开目 3DMPS 与三维零件工艺规划

开目 3DMPS 由特征识别、基于知识的智能工艺辅助设计、加工仿真、工艺输

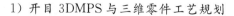

出、机加工艺知识库等功能模块组成。其中,特征识别模块负责识别零件三维模型中具有工艺语义的工艺特征(如外圆柱面、孔、平面、凹槽等)及其制造属性,将设计意图转换为工艺要求;基于知识的智能工艺辅助设计模块(见图 3-55)根据加工特征及工艺要求,依据工艺知识库,推理出特征的加工方法、加工余量、刀具、加工参数、工序尺寸、工序模型和零件毛坯等,完成工序设计,生成零件的加工工艺路线;加工仿真模块根据三维零件模型的几何信息和已经确定的工艺信息,自动或在人工干预下进行加工过程动态仿真以检查工艺的正确性,同时生成刀具路径和数控代码;工艺输出模块以标准的工艺 XML 格式、3DPDF 格式或工艺卡片格式输出所设计的工艺规程;机加工艺知识库模块包括工艺资源库和特征加工知识库(见图 3-56),为整个开目 3DMPS 软件正常工作提供工艺资源和知识支撑。

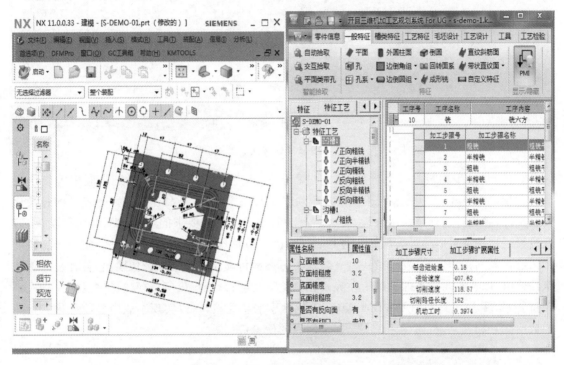

图 3-55 开目 3DMPS 软件根据特征和工艺要求设计工序的工作界面

采用开目 3DMPS 设计三维零件工艺规程的典型过程是:首先,利用软件的特征识别模块分析零件的三维 CAD 模型,得到以特征为单位的零件几何、工艺信息;其次,通过基于知识的智能工艺辅助设计模块,在机加工艺知识库模块的支持下,获得所提取的各个特征加工时所需要的设备和工艺参数信息;再次,以人机交互方式编排零件加工工艺过程,根据零件三维 CAD 模型和已知工艺参数生成零件毛坯和工序模型;再次,自动建立零件的加工过程仿真模型,完成加工过程仿真;最后,生成零件加工代码和刀具路径,并由工艺输出模块输出设计结果。

2) 开目 3DAST 与三维装配工艺规划

开目 3DAST 是具有综合利用人工智能和虚拟仿真等技术,根据复杂产品的三维 CAD 模型来规划其完整装配工艺过程,定义装配的每个步骤,确定每个步骤的装配件清单、工艺装备及装配活动,仿真装配过程并验证装配工艺的合理性,计算装配生产线节拍等功能的三维装配工艺规程设计软件。

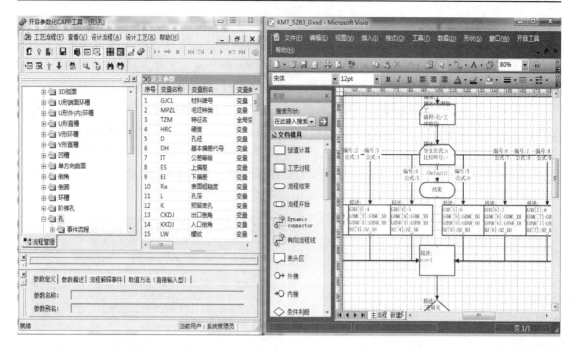

图 3-56　开目 3DMPS 软件的特征加工知识库工作界面

开目 3DAST 由装配模型管理、装配过程规划、工艺信息发布和系统集成应用等模块组成,如图 3-57 所示。其中,装配模型管理模块具有将三维 CAD 产品模型转换为统一的轻量化模型文件,并通过装配结构的管理,生成满足产品装配工艺性要求的产品装配结构等功能;装配过程规划模块可以通过装配结构规划、方法规划、节拍规划、路径规划等方式,实现产品装配工艺过程规划;工艺信息发布模块具有装配工艺过程仿真及仿真结果录像输出、各种装配工艺卡片输出,以及车间现场的三维工艺轻量化浏览等功能;系统集成应用模块提供以插件形式将开目 3DAST 集成到 CAPP、PDM、MES 等软件中的功能接口,以实现企业中各信息化工具间的数据交互和共享,打通设计、工艺、制造之间的信息流。

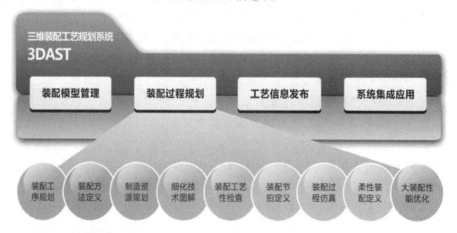

图 3-57　开目 3DAST 系统的主要功能模块

3. 开目 KMPPIM 与工艺文件的管理

开目 KMPPIM 是对二维工艺设计软件和三维工艺设计软件输出的工艺文件进行集成管

理的软件系统,主要功能包括对工艺文件的版本进行管理,以保证生产用的工艺文件的版本是最新的有效性版本;对工艺文件的控制权限进行管理,以保证工艺文件安全;对设计和工艺信息(工艺文件)在工艺设计软件、ERP 和 MES 系统之间的传递和共享进行管理,以实现工艺与上下游系统的集成。

4. 开目 eCOL MPM 与结构化工艺的管理

CAPP 软件的设计结果可以采用两种方式来编辑和存储,其一是传统的二维工艺文件(工艺卡片),对应的工艺称为文件工艺,其二是工艺信息数据库,对应的工艺称为结构化工艺。随着制造业信息化技术的发展,结构化工艺的应用范围越来越广。

采用结构化工艺的好处是工艺版本的粒度可以细化到工序级或工步级,有利于工艺设计和管理系统同上游的产品设计系统、下游的数控制造系统间的集成。

开目 eCOL MPM 是对结构化工艺进行管理的软件系统,除了具有典型工艺管理系统如开目 KMPPIM 的所有功能以外,还支持结构化工艺的编制与管理。

3.9 箱体类零件的加工工艺分析

箱体类零件的加工表面主要是平面和孔。各种箱体的具体结构、尺寸虽不相同,但其加工工艺过程有许多共同之处。现以普通车床主轴箱(床头箱)为例(见图 3-58),说明制定机械加工工艺规程的过程与方法。

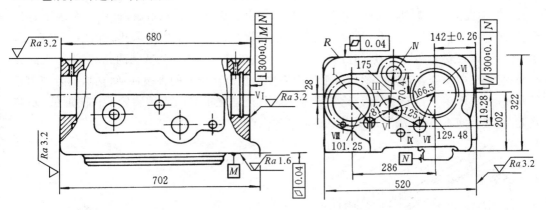

图 3-58　某普通车床主轴箱简图

3.9.1 箱体类零件的结构特点及主要技术要求

箱体的种类很多,其尺寸大小和结构形式随其用途的不同有很大的差异。一般来说,箱体类零件的主要结构特点是:有加工要求严、难度大的轴承支承孔;有一个或数个基准面及一些支承面;结构一般比较复杂,壁厚不均匀;有许多精度要求不高的紧固用孔。

箱体类零件的技术要求是根据其用途、工作条件等因素制定的。

普通车床主轴箱的主要技术要求如下。

(1) 支承孔的尺寸精度、几何形状精度及表面粗糙度。主轴支承孔的尺寸精度为 IT6 级,表面粗糙度 Ra 为 $0.4\sim0.8\ \mu m$,其他各支承孔的尺寸精度为 IT6~IT7 级,表面粗糙度 Ra 均为 $1.6\ \mu m$;孔的几何形状精度(如圆度、圆柱等)一般不超过孔径公差的一半。

（2）支承孔的相互位置精度。各支承孔的孔距之差为 $\pm0.025\sim\pm0.06$ mm,中心线的平行度允差取 0.012～0.021 mm,同中心线上的支承孔的同轴度允差为其中最小孔径公差值的一半。

（3）主要平面的形状精度、相互位置精度和表面粗糙度。主要平面（箱体底面、顶面及侧面）的平面度允差为 0.04 mm,表面粗糙度为 $Ra\leqslant1.6$ μm;主要平面间的垂直度允差为 0.1 mm/300 mm。

（4）孔与平面间的相互位置精度。主轴孔对装配基面 M、N 的平行度允差为 0.1 mm/600 mm。

3.9.2　箱体类零件加工工艺分析

在箱体零件各加工表面中,通常平面的加工精度比较容易保证,而精度要求较高的支承孔的加工精度,以及孔与孔之间、孔与平面之间的相互位置精度较难保证。所以在制定箱体类零件加工工艺规程时,应将如何保证孔的精度作为重点来考虑。

1. 精基准的选择

精基准的选择对保证箱体类零件的技术要求十分重要。在选择精基准时,首先要遵循"基准统一"原则,即具有相互位置精度要求的加工表面的大部分工序,尽可能用同一组基准定位。这样才可避免因基准转换而带来的误差,有利于保证箱体类零件各主要表面的相互位置精度。

对于车床主轴箱体,精基准选择具体有两种可行方案。

（1）中小批生产时以箱体底面作为统一基准。由于底面是装配基面,这样就实现了定位基准、装配基准与设计基准重合,消除了基准不重合误差。在加工各支承孔时由于箱口朝上,观察和测量,以及安装和调整刀具时也较方便。但是在镗削箱体中间壁上的孔时,为了提高镗杆刚度,需要在中间安置导向支承。以工件底面作为定位基准面的镗模,中间支承只能采用悬挂的方式（参见图 3-59 中的件 2）。这种悬挂于夹具座体上的导向支承装置不仅刚度低,安装误差大,而且装卸不方便,故只适用于中小批量的生产。

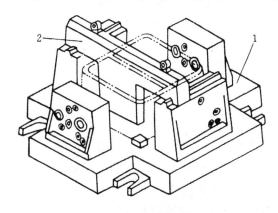

图 3-59　悬挂的中间导向支承架

1—夹具底座；2—吊架

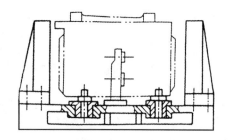

图 3-60　以顶面和两销孔定位

（2）大批大量生产时,采用主轴箱顶面及两定位销孔作为统一基准。由于加工时箱体口朝下,中间导向支承架可以紧固在夹具座体上（称为固定支架,如图 3-60 所示）,因此这种夹具的优点是没有悬挂所带来的问题,适合于大批大量生产。但由于主轴箱顶面不是装配基面,因此定位基面与装配基面(设计基准)不重合,增大了定位误差。为了保证图纸规定的精度要求,需进行工艺尺寸换算。此外,由于箱体顶面开口朝下,不便于观察加工情况和及时发现毛坯缺陷,加工中也不便于测量孔径及调整刀具,因此,需采用定径尺寸镗刀来获得孔的尺寸与精度。

必须指出,上述两种方案的对比分析,仅仅是针对类似主轴箱零件,许多其他形式的箱体采用一面两孔的定位方式,上面所提及的问题不一定存在。

实际生产中,一面两孔的定位方式在各种箱体加工中应用十分广泛。因为这种定位方式很简便地限制了工件六个自由度,定位稳定可靠;在一次装夹下,可以加工除了定位面以外的所有五个面上的孔或平面,也可以作为从粗加工到精加工的大部分工序的定位基准,实现"基准统一";此外,这种定位方式夹紧方便,工件的夹紧变形小;易于实现自动定位和自动夹紧。因此,在组合机床与自动线上加工箱体时,多采用这种定位方式。

2. 粗基准的选择

加工精基准时定位用的粗基准,应保证重要加工表面(主轴支承孔)的加工余量均匀;应保证装入箱体中的轴、齿轮等零件与箱体内壁各表面间有足够的间隙;应保证加工后的外表面与不加工的内壁之间的壁厚均匀及定位、夹紧牢固可靠。

为此,通常选择主轴孔和与主轴孔相距较远的一个轴孔作为粗基准。若铸造时各轴孔和内腔泥芯是整体的,且毛坯精度较高时,以上各项要求一般均可满足。

粗基准定位方式与生产类型有关。生产批量较大时采用夹具,生产率高,所用夹具如图3-61所示。首先将工件放在支承11、9、7上,并使箱体侧面紧靠支架8,端面靠紧挡销6,进行预定位。然后由压力油推动两短轴5伸入主轴孔中,每个短轴上的三个活动支承销4伸出并撑住主轴孔壁毛面,将工件抬起,离开支承11、9、7。此时主轴孔即为定位基准。为了限制工件绕两短轴的转动自由度,在工件抬起后,调节两个可调支承2,通过样板校正另一轴孔的位置,使箱体顶面基本水平。再调节辅助支承10,使其与箱体底面接触,以增大加工顶面时箱体的刚度。最后用操纵手柄3操纵两个压板1,插入箱体两端孔内压紧工件,加工即可开始。

批量小时可采用划线工序。特别是毛坯精度不高时,若仅以主轴孔为基准,就会使箱体外形偏斜过大,影响外观及平面加工余量的均匀性。因此,必须用划线找正借料,即在兼顾孔的余量的同时,还要照顾其他孔与面的余量均匀性,然后划出各表面的加工线与找正线。

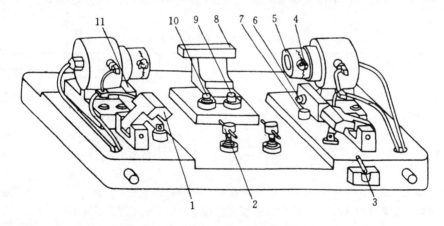

图 3-61　以主轴孔为粗基准的铣顶面夹具

1—压板;2—可调支承;3—操纵手柄;4—活动支承销;5—短轴;6—挡销;7、9、11—支承;8—支架;10—辅助支承

3. 工艺过程的拟订

1) 拟订箱体加工工艺的原则

拟订箱体类零件工艺过程时一般应遵循以下原则。

(1)"先面后孔"的原则　先加工平面,后加工孔,是箱体类零件加工的一般规律。这是因为作为精基面的平面在最初的工序中应该首先加工出来。而且,平面加工出来以后,由于切除了毛坯表面的凸凹不平和表面夹砂等缺陷,使平面上的支承孔的加工更方便,钻孔时可减少钻头的偏斜,扩孔和铰孔时可防止刀具崩刃。

有些精度要求较低的螺钉孔,可根据加工的方便及工序时间的平衡安排其工序的次序。但对于保证箱体部件装配关系的螺钉孔、销孔及与轴承孔相交的润滑油孔,则必须在轴孔精加工后钻铰。前者是因为要以轴孔为定位基准,而后者会影响轴孔精细镗时的加工质量。

(2)粗精分开、先粗后精的原则　由于箱体结构复杂,主要表面的精度要求高,为减小或消除粗加工时产生的切削力、夹紧力和切削热对加工精度的影响,一般应尽可能把粗、精加工分开,并分别在不同机床上进行。对于要求不高的平面,则可将粗精两次走刀安排在一个工序内完成,以缩短工艺过程,提高工效。

2) 主要表面加工方法的选择

箱体的主要加工表面为平面和轴承支承孔。箱体平面的粗加工和半精加工,主要采用刨削和铣削,也可采用车削。铣削的生产率一般比刨削的高,在成批和大量生产中,多采用铣削。当生产批量较大时,还可以采用各种专用的组合铣床对箱体各平面进行多刀、多面同时铣削;对尺寸较大的箱体,也可在龙门铣床上进行组合铣削,从而有效地提高箱体平面加工的生产率。箱体平面的精加工,单件小批生产时,除了一些高精度的箱体仍需采用手工刮研以外,一般多以精刨代替传统的手工刮研;当生产批量大而精度又较高时,多采用磨削。为了提高生产率和平面间的相互位置精度,可采用专用磨床进行组合磨削。

箱体上精度 IT7 的轴承支承孔,一般用"钻—扩—粗铰—精铰"或"镗—半精镗—精镗"的工艺方案。前者用于加工直径较小的孔,后者用于加工直径较大的孔。当孔的精度超过 IT7、表面粗糙度 Ra 小于 $0.63~\mu m$ 时,还应增加一道最后的精加工或精密加工工序,如精细镗、珩磨、滚压等。

按照生产类型的不同,车床主轴箱体的工艺过程有不同的方案,分别如表 3-13 和表3-14所示。

表 3-13　中小批生产某车床主轴箱的工艺过程

序号	工 序 内 容	定 位 基 准	序号	工 序 内 容	定 位 基 准
1	铸造		9	精加工顶面 R	底面 M
2	清铲铸件		10	精加工底面 M	顶面 R
3	时效处理		11	粗、半精加工各纵向孔	底面 M
4	油漆		12	精加工各纵向孔	底面 M
5	划线		13	粗、精加工各横向孔	底面 M
6	粗、半精加工顶面 R	按划线找正,支承底面 M 支承顶面 R 并校正主轴孔的中心线	14	精加工主轴孔	底面 M
7	粗、半精加工底面 M 及侧面		15	加工螺孔及紧固孔	
8	粗、半精加工两端面	底面 M	16	清洗	
			17	检验	

表 3-14　大批大量生产某车床主轴箱的工艺过程

序号	工 序 内 容	定 位 基 准	序号	工 序 内 容	定 位 基 准
1	铸造		10	半精镗、精镗主轴三孔	顶面 R 及两工艺孔
2	时效处理		11	加工各横向孔	顶面 R 及两工艺孔
3	油漆		12	钻、锪、攻螺纹各平	
4	铣顶面 R	主轴支承孔并按顶面找正		面上的孔	
5	钻、扩、铰顶面上两定位	顶面及主轴支承孔	13	滚压主轴支承孔	顶面 R 及两工艺孔
	销孔及固定螺孔的加工		14	磨底面、侧面及端面	
6	铣底面 M 及各平面	顶 R 及两工艺孔	15	钳工去毛刺	
7	磨顶面 R	底面及侧面	16	清洗	
8	粗镗各纵向孔	顶面 R 及两工艺孔	17	检验	
9	精镗各纵向孔	顶面 R 及两工艺孔			

随着 CAPP 技术的发展和相关软件的应用,在我国许多制造企业中,包括箱体类零件在内的各种机械零件的机械加工工艺规程都已采用二维或三维 CAPP 进行设计。采用开目二维 CAPP 设计箱体类零件,以及典型的轴类零件等加工工艺规程的方法、过程和最终结果,请参考 3.8.2 节的开目二维 CAPP 二维码的内容。

如果零件的结构采用三维软件如 UG 设计,则可以用开目 3DMP 来对其进行机械加工工艺规划,具体方法、过程和案列,可以参考 3.8.2 节的 3DMPS 二维码的内容。

3.10　装配工艺规程设计

3.10.1　概述

3.10.1.1　装配的概念

按规定的技术要求,将零件或部件进行配合和连接,使之成为成品或半成品的工艺过程称为装配。把零件装配成部件的过程,称为部装;把零件和部件装配成最终产品的过程,称为总装。部装和总装统称为装配。

3.10.1.2　装配工作的主要内容

1. 清洗

在机器装配过程中,零部件的清洗对保证产品的装配质量和延长产品的使用寿命均有重要的意义。特别对于像轴承、密封件、精密偶件及有特殊清洗要求的工件更为重要。清洗的目的是去除制造、储藏、运输过程中所黏附的切屑、油脂和灰尘,以保证装配质量。清洗的方法有擦洗、浸洗、喷洗和超声波清洗等。

清洗工艺的要点主要是清洗液(如煤油、汽油、碱液及各种化学清洗液等)及其工艺参数(如温度、时间、压力等)。清洗工艺的选择,需根据工件的清洗要求、材料、批量大小、油脂、污物性质及其黏附情况等因素来确定。此外,还需注意的是,工件在清洗后应具有一定的中间防锈能力。清洗液的选择应与清洗方法相适应。

2. 连接

连接是指将两个或两个以上的零件结合在一起。装配过程就是对装配的零部件进行正确的连接,并使各零部件相互之间具有符合技术要求的配合,以保证零部件之间的相对位置准确,连接强度可靠,配合松紧适当。按照部件或零件连接方式的不同,连接可分为固定连接与活动连接两类。固定连接时零件相互之间没有相对运动;活动连接时零件相互之间在工作时,可按规定的要求做相对运动。

连接的种类见表 3-15。

表 3-15　连接的种类

固 定 连 接		活 动 连 接	
可拆卸的	不可拆卸的	可拆卸的	不可拆卸的
螺栓、键、销、楔件等	铆接、焊接、压合、整合、热压等	箱件与滑动轴承、活塞与套筒等动配合零件	任何活动的铆接头

3. 校正、调整与配作

在装配过程中,特别是在单件小批生产的条件下,为了保证装配精度,常需要进行一些校正、调整和配作工作。这是因为完全靠零件装配互换法来保证装配精度往往是不经济的,有时甚至是不可能的。

校正是指各零部件间相互位置的找正、找平及相应的调整工作。在产品的总装和大型机械基体件的装配中常需进行校正。如卧式车床总装过程中床身安装水平及导轨扭曲的校正、主轴箱主轴中心与尾座套筒中心等高的校正、水压机立柱的垂直度校正等。常用的校正方法有平尺校正、角尺校正、水平仪校正、光学校正、激光校正等。

调整是指相关零部件相互位置的调节。除了配合校正工作来调节零部件的位置精度以外,运动副间的间隙调节也是调整的主要内容,如滚动轴承内、外圈及滚动体之间间隙的调整,镶条松紧的调整,齿轮与齿条啮合间隙的调整等。

配作是指在装配中,零件与零件之间或部件与部件之间的钻削、铰削、刮削和磨削加工。钻削和铰削加工多用于固定连接,其中钻削加工多用于螺纹连接,铰削则多用于定位销孔的加工。刮削多用于运动副配合表面的精加工,如按床身导轨配刮工作台或溜板的导轨面,按轴颈配刮轴瓦等。配刮可以提高工件尺寸精度和形位精度,减小表面粗糙度和提高接触刚度。因此,在机器装配或修理中,刮削仍是一种重要的工艺方法。但刮削的生产率低、劳动强度大。

4. 平衡

对于转速较运动平稳性要求高的机器(如精密磨床、内燃机等),为了防止使用中出现振动,影响机器的工作精度,装配时对其旋转零部件(整机)需进行平衡试验。旋转体的不平衡是旋转体内部质量分布不均匀引起的。消除旋转零件或部件不平衡的工作称为平衡。平衡的方法有静平衡法和动平衡法两种。

对旋转体内的不平衡量一般可采用下述方法校正:①用补焊、铆接、胶接或螺纹连接等方法加配质量;②用钻、铣、锉等机械加工方法去除不平衡质量;③在预制的平衡槽内改变平衡块的位置和数量(如砂轮的静平衡)。

5. 验收试验

在机械产品装配完成后,根据有关技术标准的规定,对产品进行较全面的验收和试验工作。各类产品检验和试验工作的内容、项目是不相同的,其验收试验工作的方法也不相同。

此外,装配工作的基本内容还包括涂装、包装等工作。

3.10.1.3　装配精度与装配尺寸链

产品的装配精度是装配后实际达到的精度。对装配精度的要求是根据机器的使用性能要求提出的，它是制定装配工艺规程的基础，也是合理地确定零件的尺寸公差和技术条件的主要依据。它不仅关系到产品质量，也关系到制造的难易程度和产品的成本。因此，如何正确地规定机器的装配精度是机械产品设计所要解决的重要问题之一。产品的装配精度包括：零件间的距离精度（零件间的尺寸精度、配合精度，运动副的间隙、侧隙等）、位置精度（相关零件间的平行度、垂直度等）、接触精度（配合、接触、连接表面间规定的接触面积及其分布等）、相对运动精度（有相对运动的零部件间在运动方向和运动位置上的精度等）。

机器由零部件组装而成，机器的装配精度与零部件制造精度直接相关。例如，图 3-62 所示卧式普通车床主轴中心线和尾座中心线对床身导轨有等高要求，这项装配精度要求就与主轴箱、尾座、底板等有关部件的加工精度有关。可以从查找影响此项装配精度的有关尺寸入手，建立以此项装配要求为封闭环的装配尺寸链，如图 3-62(b) 所示。其中 A_1 是主轴箱中心线相对于床身导轨面的垂直距离，A_3 是尾座中心线相对于底板 3 的垂直距离，A_2 是底板相对于床身导轨面的垂直距离，A_0 则是尾座中心线相对于主轴中心线的高度差。这是在床身上装主轴箱和尾座时所要保证的装配精度要求。A_0 是在装配中间接获得的尺寸，是装配尺寸链的封闭环。由图 3-62 所示装配尺寸链可知，主轴中心线与尾座中心线相对于导轨面的等高要求同 A_1、A_2、A_3 三个组成环的基本尺寸及其精度直接相关，可以根据车床装配的精度要求通过解算装配尺寸链来确定有关部件和零件的尺寸要求。

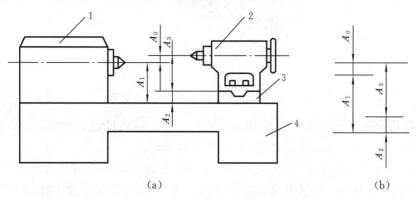

(a)　　　　　　　　　　　　　　　　　　(b)

图 3-62　车床主轴线与尾座中心线的等高性要求

1—主轴箱；2—尾座；3—底板；4—床身

在根据机器的装配精度要求来设计机器零部件尺寸及其精度时，必须考虑装配方法的影响。装配方法不同，解算装配尺寸链的方法也不同，所得结果差异很大。对于某一给定的机器结构，设计师可以根据装配精度要求和所采用的装配方法，通过解算装配尺寸链来确定零部件有关尺寸的精度等级和极限偏差。

3.10.2　装配方法

一台机器所能达到的装配精度既与零部件的加工质量有关，又与所采用的装配方法有关。生产中经常采用 4 种保证装配精度的装配方法，现分述如下。

3.10.2.1　互换装配法(interchangeable assembly method)

采用互换装配法装配时，被装配的每一个零件不需经任何挑选、修配和调整就能达到规定的装配精度要求。用互换装配法装配时,装配精度主要取决于零件的制造精度。根据零件的互换程度,互换装配法可分为完全互换装配法和统计互换装配法。

1. 完全互换装配法

例 3-11　图 3-63 所示为某双联转子泵(摆线齿轮泵)的轴向装配关系简图。已知装配间隙要求为 $A_0 = 0.05 \sim 0.15$ mm,各组成环的基本尺寸为 $A_1 = 41$ mm,$A_2 = A_4 = 17$ mm,$A_3 = 7$ mm。试按极值法确定各组成零件有关尺寸的公差及上、下偏差。

解　首先根据题意绘制装配尺寸链图,如图 3-63 所示。判定封闭环为 $A_0 = 0^{+0.15}_{+0.05}$ mm,A_1 为增环,A_2、A_3 和 A_4 为减环。本题属于尺寸链的反计算问题,解决这类问题的关键是把封闭环公差合理地分配给各组成环和正确地选择协调环。

(1) 根据封闭环公差计算各组成环的平均公差。

$$T_{avA} = \frac{T_0}{n-1} = \frac{0.15 - 0.05}{5 - 1} \text{ mm} = 0.025 \text{ mm}$$

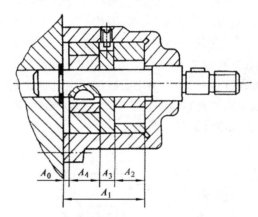

图 3-63　双联转子泵轴向装配关系简图

(2) 选择协调环。该例题中,考虑到组成环 A_2、A_3、A_4 均可用平面磨削方法来保证尺寸精度,其公差比较一致也容易确定,故选择 A_1 作为协调环。

(3) 确定各组成环的公差。在把封闭环公差分配给各组成环时,不应该绝对平均地分配,而应注意适当调配,调配时应遵循以下原则:①凡标准件,可根据标准或手册确定其公差;②按等精度原则分配公差;③按工艺等价原则确定各组成环零件的公差(即:难加工的零件,公差适当放宽;容易加工的零件,公差适当紧缩)。根据上述原则,取

$$T_2 = T_4 = 0.018 \text{ mm}, \quad T_3 = 0.015 \text{ mm}$$

则协调环公差为

$$T_1 = T_0 - (T_2 + T_3 + T_4) = [0.1 - (0.018 + 0.015 + 0.018)] \text{ mm} = 0.049 \text{ mm}$$

(4) 确定各组成环零件的上、下偏差。将组成环 A_2、A_3 和 A_4 的偏差按"入体原则"标注:

$$A_2 = A_4 = 17^{\ 0}_{-0.018} \text{ mm}, \quad A_3 = 7^{\ 0}_{-0.015} \text{ mm}$$

(5) 计算协调环 A_1 的上、下偏差。

$$ES_1 = ES_0 + EI_2 + EI_3 + EI_4$$
$$= [0.15 + (-0.018) + (-0.015) + (-0.018)] \text{ mm} = +0.099 \text{ mm}$$
$$EI_1 = ES_1 - T_1 = (0.099 - 0.049) \text{ mm} = +0.05 \text{ mm}$$

所以
$$A_1 = 41^{+0.099}_{+0.050} \text{ mm}$$

　　完全互换装配的优点是:装配质量稳定可靠;装配过程简单,装配效率高;易于实现自动装配;产品维修方便。不足之处是:当装配精度要求较高,尤其是在组成环较多时,组成环的制造公差规定得较严,零件制造困难,加工成本高。所以,完全互换装配法适用于在成批生产、大量生产中装配那些组成环较少或组成环虽多但装配精度要求不高的机器结构。

2. 统计互换装配法

　　统计互换装配法又称不完全互换装配法。其实质是将组成环的制造公差适当放大,使零件容易加工,这会使极少数产品的装配精度超出规定要求,但这种事件是小概率事件,很少发生,从总的经济效果分析,仍然是经济可行的。

　　为便于与完全互换装配法比较,现仍以图 3-63 所示摆线齿轮泵轴向装配关系为例说明。

例 3-12　已知条件与例 3-11 的相同,若各尺寸误差均服从正态分布,分布中心与公差带中心重合,即 $k_0 = k_1 = k_2 = k_3 = k_4 = 1$,$\alpha_1 = \alpha_2 = \alpha_3 = \alpha_4 = 0$。试以统计互换装配法解算各组成环的公差和极限偏差。

　　解　(1) 校核封闭环基本尺寸 A_0。
$$A_1 - (A_2 + A_3 + A_4) = [41 - (17 \times 2 + 7)] \text{ mm}$$

　　(2) 计算封闭环公差 T_0。
$$T_0 = (0.15 - 0.05) \text{mm} = 0.10 \text{ mm}$$

　　(3) 计算各组成环的平均公差 T_{avqA}。

已知 $|\xi_i| = 1$,$k_0 = k_1 = k_2 = k_3 = k_4 = 1$,代入式(3-11),得
$$T_0 = \frac{1}{k_0} \sqrt{\sum_{i=1}^{m} \xi_i^2 k_i^2 T_i^2} = \sqrt{m T_{\text{avqA}}^2}$$

$$T_{\text{avqA}} = T_0 / \sqrt{m} = (0.10 / \sqrt{4}) \text{ mm} = 0.05 \text{ mm}$$

　　与极值法计算得到的各组成环平均公差 $T_{\text{avqA}} = 0.025$ mm 相比,T_{avqA} 放大了 100%,组成环的制造变得容易了。

　　(4) 确定 A_1、A_2、A_3、A_4 的制造公差。以组成环平均公差为基础,参考各组成环尺寸大小和加工难易程度,确定各组成环制造公差。仍取 A_1 为协调环。因平均公差 T_{avqA} 接近于各组成环的 IT9,故本例按 IT9 确定 $A_2 \sim A_4$ 的公差。查公差标准得
$$T_2 = T_4 = 0.043 \text{ mm}, \quad T_3 = 0.036 \text{ mm}$$
由式(3-11),得
$$T_1 = \sqrt{T_0^2 - T_2^2 - T_3^2 - T_4^2} = \sqrt{0.10^2 - 0.043^2 \times 2 - 0.036^2} \text{ mm} \approx 0.071 \text{ mm}$$
T_1 的大小与 IT9 的公差相近,因此,将 A_1 的公差按 IT9 确定为 $T_1 = 0.062$ mm。

　　(5) 确定组成环的上、下偏差。按"入体原则"取 $A_2 = A_4 = 17_{-0.043}^{0}$ mm,$A_3 = 7_{-0.036}^{0}$ mm。由式(3-10),封闭环的中间偏差
$$\Delta_0 = \sum_{i=1}^{m} \xi_i (\Delta_i + \alpha_i T_i / 2)$$
已知 $\xi_1 = 1$,$\xi_2 = \xi_3 = \xi_4 = -1$,$\alpha_1 = \alpha_2 = \alpha_3 = \alpha_4 = 0$,代入上式得
$$\Delta A_0 = \Delta A_1 - \Delta A_2 - \Delta A_3 - \Delta A_4$$

$$\Delta_1 = \Delta_0 + \Delta_2 + \Delta_3 + \Delta_4 = [0.10 + (-0.0215) \times 2 + (-0.018)] \text{ mm} = 0.039 \text{ mm}$$
A_1 的极限偏差为
$$\text{ES}_1 = \Delta_1 + T_1 / 2 = (0.039 + 0.062/2) \text{ mm} = 0.070 \text{ mm}$$

$$EI_1 = \Delta_1 - T_1/2 = (0.039 - 0.062/2) \text{ mm} = 0.008 \text{ mm}$$

于是

$$A_1 = 41^{+0.070}_{+0.008} \text{ mm}$$

(6) 校核封闭环。

封闭环公差为

$$T_0 = \sqrt{T_1^2 + T_2^2 + T_3^2 + T_4^2} = \sqrt{0.062^2 + 0.043^2 \times 2 + 0.036^2} \text{ mm} \approx 0.094 \text{ mm}$$

极限偏差为

$$ES_0 = \Delta_0 + T_0/2 = (0.10 + 0.094/2) \text{ mm} = 0.147 \text{ mm}$$

$$EI_0 = \Delta_0 - T_0/2 = (0.10 - 0.094/2) \text{ mm} = 0.053 \text{ mm}$$

所以
$$A_0 = 0^{+0.147}_{+0.053} \text{ mm}$$

符合规定的装配间隙要求。

各组成环尺寸为

$$A_1 = 41^{+0.070}_{+0.008} \text{ mm}, \quad A_2 = A_4 = 17^{0}_{-0.043} \text{ mm}, \quad A_3 = 7^{0}_{-0.036} \text{ mm}$$

统计互换装配法的优点是：扩大了组成环的制造公差，零件制造成本低；装配过程简单，生产率高。不足之处是：装配后有极少数产品达不到规定的装配精度要求，需采取另外的返修措施。统计互换装配方法适用于在大批大量生产中装配那些装配精度要求较高且组成环又多的机器结构。

3.10.2.2 分组装配法(classified groups assembly method)

在大批大量生产中，装配那些精度要求特别高同时又不便于采用调整装置的部件，若用互换装配法装配，会造成组成环的制造公差过小，加工很困难或很不经济，此时可以采用分组装配法装配。

采用分组装配法装配时，组成环按加工经济精度制造，然后测量组成环的实际尺寸并按尺寸范围分成若干组，装配时被装零件按对应组号装配，要达到装配精度要求。现以汽车发动机活塞销孔与活塞销的分组装配为例来说明分组装配法的原理与方法。

在汽车发动机中，活塞销和活塞销孔的配合要求是很高的，图 3-64(a)所示为某生产厂汽车发动机活塞销 1 与活塞 3 销孔的装配关系，销子和销孔的基本尺寸为 $\phi28$ mm，在冷态装配时要求有 0.002 5～0.007 5 mm 的过盈量。若按完全互换装配法装配，需将封闭环公差 T_0。$(T_0 = 0.007\ 5 \text{ mm} - 0.002\ 5 \text{ mm} = 0.005\ 0 \text{ mm})$均等地分配给活塞销 $d(d = \phi28^{0}_{-0.002\ 5} \text{ mm})$与活塞销孔 $D(D = \phi28^{-0.005\ 0}_{-0.007\ 5} \text{ mm})$，制造这样精确的销孔和销子是很困难的，也是不经济的。生产上常用分组装配法装配来保证上述装配精度要求，方法如下。

将活塞和活塞销孔的制造公差同向放大 4 倍，让 $d = \phi28^{0}_{-0.010} \text{ mm}, D = \phi28^{-0.005}_{-0.015} \text{ mm}$；然后在加工好的一批工件中，用精密量具测量，将销孔孔径 D 与销子直径 d 按尺寸从大到小分成 4 组，分别涂上不同颜色的标记；装配时让具有相同颜色标记的销子与销孔相配，即让大销子配大销孔、小销子配小销孔，以保证达到上述装配精度要求。图 3-64(b)给出了活塞销和活塞销孔的分组公差带位置。

采用分组装配法装配最好能使两相配件的尺寸分布曲线具有完全相同的对称分布曲线，如果尺寸分布曲线不相同或不对称，则将因各组相配零件数不等而不能完全配套，造成浪费。

采用分组装配法装配时，零件的分组数不宜太多，否则会因零件测量、分类、保管、运输工作量的增大而使生产组织工作变得相当复杂。

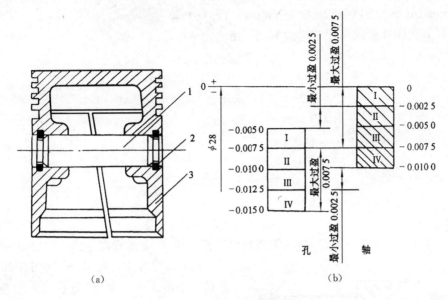

图 3-64　活塞销与活塞的装配关系

分组装配法装配的主要优点是：零件虽制造精度不高，但可获得很高的装配精度；组内零件可以互换，装配效率高。不足之处是：增加了零件测量、分组、存储、运输的工作量。分组装配法适用于在大批大量生产中装配那些组成环少而装配精度又要求特别高的机器结构。

3.10.2.3　修配装配法（fitting assembly method）

在单件和小批生产中装配那些装配精度要求高、组成环又多的机器结构时，常用修配装配法装配。采用修配装配法装配时，各组成环均按该生产条件下经济可行的精度等级加工，装配时封闭环所积累的误差，势必会超出规定的装配精度要求；为了达到规定的装配精度，装配时需修配装配尺寸链中某一组成环的尺寸（此组成环称为修配环）。为减少修配工作量，应选择那些便于进行修配的组成环作为修配环。

在采用修配装配法装配时，要求修配环必须留有足够但又不太大的修配量，现举例说明。

例 3-13　图 3-65 是车床溜板箱齿轮与床身齿条的装配结构，为保证车床溜板箱沿床身导轨移动平稳、灵活，要求溜板箱齿轮与固定在床身上的齿条间在垂直平面内必须保证有 $0.17 \sim 0.28$ mm 的啮合间隙。从分析影响齿轮、齿条啮合间隙 A_0 的有关尺寸入手，可以建立图3-65所示的装配尺寸链。已知 $A_1 = 50$ mm，$A_2 = 25$ mm，$A_3 = 15.74$ mm，$A_4 = 71.74$ mm，$A_5 = 22$ mm。要求 $A_0 = 0^{+0.28}_{+0.17}$ mm，试确定修配环尺寸并验算修配量。

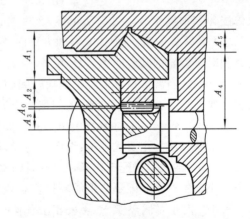

图 3-65　车床溜板箱齿轮与床身齿条的装配结构

解　（1）选择修配环。为便于修配，选取组成环 A_2 为修配环。

（2）确定组成环极限偏差。按加工经济精度确定各组成环公差，并按"入体原则"确定极限偏差，得 $A_1 = 53h10 = 53^{\ 0}_{-0.12}$ mm，$A_3 = 15.74h11 = 15.74^{\ 0}_{-0.055}$ mm，$A_4 = 71.74js11 = 71.74$

± 0.095 mm, $A_5 = 22js11 = 22 \pm 0.065$ mm, 并设 $A_2 = 25^{+0.13}_{0}$ mm。

(3) 计算封闭环极限尺寸 A_{0max}、A_{0min}。由式(3-4)、式(3-5)知

$$A_{0max} = A_{4max} + A_{5max} - A_{1min} - A_{2min} - A_{3min}$$
$$= [(71.74 + 0.095) + (22 + 0.065)$$
$$- (53 - 0.12) - 25 - (15.74 - 0.055)] \text{ mm}$$
$$= 0.335 \text{ mm}$$

$$A_{0min} = A_{4min} + A_{5min} - A_{1max} - A_{2max} - A_{3max}$$
$$= [(71.74 - 0.095) + (22 - 0.065) - 53$$
$$- (25 + 0.13) - 15.74] \text{ mm}$$
$$= -0.29 \text{ mm}$$

由此可知 $$A_0 = 0^{+0.335}_{-0.290} \text{ mm}$$

由于封闭环 A_0 不符合装配要求,需通过修配修配环 A_2 来达到规定的装配精度。

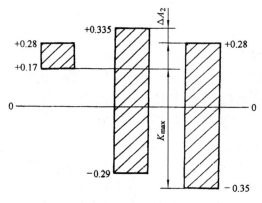

图 3-66　修配装配法与修配环尺寸的确定

(4) 确定修配环尺寸 A_2。图 3-66 左侧公差带图给出了装配要求,溜板箱齿轮与床身齿条间在垂直平面内的啮合间隙最大为 0.28 mm,最小为 0.17 mm。图 3-66 中部方框图给出的是按上述组成环尺寸计算得到的齿条相对于齿轮的啮合间隙变化范围,最大为 +0.335 mm,最小为 -0.29 mm。当齿条相对于齿轮的啮合间隙大于 0.28 mm 时,就将无法通过修配组成环 A_2 来达到规定的装配精度要求。分析图 3-65 所示尺寸关系可知,适当增大修配环 A_2 的基本尺寸可以使修配环 A_2 留有必要的修配量,但修配环 A_2 的基本尺寸增大,装配过程中的修配量将相应增大。为使最大修配量不致过大,修配环 A_2 基本尺寸增量 ΔA_2 可取为

$$\Delta A_2 = (0.335 - 0.28) \text{ mm} \approx 0.06 \text{ mm}$$

故修配环基本尺寸 $A_2 = 25 + \Delta A_2 = (25 + 0.06)$ mm $= 25.06$ mm。

(5) 验算修配量。图 3-66 右侧方框图给出的是当修配环按 $A_2 = 25.06^{+0.13}_{0}$ mm 制造时,齿条相对于齿轮的啮合间隙变化范围,最大为 +0.28 mm,最小为 -0.29 mm - 0.06 mm = -0.35 mm。当齿条相对于齿轮的啮合间隙为最大值(+0.28 mm)时,无须修配就能满足装配精度要求;当齿条相对于齿轮的间隙为 -0.35 mm 时,修配环的修配量最大,A_2 的最大修配量 $K_{max} = (0.35 + 0.17)$ mm $= 0.52$ mm。验算结果表明修配环的修配量是合适的。

修配装配法的主要优点是:组成环均能以加工经济精度制造,但可获得很高的装配精度。不足之处是:增大了修配工作量,生产率低;对装配工人的技术水平要求高。修配装配法常用于单件小批生产中装配那些组成环较多而装配精度又要求较高的机器结构。

3.10.2.4　调整装配法(adjustment assembly method)

装配时用改变调整件在机器结构中的相对位置或选用合适的调整件来达到装配精度的装配方法,称为调整装配法。

调整装配法与修配装配法的原理基本相同。在以装配精度要求为封闭环建立的装配尺寸链中,除了调整环以外,各组成环均以加工经济精度制造,扩大了组成环制造公差累积造成的

封闭环过大的误差,需通过调节调整件相对位置的方法消除,最后达到装配精度要求。调节调整件相对位置的方法有可动调整法、固定调整法和误差抵消调整法三种。

1. 可动调整法

用螺钉 1 来调整轴承外环相对于内环的位置,从而使滚动体与内环、外环间具有适当间隙,螺钉 1 调到位后,用螺母 2 压紧,如图 3-67(a)所示。车床刀架横向进给机构中丝杠螺母副间隙调整机构如图 3-67(b)所示,丝杠与螺母间隙过大时,可拧动螺钉 1,调节撑垫 4 的上下位置,使螺母 2、5 分别靠紧丝杠 3 的两个螺旋面,以减小丝杠与螺母 2、5 之间的间隙。

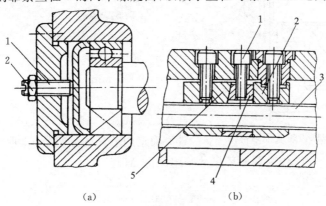

(a)　　　　　　　　　　(b)

图 3-67　可动调整法装配示例
1—螺钉;2,5—螺母;3—丝杠;4—撑垫

可动调整法的主要优点是:零件制造精度不高,但可获得比较高的装配精度;在机器使用中可随时通过调节调整件的相对位置来补偿因磨损、热变形等而引起的误差,使之恢复到原来的装配精度;它比修配装配法操作简便,易于实现。不足之处是:需增加一套调整机构,但增大了结构复杂程度。可动调整法在生产中应用甚广。

2. 固定调整法

在以装配精度要求为封闭环建立的装配尺寸链中,组成环均按加工经济精度制造,由于扩大了组成环制造公差累积造成的封闭环过大的误差,通过更换不同尺寸的固定调整环进行补偿,达到装配精度要求。这种装配方法称为固定调整法。

例 3-14　图 3-68 所示的双联齿轮装配后要求轴向具有间隙 $A_0 = 0^{+0.20}_{+0.05}$ mm,已知 $A_1 = 115$ mm,$A_2 = 8.5$ mm,$A_3 = 95$ mm,$A_4 = 2.5$ mm,$A_5 = 9$ mm,试以固定调整法解算各组成环的极限偏差,并求调整环的分组数和调整环尺寸系列。

解　(1)建立装配尺寸链。从分析影响装配精度要求的有关尺寸入手,建立以装配精度要求为封闭环的装配尺寸链,如图 3-68 所示。

(2)选择调整环。选择加工比较容易、装卸比较方便的组成环 A_5 作为调整环。

(3)确定组成环公差。按加工经济精度规定各组成环公差并确定极限偏差:$A_2 = 8.5^{\ 0}_{-0.10}$ mm,$A_3 = 95^{\ 0}_{-0.10}$ mm,$A_4 = 2.5^{\ 0}_{-0.12}$ mm,$A_5 = 9^{\ 0}_{-0.03}$ mm。已知 $A_0 = 0^{+0.20}_{+0.05}$ mm,组成环 A_1 的下偏差由图 3-68 所列尺寸链计算确定。

因为

$$EI_0 = EI_1 - ES_2 - ES_3 - ES_4 - ES_5$$

所以

$$EI_1 = EI_0 + ES_2 + ES_3 + ES_4 + ES_5$$

$$= (0.05 + 0 + 0 + 0 + 0)\ mm = 0.05\ mm$$

为便于加工,令 A_1 的制造公差 $T_1 = 0.15$ mm,故 $A_1 = 115^{+0.20}_{+0.05}$ mm。

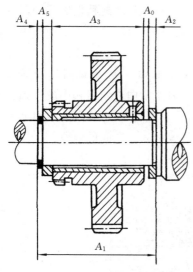

图 3-68 车床主轴双联齿轮装配结构图

（4）确定调整范围 δ。在未装入调整环 A_5 之前，先实测齿轮端面轴向空隙 A 的大小，再选一个合适的调整环 A_5 装入该空隙中，要求达到装配要求。所测空隙 $A=A_5+A_0$，A 的变动范围就是所要求取的调整范围 δ。

$$A_{max} = A_{1max} - A_{2min} - A_{3min} - A_{4min}$$
$$= [(115+0.20)-(8.5-0.1)$$
$$-(95-0.1)-(2.5-0.12)]\ mm$$
$$= 9.52\ mm$$

$$A_{min} = A_{1min} - A_{2max} - A_{3max} - A_{4max}$$
$$= [(115+0.05)-8.5-95-2.5]\ mm$$
$$= 9.05\ mm$$

所以

$$\delta = A_{max} - A_{min} = (9.52-9.05)\ mm = 0.47\ mm$$

（5）确定调整环的分组数 i。取封闭环公差与调整环制造公差之差 T_0-T_5 作为调整环尺寸分组间隙 Δ，则

$$i = \frac{\delta}{\Delta} = \frac{\delta}{T_0-T_5} = \frac{0.47}{0.15-0.03} \approx 3.9$$

取 $i=4$。调整环分组不宜过多，否则组织生产较麻烦，i 取为 3～4 较为适宜。

（6）确定调整环 A_5 的尺寸系列。当实测间隙 A 出现最小值 A_{min} 时，在装入一个最小基本尺寸的调整环 A_5' 后，应能保证齿轮轴向具有装配精度要求的最小间隙值（$A_{0min}=0.05\ mm$），如图 3-69 所示。由图 3-69 知，最小一组调整环的基本尺寸应为 $A_5'=A_{min}-A_{0min}=(9.05-0.05)\ mm=9\ mm$。以此为基础，再依次加上一个尺寸间隙 Δ（$\Delta=T_0-T_5=0.12\ mm$），便可求得调整环 A_5 的尺寸系列为：$9_{-0.03}^{0}\ mm$、$9.12_{-0.03}^{0}\ mm$、$9.24_{-0.03}^{0}\ mm$、$9.36_{-0.03}^{0}\ mm$。各调整环的适用范围见表 3-16。

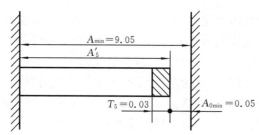

图 3-69 装配尺寸关系图

表 3-16 调整环尺寸系列及其适用范围

编　　号	调整环尺寸/mm	适用的间隙 A/mm	调整后的实际间隙/mm
1	$9_{-0.03}^{0}$	9.05～9.17	0.05～0.20
2	$9.12_{-0.03}^{0}$	9.17～9.29	0.05～0.20
3	$9.24_{-0.03}^{0}$	9.29～9.41	0.05～0.20
4	$9.36_{-0.03}^{0}$	9.41～9.52	0.05～0.19

固定调整法适用于在大批大量生产中装配那些装配精度要求较高的机器结构。在产量大、装配精度要求较高的场合,调整件还可以采用多件拼合的方式组成,方法如下:预先将调整垫做成不同厚度(例如 0.1,0.2,0.3,…,0.9 mm 等),再准备一些更薄的调整片(例如 0.01, 0.02,0.05,…,0.10 mm 等);装配时根据所测实际空隙 A 的大小,把不同厚度的调整垫拼成所需尺寸,然后把它装到空隙中,使装配结构达到装配精度要求。这种调整装配方法比较灵活,在汽车、拖拉机生产中应用广泛。

3. 误差抵消调整法

在机器装配中,通过调整被装零件的相对位置,使加工误差相互抵消,可以提高装配精度。这种装配方法称为误差抵消调整法,在机床装配中应用较多。例如:在车床主轴装配中通过调整前后轴承的径向跳动方向来控制主轴的径向跳动;在滚齿机工作台分度蜗轮装配中,采用调整蜗轮和轴承的偏心方向来抵消误差,以提高分度蜗轮的工作精度。

调整装配法的主要优点是:组成环均能以加工经济精度制造,但可获得较高的装配精度;装配效率比修配装配法的高。不足之处是:要另外增加一套调整装置。

可动调整法和误差抵消调整法适用于小批生产,固定调整法则主要用于大批大量生产。

3.10.3　装配工艺规程设计

1. 研究产品装配图和装配技术条件

装配工艺规程设计首先要完成的工作有:审核产品图样的完整性、正确性;对产品结构进行装配尺寸链分析,对机器主要装配技术条件逐一进行研究分析,包括保证装配精度的装配工艺方法、零件图相关尺寸的精度设计等;对产品结构进行结构工艺性分析。如果发现问题,应及时提出,并同有关工程技术人员商讨图样修改方案,报主管领导审批。

2. 确定装配的组织形式

装配的组织形式有固定式装配和移动式装配两种。

(1) 固定式装配　固定式装配是指全部装配工作都在固定工作地进行。根据生产规模,固定式装配又可分为集中式固定装配和分散式固定装配。按集中式固定装配,整台产品的所有装配工作都由一个工人或一组工人在一个工作地集中完成。它的工艺特点是:装配周期长,对工人技术水平要求高,工作地面积大。按分散式固定装配,整台产品的装配分为部装和总装,各部件的部装和产品的总装分别由几个或几组工人同时在不同工作地分散完成。它的工艺特点是:产品的装配周期短,装配工作专业化程度较高。固定式装配多用于单件小批生产。在成批生产中装配那些重量大、装配精度要求较高的产品(如车床、磨床等)时,有些工厂采用固定流水装配形式进行装配,装配工作地固定不动,装配工人则带着工具沿着装配线上一个个固定式装配台重复完成某一装配工序的装配工作。

(2) 移动式装配　被装配产品(或部件)不断地从一个工作地移到另一个工作地,每个工作地重复地完成某一固定的装配工作。移动式装配又有自由移动式装配和强制移动式装配两种。自由移动式装配适用于在大批大量生产中装配那些尺寸和重量都不大的产品或部件。强制移动式装配又可分为连续移动式装配和间歇移动式装配。连续移动式装配不适于装配那些装配精度要求较高的产品。

装配组织形式的选择主要取决于产品结构特点(包括尺寸和重量等)和生产类型,并应考虑现有生产条件和设备。

3. 划分装配单元,确定装配顺序,绘制装配工艺系统图

将产品划分为套件、组件、部件等能进行独立装配的装配单元,是设计装配工艺规程中最为重要的一项工作,这对于大批大量生产中那些结构较为复杂的产品尤为重要。无论是哪一级装配单元,都要选定某一零件或比它低一级的装配单元作为装配基准件。装配基准件通常是产品的基体件或主干零部件,基准件应有较大的体积和重量,应有足够的支承面。

在划分装配单元、确定装配基准零件之后即可安排装配顺序,并以装配工艺系统图的形式表示出来。安排装配顺序的原则是:先下后上,先内后外,先难后易,先精密后一般。图 3-70 是车床床身部件图,图 3-71 是它的装配工艺系统图。

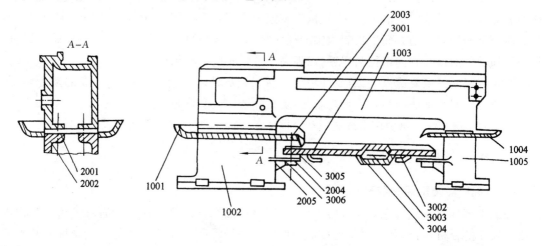

图 3-70　车床床身部件图

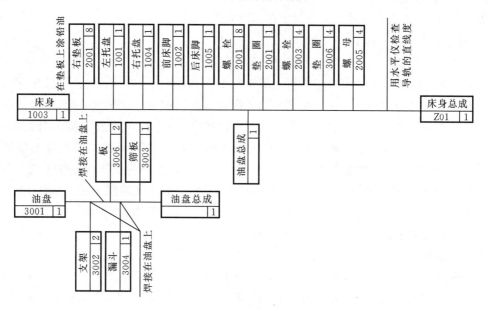

图 3-71　床身部件装配工艺系统图

4. 划分装配工序,进行工序设计

(1) 划分装配工序,确定工序内容;

(2) 确定各工序所需设备及工具,如需专用夹具与设备,需提交设计任务书;

（3）制定各工序装配操作规范,如过盈配合的压入力、装配温度及拧动紧固件的额定扭矩等;

（4）制定各工序装配质量要求与检验方法;

（5）确定各工序的时间定额,平衡各工序的装配节拍。

5. 编制装配工艺文件

单件小批生产时,通常只绘制装配工艺系统图,按产品装配图及装配工艺系统图规定的装配顺序进行装配。

成批生产时,通常还编制部装、总装工艺卡,按工序标明工序工作内容、设备名称、工夹具名称与编号、工人技术等级、时间定额等。

在大批大量生产中,不仅要编制装配工艺卡,还要编制装配工序卡,指导工人装配。此外,还应按产品装配要求,编制检验卡、试验卡等工艺文件。

3.10.4　用三维 CAPP 工具设计装配工艺规程示例

下面以图 3-72～图 3-75 所示减速机为例,来说明采用开目 3DAST 软件规划与仿真产品装配工艺过程的方法。说明过程中将用到的关键术语,如产品、装配步骤、装配活动、合件、属性、技术图解等,它们的具体含义如下。

（1）产品:待规划装配工艺的机器产品的三维装配模型。开目 3DAST 支持 NX、Creo、CATIA、Solidworks、Inventor、Parasolid、IGES 和 STEP 等软件设计的装配模型。

（2）装配步骤:每一个产品的装配过程均由若干装配步骤组成。规划装配工艺时,需要为每个装配步骤确定装配路径轨迹。

（3）装配活动:零部件由初始位置到装配位置的装配路径轨迹集合。一个装配步骤可以包含若干个装配活动。

（4）合件:在当前装配步骤之前已安装的部件。

图 3-72　减速机外观(一)

图 3-73　减速机外观(二)

（5）属性:在开目 3DAST 中,用于描述零部件、装配步骤、装配活动的一组信息。其中,零部件的属性一般包括颜色、透明度、纹理显示等;装配步骤的属性一般包括工序信息、工序的配套件和自定义属性等;装配活动的属性一般包括工步信息、运动轨迹及运动时间、自定义属性和音频注释等。

（6）技术图解:二维文本、二维图像、标记、标签、序号标注、BOM 表格、尺寸标注和局部放大图等用来增强描述装配过程的可视化图文信息。

采用开目 3DAST 规划产品的三维装配工艺过程的主要步骤如下。

（1）导入所设计的三维产品模型,生成产品结构树。

图 3-74 减速机内部构造

（2）通过装配过程定义及管理功能来规划装配的每一道工序，指定每一道工序装配的零部件，定义零部件的装配动作。

（3）根据实际需要，在每一道装配工序中加入多种类型的注释（标注）、有引出的说明性文字（标签）、固定在图面上的文字或图像、零部件序号（形式上类似于引出标注），然后自动产生工序配套件的明细表。

（4）根据实际需要，在每一道装配工序中添加所使用的扳手、螺钉旋具等工艺装备，定义使用工艺装备辅助完成零部件装配过程的细节，然后指定每道装配工序的名称、内容、装配要求、检测要求等内容，并将规划结果打印输出。

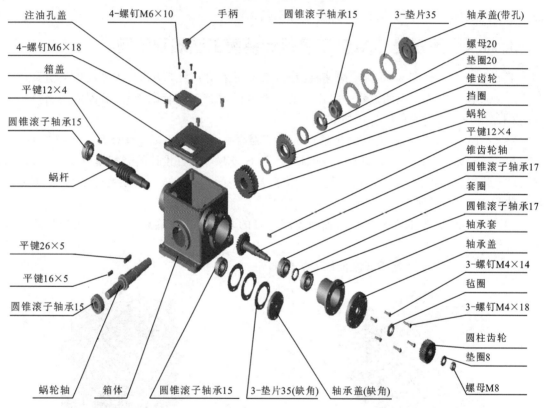

图 3-75 减速机爆炸图

用开目 3DAST 对减速箱进行三维装配工艺规划的具体操作过程可以扫描 3DAST 二维码了解。

3DAST

习题与思考题

3-1 什么是机械加工的工艺过程、工艺规程？工艺规程在生产中起何作用？

3-2 什么是工序、工位、工步、走刀？

3-3 何谓生产纲领？它对工艺过程有哪些影响？如何计算生产纲领？

3-4 机械加工工艺规程的主要作用是什么？

3-5 何谓结构工艺性？结构工艺性分析主要包括哪些工作？

3-6 选择毛坯制作方法时要考虑的主要因素是什么？

3-7 机械加工工艺过程为什么通常划分加工阶段？各加工阶段的主要作用是什么？

3-8 何谓工序集中与工序分散？各有何特点？

3-9 试说明安排切削加工工序顺序的原则。

3-10 举例说明粗、精基准的选择原则。

3-11 何谓尺寸链？何谓工艺尺寸链及装配尺寸链？如何判断尺寸链的封闭环？

3-12 题图 3-1 所示为普通车床尾座套筒部件装配图，要求盖 1 在顶尖套筒 2 上固定后，螺母 3 在套筒 2 内的轴向窜动量不得大于 0.5 mm。已知 $A_1 = 60$ mm，$A_2 = 57$ mm，$A_3 = 3$ mm，试按等精度法和等公差法求各组成环偏差。

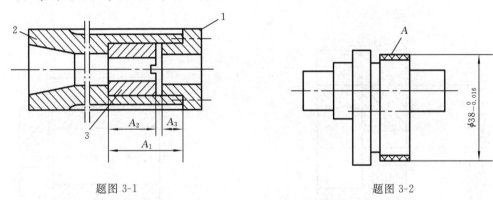

题图 3-1　　　　　　　　　　　　　　　题图 3-2

3-13 需对题图 3-2 所示的偏心轴零件的 A 表面进行渗碳处理，渗碳层深度要求为 0.8～0.5 mm。零件上与此有关的加工过程如下：

(1) 精车 A 面，保证尺寸 $\phi 38.4_{-0.1}^{\ 0}$ mm；

(2) 渗碳处理，控制渗碳层深度为 t；

(3) 精磨 A 面，保证尺寸 $\phi 38.0_{-0.016}^{\ 0}$ mm，同时保证渗碳层深度达到规定要求。

试确定 t 的数值。

3-14 题图 3-3 所示齿轮轴的有关工序为：精车 A 面，以 A 面为基准精车 B 面，保证 A、B 间距离为 L_1，以 B 面为基准精车 C 面，保证 B、C 间距离为 L_2；热处理；以余量为 $Z = 0.2 \pm 0.05$ mm 靠磨 B 面，达到图样要求。求工序尺寸 L_1、L_2 及其公差。(注：靠磨是指在磨端面时，由操作者根据砂轮接触工件时产生的火花大小，凭经验来判断和控制磨削余量。因此靠磨时磨削余量是直接保证的，是尺寸链的组成环。)

3-15 对于题图 3-4 所示零件的 A、B、C 面，$\phi 10H7$ 及 $\phi 30H7$ 孔均已加工，试分析加工 $\phi 12H7$ 孔时，选用哪些表面来定位最为合理？为什么？

3-16 题图 3-5 所示零件有关轴向尺寸的加工工序如下：

(1) 在车床上用棒料加工，先车 A 面，车光即可；车 B 面，保证 A 面到 B 面的距离尺寸为 A_1；在 C 处切断，保证 A 面到 C 面的距离尺寸为 A_2；该尺寸的经济公差为 0.2 mm；

(2) 在平面磨床上以 A 面定位磨 C 面，保证 A、C 面之间的距离尺寸为 A_3；

(3) 在平面磨床上以 C 面定位磨 A 面，保证尺寸 $30_{-0.04}^{\ 0}$ mm，并同时间接保证尺寸 $15_{0}^{+0.02}$ mm。

若已知最小磨削余量为 0.1 mm，磨削时的经济公差为 0.03 mm。试确定工序 A_1、A_2、A_3

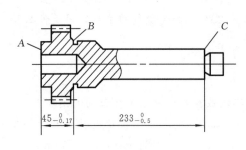

题图 3-3

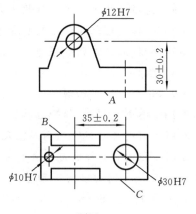

题图 3-4

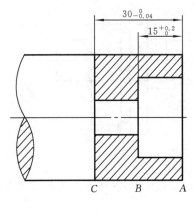

题图 3-5

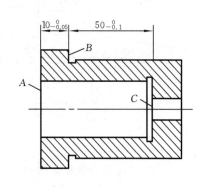

题图 3-6

及其公差。

3-17 题图 3-6 所示零件的有关轴向尺寸加工工序如下:

(1) 以 A 面(毛面)定位粗车 B 面,保证 A 面至 B 面的距离为 $A_1 \pm T_1/2$;

(2) 以粗车后的 B 面定位,粗车 A 面,保证 B、A 面间的距离为 $A_2 \pm T_2/2$,以 A 面为测量基准粗车 C 面,保证工序尺寸 $A_3 \pm T_3/2$;

(3) 以 A 面为精基准,精车 B 面保证 A、B 面间距离为 $A_4 \pm T_4/2$;

(4) 以 B 面为精基准,精车 A 面,保证设计尺寸 $10_{-0.05}^{\ 0}$ mm;以 A 面为测量基准精车 C 面,保证工序尺寸为 $A_6 \pm T_6/2$,此时应间接保证设计尺寸 $50_{-0.1}^{\ 0}$ mm。

若各有关工序经济加工公差分别为:$T_1 = 0.8$ mm,$T_2 = 0.3$ mm,$T_3 = 0.4$ mm,$T_4 = 0.2$ mm;以光面定位粗车时的最小余量为 1 mm,精车时的最小余量为 0.2 mm。试确定各工序尺寸及其公差。

3-18 什么是加工余量?加工余量同工序尺寸与公差之间有何关系?

3-19 加工余量如何确定?影响工序间加工余量的因素有哪些?举例说明是否在任何情况下都要考虑这些因素?

3-20 题图 3-7 所示零件上平面的工艺过程为:粗铣—精铣—粗磨—精磨(底面已加工好)。试求各工序的工序尺寸及公差(材料为 45 钢)。

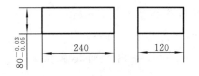

题图 3-7

3-21　何谓工序单件时间？如何计算工序单件时间？

3-22　何谓劳动生产率？提高机械加工劳动生产率的主要工艺措施有哪些？

3-23　什么是生产成本、工艺成本？什么是可变费用、不变费用？什么是全年工艺成本、单件工艺成本？怎样比较不同工艺方案的经济性？

3-24　什么是成组技术？如何实施？

3-25　何谓 CAPP？CAPP 主要包括哪些功能？

3-26　何谓零件、套件、组件和部件？何谓机器的总装？

3-27　保证装配精度的尺寸链解算方法有哪几种？各适用于什么装配场合？

3-28　设有一轴、孔配合，若轴的尺寸为 $\phi 80_{-0.10}^{0}$ mm，孔的尺寸为 $\phi 80_{0}^{+0.20}$ mm，试用极值法和概率法（不完全互换法）装配，分别计算其封闭环公称尺寸、公差和分布位置。

3-29　减速器中某轴上的尺寸为 $A_1=40$ mm，$A_2=36$ mm，$A_3=4$ mm，要求装配后齿轮轴向间隙 $A_0=0_{+0.10}^{+0.25}$ mm，结构如题图 3-8 所示。试用极值法确定 A_1、A_2、A_3 的公差及其分布位置。

3-30　题图 3-9 所示为车床溜板与床身导轨装配图，为保证溜板在床身导轨上准确移动，装配技术要求规定，其配合间隙为 0.01～0.03 mm。试用修配法确定各零件有关尺寸及其公差。

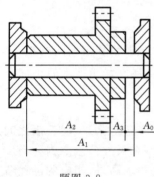

题图 3-8

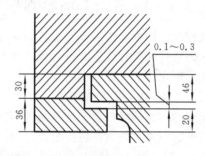

题图 3-9

3-31　题图 3-10 所示为传动轴装配图。现采用调整法装配，以右端垫圈为调整环 A_1，装配精度要求 $A_0=0.05$～0.20 mm（双联齿轮的端面跳动量）。试采用固定调整法确定各组成零件的尺寸及公差，并计算加入调整垫片的组数及各组垫片的尺寸及公差。

给定 $T_{104}=0.2$ mm、$T_{8.5}=0.05$ mm、$T_{115}=0.3$ mm；左端垫圈为标准件，尺寸及公差为 $2.5_{-0.12}^{0}$ mm。

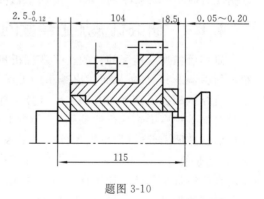

题图 3-10

机械加工质量分析与控制

机械产品的质量和使用性能同组成机械产品的机械零件的加工和装配质量有直接关系，保证机械零件加工质量是保证机械产品质量的基础。

机械加工质量包括机械加工精度和表面质量两方面的内容，前者指机械零件加工后宏观的尺寸、形状和位置精度，后者主要指零件加工后表面的微观几何形状精度、物理性能、力学性能。加工精度和表面质量的形成机理有很大不同。

4.1 机械加工精度与获得方法

4.1.1 机械加工精度的基本概念

机械加工精度是指零件加工后的实际几何参数（包括尺寸、形状和表面间的相互位置）与理想几何参数的符合程度。符合程度越高，精度就越高。加工误差是指加工后零件的实际几何参数对理想几何参数的偏离程度。加工误差是表示加工精度高低的数量指标，一个零件的加工误差越小，加工精度就越高。

零件的加工精度包含三方面的内容：尺寸精度、形状精度和位置精度。这三者之间是有联系的。形状误差应限制在位置公差之内，而位置误差又应限制在尺寸公差之内。当尺寸精度要求高时，相应的位置精度、形状精度也要求高。但形状精度要求高时，相应的位置精度和尺寸精度有时不一定要求高。零件的加工精度应根据零件的功能要求确定。

4.1.2 研究机械加工精度的目的和方法

研究机械加工精度的目的在于掌握机械加工工艺的基本理论，分析各种工艺因素对加工精度的影响及其规律，从而找出减小加工误差、提高加工精度和效率的工艺途径。

研究机械加工精度的方法主要有分析计算法和统计分析法。分析计算法是在掌握各原始误差对加工精度影响规律的基础上，分析工件加工中所出现的误差可能是哪一个或哪几个主要原始误差所引起的（即单因素分析或多因素分析），并找出原始误差与加工误差之间的影响关系，进而通过估算来确定工件的加工误差的大小，再通过试验测试来加以验证。统计分析法是对在具体加工条件下加工得到的零件几何参数进行实际测量，然后运用数理统计学方法对这些测试数据进行分析处理，找出工件加工误差的规律和性质，进而控制加工质量。分析计算法主要是在对单项原始误差进行分析计算的基础上进行的，统计分析法则是在对有关的原始误差进行综合分析的基础上进行的。统计分析法只适用于批量生产。

生产中常常将上述两种方法结合起来使用，即首先用统计分析法寻找加工误差产生的规律，初步判断产生加工误差的可能原因，然后运用计算分析法进行分析、试验，找出影响工件加工精度的主要原因。

4.1.3　获得机械加工精度的方法

1. 获得尺寸精度的方法

（1）试切法（machining by trial cuts）　它是通过试切→测量→调整反复进行直到被加工尺寸达到要求为止的加工方法。试切法的加工效率低、劳动强度大，且要求操作者有较高的技术水平，主要适用于单件小批生产。

（2）调整法（machining on preset machine tool）　它是预先调整好刀具和工件在机床上的相对位置，并在一批零件的加工过程中保持此位置不变，以保证被加工零件尺寸的加工方法。调整法广泛采用行程挡块、行程开关、靠模、凸轮或夹具等来保证加工精度。这种方法加工效率高，加工精度稳定可靠，无须操作工人有很高的技术水平，且劳动强度较小，广泛应用于成批、大量和自动化生产中。

（3）定尺寸刀具法（dimensioning cutting tool）　它是用刀具的相应尺寸来保证工件被加工部位的尺寸的加工方法，如钻孔、铰孔、拉孔、攻螺纹、用镗刀块加工内孔、用组合铣刀铣工件两侧面和槽面等就是采用的定尺寸刀具法。这种方法的加工精度主要取决于刀具的制造、刃磨质量和切削用量等，其生产率较高，刀具制造较复杂，常用于孔、槽和成形表面的加工。

（4）自动控制法　它是在加工过程中，通过由尺寸测量装置、动力进给装置和控制机构等组成的自动控制系统，自动完成工件尺寸的测量、刀具的补偿调整和切削加工等一系列动作，当工件达到尺寸要求时，发出指令停止进给和加工，从而自动获得所要求尺寸精度的一种加工方法。如数控机床就是通过数控装置、测量装置及伺服驱动机构来控制刀具或工作台按设定的规律运动，从而保证零件加工的尺寸等精度。

2. 获得形状精度的方法

（1）轨迹法（locus shaping method）　轨迹法是依靠刀具与工件的相对运动轨迹获得加工表面形状的加工方法。如车削加工时，工件做旋转运动，刀具沿工件旋转轴线方向做直线运动，则刀尖在工件加工表面上形成的螺旋线轨迹就是外圆或内孔。用轨迹法加工所获得的形状精度主要取决于刀具与工件的相对运动（成形运动）精度。

（2）成形法（forming）　成形法是利用成形刀具对工件进行加工来获得加工表面形状的方法，如用曲面成形车刀加工回转曲面、用模数铣刀铣削齿轮、用花键拉刀拉花键槽等。用成形法加工所获得的形状精度主要取决于刀刃的形状精度和成形运动精度。

（3）展成法（generating）　展成法是利用工件和刀具做展成切削运动来获得加工表面形状的加工方法。如在滚齿机或插齿机上加工齿轮。用展成法获得成形表面时，刀刃必须是被加工表面发生线（曲线）的共轭曲线，而作为成形运动的展成运动必须保持刀具与工件确定的速比关系。

3. 获得位置精度的方法

1）一次装夹获得法

一次装夹获得法是指零件有关表面间的位置精度是在工件的同一次装夹中、由各有关刀具相对工件的成形运动之间的位置关系保证的加工方法。如轴类零件车削时外圆与端面的垂直度，箱体孔系加工中各孔之间的同轴度、平行度和垂直度等，均可采用一次装夹获得法来保证。此时影响工件加工表面间位置精度的主要因素是所使用机床（及夹具）的几何精度，而与工件的定位精度无关。

2）多次装夹获得法

多次装夹获得法是指零件有关表面间的位置精度是由刀具相对工件的成形运动与工件定位基面（是工件在前几次装夹时的加工面）之间的位置关系保证的加工方法。如轴类零件上键槽对外圆表面的对称度,箱体平面与平面之间的平行度、垂直度,箱体孔与平面之间的平行度和垂直度等,均可采用多次装夹获得法来保证。

多次装夹获得法又可根据工件装夹方式的不同,划分为直接装夹法、找正装夹法和夹具装夹法三类。

(1) 直接装夹法 它是在机床上直接装夹工件来保证加工表面与定位基准面之间位置精度的加工方法。例如,在车床上加工一个要求保证与外圆同轴的内孔表面时,可采用三爪卡盘直接夹持工件的外圆面。显然,此时影响加工表面与定位基准面之间位置精度的主要因素是机床的几何精度。

(2) 找正装夹法 它是通过找正工件相对刀具切削刃口成形运动之间准确位置,来保证加工表面与定位基准面之间位置精度的加工方法。例如,在车床上加工一个与外圆同轴度精度要求很高的内孔时,可采用四爪卡盘夹持工件的外圆,并利用千分表找正工件的位置,使其外圆表面与车床主轴回转轴线同轴后再进行加工。此时,零件各有关表面之间的位置精度已不再与机床的几何精度有关,而主要取决于工件装夹时的找正精度。

(3) 夹具装夹法 它是通过夹具来确定工件与刀具切削刃口成形运动之间的准确位置,从而保证加工表面与定位基准面之间位置精度的加工方法。由于装夹工件时使用了夹具,故此时影响零件加工表面与定位基准面之间位置精度的主要因素,除了机床的几何精度以外,还有夹具的制造和安装精度。

4.2 原始误差对加工精度的影响

4.2.1 机械加工过程中的原始误差

机械加工中零件的尺寸、形状和相互位置误差,主要是因工件与刀具在切削运动中相互位置发生变动而产生的。由于工件和刀具安装在夹具和机床上,因此,机床、夹具、刀具和工件构成了一个完整的工艺系统。工艺系统中的各种误差,是造成零件加工误差的根源,故称之为原始误差。工艺系统的原始误差可以分为两大类:第一类是与工艺系统初始状态有关的原始误差,可简称静误差;第二类是与工艺过程有关的原始误差,可简称动误差。

加工过程中可能出现的各种原始误差可归纳如下。

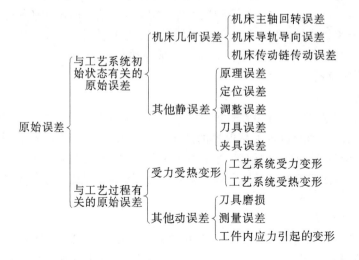

对于具体的加工过程,原始误差因素需要具体分析,上述原始误差不一定都会出现。例如,车削外圆时就不必考虑原理误差和机床传动链传动误差。

4.2.2　工艺系统原始误差对机械加工精度的影响及其控制

4.2.2.1　工艺系统原始误差对尺寸精度的影响及其控制

影响零件获得尺寸精度的主要因素包括尺寸测量精度、微量进给精度、微薄切削层的极限厚度、工件的定位和刀具的调整精度等。

1. 尺寸测量精度

尺寸测量精度即采用试切法加工时对工件试切尺寸的测量精度。保证尺寸测量精度的主要措施如下。

(1) 合理选择测量工具。测量工具的精度必然会对被测零件尺寸的测量精度产生直接的影响。通常测量工具的误差占被测尺寸误差的 10%～30%,对高精度零件可能占到 50%。因此,测量工具的精度应与被测尺寸的精度要求协调,可以参考表 4-1 选用。

表 4-1　测量工具精度系数

IT5	IT6	IT7	IT8	IT9	IT10	IT11～IT16
0.325	0.30	0.275	0.25	0.20	0.15	0.10

例如,测量外圆尺寸 $\phi 50h7$,即 $\phi 50_{-0.025}^{0}$,公差 $T=0.025$ mm。查表知,对应 IT7 的系数为 0.275,即测量工具的允许误差为 $0.275T=0.006\,875$ mm$=6.875$ μm。这时可选用 0 级千分尺,在 50～80 mm 范围内测量极限误差为 6 μm。

对测量工具的工作精度要定期校准。

(2) 选择的测量工具或测量方法应尽可能符合阿贝原则。阿贝原则是指零件上的被测线应与测量工具上的测量线重合或在其延长线上。例如,常用的外径千分尺、测深尺、立式测长仪和万能测长仪等是符合阿贝原则的,而游标卡尺及各种工具显微镜不符合阿贝原则。

(3) 多次重复测量、减小或消除随机误差。对被测零件尺寸进行多次重复测量,然后对测量数据进行处理,就可以减小测量过程中的随机误差,得到比较接近于被测零件尺寸真值的测量结果。

2. 微量进给精度

微量进给精度即采用试切法加工时机床进刀机构的微量进给精度。在机床上,微量进给大多是通过一套减速机构实现的,如通过蜗杆蜗轮、行星齿轮或棘轮棘爪等减速装置来获得微小的进给量。

提高微量进给精度的主要措施如下。

(1) 提高进给机构的传动刚度,包括:消除进给机构中各传动元件之间的间隙;在进给结构允许的条件下,适当加大进给机构中传动丝杠的直径,缩短传动丝杠的长度,以减少其在进给传动时的受力变形。

(2) 采用滚珠丝杠螺母、滚动导轨、静压螺母、静压导轨等,减小进给机构各传动副之间的摩擦力和静、动摩擦因数的差值。

3. 微薄切削层的极限厚度

微薄切削层的极限厚度即试切法加工时能切下切削层的最小厚度。加工时所能切下金属层的最小极限厚度主要取决于刀具或磨粒的刃口半径 ρ,以及工艺系统的刚度。

实现微薄切削层加工的主要措施如下。

（1）选择切削刃口半径小的刀具材料（如金刚石）或粒度号大的细磨粒磨料，并对刀具刃口进行精细研磨。

（2）提高刀架和刀具刚度。

4. 工件的定位和刀具的调整精度

采用调整法加工时，一批零件的尺寸精度主要取决于工件的定位和刀具的调整精度。

4.2.2.2　工艺系统原始误差对形状精度的影响及其控制

1. 影响形状精度的主要因素

在机械加工中，获得零件加工表面形状精度的基本方法是成形运动法。当零件形状精度要求超过现有机床设备所能提供的成形运动精度时，可以采用非成形运动法。

要想获得准确的表面形状，要求各成形运动本身及它们之间的位置关系、运动速比均准确无误。如加工圆柱面时，不仅要求回转运动和直线运动本身准确，还要求它们之间具有准确的相互位置关系——直线运动与回转运动轴线平行。加工螺旋面或渐开线齿面时，除了要求各成形运动本身和它们之间的相互位置关系准确以外，还要求有关成形运动之间具有准确的速度关系。这三类影响因素——各成形运动本身的精度、各成形运动之间的相互位置关系的精度和各成形运动之间的运动精度，可以统一归结为机床几何精度。

采用成形刀具加工时，形状精度还与成形刀具的制造安装精度有关。

采用非成形运动法获得零件加工表面形状时，影响加工精度的主要因素是加工表面形状的检测精度。

2. 原理误差

加工原理误差是指采用近似的成形运动或近似的刀刃轮廓进行加工而产生的误差。例如，用展成法滚切齿轮时，所用的滚刀存在两类原理误差：一是为了制造方便，采用阿基米德基本蜗杆或法向直廓基本蜗杆代替渐开线基本蜗杆而产生的刀刃齿廓近似造型误差；二是由于用于切削的滚刀不可能是连续的曲面，必须要有刀刃和容屑槽，实际上加工出的齿形是一条由微小折线段组成的曲线，与理论上的光滑渐开线有差异。这些都会产生加工原理误差。又如，用模数铣刀成形铣削齿轮时，尽管对同一种模数的齿轮，其齿数不同，则齿形也不同，但为了减少模数铣刀的种类，对同一模数的齿轮按齿数分组，同一组的齿轮用同一模数铣刀进行加工。该铣刀的参数按该组齿轮中齿数最少的齿形设计，这样对其他齿数的齿轮就会产生加工原理误差。再如，在采用普通公制丝杠的车床上加工英制螺纹，螺纹导程的换算参数包含无理数 π，不可能用调整挂轮的齿数来准确无误地实现，只能用近似的传动比值即近似的成形运动来加工。

采用近似的成形运动或近似的刀刃轮廓，虽然会带来加工原理误差，但往往可以简化机床结构或刀具形状，工艺上容易实现，有利于从总体上提高加工精度、降低生产成本、提高生产率。因此，原理误差的存在有时是合理的、可以接受的。但在精加工时，对原理误差需要仔细分析，必要时还需进行计算，以确保由其引起的加工误差不会超过规定的精度要求所允许的范围（一般，原理误差引起的加工误差应小于工件公差值的10%）。

3. 机床几何精度的影响及控制

引起机床误差的原因包括机床的制造误差、安装误差和磨损等。机床误差的项目很多，这里着重分析对工件加工精度影响较大的机床导轨导向误差、机床主轴回转误差和机床传动链传动误差。

1）机床导轨导向误差

导轨导向精度是指机床导轨副的运动件实际运动方向与理想运动方向的符合程度。两者之间的误差称为导向误差。

导轨是机床中确定主要部件相对位置的基准，也是运动的基准。导轨的导向精度是成形运动精度和工件加工精度的保证。

（1）直线导轨导向精度　在机床的精度标准中，直线导轨导向精度包括下列主要内容：

①导轨在水平面内的直线度 Δy（弯曲）（见图 4-1）；

②导轨在垂直面内的直线度 Δz（弯曲）（见图 4-1）；

③前后导轨的平行度 δ（扭曲）（见图 4-2）；

④导轨对主轴回转轴线的平行度（或垂直度）。

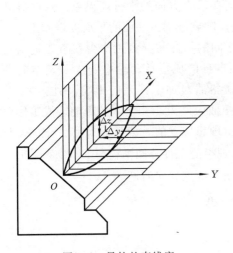

图 4-1　导轨的直线度

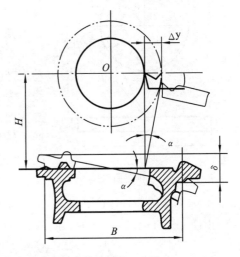

图 4-2　导轨扭曲引起的加工误差

（2）误差敏感方向　所谓误差敏感方向是指通过刀刃的加工表面的法线方向，在此方向上原始误差对加工误差影响最大。在分析机床导轨导向误差对工件加工精度的影响时，主要考虑该误差引起的刀具与工件在误差敏感方向上的相对位移。

以图 4-3 所示的外圆车削为例，工件的回转轴心在 O，刀尖正确位置在 A，设某一瞬时由于刀尖受到各种原始误差的影响，刀尖位移到 A'，$\overline{AA'}$ 即为原始误差 δ，它与 $\overline{OA}$ 间夹角为 ϕ，由此使工件加工后的半径由 $R_0 = \overline{OA}$ 变为 $R = \overline{OA'}$，故半径上（即工序尺寸方向上）的加工误差 ΔR 为

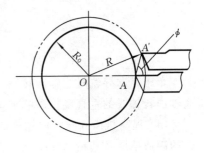

图 4-3　误差的敏感方向

$$\Delta R = \overline{OA'} - \overline{OA} = \sqrt{R_0^2 + \delta^2 + 2R_0\delta\cos\phi} - R_0$$

当 $\phi = 0$ 时，ΔR 得到极大值，即 $\Delta R_{\max} = \delta$；此时刀刃位于加工表面的法线方向，原始误差 1:1 地表现为加工误差。

当 $\phi = 90°$ 时，ΔR 得到极小值，由 $R_0^2 + \delta^2 = (R_0 + \Delta R_{\min})^2$，得 $\delta^2 = \Delta R_{\min}^2 + 2R_0\Delta R_{\min}$。省略误差的平方项 $\Delta R_{\min}^2$，得到近似表达式 $\Delta R_{\min} \approx \dfrac{\delta^2}{2R_0}$。这时 $\Delta R_{\min}$ 很小，往往可以忽略不计。

　　分析原始误差对加工精度的影响时,对一般方向的原始误差,ϕ 值在 $0°$ 到 $90°$ 之间,可将该原始误差引起的加工误差向误差敏感方向投影,并只考虑该投影对加工误差的影响。

　　(3)直线导轨导向误差对加工精度的影响　　直线导轨导向误差对加工精度的影响要根据具体加工方式的误差敏感方向来判断。

　　对于普通车床,加工外圆时导轨在水平面内的直线度误差将直接转换为工件表面的圆柱度误差,而在垂直面内的直线度误差对工件加工误差的影响可以忽略不计。对于车刀装在垂直方向的立式转塔车床,导轨在垂直面内的直线度误差将直接转换为工件表面的圆柱度误差。

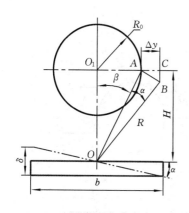

图 4-4　导轨扭曲误差

　　对于一般平面磨床,对工件加工平面的形状精度起主要影响作用的是砂轮架和工作台导轨在垂直平面内的直线度误差及两导轨之间在垂直方向的平行度误差。这些导轨误差几乎是 1:1 地反映到被加工平面的平面度误差上。

　　车床前后导轨之间的扭曲将导致工作台在直线进给运动中产生摆动,刀尖本身的成形运动也将变成一条空间曲线。为突出方向导轨扭曲对加工误差的影响,将图 4-2 改画为图 4-4,记导轨扭曲误差为 δ,由于 δ 的影响造成工作台产生转角 α,使刀尖由理想位置的 A 点转到 B 点。记 OO_1 与 OA 之间的夹角为 β,理想的工件外圆半径为 R_0,$\overline{OA}=\overline{OB}=R$。若只考虑 $\overline{AB}$ 在误差敏感方向的投影 Δy,得

$$\Delta y = \overline{AC} \approx R\sin(\alpha+\beta) - R_0 = R\cos\alpha\sin\beta + R\sin\alpha\cos\beta - R_0$$

由图 4-4 可见,$R\sin\beta = R_0$,$R\cos\beta = H$,即

$$\Delta y = R_0\cos\alpha + H\sin\alpha - R_0$$

α 为微小量,可取 $\cos\alpha \approx 1$,$\sin\alpha \approx \tan\alpha = \dfrac{\delta}{B}$,得

$$\Delta y = R_0 + H\frac{\delta}{B} - R_0 = \frac{H}{B}\delta$$

　　一般车床 $H/B \approx 2/3$,外圆磨床 $H \approx B$,因此导轨扭曲量 δ 引起的加工误差不可忽略。

　　车床纵向导轨对主轴回转轴线的平行度将影响加工圆柱面时的圆柱度误差,横向导轨对主轴回转轴线的垂直度将影响加工端面时的平面度误差。

　　(4)提高机床导轨导向精度的主要措施　　提高机床导轨导向精度的关键在于提高机床导轨的制造精度及其精度保持性。为此可采取如下措施。

　　①选用合理的导轨形状和导轨组合形式,并在可能的条件下增大工作台与床身导轨的配合长度。

　　②提高机床导轨的制造精度,主要是提高导轨的加工精度和配合接触精度。

　　③选用适当的导轨类型。例如,在机床上采用液体或气体静压导轨结构,由于在工作台与床身导轨之间有一层压力油或压缩空气,其既可对导轨面的直线度误差起均化作用,又可防止导轨面在使用过程中磨损,故能提高工作台的直线运动精度及其精度保持性。又如,高速导轨磨床的主运动常采用贴塑导轨,其进给运动采用滚动导轨来提高直线运动精度。

　　必须强调的是,机床安装不正确或者地基不良引起的导轨误差,往往远大于制造误差。特别地,对于较长的龙门刨床、龙门铣床和导轨磨床更是如此。

2）机床主轴回转误差

（1）机床主轴回转误差的基本概念　　机床主轴回转误差指主轴的实际回转轴线相对于理想回转轴线的偏离程度,也称主轴"漂移"。

机床主轴是用来装夹工件或刀具,并传递切削运动和动力的重要零件,其回转精度是评价机床精度的一项极重要的指标,对零件加工表面的几何形状精度、位置精度和表面粗糙度都有影响。

主轴回转时,理论上其回转轴线的空间位置应该固定不变,即回转轴线没有任何运动。但实际上由于主轴部件中轴承、轴颈、轴承座孔等的制造误差和配合质量、润滑条件,以及回转时的动力因素的影响,主轴回转轴线的空间位置会周期性地变化。生产中通常以平均回转轴线（即主轴各瞬时回转轴线的平均位置）来表示主轴的理想回转轴线（见图 4-5）。

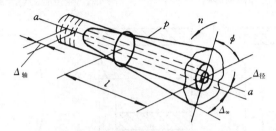

图 4-5　主轴回转误差的基本形式

a—平均回转轴线；n—主轴转速；p—实际回转轴线；ϕ—回转位置；

l—轴承距离；$\Delta_{轴}$—纯轴向窜动误差；$\Delta_{径}$—纯径向跳动误差；Δ_{ω}—纯倾角摆动误差

主轴回转轴线的误差运动可以分解为纯径向跳动、纯轴向窜动和纯倾角摆动三种基本形式,如图 4-6 所示。

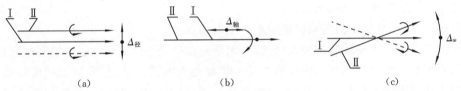

图 4-6　机床主轴回转误差的类型

（a）纯径向跳动；（b）纯轴向窜动；（c）纯倾角摆动

Ⅰ—理想回转轴线；Ⅱ—实际回转轴线

（2）机床主轴回转误差对加工误差的影响　　机床主轴回转误差对加工误差的影响表现在以下方面。

①纯径向跳动　　主轴纯径向跳动在用车床加工端面时不引起加工误差,在车削外圆时使工件产生的圆度误差也可忽略,如图 4-7 所示。

在用刀具回转类机床加工内圆表面,例如用镗床镗孔时,主轴纯径向跳动误差使工件产生圆度误差,如图 4-8 所示。

②纯轴向窜动　　在刀具为点刀刃的理想条件下,主轴纯轴向窜动会导致加工的端面如图 4-9（a）、（c）所示。端面上沿半径方向上的各点是等高的；工件端面由垂直于轴线的线段一方面绕轴线转动,另一方面沿轴线移动,形成如同端面凸轮一般的形状（端面中心附近有一凸台）。端面上点的轴向位置只与转角 ϕ 有关,与径向尺寸无关。

一般情形下刀具不可能是点刀刃,刀具的主、副刀面在端面最终形成中都会产生影响,最

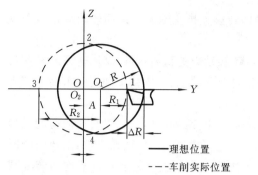

图 4-7　纯径向跳动对车削外圆的影响

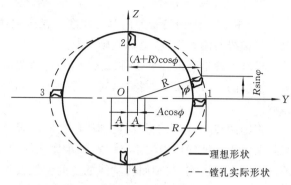

图 4-8　纯径向跳动对镗孔加工精度的影响

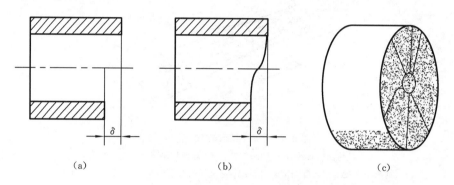

(a)　　　　　　　　　　　　(b)　　　　　　　　　　　　(c)

图 4-9　纯轴向窜动对车削端面的影响

(a)点刀刃成形；(b)非点刀刃成形；(c)端面如同端面凸轮

终产生的端面形状如图 4-9(b)所示。

加工螺纹时,主轴纯轴向窜动将使螺距产生周期误差。

③纯倾角摆动　主轴轴线的纯倾角摆动,无论是在空间平面内运动还是沿圆锥面运动,都可以按误差敏感方向投影为加工圆柱面时某一横截面内的径向跳动,或加工端面时某一半径处的轴向窜动。因此,其对加工误差的影响就是投影后的纯径向跳动和纯轴向窜动对加工误差的影响的综合。纯倾角摆动对镗孔精度的影响如图 4-10 所示。

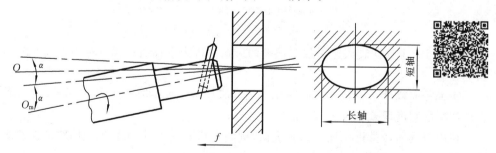

图 4-10　纯倾角摆动对镗孔的影响

O—工件孔轴心线；O_m—主轴回转轴心线

实际上主轴工作时其回转轴线的漂移运动总是上述三种形式的误差运动的合成,因此,不同横截面内轴心的误差运动轨迹既不相同,又不相似;既影响所加工工件圆柱面的形状精度,又影响端面的形状精度。机床主轴回转误差产生的加工误差见表 4-2。

表 4-2　机床主轴回转误差产生的加工误差

主轴回转误差的基本形式	在车床上车削			在镗床上镗削	
	内、外圆	端面	螺纹	孔	端面
纯径向跳动	影响极小	无影响	螺距误差	圆度误差	无影响
纯轴向窜动	无影响	平面度误差 垂直度误差	螺距误差	无影响	平面度误差 垂直度误差
纯倾角摆动	圆柱度误差	影响极小	螺距误差	圆柱度误差	平面度误差

（3）提高主轴回转精度的措施　提高主轴回转精度的措施有如下几种。

①提高主轴部件的制造精度　首先应提高轴承的回转精度，如选用高精度的滚动轴承，或采用高精度的多油楔动压轴承和静压轴承。其次是提高箱体支承孔、主轴轴颈和与轴承相配合零件有关表面的加工精度。此外，还可在装配时先测出滚动轴承及主轴锥孔的径向跳动，然后调节径向跳动的方位，使误差相互补偿或抵消，以减小轴承误差对主轴回转精度的影响。

②对滚动轴承进行预紧　对滚动轴承适当预紧以消除间隙，甚至产生微量过盈。由于轴承内、外圈和滚动体弹性变形的相互制约，既增大了轴承刚度，又对轴承内、外圈滚道和滚动体的误差起到均化作用，因而可提高主轴的回转精度。

③使主轴的回转误差不反映到工件上　直接保证工件在加工过程中的回转精度，而使回转精度不依赖于主轴，这是保证工件形状精度最简单而又有效的方法。例如，在外圆磨床上磨削外圆柱面时，为避免工件头架主轴回转误差的影响，工件采用两个固定顶尖支承，主轴只起传动作用（见图 4-11），工件的回转精度完全取决于顶尖和中心孔的形状误差和同轴度误差。提高顶尖和中心孔的精度要比提高主轴部件的精度容易且经济得多。又如，在镗床上加工箱体类零件上的孔时，可采用带前、后导向套的镗模（见图 4-12），刀杆与主轴浮动连接，所以刀杆的回转精度与机床主轴的回转精度也无关，仅由刀杆和导套的配合质量决定。

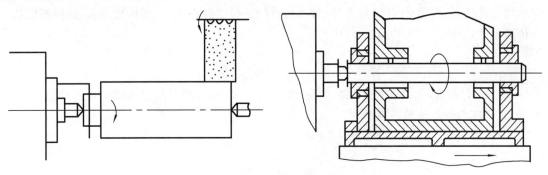

图 4-11　用固定顶尖支承磨外圆　　　　　　　图 4-12　用镗模镗孔

3）机床传动链传动误差

传动链的传动误差是指内联系的传动链中，首、末两端传动元件之间相对运动的误差。

（1）传动链精度的分析　传动链精度是影响螺纹、齿轮、蜗轮及其他按展成原理加工零件的加工精度的主要因素。例如，在滚齿机上用单头滚刀加工直齿轮时，要求滚刀与工件之间具有严格的运动关系：滚刀转一转，工件转过一个齿。这种运动关系是由刀具与工件间的传动链来保证的，如图 4-13 所示。其运动关系式为

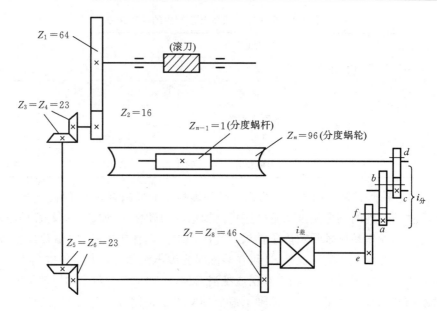

图 4-13　滚齿机传动链图

$$\Phi_n(\Phi_{\text{工}}) = \Phi_{\text{刀}} \times \frac{64}{16} \times \frac{23}{23} \times \frac{23}{23} \times \frac{46}{46} \times i_{\text{差}} \times i_{\text{分}} \times \frac{1}{96}$$

式中：$\Phi_n(\Phi_{\text{工}})$ 为工件转角；$\Phi_{\text{刀}}$ 为滚刀转角；$i_{\text{差}}$ 为差动轮系的传动比，在滚切直齿时，$i_{\text{差}}=1$；$i_{\text{分}}$ 为分度挂轮传动比。

　　传动链中各传动元件如齿轮、蜗轮、蜗杆、丝杠、螺母等有制造误差（主要是影响运动精度的误差）、装配误差（主要是装配偏心）和磨损时，就会破坏正常的运动关系，使工件产生误差。

　　加床传动链传动误差可用传动链末端元件的转角误差来衡量。由于各传动件在传动链中所处的位置不同，它们对工件加工精度（即末端元件的转角误差）的影响程度也不同。假设滚刀轴均匀旋转，若齿轮 Z_1 有转角误差 $\Delta\Phi_1$，而其他各传动件无误差，则传到末端元件（亦即第 n 个传动元件）上所产生的转角误差为

$$\Delta\Phi_{1n} = \Delta\Phi_1 \times \frac{64}{16} \times \frac{23}{23} \times \frac{23}{23} \times \frac{46}{46} \times i_{\text{差}} \times i_{\text{分}} \times \frac{1}{96} = K_1 \Delta\Phi_1$$

式中：K_1 为 Z_1 到末端元件的传动比。它由于反映了 Z_1 的转角误差对末端元件传动精度的影响，因此又称为误差传递系数。

　　同样，对于 Z_2 有

$$\Delta\Phi_{2n} = \Delta\Phi_2 \times \frac{23}{23} \times \frac{23}{23} \times \frac{46}{46} \times i_{\text{差}} \times i_{\text{分}} \times \frac{1}{96} = K_2 \Delta\Phi_2$$

　　对于分度蜗杆有

$$\Delta\Phi_{(n-1)n} = \Delta\Phi_{n-1} \times \frac{1}{96} = K_{n-1}\Delta\Phi_{n-1}$$

　　对于分度蜗轮有

$$\Delta\Phi_{nn} = \Delta\Phi_n \times 1 = K_n \Delta\Phi_n$$

式中：K_j 为第 j 个传动件的误差传递系数（$j=1,2,\cdots,n$）。

　　由于所有的传动件都存在误差，因此各传动件对工件精度影响的总和 $\Delta\Phi_{\Sigma}$ 为各传动元件所引起末端元件转角误差的叠加，即

$$\Delta\Phi_{\Sigma} = \sum_{j=1}^{n} \Delta\Phi_{jn} = \sum_{j=1}^{n} K_j \Delta\Phi_j \tag{4-1}$$

如果考虑到传动链中各传动元件的转角误差都是独立的随机变量,则传动链末端元件的总转角误差也可用概率法进行估算

$$\Delta\Phi_{\Sigma} = \sqrt{\sum_{j=1}^{n} K_j^2 \Delta\Phi_j^2} \tag{4-2}$$

鉴于传动元件如齿轮、蜗轮等所产生的转角误差,主要是制造时的几何偏心或运动偏心及装配到轴上时的安装偏心所引起的,因此可以认为,各传动元件的转角误差是转角的正弦函数

$$\Delta\Phi_j = \Delta_j \sin(\omega_j t + \alpha_j) \tag{4-3}$$

式中:Δ_j 为第 j 个传动元件转角误差的幅值;α_j 为第 j 个传动元件转角误差的初相角;ω_j 为第 j 个传动元件的角速度。

于是,式(4-1)可以写成

$$\Delta\Phi_{\Sigma} = \sum_{j=1}^{n} \Delta\Phi_{jn} = \sum_{j=1}^{n} K_j \Delta_j \sin(\omega_j t + \alpha_j)$$

又

$$\omega_j t = \frac{\omega_j}{\omega_n} \omega_n t = \frac{1}{K_j} \omega_n t$$

所以

$$\Delta\Phi_{\Sigma} = \sum_{j=1}^{n} K_j \Delta_j \sin\left(\frac{1}{K_j} \omega_n t + \alpha_j\right) \tag{4-4}$$

可以看出,机床传动链传动误差(即末端元件总转角误差)也是周期性变化的。

(2) 减小机床传动链传动误差的措施　一般情况下采取如下措施。

①缩短传动链　即减少传动环节 n。传动件越少,传动链越短,$\Delta\Phi_{\Sigma}$ 就越小,因而传动精度提高。

②减小传动比　即减小传动比 i,特别是传动链末端传动副的传动比,其值越小,传动链中各传动元件误差对传动精度的影响就越小。因此,采用降速传动($i<1$),是保证传动精度的重要原则。对于螺纹或丝杠加工机床,为保证降速传动,机床传动丝杠的导程应远大于工件螺纹导程;对于齿轮加工机床,分度蜗轮的齿数一般远比被加工齿轮的齿数多,其目的也是为了得到很大的降速传动比。同时,传动链中各传动副传动比应按越接近末端的传动副,其降速比越小的原则来分配,这样有利于减小传动误差。

③减小传动链中各传动件的加工、装配误差　即减小 Δ_j,以直接提高传动精度。特别是最后的传动件(末端元件)的误差影响最大,故末端元件(如滚齿机的分度蜗轮、螺纹加工机床的最后一个齿轮及传动丝杠)应做得更精确些。

④采用校正装置　考虑到传动链误差是既有大小又有方向的矢量,可以采用误差校正装置,在原传动链中人为地加入一个补偿误差,其大小与传动链本身的误差大小相等、方向相反,从而使之相互抵消。

高精度螺纹加工机床常采用的机械式校正装置原理如图 4-14 所示。根据测量被加工工件 1 的导程误差,设计出校正尺 5 上的校正曲线 7。校正尺 5 固定在机床床身上。加工螺纹时,机床传动丝杠 3 带动螺母 2 及与其相固连的刀架和杠杆 4 移动,同时,校正尺 5 上的校正曲线 7 通过触头 6、杠杆 4 使螺母 2 产生一附加运动,从而使刀架得到一个附加位移,以补偿传动误差。

采用机械式的校正装置只能校正机床静态的传动误差。如果要同时校正机床静态及动态

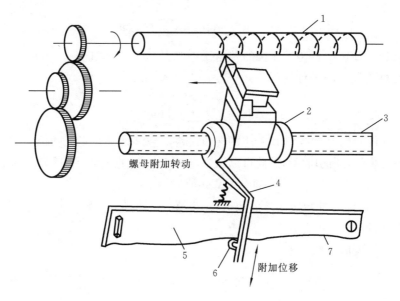

图 4-14　丝杠加工误差校正曲线装置的原理

1—工件；2—螺母；3—传动丝杠；4—杠杆；5—校正尺；6—触头；7—校正曲线

传动误差,则需采用计算机控制的传动误差补偿装置。

需要说明的是,机床导轨导向误差、机床主轴回转误差和传动链传动误差对工件的尺寸精度和位置精度也有影响。

4.2.2.3　工艺系统原始误差对位置精度的影响

1. 影响位置精度的主要因素

影响位置精度的主要因素包括:机床的几何精度、工件的找正精度、夹具的制造和安装精度、刀具的制造和安装精度、工件加工表面之间位置的检测精度等。当然,以上因素也会影响工件的尺寸精度和形状精度。

2. 机床的几何精度

当采用一次装夹获得法加工时,影响加工表面之间位置精度的主要因素是所使用机床的几何精度,如车床主轴回转轴线与三爪卡盘定心轴线的同轴度、龙门铣床工作台面与各铣头主轴回转轴线的垂直度和平行度、工作台面和其上 T 形槽侧面同工作台移动导轨之间的平行度等。

例如车床主轴回转轴线与三爪卡盘定心轴线存在同轴度误差时,加工出的圆柱面与定位面也会有同轴度误差。

当工件各有关表面是通过多次装夹获得时,各次装夹的定位面、定位元件之间的位置精度会直接影响加工后各有关表面的位置精度。

3. 工件的找正精度及多次装夹获得法中的安装精度

当零件各有关表面之间位置精度是通过找正装夹获得时,即在加工前直接根据刀具刃口的切削成形面来找正并确定工件的准确位置时,零件各有关表面之间的位置精度主要取决于工件安装时的找正精度。

4. 夹具的制造和安装精度

夹具的误差主要包括定位元件、刀具引导元件、分度机构、夹具体等的制造误差,夹具装配后各元件工作面之间的位置误差等,以及夹具在使用过程中工作表面的磨损。

夹具误差将直接影响工件加工表面的位置精度或尺寸精度。例如,对于图 4-15 所示的钻孔夹具,其钻套中心至夹具体上定位平面间的距离误差,直接影响工件孔至底平面的尺寸精度;钻套中心线与夹具体上定位平面间的平行度误差,直接影响工件孔中心线与底平面的平行度;钻套孔的直径误差亦将影响工件孔至底平面的尺寸精度与平行度。

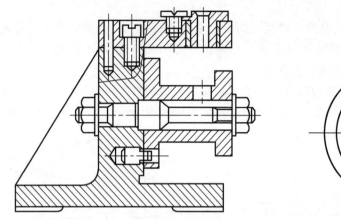

图 4-15　钻孔夹具误差对加工精度的影响

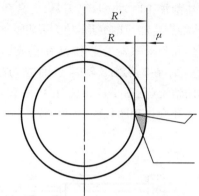

图 4-16　车刀磨损过程

5. 刀具的制造、安装精度及磨损

对于种类不同的刀具,刀具误差对加工精度的影响也不同,依具体加工条件可能影响工件的尺寸、形状或位置精度。

(1) 采用定尺寸刀具(如钻头、铰刀、键槽铣刀、镗刀块及圆拉刀等)加工时,刀具的尺寸精度直接影响工件的尺寸精度。

(2) 采用成形刀具(如成形车刀、成形铣刀、成形砂轮等)加工时,刀具的形状精度将直接影响工件的形状精度。展成刀具(如齿轮短刀、花键滚刀、插齿刀等)的刀刃形状必须是加工表面的共轭曲线,因此刀刃的形状误差也会影响加工表面的形状精度。

(3) 多刀加工时刀具之间的位置精度会影响有关加工表面之间的位置精度。

(4) 对于一般刀具(如车刀、镗刀、铣刀),其制造精度看起来对加工精度无直接影响,但这类刀具的耐用度较低,刀具容易磨损,在加工大型工件或用调整法批量加工时对加工误差的影响不容忽视。

刀具在切削过程中不可避免地产生磨损,并由此引起工件尺寸和形状误差。例如:用成形刀具加工时,刀具刃口的不均匀磨损将直接复映在工件上,造成形状误差;在加工较大表面(一次走刀需较长时间)时,刀具的尺寸磨损会严重影响工件的形状精度;用调整法加工一批工件时,刀具的磨损会扩大工件尺寸的分散范围。

刀具的尺寸磨损是指刀刃在加工表面的法线方向(亦即误差敏感方向)上的磨损量 μ(见图 4-16),它直接反映出刀具磨损对加工精度的影响。

6. 工件加工表面之间位置的检测精度

当工件有关表面之间的位置精度要求极高,采用上述各种装夹方法均达不到要求时,则只能采用非成形运动法来获得。此时,加工后零件有关表面间的位置精度将主要取决于对加工表面之间位置的检测精度。例如,精密量块工作面之间的平行度精度主要通过不断检测其平行度误差和不断进行修整研磨达到。

4.3　工艺系统受力变形对加工精度的影响

4.3.1　基本概念

切削加工时,由机床、刀具、夹具和工件组成的工艺系统,在切削力、夹紧力及重力等的作用下,将产生相应的变形,使刀具和工件在静态下已调整好的相互位置,以及切削时成形运动的正确几何关系发生变化,从而造成加工误差。

例如,在车削细长轴时,工件在切削力的作用下会发生变形,使加工出的轴出现中间粗两头细的情况(见图 4-17(a));在内圆磨床上用横向切入法磨孔时,由于内圆磨头主轴弯曲变形,磨出的孔会出现圆柱度(锥度)误差(见图 4-17(b))。

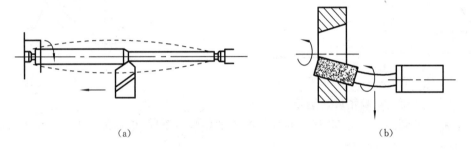

| (a) | (b) |

图 4-17　工艺系统受力变形引起的加工误差

由此可见,工艺系统的受力变形是加工中一项很重要的原始误差。事实上,它不仅严重地影响工件的加工精度,还影响加工表面的质量,限制了加工生产率的提高。

工艺系统受力变形通常是弹性变形。一般来说,工艺系统抵抗弹性变形的能力越强,则加工精度就越高。工艺系统抵抗变形的能力用刚度 k 来描述。所谓工艺系统刚度,是指作用于工件加工表面法线方向上的切削分力 F_y 与刀具在切削力作用下相对于工件在该方向上的位移 y 的比值,即

$$k = F_y/y \tag{4-5}$$

k 的单位为 N/mm。

4.3.2　工艺系统刚度与各组成环节刚度的关系

机械加工时,机床的有关部件、夹具、刀具和工件在各种外力作用下,都会产生不同程度的变形,使刀具和工件的相对位置发生变化,从而产生相应的加工误差。

工艺系统在某一处的法向总变形 y 是其各个组成环节在同一处的法向变形的叠加,即

$$y = y_{jc} + y_{jj} + y_d + y_g \tag{4-6}$$

式中:y_{jc} 为机床的受力变形;y_{jj} 为夹具的受力变形;y_d 为刀具的受力变形;y_g 为工件的受力变形。

由工艺系统刚度的定义式(4-5)可知,机床刚度 k_{jc}、夹具刚度 k_{jj}、刀具刚度 k_d 及工件刚度 k_g 可分别写为

$$k_{jc} = \frac{F_y}{y_{jc}}, \quad k_{jj} = \frac{F_y}{y_{jj}}, \quad k_d = \frac{F_y}{y_d}, \quad k_g = \frac{F_y}{y_g}$$

代入式(4-6),整理得

$$\frac{1}{k} = \frac{1}{k_{jc}} + \frac{1}{k_{jj}} + \frac{1}{k_d} + \frac{1}{k_g} \tag{4-7}$$

此式表明,若已知工艺系统各组成环节的刚度,即可求得工艺系统的刚度。

4.3.3　工艺系统刚度对加工精度的影响

4.3.3.1　切削力作用点位置变化引起的工件形状误差

切削过程中,工艺系统的刚度会随切削力作用点位置的变化而变化,因此工艺系统受力变形亦随之变化,引起工件形状误差。下面以在车床顶尖间加工光轴为例来说明此问题。

1. 机床的变形

假定工件短而粗,同时车刀悬伸长度很小,即工件和刀具的刚度高,其受力变形比机床的变形小到可以忽略不计。又假定工件的加工余量很均匀,并且因机床变形而造成的背吃刀量变化对切削力的影响也很小,即假定车刀进给过程中切削力保持不变。再设当车刀以径向力 F_y 进给到图 4-18 所示的 x 位置时,车床床头箱头架处受作用力 F_A,相应的变形 $y_{tj} = \overline{AA'}$;尾座受力 F_B,相应的变形 $y_{wz} = \overline{BB'}$;刀架受力 F_y,相应的变形 $y_{dj} = \overline{CC'}$。这时工件轴心线 AB 位移到 $A'B'$,因而刀具切削点处工件轴线的位移为

$$y_x = y_{tj} + \Delta x = y_{tj} + (y_{wz} - y_{tj})\frac{x}{L}$$

式中:L 为工件长度;x 为车刀至床头箱头架处的距离。

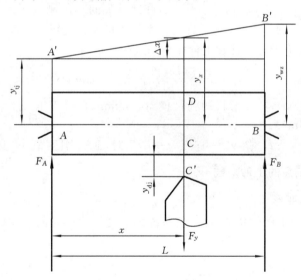

图 4-18　工艺系统变形随切削力位置变化而变化

考虑到刀架的变形 y_{dj} 与 y_x 的方向相反,所以机床总的变形为

$$y_{jc} = y_x + y_{dj} \tag{4-8}$$

运用静力学知识,由 L、x 和 F_y 求出 F_A、F_B,并依据刚度定义得

$$y_{tj} = \frac{F_A}{k_{tj}} = \frac{F_y}{k_{tj}} \frac{L-x}{L}, \quad y_{wz} = \frac{F_B}{k_{wz}} = \frac{F_y}{k_{wz}} \frac{x}{L}, \quad y_{dj} = \frac{F_y}{k_{dj}}$$

式中:k_{tj}、k_{wz}、k_{dj} 分别为床头箱、尾座、刀架的刚度。将它们代入式(4-8),最后可得机床的总变形为

$$y_{jc} = F_y\left[\frac{1}{k_{tj}}\left(\frac{L-x}{L}\right)^2 + \frac{1}{k_{wz}}\left(\frac{x}{L}\right)^2 + \frac{1}{k_{dj}}\right] = y_{jc}(x)$$

这说明,随着切削力作用点位置的变化,工艺系统的变形是变化的。显然,这是由于工艺系统的刚度随切削力作用点变化而变化所致。

当 $x=0$ 时,$y_{jc}=F_y\left(\dfrac{1}{k_{tj}}+\dfrac{1}{k_{dj}}\right)$;

当 $x=L$ 时,$y_{jc}=F_y\left(\dfrac{1}{k_{wz}}+\dfrac{1}{k_{dj}}\right)$;

当 $x=\dfrac{L}{2}$ 时,$y_{jc}=F_y\left(\dfrac{1}{4k_{tj}}+\dfrac{1}{4k_{wz}}+\dfrac{1}{k_{dj}}\right)$。

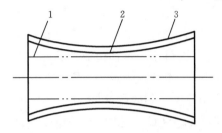

图 4-19　高刚度工件两顶尖支承
车削后的形状

1—机床不变形的理想情况;

2—考虑床头箱、尾座变形的情况;

3—包括考虑刀架变形在内的情况

另外,还可以求出当 $x=\left(\dfrac{k_{wz}}{k_{tj}+k_{wz}}\right)L$ 时,机床变形 y_{jc} 最小,即

$$y_{jc\,min} = F_y\left(\frac{1}{k_{tj}+k_{wz}} + \frac{1}{k_{dj}}\right)$$

由于在变形大的位置,从工件上切去的金属层薄,变形小的位置切去的金属层厚,因此因机床受力变形而使加工出来的工件呈两端粗、中间细的鞍形,如图4-19所示。

2. 工件的变形

若在两顶尖间车削刚度很差的细长轴,则必须考虑工艺系统中的工件变形。假设此时不考虑机床和刀具的变形,则可由材料力学公式计算工件在切削点的变形量

$$y_g = F_y\left[\frac{(L-x)^2 x^2}{3EIL}\right]\quad(\text{mm})$$

式中:L 为工件长度(mm);E 为材料的弹性模量(N/mm²),对于钢,$E=2\times10^5$ N/mm²;I 为工件的截面惯性矩(mm⁴)。

显然,当 $x=0$ 或 $x=L$ 时,$y_g=0$;当 $x=L/2$ 时,工件刚度最小、变形最大,即 $y_{g\,max}=F_y\left(\dfrac{L^3}{48EI}\right)$。因此,加工后的工件呈鼓形。

3. 工艺系统的总变形

当同时考虑机床和工件的变形时,工艺系统的总变形为两者的叠加(对于本例,车刀的变形可以忽略),即

$$y = y_{jc}+y_g = F_y\left[\frac{1}{k_{tj}}\left(\frac{L-x}{L}\right)^2 + \frac{1}{k_{wz}}\left(\frac{x}{L}\right)^2 + \frac{1}{k_{dj}} + \frac{(L-x)^2 x^2}{3EIL}\right]$$

工艺系统的刚度

$$k = \frac{F_y}{y_{jc}+y_g} = 1\Big/\left[\frac{1}{k_{tj}}\left(\frac{L-x}{L}\right)^2 + \frac{1}{k_{wz}}\left(\frac{x}{L}\right)^2 + \frac{1}{k_{dj}} + \frac{(L-x)^2 x^2}{3EIL}\right]$$

由此可知,测得了车床床头箱、尾座、刀架三个部件的刚度,以及确定了工件的材料和尺寸,就可按 x 值估算车削圆轴时工艺系统的刚度。当已知刀具的切削角度、切削条件和切削用量时,即可知道切削力 F_y,利用上面的公式就可估算出不同 x 处工件半径的变化。

4.3.3.2　切削力大小变化引起的加工误差

在车床上加工短轴时,工艺系统的刚度变化不大,可近似地看作常量。这时,如果毛坯形

状误差较大或材料硬度很不均匀,工件加工时切削力的大小就会有较大变化,工艺系统的变形也就会随切削力大小的变化而变化,因而引起工件的加工误差。下面以车削一椭圆形横截面毛坯(见图 4-20)为例来做进一步分析。

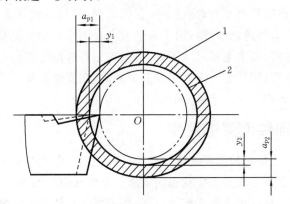

图 4-20　车削时的误差复映

　　设加工时刀具调整到一定的切深(图中双点画线圆的位置)。在工件每转一转中,切深发生变化,最大切深为 a_{p1},最小切深为 a_{p2}。假设毛坯材料的硬度是均匀的,那么:a_{p1} 处的切削力 F_{y1} 最大,相应的变形 y_1 也最大;a_{p2} 处的切削力 F_{y2} 最小,相应的变形 y_2 也最小。由此可见,当车削具有圆度误差 $\Delta_m = a_{p1} - a_{p2}$ 的毛坯时,由于工艺系统受力变形的变化而使工件产生相应的圆度误差 $\Delta_g = y_1 - y_2$。这种工件加工前的误差以类似的规律反映为加工后的误差的现象称为误差复映。

　　如果工艺系统的刚度为 k,则工件的圆度误差为

$$\Delta_g = y_1 - y_2 = \frac{F_{y1} - F_{y2}}{k} \tag{4-9}$$

由金属切削原理可知

$$F_y = C_{F_y} a_p^{x_{F_y}} f^{y_{F_y}} (\mathrm{HB})^{n_{F_y}}$$

式中:C_{F_y} 为与刀具几何参数及切削条件(刀具材料、工件材料、切削种类、冷却液等)有关的系数;a_p、f 分别为背吃刀量、走刀量;HB 为工件材料硬度;x_{F_y}、y_{F_y}、n_{F_y} 均为指数。

　　在工件材料硬度均匀,刀具、切削条件和走刀量一定的情况下,$C_{F_y} f^{y_{F_y}} (\mathrm{HB})^{n_{F_y}} = c$($c$ 为常数)。在车削加工中,$x_{F_y} = 1$,于是切削分力 F_y 可写成 $F_y = c a_p$。因此,$F_{y1} = c a_{p1}$,$F_{y2} = c a_{p2}$,代入式(4-9),得

$$\Delta_g = \frac{c}{k}(a_{p1} - a_{p2}) = \frac{c}{k}\Delta_m = \varepsilon\Delta_m \tag{4-10}$$

其中　　　　　　　　　　　　　　$\varepsilon = c/k \tag{4-11}$

称为误差复映系数。计算表明,ε 是一个小于 1 的正数。它定量地反映了毛坯误差经加工后所减小的程度。减小 c 或增大 k 都能使 ε 减小。例如,减小走刀量 f 即可减小 c,使 ε 减小,从而可提高加工精度,但切削时间将增加。如果设法增大工艺系统刚度 k,不但能减小加工误差 Δ_g,而且还可以在保证加工精度的前提下相应增大走刀量,提高生产率。

　　增加走刀次数可大大减小工件的复映误差。设 ε_1,ε_2,ε_3…分别为第一次、第二次、第三次……走刀时的误差复映系数,则

$$\Delta_{g1} = \varepsilon_1\Delta_m,\ \Delta_{g2} = \varepsilon_2\Delta_{g1} = \varepsilon_1\varepsilon_2\Delta_m,\ \Delta_{g3} = \varepsilon_3\Delta_{g2} = \varepsilon_1\varepsilon_2\varepsilon_3\Delta_m,\ \cdots$$

总的误差复映系数为 $\varepsilon_\Sigma = \varepsilon_1\varepsilon_2\varepsilon_3\cdots$。

由于 ε_i 是一个小于 1 的正数,多次走刀后 ε_Σ 就变成一个远远小于 1 的系数。多次走刀可提高加工精度,但也意味着生产率将降低。

由以上分析可知,当工件毛坯有形状误差(如圆度误差、圆柱度误差、直线度误差等)或相互位置误差(如偏心、径向圆跳动等)时,加工后仍然会有同类的加工误差。在成批大量生产中用调整法加工一批工件时,如果毛坯尺寸不一,那么加工后这批工件仍有尺寸不一的误差。

毛坯材料硬度不均匀,同样会造成加工误差。因此,在成批大量生产面的采用调整法情况下,控制毛坯材料硬度的均匀性是很重要的。

4.3.4　机床部件刚度的测定

刚度测定的基本方法是对被测系统施加载荷,测出载荷引起的变形,再计算要求的刚度。常用的方法有两种:静态测定法和工作状态测定法。下面介绍静态测定法。

刚度的静态测定法,是在机床非工作状态下,模拟切削时的受力情况,对机床施加静载荷,然后测出机床各部件在不同静载荷下的变形,作出各部件的刚度特性曲线,并计算其刚度。

车床的刚度可采用图 4-21 所示的三向加载装置来测定。将加载螺钉旋入弓形架上相应的螺孔中,并调整定位杆的角向位置,使加载螺钉的轴线与 XOZ 面成 β 角,与 YOZ 面成 α 角。α、β 角可根据实际切削时切削分力的比值来确定,即

$$\alpha = \arctan \frac{F_x/F_z}{\sqrt{1+(F_y/F_z)^2}}, \quad \beta = \arctan \frac{F_y}{F_z}$$

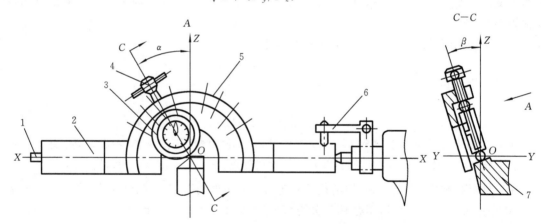

图 4-21　用三向加载装置测定车床刚度

1—前顶尖;2—接长套筒;3—测力杆;4—加载螺钉;

5—弓形加载器;6—定位杆;7—模拟车刀

加载螺钉所加载荷 F,即模拟总切削力之值可在测力环中的百分表上读得,并可分解(见图 4-22)为

$$F_x = F\sin\alpha, \quad F_y = F\cos\alpha\sin\beta, \quad F_z = F\cos\alpha\cos\beta$$

由于三向加载装置加载点正好位于前、后顶尖的中部,因此在 Y 方向上作用在床头箱和尾座上的力为 $F_y/2$,作用在刀架上的力为 F_y。在总加载力 F 的作用下,刀架、床头箱、尾座在 Y 方向的变形 y_{dj}、y_{tj} 及 y_{wz} 可分别由千分表测量。因此,机床部件的刚度就可计算得出,即

$$k_{tj} = \frac{F_y}{2y_{tj}}, \quad k_{wz} = \frac{F_y}{2y_{wz}}, \quad k_{dj} = \frac{F_y}{y_{dj}}$$

图 4-23 所示为一台中心高 200 mm 车床的刀架部件刚度实测曲线。实验中,进行了三次加载-卸载循环。由图 4-23 可以看出,机床部件的刚度曲线有以下特点。

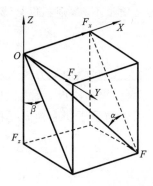

图 4-22　加载力的分解

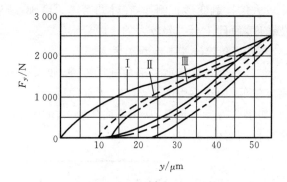

图 4-23　车床刀架的静刚度特性曲线
Ⅰ——一次加载;Ⅱ—二次加载;Ⅲ—三次加载

(1) 变形与作用力不是线性关系,反映了刀架变形不纯粹是弹性变形。

(2) 加载与卸载曲线不重合,两曲线间包容的面积代表了加载-卸载循环中所损失的能量,也就是在克服部件内零件间的摩擦和接触塑性变形时所做的功。

(3) 卸载后曲线不回到原点,说明有残留变形。在反复加载-卸载后,残留变形才接近于零。

(4) 部件的实际刚度远比按实体所估算的小。

由于机床部件的刚度曲线不是线性的,其刚度 $k = dF/dy$ 就不是常数。通常所说的部件刚度是指它的平均刚度——曲线两端点连线的斜率。

4.3.5　减小工艺系统受力变形对加工精度影响的措施

减小工艺系统受力变形是保证加工精度的有效途径之一。在生产实际中,常从两个主要方面采取措施:一是提高系统刚度;二是减小载荷及其变化。从加工质量、生产效率、经济性等方面考虑,提高工艺系统中薄弱环节的刚度是最重要的措施。

1. 提高工艺系统的刚度

1) 合理的结构设计

在设计工艺装备时,应尽量减少连接面数目,并注意刚度的匹配,防止局部低刚度环节出现。在设计基础件、支承件时,应合理选择零件结构和截面形状。一般地说,截面积相等时,空心截面比实心截面的刚度高,封闭的截面又比开口的截面好。在适当部位增添加强筋也有良好的效果。

2) 提高连接表面的接触刚度

由于部件的接触刚度大大低于实体零件本身的刚度,因此提高接触刚度是提高工艺系统刚度的关键。特别是对使用中的机床设备,提高其连接表面的接触刚度,往往是提高原机床刚度的最简便、最有效的方法。

(1) 提高机床部件中零件间接合表面的质量、机床导轨的刮研质量、顶尖锥体同主轴和尾座套筒锥孔的接触质量等,都能使实际接触面积增大,从而有效地提高表面的接触刚度。

（2）给机床部件以预加载荷。此措施常用在各类轴承、滚珠丝杠螺母副的调整之中。给机床部件以预加载荷,可消除接合面间的间隙,增大实际接触面积,减小受力后的变形量。

（3）提高工件定位基准面的精度和减小其表面粗糙度值。工件的定位基准面一般总是承受夹紧力和切削力的。如果定位基准面的尺寸误差、形状误差较大,表面粗糙度值较大,就会产生较大的接触变形。例如,在外圆磨床上磨轴,若轴的中心孔加工质量不高,则不仅会影响定位精度,而且还会引起较大的接触变形。

3）采用合理的装夹和加工方式

例如,在卧式铣床上铣削角铁形零件,如果按图 4-24(a)所示的立式装夹、加工方式,工件的刚度较低,如果改用图 4-24(b)所示的卧式装夹、加工方式,则可大大提高刚度。加工细长轴时,如果改为反向走刀(从床头向尾座方向进给),使工件从原来的轴向受压变为轴向受拉,则也可提高工件的刚度。

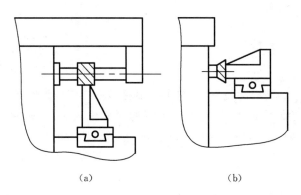

（a）　　　　　　　　　　（b）

图 4-24　铣削角铁形零件的两种装夹方式

此外,增加辅助支承也是提高工件刚度的常用方法。例如,加工细长轴时采用中心架或跟刀架,就是很典型的实例。

2. 减小载荷及其变化

采取适当的工艺措施,如合理选择刀具几何参数(例如加大前角,让主偏角接近 $90°$ 等)和切削用量(如适当减小进给量和背吃刀量),以减小切削力(特别是 F_y),就可以减小受力变形。将毛坯分组,使一次调整中加工的毛坯余量比较均匀,就能减小切削力的变化,使复映误差减小。

对惯性力采取质量平衡措施、增加消除内应力的热处理工序都是减小载荷及其变化的实例。

4.4　工艺系统的热变形对加工精度的影响

4.4.1　概述

在机械加工过程中,工艺系统会因受到各种热的影响而产生热变形。这种变形将破坏刀具与工件的正确几何关系和运动关系,造成工件的加工误差。

热变形对加工精度影响比较大,特别是在精密加工和大件加工中,热变形所引起的加工误差通常会占到工件加工总误差的 $40\%\sim70\%$。

　　工艺系统热变形不仅影响加工精度,还影响加工效率。为了减小受热变形对加工精度的影响,通常需要预热机床以获得热平衡,或减小切削用量以减少切削热和摩擦热,或粗加工后停机以待热量散发后再进行精加工,或增加工序(使粗、精加工分开)。

　　随着高精度、高效率、自动化加工技术的发展,工艺系统热变形问题变得更加突出,成为现代机械加工技术发展必须研究的重要问题。工艺系统是一个复杂系统,有许多因素影响其受热变形,因而控制和减小受热变形对加工精度的影响往往比较复杂。目前,无论在理论上还是在实践上,都有许多问题待研究解决。

1. 工艺系统的热源

　　热总是从高温处向低温处传递。热的传递方式有三种,即传导传热、对流传热和辐射传热。

　　引起工艺系统变形的热源可分为内部热源和外部热源两大类。内部热源主要指切削热和摩擦热,它们产生于工艺系统内部,其热量主要是以传导的形式传递的。外部热源主要是指工艺系统外部的、以对流传热为主要形式的环境温度(它与气温变化、通风、空气对流和周围环境等有关)和各种辐射热(包括由阳光、照明、暖气设备等发出的辐射热)。

　　切削热是切削加工过程中最主要的热源,它对工件加工精度的影响最为直接。在切削(磨削)过程中,消耗于切削层的弹、塑性变形能及刀具、工件和切屑之间摩擦的机械能,绝大部分都转变成了切削热。切削热的多少与被加工材料的性质、加工方法、切削用量及刀具的几何参数等有关。

　　工艺系统中的摩擦热主要是机床和液压系统中运动部件产生的,如电动机、轴承、齿轮、丝杠副、导轨副、离合器、液压泵、阀等各运动部件产生的摩擦热。尽管摩擦热比切削热少,但摩擦热在工艺系统中是局部热,会引起局部温升和变形,破坏系统原有的几何精度,对加工精度也会带来严重影响。

　　外部热源的热辐射及周围环境温度对机床热变形的影响有时也不容忽视。在大型、精密加工时尤其不能忽视。

2. 工艺系统的热平衡和温度场概念

　　工艺系统在各种热源作用下,温度会逐渐升高,同时它们也通过各种传热方式向周围的介质散发热量。当工件、刀具和机床的温度达到某一数值时,它们在单位时间内散出的热量与从热源传入的热量趋于相等,这时工艺系统就达到热平衡状态。在热平衡状态下,工艺系统中各部件的温度保持在一个相对固定的数值上,因而各部件的热变形也就相应地趋于稳定。

　　同一物体处于不同空间位置上的各点在不同时间其温度往往不相等;物体中各点温度的分布称为温度场。当物体未达到热平衡时,各点温度不仅是坐标位置的函数,也是时间的函数。这种温度场称为不稳态温度场。物体达到热平衡后,各点温度将不再随时间而变化,而只是其坐标位置的函数,这种温度场称为稳态温度场。

4.4.2　工件热变形对加工精度的影响

　　工件和刀具的热源一般比较简单,常可用分析法对它们的热变形进行估算和分析。

　　使工件产生热变形的热源主要是切削热。对于精密零件,周围环境温度和局部受到日光等外部热源的辐射热也不容忽视。工件的热变形可以归纳为如下两种情况。

1. 工件受热比较均匀

　　一些形状较简单的轴类、套类、盘类零件的内、外圆加工时,切削热比较均匀地传入工件。如不考虑工件温升后的散热,其温度沿工件全长和圆周的分布都是比较均匀的,可近似地看成

均匀受热,因此其热变形可以由物理学计算热膨胀的公式求出:

长度上的热变形量为

$$\Delta L = \alpha L \Delta t \quad (\text{mm})$$

直径上的热变形量为

$$\Delta D = \alpha D \Delta t \quad (\text{mm})$$

式中:L、D 分别为工件原有长度、直径(mm);α 为工件材料的线膨胀系数(对于钢,$\alpha \approx 1.17 \times 10^{-5} \, ℃^{-1}$;对于铸铁,$\alpha \approx 1.05 \times 10^{-5} \, ℃^{-1}$;对于铜,$\alpha \approx 1.7 \times 10^{-5} \, ℃^{-1}$);$\Delta t$ 为温升(℃)。

一般来说,工件热变形在精加工中影响比较严重,特别是对长度很大而精度要求很高的零件。磨削丝杠就是一个突出的例子。若丝杠长度为 2 m,每磨一次其温度相对于机床母丝杠就升高约 3 ℃,则丝杠的伸长量 $\Delta L = 1.17 \times 10^{-5} \times 2\,000 \times 3$ mm = 0.07 mm。而 6 级丝杠的螺距累积误差在全长上不允许超过 0.02 mm,由此可见热变形的严重性。

工件的热变形对粗加工的加工精度的影响通常可不考虑,但是在工序集中的场合下,却会给精加工带来麻烦。这时,粗加工的工件热变形就不能忽视。

为了避免工件粗加工时热变形对精加工时加工精度的影响,在安排工艺过程时,应尽可能把粗、精加工分开在两个工序中进行,以使工件在粗加工后有足够的冷却时间。

2. 工件受热不均匀

铣、刨、磨平面时,工件只是在单面受到切削热的作用。上、下表面间的温度差将导致工件向上拱起,加工时中间凸起部分被切去,冷却后工件下凹,造成平面度误差。

对于大型精密板类零件(如高 600 mm、长 2 000 mm 的机床床身)的磨削加工,工件(床身)的温差为 2.4 ℃时,热变形可达 20 μm。这说明工件单面因受热引起的误差对加工精度的影响是很严重的。为了减小这一误差,通常采取的措施是在切削时使用充分的冷却液以减小切削表面的温升;也可采用误差补偿的方法,即在装夹工件时,使工件上表面产生微凹的夹紧变形,以此来补偿切削时工件单面受热而拱起的误差。

4.4.3 刀具热变形对加工精度的影响

刀具热变形主要是切削热引起的。通常传入刀具的热并不太多,但由于热量集中在切削部分,且刀体小、热容量小,因此仍会有很大的温升。例如车削时,高速钢车刀的工作表面温度可达 700~800 ℃,而硬质合金刀刃的工作表面温度可达 1 000 ℃以上。

连续切削时,刀具的热变形在切削初始阶段增加很快,随后变得较缓慢,经过不长的时间后(10~20 min)便趋于热平衡状态。此后,热变形变化量就非常小(见图 4-25)。刀具总的热变形量可达 0.03~0.05 mm。

间断切削时,由于刀具有短暂的冷却时间,因此其热变形曲线具有热胀冷缩双重特性,且总的变形量比连续切削时的要小一些,最后稳定在 △ 范围内。

当切削停止后,刀具温度立即下降,开始冷却较快,以后逐渐变慢。

加工大型零件时,刀具热变形往往造成几何形状误差。如车长轴时,可能因刀具热伸长而产生锥度(尾座处的直径比头架附近的直径大)。

为了减小刀具的热变形,应合理选择切削用量和刀具几何参数,并予以充分冷却和润滑,以减少切削热,降低切削温度。

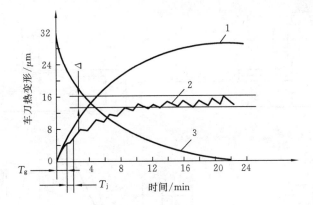

图 4-25　车刀热变形
1—连续切削；2—间断切削；3—冷却曲线
T_g—加工时间；T_j—间断时间

4.4.4　机床热变形对加工精度的影响

在工作过程中受到内、外热源的影响，机床各部件的温度将逐渐升高。由于各部件的热源不同、分布不均匀，以及机床结构的复杂性，因此不仅各部件的温升不同，而且同一部件不同位置的温升也不相同，形成不均匀的温度场，使机床各部件之间的相互位置发生变化，破坏了机床原有的几何精度，特别是加工误差敏感方向的几何精度，从而造成加工误差。

机床空运转时，各运动部件产生的摩擦热基本不变。运转一段时间之后，各部件得到的热量和散失的热量基本相等，即达到热平衡状态，变形趋于稳定。机床达到热平衡状态时的几何精度称为热态几何精度。在机床达到热平衡状态之前，机床几何精度变化不定，对加工精度的影响也变化不定。因此，精密加工应在机床处于热平衡状态后进行。

对于磨床和其他精密机床，除了受室温变化等影响以外，引起其热变形的热量主要是机床空运转时的摩擦热，而切削热影响较小。因此，机床空运转达到热平衡的时间，及其所达到的热态几何精度是衡量精加工机床质量的重要指标。而在分析机床热变形对加工精度的影响时，亦应首先注意其温度场是否稳定。

一般机床，如车床、磨床等，其空运转的热平衡时间为 4～6 h，中小型精密机床为 1～2 h，大型精密机床往往要超过 12 h，甚至达几十个小时。

机床类型不同，其内部主要热源也各不相同，热变形对加工精度的影响也不相同。几种常用磨床的热变形如图 4-26 所示。

4.4.5　减小工艺系统热变形对加工精度影响的措施

1. 减少热源的发热和隔离热源

为了减少切削热，宜采用较小的切削用量。如果粗精加工在一个工序内完成，粗加工的热变形将影响精加工的精度。一般可以在粗加工后停机一段时间使工艺系统冷却，同时还应将工件松开，待精加工时再夹紧。当零件精度要求较高时，则以粗、精加工分开为宜。

为了减少机床的热变形，凡是可能从机床分离出去的热源，如电动机、变速箱、液压系统、冷却系统等均应移出，使之成为独立单元。对于不能分离的热源，如主轴轴承、丝杠螺母副、高速运动的导轨副等，则应从结构、润滑等方面改善其摩擦特性，减少发热。例如：采用静压轴

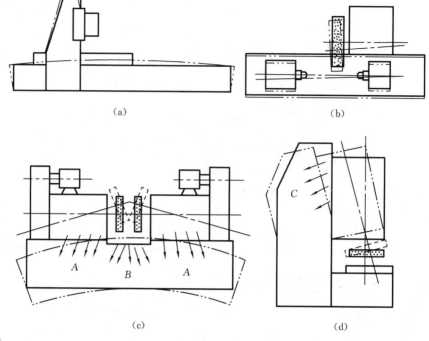

图 4-26　几种类型的磨床热变形

(a)大型导轨磨床；(b)外圆磨床；(c)双端面磨床；(d)立式平面磨床

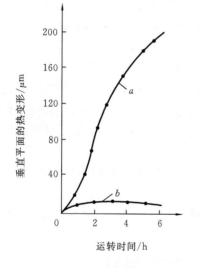

图 4-27　坐标镗床主轴箱强制冷却试验

a—未强制冷却；*b*—强制冷却

承、静压导轨，改用低黏度润滑油、锂基润滑脂，或使用循环冷却润滑、油雾润滑等；也可用隔热材料将发热部件和机床大件(即床身、立柱等)隔离开来。

对于发热量大的热源，如果既不能将其从机床内部移出，又不便隔热时，可采用强制式的风冷、水冷等散热措施。图 4-27 所示为一台坐标镗床的主轴箱用恒温喷油循环强制冷却的试验结果。当不采用强制冷却时，机床运转 6 h 后，主轴与工作台之间在垂直方向发生了 190 μm 的热变形，而且机床尚未达到热平衡；当采用强制冷却后，上述热变形减小到 15 μm，而且机床运转不到 2 h 时就已达到热平衡。

目前，大型数控机床和加工中心普遍采用冷冻机对润滑油、切削液进行强制冷却，以提高冷却效果。精密丝杠磨床的母丝杠中则通以冷却液，以减少热变形。

2. 均衡温度场

例如，M7150A 型磨床的床身较长，加工时工作台纵向运动较快，所以床身上部温升高于下部的。为了均衡温度场，将油池搬出主机，做成一单独油箱，并在床身下部配置热补偿油沟，使一部分带有余热的回油经热补偿油沟后送回油池。采取这些措施后，床身上、下部温差降至 1～2 ℃，导轨的中凸量由原来的0.026 5 mm 降为0.005 2 mm。

某立式平面磨床采用热空气加热温升较低的立柱后壁，以均衡立柱前后壁的温升，减小立柱的向后倾斜。热空气从电动机风扇排出,通过特设的软管引向立柱的后壁空间。采取以上措施后,磨削平面的平面度误差可降到采取措施前的 $1/3 \sim 1/4$。

3. 采用合理的机床部件结构及装配基准

1) 采用热对称结构

在变速箱中,对称布置轴、轴承、传动齿轮等,可使箱壁温升均匀,箱体变形减小。

机床大件的结构和布局对机床的热态特性有很大影响。以加工中心机床为例,在热源影响下,单立柱结构会产生相当大的扭曲变形,而双立柱结构由于左右对称,仅产生垂直方向的热位移,很容易通过调整的方法加以补偿。因此,双立柱结构的机床主轴相对于工作台的热变形比单立柱结构的小得多。

2) 合理选择机床零部件的装配基准

图 4-28 所示为车床主轴箱在床身上的两种不同定位方式对热变形的影响。主轴部件是车床主轴箱的主要热源,故在图 4-28(a)中,主轴轴心线相对于装配基准 H 而言,主要在 Z 方向产生热位移,对加工精度影响较小。而在图 4-28(b)中,Y 方向的受热变形直接影响刀具与工件的法向相对位置,故造成的加工误差较大。

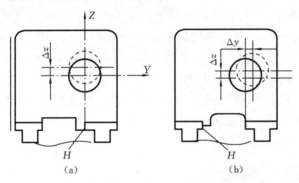

图 4-28　车床主轴箱定位方式对热变形的影响

4. 加速达到热平衡状态

精密机床特别是大型机床,达到热平衡的时间较长。为了缩短这个时间,可以在加工前使机床做高速空运转,或在机床的适当部位设置控制热源,人为地给机床加热,使机床较快地达到热平衡状态,然后进行加工。

5. 控制环境温度

精密机床应安装在恒温车间,车间温度变化一般控制在 ± 1 ℃以内,精密级为 ± 0.5 ℃。恒温室平均温度一般为 20 ℃,冬季可取 17 ℃,夏季取 23 ℃。

4.5　加工误差的统计分析

生产实际中,影响加工精度的因素往往是错综复杂的,有时很难用机床几何误差、受力及受热变形等单因素分析法来分析计算某一工序的加工误差,而需要运用数理统计的方法对实际加工出的一批工件进行检查测量,加以处理和分析,从中发现误差的规律,找出提高加工精度的途径。这就是加工误差的统计分析法。

4.5.1　加工误差的性质

根据加工一批工件时误差出现的规律,加工误差可分为系统误差和随机误差。

1. 系统误差

在顺序加工一批工件的过程中,若加工误差的大小和方向都保持不变,或者按一定规律变化,这样的加工误差称为系统误差。其中,大小和方向都保持不变的误差称为常值系统误差,按一定规律变化的误差称为变值系统误差。

加工原理误差,机床、刀具、夹具的制造误差,工艺系统的受力变形等引起的加工误差均与加工时间无关,其大小和方向在一次调整中也基本不变,因此都属于常值系统误差。机床、夹具、量具等磨损引起的加工误差,在一次调整加工中也无明显的差异,故也属于常值系统误差。

机床、刀具和夹具等在热平衡前的热变形误差,刀具的磨损等,都是随加工时间而有规律地变化的,因此属于变值系统误差。

2. 随机误差

在顺序加工的一批工件中,若其加工误差的大小和方向的变化是随机的,则称为随机误差。毛坯误差(余量大小不一、硬度不均匀等)的复映、定位误差(基准面精度不一、间隙影响)、夹紧误差、多次调整的误差、残余应力引起的变形误差等都属于随机误差。

在不同的场合下,误差的表现性质也可能不同。例如,机床在一次调整中加工一批工件时,机床的调整误差是常值系统误差。但是,当多次调整机床时,每次调整时产生的调整误差就不可能是常值,变化也无一定规律,因此对于经多次调整所加工出来的大批工件,调整误差所引起的加工误差又称为随机误差。

4.5.2　分布图分析法

4.5.2.1　实验分布图

从成批加工的某种零件中抽取其中的一定数量的零件,并对其进行测量,抽取的这批零件称为样本,其件数 n 称为样本容量。

由于存在各种误差的影响,加工尺寸或偏差总是在一定范围内变动(称为尺寸分散),即为随机变量,用 x 表示。样本尺寸或偏差的最大值 $x_{\max}$ 与最小值 $x_{\min}$ 之差称为极差 R,即

$$R = x_{\max} - x_{\min} \tag{4-12}$$

将样本尺寸或偏差按大小顺序排列,并将它们分成 k 组,组距为 d,d 可按下式计算

$$d = R/(k-1) \tag{4-13}$$

同一尺寸组或同一误差组的零件数量 m_i 称为频数。频数 m_i 与样本容量 n 之比称为频率 f_i,即

$$f_i = m_i/n \tag{4-14}$$

以工件尺寸(或误差)为横坐标,以频数或频率为纵坐标,就可作出该批工件加工尺寸(或误差)的实验分布图,即直方图(见图 4-29)。

组数 k 和组距 d 的选择对实验分布图的显示有很大关系。组数过多,组距太小,则分布图会因频数的随机波动而歪曲;组数太少,组距太大,分布特征将被掩盖。k 值一般可参考样本容量来选择,见表 4-3。

表 4-3　组数 k 的选定

n	25～40	40～60	50～100	100	100～160	160～250	250～400	400～630
k	6	7	8	10	11	12	13	14

为了分析该工序的加工精度情况,可在直方图上标出该工序的加工公差带位置,并计算出该样本的统计数字特征:平均值 $\bar{x}$ 和标准差 S。

样本的平均值 $\bar{x}$ 表示该样本的尺寸分散中心。它主要取决于调整尺寸的大小和常值系统误差,即

$$\bar{x} = \frac{1}{n}\sum_{i=1}^{n} x_i \tag{4-15}$$

式中:x_i 为各工件的尺寸或偏差。

样本的标准差 S 反映了该批工件的尺寸分散程度。它是由变值系统误差和随机误差决定的。误差大,S 也大;误差小,S 也小。

$$S = \sqrt{\frac{1}{n-1}\sum_{i=1}^{n}(x_i - \bar{x})^2} \tag{4-16}$$

当样本的容量比较大时,为简化计算,可直接用 n 来代替上式中的 $n-1$。

为了使分布图能代表该工序的加工精度,不受组距和样本容量的影响,纵坐标应改成频率密度。

$$频率密度 = \frac{频率}{组距} = \frac{频数}{样本容量 \times 组距} = \frac{m_i}{n \times d}$$

下面通过一实例来说明直方图的绘制步骤。

例 4-1　磨削一批轴径 $\phi 60^{+0.06}_{+0.01}$ mm 的工件,绘制工件加工尺寸的直方图。

解　本例中以偏差值,即实测尺寸与基本尺寸的差值计算。

(1) 收集数据。本例中取 $n=100$ 件,实测数据列于表 4-4 中。找出最大值 $x_{\max}=54\ \mu$m,最小值 $x_{\min}=16\ \mu$m。

表 4-4　轴径偏差实测值　　　　　　　　　　　　　　　　单位:μm

44	20	46	32	20	40	52	33	40	25	43	38	40	41	30	36	49	51	38	34
22	46	36	30	42	38	27	49	45	45	38	32	45	48	28	36	52	32	42	38
40	42	38	52	38	36	37	43	28	45	38	50	46	38	30	40	44	34	42	47
22	28	34	30	36	32	35	22	36	42	46	42	50	40	36	20	**16**	53
32	46	20	28	46	28	**54**	18	32	33	26	46	47	36	30	49	18	38	38

(2) 确定分组数 k、组距 d、各组组界和组中值。组数 k 可按表 4-3 选取,本例取 $k=9$,则组距为

$$d = \frac{R}{k-1} = \frac{x_{\max}-x_{\min}}{k-1} = \frac{54-16}{9-1}\ \mu\text{m} = 4.75\ \mu\text{m}$$

取 $d=5\ \mu$m。

各组组界为

$$x_{\min} + (j-1)d \pm \frac{d}{2} \quad (j=1,2,\cdots,k)$$

各组中值为

$$x_{\min}+(j-1)d \quad (j=1,2,\cdots,k)$$

（3）记录各组数据，整理成频数分布表（见表 4-5）。

表 4-5　频数分布表

序号	组界/μm	组中值	频数	频 数 统 计	频率/(%)	频率密度/[$\mu m^{-1}(\%)$]
1	13.5~18.5	16	3	‖‖	3	0.6
2	18.5~23.5	21	7	‖‖‖‖‖‖‖	7	1.4
3	23.5~28.5	26	8	‖‖‖‖‖‖‖‖	8	1.6
4	28.5~33.5	31	13	‖‖‖‖‖‖‖‖‖‖‖‖‖	13	2.6
5	33.5~38.5	36	26	‖‖‖‖‖‖‖‖‖‖‖‖‖‖‖‖‖‖‖‖‖‖‖‖‖‖	26	5.2
6	38.5~43.5	41	16	‖‖‖‖‖‖‖‖‖‖‖‖‖‖‖‖	16	3.2
7	43.5~48.5	46	16	‖‖‖‖‖‖‖‖‖‖‖‖‖‖‖‖	16	3.2
8	48.5~53.5	51	10	‖‖‖‖‖‖‖‖‖‖	10	2.0
9	53.5~58.5	56	1	‖	1	0.2

（4）根据表 4-5 所列数据画出直方图（见图 4-29）。

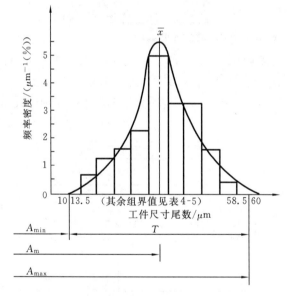

图 4-29　直方图

（5）在直方图上作出最大极限尺寸 $A_{\max}=60.06$ mm 及最小极限尺寸 $A_{\min}=60.01$ mm 的标志线，并计算出 $\bar{x}$ 和 S。

由式(4-15)可得 $\bar{x}=37.3$ μm；由式(4-16)可得 $S=8.93$ μm。

由直方图可以直观地看到工件尺寸或误差的分布情况：该批工件的尺寸有一分散范围，尺寸偏大、偏小者很少，大多数居中；尺寸分散范围($6S=53.58$ μm)略大于公差值($T=50$ μm)，说明本工序的加工精度稍显不足；分散中心 $\bar{x}$ 与公差带中心 A_{m} 基本重合，表明机床调整误差（常值系统误差）很小。

4.5.2.2　理论分布曲线

1. 正态分布

概率论已经证明,相互独立的大量微小随机变量总和的分布符合正态分布。在机械加工中,用调整法加工一批零件,其尺寸误差是很多相互独立的随机误差综合作用的结果,如果其中没有一个是起决定作用的随机误差,则加工后零件的尺寸将近似于成正态分布。

正态分布曲线的形状如图 4-30 所示。其概率密度函数表达式为

$$y = \frac{1}{\sigma\sqrt{2\pi}}\exp\left[-\frac{1}{2}\left(\frac{x-\mu}{\sigma}\right)^2\right]\quad(-\infty < x < +\infty, \sigma > 0)\tag{4-17}$$

式中:y 为分布的概率密度;x 为随机变量;μ 为正态分布随机变量的算术平均值;σ 为正态分布随机变量的标准差。

由式(4-17)及图 4-30 可以看出,当 $x = \mu$ 时,则

$$y = \frac{1}{\sigma\sqrt{2\pi}} \approx \frac{0.4}{\sigma}\tag{4-18}$$

为曲线的最高点,它两边的曲线是对称的。

如果 μ 值改变,分布曲线将沿横坐标移动而不改变其形状,这说明 μ 是表征分布曲线位置的参数。

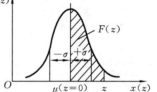

图 4-30　正态分布曲线

分布曲线所围成的面积总是等于 1。当 σ 减小时,y 的峰值增大,分布曲线向上伸展,两侧向中间收紧;反之,当 σ 增大时,y 的峰值减小,分布曲线平坦地沿横轴伸展。可见,σ 是表征分布曲线形状的参数,亦即 σ 反映了随机变量 x 取值的分散程度(见图 4-31)。

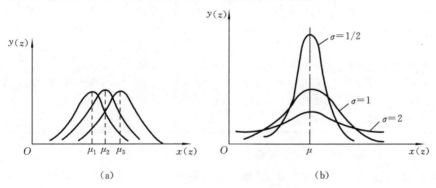

图 4-31　μ、σ 值对正态分布曲线的影响

(a)μ 变化的影响;(b)σ 变化的影响

算术平均值 $\mu = 0$、标准差 $\sigma = 1$ 的正态分布称为标准正态分布。非标准正态分布可以通过坐标变换 $z = \dfrac{x-\mu}{\sigma}$,转换为标准的正态分布。故可以利用标准正态分布的函数值,求得各种正态分布的函数值。

由分布函数的定义可知,正态分布函数是正态分布概率密度函数的积分,即

$$F(x) = \frac{1}{\sigma\sqrt{2\pi}}\int_{-\infty}^{x}\exp\left[-\frac{1}{2}\left(\frac{x-\mu}{\sigma}\right)^2\right]\mathrm{d}x\tag{4-19}$$

由式(4-19)可知,$F(x)$ 为正态分布曲线下方积分区间包含的面积,表征随机变量 x 落在区间 $(-\infty, x)$ 上的概率。令 $z = \dfrac{x-\mu}{\sigma}$,则有

$$F(z) = \frac{1}{\sqrt{2\pi}} \int_0^z \mathrm{e}^{-\frac{z^2}{2}} \mathrm{d}z \qquad (4\text{-}20)$$

$F(z)$ 为图 4-30 中有阴影线部分的面积。对于不同 z 值的 $F(z)$ 值见表 4-6。

表 4-6　　正态分布曲线下的面积函数 $F(z)$

z	$F(z)$	z	$F(z)$	z	$F(z)$	z	$F(z)$	z	$F(z)$
0.00	0.0000	0.23	0.0910	0.46	0.1772	0.88	0.3106	1.85	0.4678
0.01	0.0040	0.24	0.0948	0.47	0.1808	0.90	0.3159	1.90	0.4713
0.02	0.0080	0.25	0.0987	0.48	0.1844	0.92	0.3212	1.95	0.4744
0.03	0.0120	0.26	0.1023	0.49	0.1879	0.94	0.3264	2.00	0.4772
0.04	0.0160	0.27	0.1064	0.50	0.1915	0.96	0.3315	2.10	0.4821
0.05	0.0199	0.28	0.1103	0.52	0.1985	0.98	0.3365	2.20	0.4861
0.06	0.0239	0.29	0.1141	0.54	0.2054	1.00	0.3413	2.30	0.4893
0.07	0.0279	0.30	0.1179	0.56	0.2123	1.05	0.3531	2.40	0.4918
0.08	0.0319	0.31	0.1217	0.58	0.2190	1.10	0.3643	2.50	0.4938
0.09	0.0359	0.32	0.1255	0.60	0.2257	1.15	0.3749	2.60	0.4953
0.10	0.0398	0.33	0.1293	0.62	0.2324	1.20	0.3849	2.70	0.4965
0.11	0.0438	0.34	0.1331	0.64	0.2389	1.25	0.3944	2.80	0.4974
0.12	0.0478	0.35	0.1368	0.66	0.2454	1.30	0.4032	2.90	0.4981
0.13	0.0517	0.36	0.1405	0.68	0.2517	1.35	0.4115	3.00	0.49865
0.14	0.0557	0.37	0.1443	0.70	0.2580	1.40	0.4192	3.20	0.49931
0.15	0.0596	0.38	0.1480	0.72	0.2642	1.45	0.4265	3.40	0.49966
0.16	0.0636	0.39	0.1517	0.74	0.2703	1.50	0.4332	3.60	0.499841
0.17	0.0675	0.40	0.1554	0.76	0.2764	1.55	0.4394	3.80	0.499928
0.18	0.0714	0.41	0.1591	0.78	0.2823	1.60	0.4452	4.00	0.499968
0.19	0.0753	0.42	0.1628	0.80	0.2881	1.65	0.4506	4.50	0.499997
0.20	0.0793	0.43	0.1664	0.82	0.2939	1.70	0.4554	5.00	0.49999997
0.21	0.0832	0.44	0.1700	0.84	0.2995	1.75	0.4599		
0.22	0.0871	0.45	0.1736	0.86	0.3051	1.80	0.4641		

当 $z = \pm 3$，即 $x - \mu = \pm 3\sigma$ 时，可查得 $2F(3) = 0.498\,65 \times 2 \times 100\% = 99.73\%$。这说明，随机变量 x 落在 $\pm 3\sigma$ 范围以内的概率为 99.73%，落在此范围以外的概率仅为 0.27%，此值很小。因此一般认为，正态分布的随机变量的分散范围是 $\pm 3\sigma$。这就是所谓的"$\pm 3\sigma$ 原则"。6σ 的大小代表了某种加工方法在一定条件下(如毛坯余量、切削用量及正常的机床、夹具、刀具等)所能达到的加工精度，通常应该使所选择的加工方法的标准差 σ 与公差带宽度 T 之间满足关系式 $6\sigma \leqslant T$。

2. 非正态分布

工件的实际分布有时并不近似于正态分布。例如，将两次调整下加工的工件混在一起，由于每次调整时常值系统误差是不同的，如果常值系统误差之差值大于 2.2σ，就会得到双峰曲线(见图 4-32(a))，假如把两台机床加工的工件混在一起，不仅调整时常值系统误差不等，机床精度可能也不同(即 σ 不同)，那么曲线的两个凸峰高度也不一样。

如果加工中刀具或砂轮的尺寸磨损比较显著，所得一批工件的尺寸分布就如图 4-32(b)所示。尽管在加工的每一瞬间工件的尺寸呈正态分布，但是随着刀具或砂轮的磨损，不同瞬间尺寸分布的算术平均值是逐渐移动的，因此分布曲线可能呈平顶状。

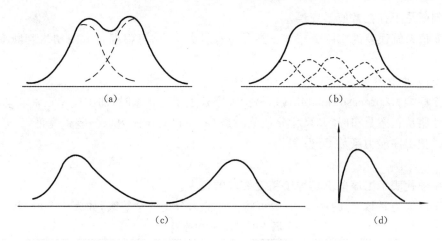

图 4-32　非正态分布

(a) 双峰曲线；(b) 平顶分布；(c) 不对称分布；(d) 瑞利分布

当工艺系统存在显著的热变形等变值系统误差时，分布曲线往往不对称。例如，若刀具热变形严重，则加工轴时曲线凸峰偏向左、加工孔时曲线凸峰偏向右（见图 4-32(c)）。用试切法加工时，操作者主观上可能存在宁可返修也不可报废的倾向性，所以分布图也会出现不对称情况：加工轴时宁大勿小，故凸峰偏向右；加工孔时宁小勿大，故凸峰偏向左。

对于端面圆跳动和径向跳动一类的误差，一般不考虑正负号，所以接近零的误差值较多，远离零的误差值较少，其分布（称为瑞利分布）也是不对称的（见图 4-32(d)）。

对于非正态分布的分散范围，就不能认为是 6σ。工程应用中的处理方法是除以相对分布系数 k。记分布的分散范围为 T，则非正态分布的分散范围为 $T=6\sigma/k$。

k 值的大小与分布图形状有关，具体数值可参考表 4-7，表中的 α 为相对不对称系数，它是总体算术平均值坐标点至总体分散范围中心的距离与一半分散范围（$T/2$）之比值。因此，分分布中心偏移量为 $\Delta=\alpha T/2$。

表 4-7　几种典型分布曲线的 k 和 α 值

分布特征	正态分布	三角分布	均匀分布	瑞利分布	偏态分布	
					外尺寸	内尺寸
分布曲线						
α	0	0	0	−0.28	0.26	−0.26
k	1	1.22	1.73	1.14	1.17	1.17

4.5.2.3　分布图分析法的应用

1）判别加工误差性质

如前所述，假如加工过程中没有变值系统误差或其影响很小，那么其尺寸分布应服从正态分布，这是判别加工误差性质的基本方法。

如果实际分布与正态分布基本相符，这时就可进一步根据样本平均值 $\bar{x}$ 是否与公差带中心重合来判断是否存在常值系统误差。

如果变值系统误差的实际分布与正态分布有较大出入,可根据直方图初步判断变值系统误差的性质。

2) 确定工序能力及其等级

所谓工序能力(process capability),是指工序处于稳定状态时,加工误差正常波动的幅度。当加工尺寸服从正态分布时,其尺寸分散范围是 6σ,所以工序能力以公差带宽度 T 与 6σ 的比值来评价。记工序能力系数 C_p 为

$$C_p = T/(6\sigma) \tag{4-21}$$

工序能力系数代表了工序能满足加工精度要求的程度。

根据工序能力系数 C_p 的大小,一般可将工序能力分为 5 个等级,如表 4-8 所示。

表 4-8　工序能力等级

工序能力系数	工序等级	说　　明
$C_p > 1.67$	特级	工序能力很高,可以允许有异常波动,不一定经济
$1.67 \geqslant C_p > 1.33$	一级	工序能力足够,可以允许有一定的异常波动
$1.33 \geqslant C_p > 1.00$	二级	工序能力勉强,必须密切注意
$1.00 \geqslant C_p > 0.67$	三级	工序能力不足,可能出现少量不合格品
$0.67 \geqslant C_p$	四级	工序能力很差,必须加以改进

一般情况下,工序能力不应低于二级,即应该满足 $C_p > 1$。

3) 估算合格品率或不合格品率

不合格品率包括废品率和可返修的不合格品率。它可通过分布曲线进行估算。

例 4-2　在无心磨床上磨削销轴外圆,要求外径 $d = \phi 12^{-0.016}_{-0.043}$ mm。抽样一批零件,经实测后计算得到 $\bar{d} = 11.974$ mm,已知该机床的 $\sigma = 0.005$ mm,其尺寸分布符合正态分布。试分析该工序的加工质量。

(1) 根据所计算的 $\bar{d}$ 及 σ 作分布图(见图 4-33)。

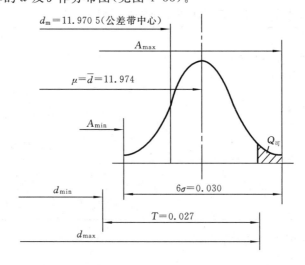

图 4-33　圆销外径尺寸分布图

(2) 计算工序能力系数 C_p。

$$C_p = \frac{T}{6\sigma} = \frac{-0.016 - (-0.043)}{6 \times 0.005} = 0.9 < 1$$

工序能力系数 $C_p < 1$ 表明该工序的工序能力不足,产生不合格品是不可避免的。

(3) 计算不合格品率 Q。合格工件的最小尺寸 $d_{\min} = 11.957$ mm,最大尺寸 $d_{\max} = 11.984$ mm。

对于轴类零件,超出公差带上限的不合格品可修复,记为 $Q_{可}$。由 $z_1 = \dfrac{d_{\max} - \overline{d}}{\sigma} = \dfrac{11.984 - 11.974}{0.005} = 2$,可查表 4-6 得 $F(z_1) = 0.477\,2$,即 $Q_{可} = 0.5 - 0.477\,2 = 0.022\,8 = 2.28\%$。

轴类零件超出公差带下限的不合格品不可修复,记为 $Q_{不}$。由 $z_2 = \dfrac{d_{\min} - \overline{d}}{\sigma} = \dfrac{11.957 - 11.974}{0.005} = -3.4$,可查表 4-6 得 $F(z_2) = F(-z_2) = 0.499\,66$,即 $Q_{不} = 0.5 - 0.499\,66 = 0.000\,34 = 0.034\%$。

总的不合格率为

$$Q = Q_{可} + Q_{不} = 0.022\,8 + 0.000\,34 = 0.023\,14 = 2.314\%$$

(4) 对改进措施,应该从控制分散中心与公差带中心的距离,需要时减小分散范围来考虑。

本例中,分散中心 $\overline{d} = 11.974$,公差带中心 $d_m = 11.970\,5$,若能调整砂轮使之向前进刀 $(11.974 - 11.970\,5)/2$,可以减小总的不合格率,但不可修复的不合格率将增大。

机床调整误差难以完全消除,即分散中心与公差带中心难以完全重合。本例中机床的工序能力不足,进一步的改进措施包括控制加工工艺参数,减小 σ,必要时还需要考虑用精度更高的机床来加工。

4.5.3　点图分析法

分布图分析法没有考虑工件加工的先后顺序,故不能反映误差变化的趋势,难以区分变值系统误差与随机误差的影响,同时,必须等到一批工件加工完毕后才能绘制分布图,因此不能在加工过程中及时提供控制精度的资料。为此,生产中采用点图法以弥补上述不足。

在加工过程中重点要关注工艺过程的稳定性。如果加工过程中存在着影响较大的变值系统误差,或随机误差的大小有明显的变化,那么样本的平均值 $\overline{x}$ 和标准差 S 就会产生异常波动,工艺过程就是不稳定的。

从数学的角度讲:如果一项质量数据的总体分布参数(如 $\overline{x}$、S)保持不变,则这一工艺过程就是稳定的;如果有所变动,即使是往好的方向变化(如 S 突然缩小),都算不稳定。只有在工艺过程是稳定的前提下,讨论工艺过程的精度指标(如工序能力系数 C_p、不合格率 Q 等)才有意义。

分析工艺过程的稳定性通常采用点图法。用点图来评价工艺过程稳定性时采用顺序样本,即样本由工艺系统在一次调整中按顺序加工的工件组成。这样取样可以得到在时间上与工艺过程运行同步的有关信息,反映出加工误差随时间变化的趋势。

1. 单值点图

如果按加工顺序逐个测量一批工件的尺寸,以工件序号为横坐标,工件尺寸(或误差)为纵坐标,就可作出图 4-34 所示的点图。

为了缩短点图的长度,可将顺次加工出的 n 个工件编为一组,以工件组号为横坐标,而纵坐标保持不变,同一组内各工件可根据尺寸分别点在同一组号的垂直线上,就可以得到图4-35 所示的点图。

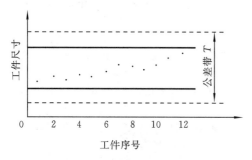

图 4-34　单点的单值点图

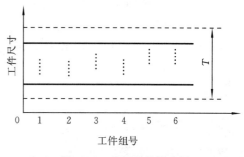

图 4-35　分组的单值点图

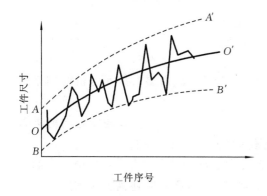

图 4-36　反映变值系统误差的单值点图

上述点图都反映了每个工件尺寸(或误差)变化与加工时间的关系,故称为单值点图。

假如把点图的上、下极限点包络成两根平滑的曲线,并作出这两根曲线的平均值曲线,如图4-36所示,就能较清楚地揭示出加工过程中误差的性质及其变化趋势。平均值曲线 OO' 表示每一瞬时的分散中心,其变化情况反映了变值系统误差随时间变化的规律,而起始点 O 则可看成常值系统误差的影响;上、下限曲线 AA' 与 BB' 之间的宽度表示每一瞬时的尺寸分散范围,反映了随机误差的影响。

单值点图上画有上、下两条控制界限线(图4-34、图4-35 中用实线表示)和两极限尺寸线(用虚线表示),作为控制不合格品的参考界限。

2. $\bar{x}\text{-}R$ 图

1) $\bar{x}\text{-}R$ 图的基本形式及绘制

为了能直接反映出加工过程中系统误差和随机误差随加工时间的变化趋势,实际生产中常用 $\bar{x}\text{-}R$ 图来代替单值点图。$\bar{x}\text{-}R$ 图是平均值 $\bar{x}$ 控制图和极差 R 控制图联合使用时的统称。前者控制工艺过程质量指标的分布中心,后者控制工艺过程质量指标的分散程度。

$\bar{x}\text{-}R$ 图的横坐标是按时间先后采集的小样本的组序号,纵坐标各为小样本的平均值 $\bar{x}$ 和极差 R。在 $\bar{x}\text{-}R$ 图上各有三根线,即中线和上、下控制线。

绘制 $\bar{x}\text{-}R$ 图是以小样本顺序随机抽样为基础的。在工艺过程进行中,每隔一定时间抽取容量 $n=2\sim10$ 件的一个小样本,求出小样本的平均值 $\bar{x}$ 和极差 R。经过若干时间后,就可取得若干个小样本(譬如 k 个,通常取 $k=25$)。将各组小样本的 $\bar{x}$ 和 R 值分别点在 $\bar{x}\text{-}R$ 图上,即制成了 $\bar{x}\text{-}R$ 图。

2) $\bar{x}\text{-}R$ 图的中线和上、下控制线的确定

任何一批工件的加工尺寸都有波动性。因此各小样本的平均值 $\bar{x}$ 和极差 R 也都有波动性。要判别波动是否正常,就需要分析 $\bar{x}$ 和 R 的分布规律,在此基础上确定 $\bar{x}\text{-}R$ 图中的上、下控制线的位置。

由概率论可知,当总体是正态分布时,其样本的平均值 x 的分布也服从正态分布,且 $\bar{x} \sim$ $(\mu, \sigma/\sqrt{n})$,μ、σ 是总体的均值和标准差,因此 $\bar{x}$ 的分散范围是 $\mu \pm 3\sigma/\sqrt{n}$。

虽然 R 的分布不是正态分布,但当 $n < 10$ 时,其分布与正态分布也是比较接近的,因而 R 的分散范围也可取为 $(\bar{R} \pm 3\sigma_R)$($\bar{R}$、σ_R 分别是 R 分布的均值和标准差),而且 $\sigma_R = d\sigma$,式中 d 为常数,其值可由表 4-9 查得。

表 4-9 d、α_n、A_2、D_1、D_2 的值

n/件	d	α_n	A_2	D_1	D_2
4	0.880	0.486	0.73	2.28	0
5	0.864	0.430	0.58	2.11	0
6	0.848	0.395	0.48	2.00	0

总体的均值 μ 和标准差 σ 通常是未知的。但由数理统计可知,μ 可以用各小样本平均值 $\bar{x}$ 的平均值 $\bar{\bar{x}}$ 来估计,而总体的标准差 σ 可以 $\alpha_n \bar{R}$ 来估计,即

$$\hat{\mu} = \bar{\bar{x}}, \quad \bar{\bar{x}} = \frac{1}{k} \sum_{i=1}^{k} \bar{x_i}, \quad \hat{\sigma} = \alpha_n \bar{R}, \quad \bar{R} = \frac{1}{k} \sum_{i=1}^{k} R_i$$

式中:$\hat{\mu}$、$\hat{\sigma}$ 分别为 μ、σ 的估计值;$\bar{x_i}$ 为各小样本的平均值;R_i 为各小样本的极差;α_n 为常数,其值可根据小样本数 n 由表 4-9 查得。

3) $\bar{x}$-R 图上的各条控制线的确定

(1) $\bar{x}$ 图: 中线 $\qquad \bar{\bar{x}} = \frac{1}{k} \sum_{i=1}^{k} \bar{x_i}$

$\qquad\qquad$ 上控制线 $\qquad \bar{x_s} = \bar{\bar{x}} + A_2 \bar{R}$

$\qquad\qquad$ 下控制线 $\qquad \bar{x_x} = \bar{\bar{x}} - A_2 \bar{R}$

式中:A_2 为常数,$A_2 = 3\alpha_n / \sqrt{n}$,也可以由表 4-8 查得。

(2) R 图: 中线 $\qquad \bar{R} = \frac{1}{k} \sum_{i=1}^{k} R_i$

$\qquad\qquad$ 上控制线 $\qquad R_s = \bar{R} + 3\sigma_R = (1 + 3d\alpha_n)\bar{R} = D_1 \bar{R}$

$\qquad\qquad$ 下控制线 $\qquad R_x = \bar{R} - 3\sigma_R = (1 - 3d\alpha_n)\bar{R} = D_2 \bar{R}$

式中:D_1、D_2 均为常数,可以由表 4-9 查得。

在点图上作出中线和上、下控制线后,就可根据图中点的情况来判别工艺过程是否稳定(即判断波动状态是否属于正常),判别的标志参见表 4-10。

表 4-10 正常波动与异常波动标志

正 常 波 动	异 常 波 动
1. 没有点子超出控制线	1. 有点子超出控制线
2. 大部分点子在中线上下波动,小部分在控制线附近	2. 点子密集在中线上、下附近
3. 点子分布没有明显的规律性	3. 点子密集在控制线附近
	4. 连续 7 点以上出现在中线一侧
	5. 连续 11 点中有 10 点出现在中线一侧
	6. 连续 14 点中有 12 点以上出现在中线一侧
	7. 连续 17 点中有 14 点以上出现在中线一侧
	8. 连续 20 点中有 16 点以上出现在中线一侧
	9. 点子有上升或下降倾向
	10. 点子有周期性波动

$\bar{x}$ 在一定程度上代表了瞬时的分散中心,故 $\bar{x}$ 点图主要反映系统误差及其变化趋势;R 在一定程度上代表了瞬间的尺寸分散范围,故 R 点图可反映出随机误差及其变化趋势。单独的 $\bar{x}$ 点图和 R 点图不能全面地反映加工误差的情况,因此这两种点图必须结合起来应用。

4.6　保证和提高加工精度的途径

为了保证和提高机械加工精度,必须找出造成加工误差的主要因素(原始误差),然后采取相应的工艺技术措施来控制或减少这些因素的影响。

生产实际中,尽管有许多减少误差的方法和措施,但从误差减少的技术上看,可将它们分成两大类。

(1) 误差预防　减少原始误差或减少原始误差的影响,亦即减少误差源或改变误差源至加工误差之间的数量转换关系。

(2) 误差补偿　在现存的表现误差条件下,通过分析、测量,进而建立数学模型,并以这些信息为依据,人为地在系统中引入一个附加的误差源,使之与系统中现存的表现误差相抵消,以减少或消除零件的加工误差。

4.6.1　误差预防技术

1. 合理采用先进工艺与设备

这是保证加工精度的最基本方法。因此,在制订零件加工工艺规程时,应对零件每道加工工序的能力进行精度评价,并尽可能合理采用先进的工艺设备,使每道工序都具备足够的工序能力。

2. 直接减少原始误差

这也是在生产中应用较广的一种基本方法。它是在查明影响加工精度的主要原始误差因素之后,设法对其直接进行消除或减少。以加工细长轴为例。因工件刚度极差,加工细长轴时容易产生弯曲变形和振动,严重影响加工精度。为了减少因吃刀抗力使工件弯曲变形所产生的加工误差,可采取下列措施。

(1) 采用反向进给的切削方式,进给方向由卡盘一端指向尾座,使力 F_x 对工件起拉伸作用,同时将尾座改为可伸缩的活顶尖,就不会因 F_x 和热应力而压弯工件(见图 4-37)。

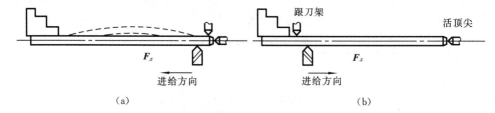

图 4-37　不同进给方向加工细长轴的比较

(a)进给方向从尾座向头架;(b)进给方向从头架向尾座

(2) 采用大进给量和较大主偏角的车刀,增大力 F_x,工件在强有力的拉伸作用下,具有抑制振动的作用,使切削平稳。

3. 转移原始误差

误差转移法是把影响加工精度的原始误差转移到不影响(或少影响)加工精度的方向或其

他零部件上去的方法。图 4-38 所示是利用转移误差的方法转移六角车床转塔刀架转位误差的例子。六角车床的转塔刀架在工作时需经常旋转,因此要长期保持它的转位精度是比较困难的。假如转塔刀架上外圆车刀的切削基面也像普通车床那样在水平面内(见图 4-38(a)),那么转塔刀架的转位误差处在误差敏感方向,将严重影响加工精度。因此,生产中都采用立式安装车刀的方法,将刀刃的切削基面放在垂直平面内(见图 4-38(b)),这样就把刀架的转位误差转移到了误差的不敏感方向上,由刀架转位误差引起的加工误差也将减小到可以忽略不计的程度。

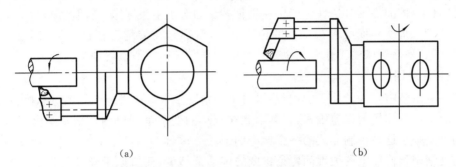

(a)   (b)

图 4-38 六角车床刀架转位误差的转移
(a)卧式安装车刀;(b)立式安装车刀

又如,在成批生产中,采用镗模加工箱体孔系,把机床的主轴回转误差、导轨误差等原始误差转移掉,工件的加工精度完全靠镗模和镗杆的精度来保证。由于镗模的结构远比整台机床简单,精度容易保证,故在实际生产中得到了广泛的应用。

4. 均分原始误差

生产中可能会遇到本工序的加工精度是稳定的,但由于毛坯或上道工序加工的半成品精度波动较大,引起定位误差或复映误差太大,因而造成本工序加工超差。解决这类问题的有效途径之一是采用分组调整(即均分误差)的方法:把毛坯按误差大小分为 n 组,每组毛坯的误差就缩小为原来的 $1/n$,然后按各组分别调整刀具与工件的相对位置或选用合适的定位元件,这样就可大大缩小整批工件的尺寸分散范围。

5. 均化原始误差

机床、刀具的某些误差(如导轨的直线度、机床传动链的传动误差等)是根据局部地方的最大误差值来判定的。如果利用有密切联系的表面之间的相互比较、相互修正,或者利用互为基准进行加工,就能让这些局部较大的误差比较均匀地影响整个加工表面,使传递到工件表面的加工误差较为均匀,因而工件的加工精度相应地就大大提高。

例如,研磨时研具的精度并不很高,分布在研具上的磨料粒度大小也可能不一样,但由于研磨时工件和研具间有复杂的相对运动轨迹,使工件上各点均有机会与研具的各点相互接触并受到均匀的微量切削,同时工件和研具相互修整,精度也逐步共同提高,进一步使误差均化,因此就可获得精度高于研具原始精度的加工表面。

又如,三块一组的精密标准平板,就是利用三块平板相互对研、配刮的方法加工出来的。因为三个表面分别两两密合只有在都是精确的平面的条件下才有可能。这里均化原始误差法也是通过加工(对研、配刮)使被加工表面原始误差(平面度)不断缩小而使误差均化的。

6. 就地加工

就地加工法的要点是:要保证部件间有什么样的位置关系,就要在这样的位置关系上利用一个部件装上刀具去加工另一个部件。

在机械加工和装配中,有些精度问题牵涉到很多零部件的相互关系,单纯依靠提高零部件的精度来满足设计要求,有时不仅困难,甚至不可能,而采用就地加工法可解决这种难题。例如,在六角车床制造中,必须保证转塔上六个安装刀架的大孔轴线与机床主轴回转轴线重合,各大孔的端面又必须与主轴回转轴线垂直。如果把转塔作为单独零件加工出这些表面,那么在装配后要达到上述两项要求是很困难的。采用就地加工方法,把转塔装配到六角车床上后,再在车床主轴上装镗杆和径向进给小刀架来进行最终精加工,就很容易保证上述两项精度要求。

这种"自干自"的加工方法在生产中应用很多。如对于牛头刨床、龙门刨床,为了使它们的工作台面分别对滑枕和横梁保持平行的位置关系,就都是在装配后在自身机床上进行"自刨自"精加工的。平面磨床的工作台面也是在装配后作"自磨自"的最终加工。

7. 控制误差因素

在某些复杂精密零件的加工中,当难以对主要精度参数直接进行在线测量和控制时,可以设法控制起决定性作用的误差因素,将其限制在很小的变动范围以内。精密螺纹磨床的自动恒温控制就是采用这种控制方式的一个典型例子。

高精度精密丝杠加工的关键问题是机床的传动链精度,而机床母丝杠的精度更是关系重大。机床运转必然产生温升,螺纹磨床的母丝杠装在机床内部,很容易积聚热量,产生相当大的热变形。例如,S7450 大型精密螺纹磨床的母丝杠螺纹部分长 5.86 m,温度每变化 1 ℃,母丝杠长度就要变化 70 μm,而被加工丝杠因磨削热而产生的热变形比车削要严重很多。由于母丝杠和工件丝杠的温升不同,相对的长度变化也不同,加工中直接测量和控制工件螺距累积误差也是不可能的,这就使操作者无法在加工过程中掌握加工精度。因此,可以通过控制影响工件螺距累积误差的主要误差因素——加工过程中母丝杠和工件丝杠的温度变化来保证工件螺距精度,具体方法如下。

(1)母丝杠采用空心结构,通入恒温油使母丝杠保持恒温。油液从丝杠右端经中心管送入,然后从丝杠左端流出中心管并沿着母丝杆的内壁流回右端,再回到油池。油液在母丝杠内一来一回,可使母丝杠的温度分布均匀。

(2)为了保证工件丝杠温度也相应稳定,一方面采用淋浴的方法使工件保持恒温,另一方面在砂轮的磨削区域用低于室温的油做局部的冷却,带走磨削所产生的热量。

(3)用泵将经过冷冻机降温的油从油池内抽出,并经自动温度控制系统使油的温度达到给定值后再送入母丝杠和工件淋浴管道内,以实现恒温控制。

某工厂采用了这一恒温控制装置,分别控制母丝杠和工件丝杠的温度,使两者的温差保持在±2 ℃以内,磨出了 3 m 长的 5 级精度丝杠,全长的螺距累积误差只有 0.02 mm。

4.6.2　误差补偿技术

误差补偿方法就是人为地制造出一种新的原始误差去抵消当前成为问题的原有的原始误差,并尽量使两者大小相等、方向相反,从而达到减小加工误差、提高加工精度的目的。

一个误差补偿系统一般包含三个主要功能装置,即:①误差补偿信号发生装置,发出与原始误差大小相等的误差补偿信号;②信号同步装置,保证附加的补偿误差与原始误差相位相反,即相位相差 180°;③误差合成装置,实现补偿误差与原始误差的合成。

1. 静态误差补偿

静态误差补偿中误差补偿信号是事先设定的。特别是补偿机床传动链长周期误差的方法已经比较成熟。例如,在图 4-14 所示的丝杠加工误差校正曲线机构中,以校正尺作为误差补偿信号发生装置;将校正尺安装在机床床身的正确位置以实现信号同步;通过螺母附加转动实现误差合成。

随着计算机技术的发展,可以使用柔性的"电子校正尺"来取代传统的机械校正尺,即将原始误差数字化,作为误差补偿信号;利用光、电、磁等感应装置实现信号同步;利用数控机构实现误差合成。

2. 动态误差补偿

生产中有些原始误差的规律并不确定,不能只用固定的补偿信号解决问题,需要采取动态误差补偿的方法。动态误差补偿亦称为积极控制,常见形式如下。

(1) 在线检测　在加工中随时测量出工件的实际尺寸或形状、位置精度等参数,随时给刀具以附加的补偿量来控制刀具和工件间的相对位置。这样,工件尺寸的变动范围始终在自动控制之中。现代机械加工中的在线测量和在线补偿就属于这种形式。

(2) 偶件自动配磨　这种方法是将互配件中的一个零件作为基准,去控制另一个零件的加工精度。在加工过程中自动测量工件的实际尺寸,并和基准件的尺寸比较,至达到规定的差值时机床就自动停止加工,从而保证精密偶件间要求很高的配合间隙。柴油机高压油泵柱塞的自动配磨采用的就是这种形式的积极控制方式。

4.7　机械加工表面质量

4.7.1　机械加工表面质量概述

加工表面质量是指由一种或几种加工、处理方法获得的表面层状况(包括几何的、物理的、化学的或其他工程性能的)。

1. 加工表面的一般描述

加工表面几何形状可以按相邻两波峰或波谷之间的距离(即波距)的大小区分为表面粗糙度和波度(见图 4-39)。图中,表面粗糙度指加工表面微观几何形状误差,主要由机械加工中切削刀具的运动轨迹,以及一些物理因素所引起,其波高与波距的比值一般小于 1:50。波度指介于宏观几何形状误差(即形状和位置误差)与微观几何形状误差(即粗糙度)之间的周期性几何形状误差,主要由切削刀具的低频振动和位移造成,其波距一般在 1~10 mm 之间,波高与波距的比值一般为 1:50 至 1:1 000。考虑到工艺系统的高频振动和加工过程中的物理因素,表面粗糙度与波度可以用图 4-39(b)表示,图中,H_1 为粗糙度高,H_2 为波度高。

表面层的材料在加工时会产生物理、力学以及化学性质的变化。在去除工件表层余量的加工过程中,金属表面受到楔入、挤压、断裂的复杂力学作用,可能产生弹性、塑性变形和残余应力。同时由于切削区局部的高温作用,环境介质(如冷却润滑液、空气等)的物理、化学作用,表层的物理、力学性能,主要是硬度、残余应力、金相组织等会发生很大变化。

2. 加工表面质量的主要内容

一般来说,表面质量包括以下两项基本内容。

(1) 加工表面粗糙度和波度　表面粗糙度参数可从轮廓算术平均偏差 Ra、微观不平度十点高度 Rz、轮廓最大高度 Ry 三项中选取,在常用的参数值范围内推荐优先选用 Ra。一般将波度合并到表面粗糙度中研究。

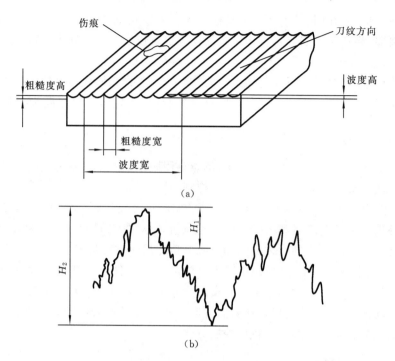

图 4-39　加工表面的几何描述

(a)表面纹理;(b)表面粗糙度与波度

　　(2)加工表面层材料物理、力学性能的变化　它主要包括加工表面层的加工硬化、残余应力、金相组织变化等三方面内容。其中,加工硬化常用表面层显微硬度 H、硬化层深度 h_d 及硬化程度 N 表示。N 是加工表面的显微硬度增加值($H - H_0$)相对原始基体显微硬度 H_0 比值的百分数。

4.7.2　表面质量对零件使用性能的影响

1. 对零件疲劳强度的影响

　　零件的疲劳破坏主要是在交变应力作用下,在内部缺陷或应力集中处产生疲劳裂纹而引起的。由于表面粗糙度的谷底在交变载荷作用下很容易形成应力集中,故表面粗糙度对零件疲劳强度有较大影响。对承受交变载荷的零件,减小其上容易产生应力集中部位的表面粗糙度值,可以明显提高零件的疲劳强度。

　　适度的加工硬化,可使表层金属强化,故能减小交变变形的幅值,阻碍疲劳裂纹的产生和扩展,从而提高疲劳强度。但过高的加工硬化,会使表面脆性增加,可能出现较大的脆性裂纹,反而降低疲劳强度。

　　表面层残余应力对疲劳强度影响很大。适度的表层残余压应力可以抵消一部分由交变载荷引起的拉应力,有使裂纹闭合的趋势,使疲劳强度有所提高。残余拉应力则有引起裂纹扩展的趋势,使疲劳强度降低。

2. 对抗腐蚀性能的影响

　　在粗糙表面的凹谷处容易因积聚腐蚀性介质而发生化学腐蚀,凸峰处可能因产生电化学作用而引起电化学腐蚀。因此,减小加工表面的粗糙度值有利于提高零件的抗腐蚀性能。

　　表面层残余应力对抗腐蚀性有较大影响。残余压应力使表面紧密,腐蚀介质不易进入,从而增强抗腐蚀性;残余拉应力则会降低抗腐蚀性。也有资料认为,表面残余应力一般都会降低零件的耐腐蚀性。表面冷硬或金相组织变化时,往往会因引起残余应力而降低耐腐蚀性。

3. 对配合质量的影响

　　表面粗糙度值影响实际配合精度和配合性质。对于间隙配合,粗糙度值太大则初期磨损量大,使配合间隙增大,以致改变原定的配合性质;对于过盈配合,粗糙度值太大则在装配时相当一部分表面凸峰会被挤平,使实际过盈量减小,影响配合的可靠性。因此,对有配合要求的表面应采用较低的表面粗糙度值。

　　表面层残余应力可能引起变形,改变零件的形状和尺寸,从而影响配合精度。

4. 对耐磨性的影响

　　零件的耐磨性首先取决于摩擦副的材料和润滑条件,但在这些条件确定后,表面质量就起决定性作用。

　　表面粗糙度值直接影响有效接触面积和压强,以及润滑油的保存状况。当两个零件的表面互相接触时,首先只是在一些凸峰顶部接触,实际接触面积只是名义接触面积的一小部分。表面越粗糙,实际接触面积就越小,从而在一定的作用力下实际接触面上单位面积的压力就越大。

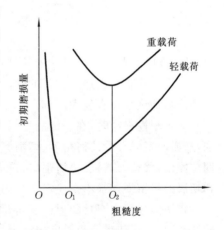

图 4-40　初期磨损量与粗糙度的关系

　　当两个零件相对运动时,接触凸峰处会发生弹性、塑性及剪切变形,导致表面磨损。随着磨损的发展,实际接触面积增大,压强减小,磨损速度减慢,零件表面就由初期磨损阶段进入正常磨损阶段。因此,一般来说,表面粗糙度值越小则磨损就越小。但粗糙度值太小,润滑油则不易保存,零件间分子亲和力增加,因此磨损反而增加,这表现为零件表面进入了急剧磨损阶段。所以,一对摩擦副在一定的工作条件下有一最佳粗糙度(见图 4-40),并且在重载时的最佳粗糙度值要比轻载时的大。

　　表面粗糙度的轮廓形状及纹理方向也会影响实际接触面积和存油情况,对耐磨性有显著影响。一般刀纹方向与运动方向相同时,耐磨性较好,但在重载时规律有所不同。

　　表面层加工硬化会提高表层材料硬度,减小接触区的弹性、塑性变形,使分子亲和力减小,从而减小磨损。但过度硬化时,表面脆性增高,将引起金属组织的"疏松",甚至会出现疲劳裂纹,使磨损加剧,乃至产生剥落,故加工硬化的硬度也有一个最优值。

　　表面层金相组织变化也会改变零件材料的原有硬度,影响其耐磨性。适度的残余压应力一般使结构紧密,有助于提高耐磨性。

5. 其他影响

　　表面质量对零件的使用性能还有一些其他的影响。例如:较大的表面粗糙度值会影响液压油缸和滑阀的密封性;恰当的表面粗糙度值能提高滑动零件的运动灵活性,减少发热和功率损失;残余应力会使零件因应力重新分布而逐渐变形,从而影响其尺寸和形状精度等。

4.7.3 加工表面粗糙度的影响因素

1. 影响切削加工后表面粗糙度的因素

1）几何因素

几何因素主要指刀具的形状和几何角度，特别是刀尖圆弧半径 r_ε、主偏角 κ_r、副偏角 κ'_r 等，还包括进给量 f，以及刀刃本身的粗糙度等。

在理想切削条件下，几何因素造成的理论粗糙度的最大高度 $R_{\max}$ 可由几何关系求出。

如图 4-41 所示，设 $r_\varepsilon = 0$，对于车削和刨削，可求得 $R_{\max} = f/(\cot\kappa_r + \cot\kappa'_r)$。

实际上刀尖总会具有一定的圆弧半径，即 $r_\varepsilon \neq 0$，此时可求得 $R_{\max} \approx f^2/(8r_\varepsilon)$。

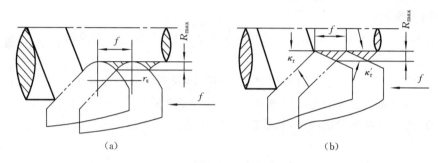

图 4-41 车削时的残留面积高度

(a)圆刃口车削；(b)尖刃口车削

2）物理因素

由于存在着与被加工材料的性能及切削机理有关的物理因素，切削加工后的实际粗糙度与理论粗糙度往往有较大区别。

加工塑性材料时，在一定的切削速度下，刀面上会形成硬度很高的积屑瘤代替刀刃进行切削，从而改变刀具的几何角度、切削厚度。切屑在前刀面上的摩擦和冷焊作用，可能使切屑周期性停留，代替刀具推、挤切削层，造成切削层和工件间出现撕裂现象，形成鳞刺。而且积屑瘤和切屑的停留周期都不是稳定的。因此，积屑瘤和切屑显然会大大增加表面粗糙度值。

在切削过程中刀具的刃口圆角及后刀面的挤压和摩擦会使金属材料产生塑性变形，理论残留断面歪曲，使表面粗糙度值增大。

3）工艺因素

（1）刀具的几何形状、材料、刃磨质量　这些参数对表面粗糙度的影响可以通过其对理论残留面积，对摩擦、挤压和塑性变形的影响，以及产生振动的可能性等方面来分析。例如：前角 γ 增加有利于减小切削力，使塑性变形减小，从而可减小表面粗糙度值；但 γ 过大时，刀刃有切入工件的趋向，较容易产生振动，故表面粗糙度值反而增加。又如，刀尖圆弧半径 r_ε 增大，从几何因素看可减小表面粗糙度值，但也会因此增加切削过程中的挤压和塑性变形，因此只是在一定范围内，r_ε 的增加才有利于降低表面粗糙度。

对于刀具材料，主要应考虑其热硬性、摩擦因数及其与被加工材料的亲和力。热硬性高，则耐磨性好；摩擦因数小，则有利于排屑；与被加工材料的亲和力小，则不易产生积屑瘤和鳞刺。

刀具刃磨质量集中反映在刃口上。刃口锋利，则切削性能好；刃口粗糙度值小，则有利于减小刀具粗糙度在工件上的复映。

（2）切削用量　进给量 f 直接影响理论残留高度,还会影响切削力和材料塑性变形的变化。当 $f>0.15\ \mathrm{mm/r}$ 时,减小 f 可以明显地减小表面粗糙度值;当 $f<0.15\ \mathrm{mm/r}$ 时,塑性变形的影响上升到主导地位,继续减小 f 对粗糙度的影响不显著。一般背吃刀量 a_p 对粗糙度影响不明显。只是 a_p 及 f 过小时,会由于刀具不够锋利,系统刚度不足而不能切削,因此形成的挤压会造成粗糙度值反而增加。切削速度 v 高,常能防止积屑瘤、鳞刺的产生。对于塑性材料,高速切削时 v 超过塑性变形速度,材料来不及充分变形;对于脆性材料,高速切削时切削温度较高,材料会不那么脆,故高速切削有利于减小表面粗糙度。

（3）工件材料和润滑冷却　材料的塑性程度对表面粗糙度影响很大。一般地说,塑性程度越高,积屑瘤和鳞刺越容易生成和长大,故表面粗糙度越大。脆性材料的加工粗糙度则比较接近理论粗糙度。对于同样的材料,晶粒组织越大,加工后的粗糙度值就越大。因此,在加工前对工件进行调质等热处理,可以提高材料的硬度、降低塑性、细化晶粒、减小表面粗糙度值。

合理选用冷却润滑液可以减小变形和摩擦,抑制积屑瘤和鳞刺,降低切削温度,因而有利于减小表面粗糙度值。

2. 影响磨削加工后表面粗糙度的因素

1）砂轮

主要考虑砂轮的粒度、硬度、组织、材料、修整及旋转质量的平衡等因素。

砂轮粒度细则单位面积上的磨粒数多,因此加工表面上的刻痕细密切匀,表面粗糙度值小。当然此时相应的磨深（背吃刀量）也要小,否则可能会堵死砂轮,产生烧伤。

砂轮硬度过硬,则磨粒钝化后仍不脱落,过软则太易脱落,这两种情况都会减弱磨粒的切削作用,难以得到较小的表面粗糙度值。

砂轮的紧密组织能获得高精度和小的表面粗糙度值。疏松组织不易堵塞,适合加工较软的材料。

选择砂轮的磨料时,要综合考虑加工质量和成本。如采用金刚石砂轮可得到极小的表面粗糙度值,但加工成本比较高。

砂轮修整对磨削表面粗糙度影响很大,通过修整可以使砂轮具有正确的几何形状和锋利的微刃。砂轮的修整质量与所用修整工具、修整砂轮纵向进给量等有密切关系。以单颗粒金刚石笔为修整工具,并取很小的纵向进给量修整出的砂轮,可以获得很小的表面粗糙度值。

砂轮旋转质量的平衡对磨削表面粗糙度也有影响。

2）磨削用量

磨削用量主要有砂轮速度、工件速度、进给量、磨削深度（背吃刀量）及空走刀数。

砂轮速度 $v_砂$ 高,则每个磨粒在单位时间内去除的切屑少,切削力减小,热影响区较浅,单位面积的划痕多,塑性变形速度可能跟不上磨削速度,因而表面粗糙度值小。$v_砂$ 高时生产率也高,故目前高速磨削发展很快。

工件速度 $v_工$ 对粗糙度的影响与 $v_砂$ 相反,$v_工$ 高时,由于单位时间内通过被磨表面的磨粒数少,故会使表面粗糙度值变大。

轴向进给量 f 小,则单位时间内加工的长度短,故表面粗糙度值小。

磨削深度（背吃刀量）a_p 对表面粗糙度影响相当大。减小 a_p 将减小工件材料的塑性变形,从而减小表面粗糙度值,但同时也会降低生产效率。为此,在磨削过程中可以先采用较大的磨削深度,后采用较小的磨削深度,最后进行几次只有轴向进给、没有横向进给的空走刀。

此外,工件材料的性质、冷却润滑液的选择和使用等对磨削表面粗糙度也有明显影响。

4.7.4　表面层物理力学性能的影响因素

1. 加工表面的冷作硬化

加工表面的显微硬度是加工过程中塑性变形引起的冷作硬化与切削热引起的材料弱化,以及金相组织变化引起的硬度变化综合作用的结果。

切削力使金属表面层塑性变形,晶粒间剪切滑移,晶格扭曲,晶粒拉长、破碎和纤维化,引起表层材料强化,强度和硬度提高。

切削热对硬化的影响比较复杂。当温度低于相变温度时,切削热使表面层软化,可能在塑性变形层中引起回复和再结晶,从而使材料弱化。温度更高时将引起相变,此时需要结合冷却条件来考虑相变后的硬度变化。

在车、铣、刨等切削过程中,由切削力引起的塑性变形起主导作用,加工硬化较明显。

磨削温度比切削温度高得多,因此,在磨削过程中由磨削热及冷却条件决定的软化或金相组织变化常常起主导作用。若磨削温度显著超过材料的回火温度但仍低于相变温度,热效应将使材料软化,出现硬度较低的索氏体或托氏体。若磨削淬火钢,其表层温度已超过相变温度,由于最外层温度高,冷却充分,一般得到硬度较高的二次淬火马氏体;次外层温度略低且冷却不够充分,则形成硬度较低的回火组织。故工件表面层硬度相对于整体材料为最外层较高,次外层则稍低。

可以从塑性变形的程度、速度以及切削温度来分析减轻切削加工硬化的工艺措施。

塑性变形的程度越大,则硬化程度就越大。因此,凡是减小变形和摩擦的因素都有助于减轻硬化现象。对于刀具参数,增大刀具前角、减小刀刃钝圆半径,对于切削用量,减小进给量、背吃刀量等,都有利于减小切削力,减轻加工硬化。

塑性变形的速度越快,塑性变形可能就越不充分,硬化深度和程度都将减小。切削温度越高,软化作用越大,因而使冷硬作用越小。因此,提高切削速度,既可提高变形速度,又可提高切削温度,还可提高生产效率,是减轻加工硬化的有效措施。

此外,良好的冷却润滑可以使加工硬化减轻,工件材料的塑性也直接影响加工硬化。

2. 加工表面层残余应力

在机械加工过程中,加工表面层相对基体材料发生形状、体积或金相组织变化时,表面层中即会产生残余应力。外层应力与内层应力的符号相反、相互平衡。产生表面层残余应力的主要原因有以下三个方面。

(1) 冷塑性变形　冷塑性变形主要是由于切削力作用而产生。加工过程中被加工表面受切削力作用产生拉应力,外层应力较大,产生伸长塑性变形,使表面积增大。内层应力较小,处于弹性变形状态。切削力去除后内层材料趋向复原,但受到外层已塑性变形金属的限制。故外层有残余压应力,次外层有残余拉应力与之平衡。

(2) 热塑性变形　热塑性变形主要是由切削热作用引起的。工件在切削热作用下产生热膨胀。外层温度比内层的高,故外层的热膨胀较为严重,但内层温度较低,会阻碍外层的膨胀,从而产生热应力。外层为压应力,次外层为拉应力。当外层温度足够高,热应力超过材料的屈服强度时,就会产生热塑性变形,外层材料在压应力作用下相对缩短。当切削过程结束,工件温度下降到室温时,外层将因已发生热塑性变形,材料相对变短而不能充分收缩,又受到基体的限制,从而外层产生拉应力,次外层则产生压应力。

(3) 金相组织变化　切削时的温度高到超过材料的相变温度时,会引起表面层的相变。

不同的金相组织有不同的密度,故相变会引起体积的变化。由于基体材料的限制,表面层在体积膨胀时会产生压应力,缩小时会产生拉应力。各种常见金相组织的密度值为:马氏体 $\gamma_{马} \approx$ 7.75,珠光体 $\gamma_{珠} \approx 7.78$,铁素体 $\gamma_{铁} \approx 7.88$,奥氏体 $\gamma_{奥} \approx 7.96$。

实际机加工后表面层残余应力是上述三方面原因综合作用的结果。

影响残余应力的工艺因素比较复杂。总的来讲,凡是减小塑性变形和降低加工温度的因素都有助于减小加工表面残余应力值。对于切削加工,减小加工硬化程度的工艺措施一般都有利于减小残余应力。对于磨削加工,凡能减小表面热损伤的措施,均有利于避免或减小残余拉应力。

当表面层残余应力超过材料的抗拉强度后,材料表面就会产生裂纹。

3. 表面层金相组织变化——磨削烧伤

金相组织变化只是在温度足够高时才会发生。磨削加工时去除单位体积材料所消耗的能量,常是切削加工时的数十倍。这样大的能量消耗绝大部分转化为热。由于磨屑细小,砂轮导热性相当差,故磨削时约有 70% 以上的热量瞬时进入工件。磨削区温度可达 1 500～1 600 ℃,已超过钢的熔点;工件表层温度可达 900 ℃以上,超过相变温度 Ac_3(对一般中碳钢约为 720 ℃)。结合不同的冷却条件,表面层的金相组织可发生相当复杂的变化。

1) 磨削烧伤的主要类型

以淬火钢为例来分析磨削烧伤。

磨削时,若工件表层温度超过相变温度 Ac_3,则表层转为奥氏体。此时若无冷却液,则表层被退火,硬度急剧下降,称为退火烧伤。

若表层转为奥氏体后有充分冷却液,则表层急剧冷却形成二次淬火马氏体,硬度比回火马氏体高,但硬度层很薄,其下层为回火索氏体或屈氏体。此时表层总的硬度下降,称为淬火烧伤。

若磨削时温度在相变温度与马氏体转变温度之间(对中碳钢为 720～300 ℃),马氏体转变为回火托氏体或索氏体,称为回火烧伤。

2) 影响磨削烧伤的工艺因素

减轻磨削烧伤的根本途径是减少磨削热和加强散热。此外,还应考虑减小烧伤层的厚度。

(1) 磨削用量的选择　背吃刀量 a_p 对磨削温度升高的影响最大,故从减轻烧伤的角度看,a_p 不宜太大。

进给量 f 增加,磨削功率和磨削区单位时间内的发热量会增加,但热源面积也会增加,且增加的指数更大,从而使磨削区单位面积发热率下降,故提高 f 对提高生产率和减轻烧伤都是有利的。

当工件速度 $v_工$ 增加时,工件表层温度 $t_表$ 会增加,但表面与热源的接触作用时间短,热量不容易传入内层,烧伤层会变薄。很薄的烧伤层有可能在以后的无进给磨削,或精磨、研磨、抛光等工序中被去除。从这一点看,问题不在于是否有表面烧伤,而在于烧伤层有多深。因此可以认为,提高 $v_工$ 既可以减轻磨削烧伤,又能提高生产率。单纯提高 $v_工$ 粗糙度值会加大,为减小粗糙度值可同时适当提高砂轮速度 $v_砂$。

(2) 砂轮的选择　一般不用硬度太高的砂轮,以保证砂轮在磨削过程中具有良好的自锐能力。选择磨料时,要考虑它对磨削不同材料工件的适应性。采用橡胶黏合剂的砂轮有助于减轻表面烧伤,因为这种黏合剂有一定弹性,磨粒受到过大切削力时可以弹让,使磨削深度减小,从而减小切削力和表层温度。

增大磨削刃间距,如采用开槽砂轮(在砂轮的圆周上开一些横槽),可以使砂轮和工件间断接触,这样工件受热时间缩短,且可改善散热条件,有效地减轻热损伤程度。

(3)冷却方法的选择　在冷却过程中,关键是怎样将冷却液送入磨削区。使用普通的喷嘴浇注法冷却时,由于砂轮高速回转,表面上产生强大气流,冷却液很难进入磨削区,常常只是大量地喷注在已经离开磨削区的加工表面上,冷却效果较差。一般可以采用以下改进措施。

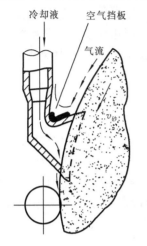

图 4-42　带空气挡板的冷却液喷嘴

①高压大流量冷却　采用高压大流量以增强冷却作用,并对砂轮表面进行冲洗。但机床必须配制防护罩,以防止冷却液飞溅。

②内冷却　将冷却液通过中空锥形盖引入砂轮中心腔,然后在离心力作用下通过砂轮的孔隙直接进入磨削区。但这种方法要求砂轮必须有多孔性,而且由于冷却时有大量水雾,要求有防护罩。同时,大量水雾会使操作者无法看清磨削区的火花,在精密磨削时难以判断试切时的吃刀量。

③加装空气挡板　喷嘴上方的挡板紧贴在砂轮表面上,减轻高速旋转的砂轮表面的高压附着气流,冷却液以适当角度喷注到磨削区(见图 4-42)。这种方法对高速磨削很有效。

4.7.5　提高表面质量的加工方法

1. 减小表面粗糙度值的加工方法

减小表面粗糙度值的加工方法相当多,其共同特征在于保证微薄的金属切削层。

(1)可提高尺寸精度的精密加工方法　这类加工方法都要求极高的系统刚度、定位精度、极锐利的切削刃和良好的环境条件,常用的有金刚石超精密切削、超精密磨削和镜面磨削,具体参见第 5 章的有关内容。这些方法不仅可以减小加工表面的粗糙度值,而且还可以提高尺寸精度。

(2)光整加工方法　在一般情况下,用切削、磨削加工难以经济地获得很低的表面粗糙度值,此外应用这些方法时对工件形状也有种种限制。因此,在精密加工中常用粒度很细的油石、磨料等作为工具对工件表面进行微量切削、挤压和抛光,以有效地减小加工表面的粗糙度值。这类加工方法统称为光整加工。

光整加工不要求机床有很精确的成形运动,故对所用设备和工具的要求较低。在加工过程中,磨具与工件间的相对运动相当复杂,工件加工表面上的高点比低点受到磨料更多、更强烈的作用,从而使各点的高度误差逐步均化,并获得很低的表面粗糙度值。

① 超精加工　超精加工(superfinishing)是用细粒度的磨具对工件施加很小的压力,并做往复振动和慢速纵向进给运动,以实现微量磨削的一种光整加工方法。用这种加工方法可以加工轴类零件,也能加工平面、锥面、孔和球面。

如图 4-43 所示,当加工外圆时,工件做回转运动,砂条在加工表面上沿工件轴向做低频往复运动。若工件比砂条长,则砂条还需沿轴向做进给运动。超精加工后可使表面粗糙度值 Ra $\leqslant 0.08~\mu m$,表面加工纹路为相互交叉的波纹曲线。这样的表面纹路有利于形成油膜,提高润滑效果,且轻微的冷塑性变形使加工表面出现残余压应力,提高了抗磨损能力。

② 珩磨 珩磨(honing)的加工原理与超精加工相似。运动方式一般为工件静止,珩磨头相对于工件既做旋转又做往复运动。珩磨是最常用的孔光整加工方法,也可以用于加工外圆。

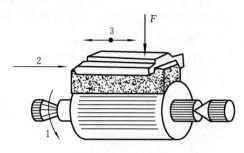

图 4-43 超精加工外圆
1—工件的旋转运动;2—磨具的进给运动;
3—磨料的低频往复运动

珩磨条一般较长,多根磨条与孔表面接触面积较大,加工效率较高。珩磨头本身制造精度较高,珩磨时多根磨条的径向切削力彼此平衡,加工时刚度较好。因此,珩磨对尺寸精度和形状精度也有较好的提升效果。加工精度可以达到 IT 5~6 级精度,表面粗糙度值 Ra 为 0.01~0.16 μm,孔的椭圆度和锥度修正到 3~5 μm 内。珩磨头与机床浮动连接,故不能提高位置精度。

③ 研磨 研磨(lapping)是用研磨工具和研磨剂从工件上研去一层极薄表面层的精加工方法。研磨剂一般由极细粒度的磨料、研磨液和辅助材料组成。研具和工件在一定压力下做复杂的相对运动,磨粒以复杂的轨迹滚动或滑动,对工件表面起切削、刮擦和挤压作用,也可能兼有物理化学作用,去除加工面上极薄的一层金属。

④ 抛光 抛光(polishing)是利用机械、化学或电化学的作用,使工件获得光亮、平整表面的加工方法。

抛光过程去除的余量很小,不容易保证均匀地去除余量,因此,只能减小粗糙度值,不能改善零件的精度。抛光轮弹性较大,故可抛光形状较复杂的表面。

2. 改善表面层力学性能的加工方法

表面强化工艺可以使材料表面层的硬度、组织和残余应力得到改善,有效地提高零件的物理力学性能。常用的方法有表面机械强化、化学热处理及加镀金属等,其中机械强化方法还可以同时降低表面粗糙度。

1) 机械强化

机械表面强化是通过机械冲击、冷压等方法,使表面层产生冷塑性变形,以提高硬度,减小粗糙度值,消除残余拉应力并产生残余压应力。

(1) 滚压加工 用自由旋转的滚子对加工表面施加压力,使表层塑性变形,并可使粗糙度的波峰在一定程度上填充波谷(见图 4-44)。

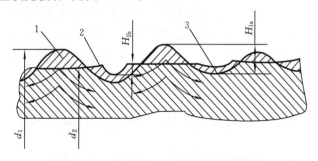

图 4-44 滚压时表面粗糙度变化情况
1—峰;2—填充层;3—谷
d_1、d_2—滚压前、后的直径;H_{1a}、H_{1b}—滚压前、后的表面粗糙度

滚压在精车或精磨后进行,适用于加工外圆、平面及直径大于 $\phi 30$ 的孔。滚压加工可使表

面粗糙度值 Ra 从 $1.25\sim10\ \mu m$ 降到 $0.08\sim0.63\ \mu m$,表面硬化层深度可达 $0.2\sim1.5\ mm$,硬化程度达 $10\%\sim40\%$。

（2）金刚石压光　用金刚石工具挤压加工表面。其运动关系与滚压不同的是,工具与加工面之间不是滚动。

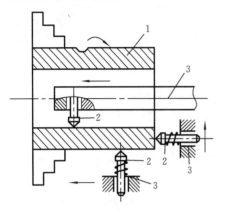

图 4-45　金刚石压光
1—工件;2—压光头;3—心轴

图 4-45 所示为金刚石压光内孔的示意图。金刚石压光头修整成半径为 $1\sim3\ mm$,表面粗糙度值 $Ra<0.02\ \mu m$ 的球面或圆柱面,由压光器内的弹簧压力压在工件表面上,可利用弹簧调节压力。金刚石压光头消耗的功率和能量小,生产率高。压光后表面粗糙度值 Ra 可达 $0.02\sim0.32\ \mu m$。一般压光前、后尺寸差别极小,约在 $1\ \mu m$ 以内,表面波度可能略有增加,物理力学性能显著提高。

（3）喷丸强化　利用压缩空气或离心力将大量直径为 $0.4\sim2\ mm$ 的钢丸或玻璃丸以 $35\sim50\ m/s$ 的高速向零件表面喷射,使表面层产生很大的塑性变形,改变表层金属结晶颗粒的形状和方向,从而引起表层冷作硬化,产生残余压应力。

利用喷丸强化可以加工形状复杂的零件。硬化深度可达 $0.7\ mm$,粗糙度值 Ra 可从 $2.5\sim5\ \mu m$ 减小到 $0.32\sim0.63\ \mu m$。若要求更小的粗糙度值,则可以在喷丸后再进行小余量磨削,但要注意磨削温度,以免影响喷丸的强化效果。

（4）液体磨料喷射加工　利用液体和磨料的混合物来强化零件表面。工作时将磨料在液体中形成的磨料悬浮液用泵或喷射器的负压吸入喷头,与压缩空气混合并经喷嘴高速喷向工件表面。

液体在工件表面上形成一层稳定的薄膜。露在薄膜外面的表面粗糙度凸峰容易受到磨料的冲击和微小的切削作用而除去,凹谷则在薄膜下变化较小。加工后的表面是由大量微小凹坑组成的无光泽表面,粗糙度值 Ra 可达 $0.01\sim0.02\ \mu m$,表层有厚约数十微米的塑性变形层,具有残余压应力,可提高零件的使用性能。

2）化学热处理

常用渗碳、渗氮或渗铬等方法,使表层变为密度较小,即比容较大的金相组织,从而产生残余压应力。其中渗铬后,工件表层出现较大的残余压应力时,一般大于 $300\ MPa$;表层下一定深度出现残余拉应力时,通常不超过 $20\sim50\ MPa$。渗铬表面强化性能好,是目前用途最为广泛的一种化学强化工艺方法。

4.8　机械加工中的振动及控制

机械振动(machanical vibration)是指工艺系统或系统的某些部分沿直线或曲线并经过其平衡位置的往复运动。

工艺系统一旦发生机械振动,往往会造成许多不良后果。例如:振动会使刀具与工件间产生相对位置误差;低频振动产生波度,高频振动加大表面粗糙度,使加工表面质量恶化;缩短刀具寿命,严重时可能造成刀尖刀刃崩碎;振动会使机床或夹具间连接部分松动,间隙增大,刚度和精度下降;振动还可能发出震耳噪声,污染工作环境;振动严重时会导致加工无法进行。

机械振动也有可利用的一面。如在振动切削、磨削、研抛中,合理利用机械振动可减小切削过程中的切削力和切削热,从而提高加工精度,降低表面粗糙度,延长刀具寿命。

4.8.1　机械振动的基本概念

任何一个工艺系统都有质量、有弹性,在实际工作环境中也必然会有抑制运动的阻尼存在。系统发生振动需要一定的激振力,在有阻尼条件下维持振动需要一定的能量。研究机械振动的根本方法,就是以质量、弹性、阻尼为系统的基本参数,分析激振力与振动幅值和相位的关系,以及振动不衰减、系统不稳定的能量界限,并确认抑制振动、使系统稳定的工艺措施。

1. 机械振动的类型

从支持振动的激振力来分,可以将机械振动分为自由振动、强迫振动和自激振动三大类。

(1) 自由振动(free vibration)　由偶然的干扰力引起的振动称为自由振动。在切削过程中,如外界传来的或机床传动系统中产生的非周期性冲击力,加工材料局部硬点等引起的冲击力都会引起自由振动。由于系统的振动只靠弹性恢复力维持,在阻尼作用下振动会很快衰减,因此自由振动对加工的影响不大。

(2) 强迫振动(forced vibration)　强迫振动是由外界周期性干扰力所支持的不衰减振动。支持系统振动的激振力由外界维持。系统振动的频率由激振力频率决定。

外界可以是工艺系统以外,如从地基传来的周期性干扰力,也可以是工艺系统内部,如机床各种部件的旋转不平衡、磨削花键轴时形成的周期性断续切削等,但都是振动系统以外的因素。

(3) 自激振动(self-excited vibration)　自激振动是在外界偶然因素激励下产生的振动,但维持振动的能量来自振动系统本身,并与切削过程密切相关。这种在切削过程中产生的自激振动也称颤振。切削停止后,振动即消失,维持振动的激振力也消失。有多种解释自激振动的理论,一般或多或少能从某些方面说明自激振动的机理,但都不能给出全面的解释。

工艺系统的振动大部分是强迫振动和自激振动。一般认为,在精密切削和磨削时工艺系统的振动主要是强迫振动,而在一般切削条件下,特别是切削宽度很大时,还会出现自激振动。

现代机械加工要求极高的精度和表面质量,即使是微小的振动,也会使加工无法达到预定的质量要求。因此,研究各类振动的原因,掌握其发生、发展的规律及抑制措施,具有重要的现实意义。

2. 单自由度振动的数学描述

确定振动系统在任意瞬时的位置所需的独立坐标数目,称为自由度。实际的机械加工工艺系统都是很复杂的,从动力学的观点来看,其结构都是一些具有分布质量和分布弹性、自由度为无穷多个的振动系统。通常将实际系统简化为具有有限个自由度的振动系统来处理,最简单的就是单自由度系统。将系统简化为具有多少个自由度的振动系统,不仅取决于系统本身的结构特性,而且还取决于所研究振动问题的性质、要求的精度和实际振动状况。

图 4-46 所示为一个单自由度系统及其简化力学模型,其中 m 为无弹性的等效质量,k 为无质量等效弹簧的刚度,c 为系统中无质量、无弹性的等效黏性阻尼系数。从理论上讲 m 和 k 是振动系统得以成立所必不可少的,c 和外界激振力 F 可有可无。实际系统中 c 总是存在的,如果没有激振力维持,振动必然衰减。振动研究的重点是存在激振力的情形。强迫振动时,激振力是振动系统外的力;对于自激振动,可将振动过程中的动态切削力看成激振力,从而可以

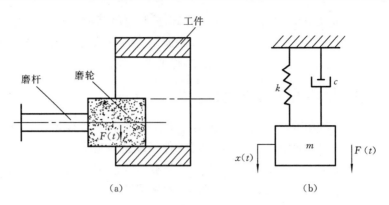

图 4-46　内圆磨削系统及其力学模型

(a)内圆磨削示意图；(b)简化力学模型

运用统一的数学分析方法。分析时为简单起见,通常将激振力看成服从简谐规律的交变力。

不考虑作用在物体上的重力 mg 时,单自由度系统的振动方程可以表达为

$$m\ddot{x} + kx + c\dot{x} = F_0\cos\omega t \tag{4-22}$$

式中: $m\ddot{x}$ 为惯性力,方向与位移方向一致; kx 为弹簧的恢复力,其数值与物体离开平衡位置的位移量 x 成正比,方向与位移方向相反; $c\dot{x}$ 为黏性阻尼力,其数值与物体的速度 $\dot{x}$ 成正比,方向与位移方向相反; $F_0\cos\omega t$ 为简谐激振力,其方向与位移方向一致,其中, F_0 为激振力的幅值, ω 为激振力的角频率。

式(4-22)表示的微分方程的通解为

$$x = Ae^{-\delta t}\cos(\omega_d t) + \Lambda\cos(\omega t - \Phi) \tag{4-23}$$

式中: A 为自由振动的振幅; δ 为衰减系数, $\delta = c/(2m)$; ω_d 为有黏性阻尼自由振动的固有角频率, $\omega_d = \sqrt{\omega_0^2 - \delta^2}$; $\omega_0 = \sqrt{k/m}$ 为无阻尼自由振动的固有角频率; Φ 为强迫振动的位移与激振力在时间上滞后的相位差。

式(4-23)中微分方程的解的第一部分为有黏性阻尼的自由振动,必然会衰减,不必多加考虑。重要的是第二部分,称为有黏性阻尼强迫振动的稳态解,是频率等于激振力频率的简谐振动。

求出式(4-23)中稳态解的一阶导数 $\dot{x}$ 、二阶导数 $\ddot{x}$,并代入式(4-22)中可求出 A 和 Φ 值:

$$A = \frac{F_0}{k} \times \frac{1}{\sqrt{(1-\lambda^2)^2 + 4D^2\lambda^2}} \tag{4-24}$$

$$\Phi = \arctan\frac{2D\lambda}{\sqrt{1-\lambda^2}} \tag{4-25}$$

式中: $\lambda = \omega/\overline{\omega}_0$ 是激振频率与系统固有频率之比,称为频率比; F_0/k 是系统在静力作用下的位移,称为静位移,常记作 $x_0 = F_0/k$; $D = \delta/\overline{\omega}_0$ 是衰减系数与系统固有角频率之比,称为阻尼比或相对阻尼比。

式(4-24)、式(4-25)分别表示了系统的幅-频特性和相-频特性。

4.8.2　强迫振动

由来自振动系统以外的激振力产生和维持的振动即为强迫振动。实际生产中出现的激振力的变化规律比较复杂,一般都将其简化处理为简谐激振力来分析。

1. 强迫振动的振源

可以从工艺系统各环节及其所处的环境、机床是否运转、加工是否进行来分析强迫振动的振源。

当机床未运转时，由外部通过地基传来的周期性的、非周期性的干扰力可以成为振源。

当机床空运转时，高速回转零件的不平衡（如砂轮、皮带轮、传动轴的不平衡），可成为主要振源。不平衡可能是回转件本身不平衡，也可能是轴承或轴颈存在椭圆度，由此引起的激振力符合简谐运动规律。所有的回转运动件都存在不平衡的可能，如电动机的转子因本身原因或电磁力不平均而回转不平衡，齿轮因周节误差、周节累积误差等而回转不均匀。此外，机床往复运动部件的冲击、液压传动系统的压力脉动等也是必须注意的机内振源。

只有在加工过程中才表现出来的强迫振动振源包括工件加工余量、刚度、硬度等方面的变化，如毛坯呈椭圆形引起加工余量的周期性变化、加工有键槽的外圆形成的断续切削等。多刃刀具容易形成断续切削，尤其是各刃口高度不等时，也会引起振动。切削塑性材料时，切屑形成、分离的周期性变化，也会引起切削力的变动，从而引起振动。

强迫振动的最本质特征是其频率等于激振力的频率。

2. 抑制强迫振动的途径

抑制强迫振动的基本途径可以由式(4-24)所示的幅-频特性关系来分析，即控制式(4-24)右边的参数以使得振幅 A 减小。

(1) 抑制激振力的峰值　由式(4-24)知，振动的振幅与激振力的峰值 F_0 成正比，故减小激振力峰值 F_0 可直接减小振动。

首先，消除工艺系统中回转件，特别是高速回转部件的不平衡，方法是对回转件进行动、静平衡处理。例如，在外圆磨削，特别是精密、高速磨削时，砂轮主轴部件的平衡就十分重要。

其次，减小切削、磨削力的措施可以减小断续切削的交变力的峰值，因而也会收到减振的效果。

(2) 改变激振力的频率　包括改变机床转速，使用不等齿距刀具等，以使频率比 λ 的值远离1，避免共振现象的发生。

(3) 隔振　将振源隔离，减轻振源对振动的影响是减小振动危害的一种重要途径。

对同一机床系统，为了防止液压驱动引起的振动，可以将油泵和机床分离，并用软管连接。在精密磨床上最好用叶片泵或螺旋泵，不用脉动式的齿轮泵。对于机床、设备之间，为防止刨床、冲床类有往复惯性冲击的设备的振动影响邻近设备的正常工作，需要通过防振地基等措施来防止振动传出（称为积极隔振）；对于精密设备，要用弹性装置来防止外界振源的传入（称为消极隔振）。两种隔振装置的共同点是将要隔离的设备安装在合适的隔振材料上，使大部分振动能量为隔振装置所吸收。

(4) 提高工艺系统的刚度和阻尼　提高工艺系统刚度的方法前已述及，这里不再重复。增大机床结构的阻尼，可以用内阻尼较大的材料，或者采用"薄壁封砂"结构，即将型砂、泥芯封闭在床身空腔内。在某些场合下，牺牲一些接触刚度，如在接触面间垫以塑料、橡皮等物质，增加接合处的阻尼，可以提高系统的抗振性。

(5) 减振装置　当使用上述各种方法仍然达不到加工质量要求时，就应考虑采用减振装置。

4.8.3 自激振动

1. 自激振动的特点

在切削过程中,工艺系统受到外界或系统本身的某些瞬时的、偶然的干扰力的触发,便会发生振动。由于切削过程本身的原因,在一定条件下,即使没有外加激振力维持,切削力也可能产生周期性的变化,并由这个周期性变化的动态力反过来对振动系统做功,即输入能量,来补偿系统由于阻尼耗散的能量,以加强和维持这种振动。这种由振动过程本身所产生的周期性动态力所维持的振动,就是自激振动。切削过程中产生的自激振动是频率较高的强烈振动,通常又称为颤振。颤振常常是影响加工表面质量及生产效率的主要因素。

自激振动的振动频率接近于或略高于工艺系统的低频振型固有频率,这是区分自激振动与强迫振动的最本质特点。

一个切削过程受到外界一个瞬时扰动后,并不是一定会发展为自激振动,因为形成振动还要取决于许多条件的配合。至今对于切削过程自激振动的机理已有不少研究成果,提出了各种不同的解释自激振动机理的学说,根据这些学说提出的自激振动抑制措施也可以收到效果,但目前还没有一种能阐明在各种情况下产生自激振动的理论。

由于振动能量的补偿是自激振动得以维持的最基本、最必要的物理条件,故分析、解释自激振动的各种学说的核心内容都是分析系统从何处得到维持振动所需的能量,即都从交变切削力的来源、规律开始分析。

2. 关于自激振动

1) 再生自激振动原理

在切削或磨削加工中,一般进给量不大,刀具的副偏角较小,当工件转过一圈开始切削下一圈时,刀刃会与已切过的上一圈表面接触,即产生重叠切削。

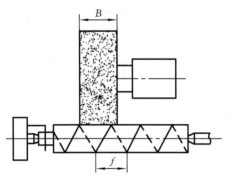

图 4-47　磨削时重叠磨削示意

图 4-47 所示为外圆磨削示意。设砂轮宽度为 B,工件每转进给量为 f,工件相邻两转磨削区之间重叠区的重叠系数为 μ,$\mu=(B-f)/B$。

显然,切断时 $\mu=1$,车螺纹时 $\mu=0$,其他大多数情况下,$0<\mu<1$。

在本来是稳定的切削过程中,由于偶然的扰动,如材料上的硬点干扰、外界的偶然冲击等,刀具与工件间会发生自由振动,该振动会在工件表面上留下相应的振纹。这种有黏性阻尼的自由振动的频率为 $\omega_d=\sqrt{\omega_0^2-\delta^2}$。当 $\delta=c/(2m)$ 较小时,ω_d 接近于系统的固有频率 ω_0。当工件转至下一圈,切削到重叠部分的振纹时,切削厚度会发生变化,从而引起切削力的周期性变化。这种频率接近于系统固有频率的动态切削力,在一定条件下便会反过来对振动系统做功,补充系统因阻尼损耗的能量,促使系统进一步发展为持续的切削颤振状态。这种振纹和动态切削力的相互影响、相互作用称为振纹的再生效应。由再生效应导致的切削颤振称为再生切削颤振。从再生效应到再生颤振的过程,可以简化为如图 4-48 所示的单自由度振动模型。

重叠切削是再生颤振发生的必要条件,但并不是充分条件。实际加工中,重叠切削极为常

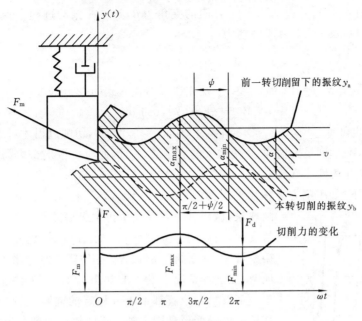

图 4-48　切削厚度的变化

见,并不一定产生自激振动。相反,如果系统是稳定的,非但不产生振动,还可以将前一转留下的振纹切除掉。

　　除系统本身的参数外,再生颤振的另一个必要条件是前后两次波纹的相位关系,即图 4-48 所示的前、后两次振纹的相位差 ψ。

　　一个振动系统受到偶然扰动后,其振动幅值会出现衰减、增强和等幅三种状态,其中等幅状态称为稳定的颤振状态。在这种状态下,可以认为动态切削力也是稳定的,符合简谐规律。

　　(1) 动态切削力 F_d　按照再生颤振原理,动态切削力来源于切削厚度的变化。为讨论方便,假定:①切削力的变化仅由切削面积变化引起,当切削宽度不变时则仅由背吃刀量变化引起;②切削力的变化随切削面积的变化同时产生;③切削面积的变化仅影响切削力大小,不影响其方向,则有

$$\Delta F_d = c_d a_w \Delta a_p \qquad (4-26)$$

式中:c_d 为动态切削力系数 $[N/(mm \cdot \mu m)]$;a_w 为切削宽度(mm);Δa_p 为背吃刀量变化量(μm);ΔF_d 为动态切削力。

　　参考图 4-48,得振纹 y_a 与 y_b 的方程为

$$y_a = Y\cos(\omega t + \psi), \qquad y_b = Y\cos\omega t$$

式中:Y 为振动幅值,在稳定颤振时为常数。于是背吃刀量的变化量为

$$\Delta a_p = y_a - y_b = Y\cos(\omega t + \psi) - Y\cos\omega t = 2Y\sin\frac{\psi}{2}\cos\left(\omega t + \frac{\pi}{2} + \frac{\psi}{2}\right) \qquad (4-27)$$

将式(4-27)代入式(4-26),得

$$\Delta F_d = 2c_d a_w Y\sin\frac{\psi}{2}\cos\left(\omega t + \frac{\pi}{2} + \frac{\psi}{2}\right) = F_d\cos\left(\omega t + \frac{\pi}{2} + \frac{\psi}{2}\right) \qquad (4-28)$$

式中:$F_d = 2c_d a_w Y\sin\frac{\psi}{2}$ 为动态切削力 ΔF_d 的幅值,在稳定颤振时也为常数。

　　(2) 再生颤振的能量分析　只考虑由于动态切削力 ΔF_d 在 y 方向,即振动方向上的分力

激起的颤振(见图 4-48),并设 ΔF_d 与 y 方向的夹角为 β,且 β 在振动过程中保持不变,则 ΔF_d 在 y 方向分量 $\Delta F_d \cos\beta$ 对刀具所做功为

$$W = \int_0^{2\pi} \Delta F_d \cos\beta \, \mathrm{d}y \tag{4-29}$$

注意到刀具振动规律为 $y = Y\cos\omega t$,将 $\mathrm{d}y$ 及式(4-28)代入式(4-29),得

$$W = \pi c_d a_w Y^2 \cos\beta \sin\psi \tag{4-30}$$

由式(4-30)也可见,只有 $0 < \psi < 180°$ 时,才有 $\sin\psi > 0$,$W > 0$,切削过程才对振动系统输入能量。当 $\psi = 90°$ 时,W 达到最大值,向系统输入的能量最大。因此,$\psi = 90°$ 时最容易发生颤振。

2)振型耦合自激振动原理

在有些情况下,如车削方牙螺纹外表面时(见图 4-49),在工件相继各转内不存在重叠切

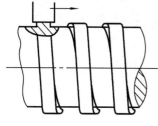

图 4-49　方牙螺纹切削

削现象,这样就不存在发生再生颤振的必要条件。但生产中经常发现,当切削深度增加到一定程度时,仍然可能发生切削颤振。可见,除了再生颤振外,还有其他的自激振动原因。实验证明,在这种情况下发生的颤振,刀尖与工件相对运动的轨迹是一个形状和位置都不十分稳定的椭圆,通常称为变形椭圆,其长轴称为变形椭圆主轴。振动轨迹是椭圆说明,颤振既发生在 Y 轴方向,也存在于 Z 轴方向,不是单自由度问题。可用振型耦合自振原理来解释这种自激振动。

仍然从能量分析开始对振型耦合颤振原理的研究。设工艺系统为图 4-50 所示的具有两个自由度的平面振动系统:刀具、刀架系统为振动系统,设其质量为 m,分别以刚度为 k_1 和 k_2 的两根弹簧支持。弹簧的轴线 x_1 和 x_2 称为刚度主轴,并表示振动系统的两个自由度方向。通常按最简单的形式设 x_1 与 x_2 垂直,并以刚度小、变形大的方向振型为 x_1,刚度大、变形小的方向振型为 x_2。设 x_1 与 Y 轴成 α_1 角,x_2 与 Y 轴成 α_2 角,切削力 F 与 Y 轴成 β 角。当系统发生角频率为 ω 的振动时,质量块同时在 x_1 和 x_2 两方向以不同的幅值和相位振动。一般情况下,x_1 和 x_2 两方向的合成运动是椭圆运动。

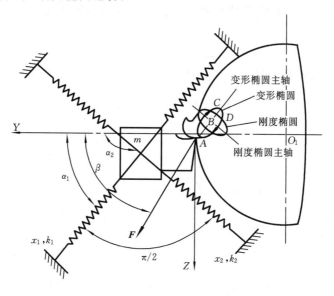

图 4-50　主振系统刚度主轴与切削力的相对坐标位置关系图

设刀具位移按图 4-50 中箭头所示方向进行。在刀具由 A 经 B 到 C 做切入运动时，平均背吃刀量显然小于刀具由 C 经 D 到 A 做切出运动时的平均背吃刀量。因此，刀具切入时的平均动态切削力小于切出时的平均动态切削力，振动系统切入时消耗的能量 E^- 小于切出时得到的能量 E^+，从而有多余的能量来抵偿系统阻尼消耗的能量，使自激振动得以维持。这种由于振动系统在各主振模态间相互耦合、相互关联而产生的自激振动，称为振型耦合颤振。

如果刀具位移按图中箭头相反方向，即由 A 经 D 到 C 做切入运动，由 C 经 B 到 A 做切出运动，显然这时有 E^- 大于 E^+，故系统不会发生颤振。又如，刀具位移仍按图示方向，但变形椭圆的长短轴之比变大，或长轴与 Y 轴的夹角变小，这时虽都可能出现 E^- 小于 E^+ 的情况，但 $\Delta E = E^+ - E^-$ 可能不足以克服阻尼耗散的能量，系统亦不能发生颤振。可见，在振型耦合颤振中，系统刚度的组合特性，即刚度椭圆的方位、形状和运动方向会影响系统的稳定性。

理论上只需考虑动态切削力，由图 4-50 所示模型可以列出振动耦合系统的微分方程：

$$\begin{cases} m\ddot{x}_1 + c_1\dot{x}_1 + k_1x_1 = -c_d x_1\cos\alpha_1\cos(\beta-\alpha_1) + c_d x_2\sin\alpha_1\cos(\beta-\alpha_1) \\ m\ddot{x}_2 + c_2\dot{x}_2 + k_2x_2 = -c_d x_1\cos\alpha_1\sin(\beta-\alpha_1) + c_d x_2\sin\alpha_1\sin(\beta-\alpha_1) \end{cases} \tag{4-31}$$

式中：c_d 为动态切削力系数。进而可按微分方程理论，判定解的形式，求出其特征方程的解和稳定性边界条件。详细推导过程此处从略。求解结果表明：当小刚度弹簧（其刚度 $k_1 < k_2$）的方向位于切削点法线方向与切削力 F 之间，即图 4-50 中 α_1 的值满足 $0 < \alpha_1 < \beta$ 时才会产生自激振动。如果 $k_1 > k_2$，即切削力作用方向靠近刚度较大的刚性轴，则系统是稳定的。系统不同方向的刚度值及其相互比值，即系统的刚度组合特性也会影响变形椭圆的大小、形状、方位及椭圆曲线的旋向，对颤振是否会发生，以及发生时的强弱程度有很大影响。

实验结果也证明了上述理论分析的结论。

3. 抑制自激振动的措施

由于自激振动也是机械振动，所以前述关于抑制强迫振动的基本方法仍然适用于抑制自激振动。例如：隔振可以减小对振动系统的扰动；提高工艺系统的刚度及增加阻尼能提高系统的抗振能力；使用减振装置等措施亦可消除或减小自激振动。但是，自激振动的产生有其本身的复杂机理，可针对各种导致颤振的因素采取具体的工艺措施，抑制其产生。

1) 合理选择切削用量

(1) 切削速度 v 的选择　图 4-51 所示为车削试验中测定的切削速度与再生颤振振动强度及稳定性的关系曲线。由图 4-51 可见，车削时一般在 $v = 30\sim70$ m/min 的速度范围内容易产生振动，高于或低于这个范围，振动呈减弱趋势。特别是在高速范围内切削，既可提高生产率，又可避免切削颤振。

(2) 进给量 f 的选择　如图 4-52 所示，振动强度随 f 增大而减小。进给量大，则由于重叠系数小，所以有利于抑制再生颤振。在机床参数和其他方面要求（如粗糙度要求）许可时，可取较大的进给量。

(3) 背吃刀量 a_p 的选择　背吃刀量越大，则切削力越大，容易产生颤振，如图 4-53 所示的实验结果曲线。且车削时切削宽度 $a_w = a_p/\sin\kappa_r$（κ_r 为刀具主偏角），可见 a_p 增大会引起 a_w 增大。因此，如果加大 a_p，要加大 f 才能保持系统稳定性。

2) 合理选择刀具几何参数

(1) 前角 γ　刀具前角对振动的影响可参见图 4-54 中的实验结果曲线。前角大则切削力小，故振动也小。在高、低速时，前角对振动影响不大，故在高速下即使用负前角切削，亦不致产生强烈振动。

(2) 主偏角 κ_r　图 4-55 所示为刀具主偏角对振动的影响。随着 κ_r 的增大，径向切削分力

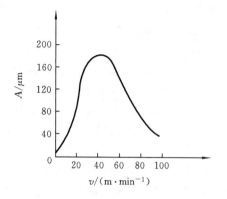

图 4-51　车削速度 v 与振幅 A 的关系

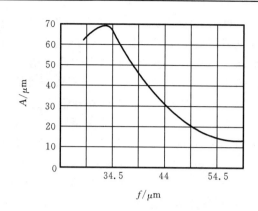

图 4-52　进给量 f 与振幅 A 的关系

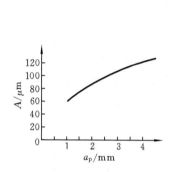

图 4-53　背吃刀量 a_p 与振幅 A 的关系

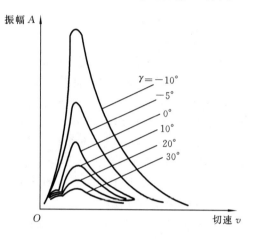

图 4-54　刀具前角对振动的影响

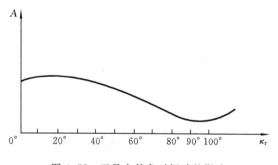

图 4-55　刀具主偏角对振动的影响

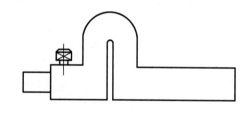

图 4-56　弹簧刀杆

F_y 减小,实际切削宽度 a_w 亦减小,振幅将减小。

(3)后角 α　刀具后角一般对振动影响不大,可取较小值。但当 α 过小时,可能因为刀具后刀面与加工表面间摩擦过大而引起振动。

3)合理选择刀具结构及安装方法

(1)改变系统的刚度比　根据振型耦合原理,在一定条件下刀杆及刀具系统在某个方向的刚度稍低,反而可以抑制颤振。改变刚度比的实例有削扁镗杆,即两边被削去一部分的圆形截面镗杆。镗刀相对镗杆在圆周方向的位置可以调整,调好后用螺钉紧固。

采用图 4-56 所示的弹簧刀杆可减小系统在 Y 方向的刚度,也可抑制振型耦合的颤振。

（2）改变动态力与切削速度的关系　用图 4-57 所示的带防振倒棱的刀具，可以使切削力随切速增加而增加，在振动时有 $E^{-} > E^{+}$，使振动减小。

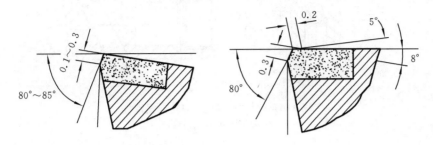

图 4-57　防振车刀

（3）改变动态力对变形的影响　使用图 4-58(a)所示的安装面与刃口在同一平面的刨刀，或图 4-58(b)所示的刀刃通过刀杆中心的镗刀，当切削力增大时，刀杆的变形会减小背吃刀量，使切削力减小，从而减小振动。图 4-56 所示的弹簧刀杆也有使切削力变化减小的作用。

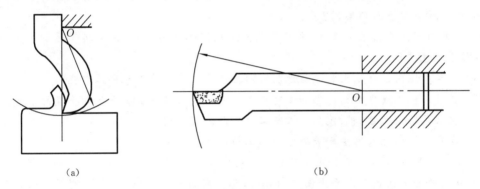

（a）　　　　　　　　　　　（b）

图 4-58　刀杆变形使切削力减小的刀具

(a)刀刃通过安装面的刨刀；(b)刀刃通过刀杆中心的镗刀

4）采用各种减振装置

实际生产中，可视具体情况选用不同形式的减振装置。

（1）摩擦式减振器　图 4-59 所示为安装在滚齿机上的固体摩擦式减振器。这是靠飞轮 1 与摩擦盘 2 之间的摩擦垫 3 来消耗振动能量的，减振效果取决于靠螺母 4 调节的弹簧 5 压力的大小。

（2）冲击式减振器　图 4-60 所示为冲击式减振镗刀及减振镗杆。冲击式减振器由一个与振动系统刚性连接的壳体和一个在体内自由冲击的质量块所组成。当系统振动时，由于自由质量块反复冲击壳体而消耗了振动能量，故可显著减弱振动。冲击式减振器结构简单、体积小、重量轻，在一定条件下减振效果良好，适用频率范围也较宽，故应用较广。冲击式减振器特别适于高频振动的减振，但冲击噪声较大是其弱点。

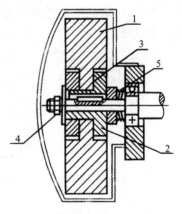

图 4-59　滚齿机用固体摩擦减振器

1—飞轮；2—摩擦盘；3—摩擦垫；

4—螺母；5—弹簧

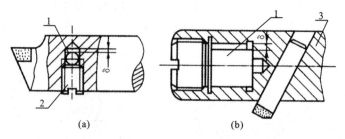

图 4-60　冲击式减振镗刀与减振镗杆

(a)减振镗刀;(b)减振镗杆

1—冲击块;2—紧定螺钉;3—镗刀杆

习题与思考题

4-1　车床床身导轨在垂直平面内及水平面内的直线度对车削圆轴类零件的加工误差有什么影响,影响程度各有何不同?

4-2　在机床上直接装夹工件,当只考虑机床几何精度影响时,试分析下述加工中影响工件位置精度的主要因素。

(1) 在车床或内圆磨床上加工与外圆有同轴度要求的套筒类零件的内孔。

(2) 在卧式铣床或牛头刨床上加工有垂直度要求的与工件底面平行和垂直的平面。

(3) 在立式钻床上钻、扩、铰削加工与工件底面垂直的内孔。

(4) 在卧式镗床上采用主轴进给方式加工与工件底面平行的箱体零件内孔。

4-3　试分析在转塔车床上将车刀垂直安装加工外圆(见题图 4-1)时,影响直径误差的因素中,导轨在垂直平面内和水平平面内的弯曲,哪个影响大? 与卧式车床比较有什么不同? 为什么?

4-4　在车床上车削轴类零件的外圆 A 和台肩面 B,如题图 4-2 所示。经测发现 A 面有圆柱度误差,B 面对 A 面有垂直度误差。试从机床几何误差影响的角度,分析产生以上误差的主要原因。

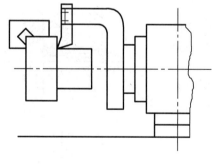

题图 4-1

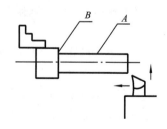

题图 4-2

4-5　已知一工艺系统的误差复映系数为 0.25,工件在本工序前有椭圆度误差 0.45 mm,若本工序规定的形状精度允差 0.01 mm,问至少走几刀方能使形状精度合格?

4-6　如题图 4-3 所示,横磨工件时,设横向磨削力 $F_y = 100$ N,主轴箱刚度 $k_{tj} = 50\,000$ N/mm,尾座刚度 $k_{wz} = 40\,000$ N/mm,加工工件尺寸如图示,求加工后工件的锥度。

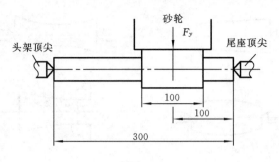

题图 4-3

4-7　用卧式镗床加工箱体孔,若只考虑镗杆刚度的影响,试画出用题图 4-4 所示四种镗孔方式加工后孔的几何形状,并说明理由。

(1) 镗杆送进,有后支承(见题图 4-4(a))。

(2) 镗杆送进,没有后支承(见题图 4-4(b))。

(3) 工作台送进(见题图 4-4(c))。

(4) 在镗模上加工(见题图 4-4(d))。

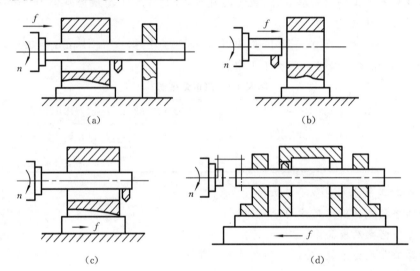

题图 4-4

4-8　在车床上加工丝杠,工件总长为 2 650 mm,螺纹部分的长度为 2 000 mm,工件材料和母丝杠材料都是 45 钢,加工时室温为 20 ℃,加工后工件温升至 45 ℃,母丝杠温升至 30 ℃,试求工件全长上由于热变形引起的螺距累积误差。

4-9　某车床各部件刚度为 $k_{tj}=80\ 000$ N/mm, $k_{wz}=60\ 000$ N/mm, $k_{dj}=50\ 000$ N/mm,加工短粗工件外圆,若切削力 $F_y=420$ N,试求工件加工后的形状误差和尺寸误差。

4-10　在车床上加工一批光轴的外圆,加工后经度量若发现整批工件会出现如题图 4-5 所示几何形状,试分别说明可能导致如题图 4-5(a)、(b)、(c)、(d)所示形状出现的各种因素。

4-11　在车床上车削一批小轴,经测量实际尺寸大于要求尺寸,从而需要返修的小轴占总数的 24.2%,小于要求尺寸且不能返修的小轴占总数的 1.79%。若小轴的直径公差 $T=0.14$ mm,整批工件尺寸服从正态分布,试确定该工序尺寸的均方差 σ,工序能力系数 C_p 及车刀调整误差 δ。

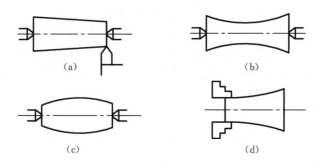

题图 4-5
(a)锥形；(b)鞍形；(c)腰鼓形；(d)喇叭形

4-12 车削一批轴的外圆,其尺寸要求为 $\phi25\pm0.05$ mm,已知此工序的加工误差呈正态分布,其标准差 $\sigma=0.025$ mm,曲线的峰值偏于公差带中点的左侧 0.03 mm。试求零件的合格率和废品率。工艺系统经过怎样的调整可使废品率降低?

4-13 在无心磨床上用贯穿法磨削加工 $\phi20$ mm 的小轴,已知该工序的标准差 $\sigma=0.003$ mm,现从一批工件中任取 5 件,测量其直径,求得算术平均值为 $\phi20.008$ mm。试估算这批工件的最大尺寸及最小尺寸。

4-14 在自动车床上加工一批小轴,从中抽检 200 件,若以 0.01 mm 为组距将该批工件按尺寸大小分组,所测数据列于题表 4-1 中。

题表 4-1　测试数据表

尺寸	自(mm)	15.01	15.02	15.03	15.04	15.05	15.06	15.07	15.08	15.09	15.10	15.11	15.12	15.13	15.14
间隔	到(mm)	15.02	15.03	15.04	15.05	15.06	15.07	15.08	15.09	15.10	15.11	15.12	15.13	15.14	15.15
零件数 n_i		2	4	5	7	10	20	28	58	26	18	8	6	5	3

若小轴的加工要求为 $\phi15^{+0.14}_{-0.06}$ mm:

(1) 绘制整批工件实际尺寸的分布曲线;

(2) 计算合格率及废品率;

(3) 计算工序能力系数,若该工序允许废品率为 3‰,问工序精度能否满足?

(4) 分析出现废品的原因,并提出改进办法。

4-15 如何利用 $\bar{x}$-R 点图来判别加工工艺是否稳定?

4-16 为什么机器零件总是从表面层开始破坏的? 加工表面质量对机器使用性能有哪些影响?

4-17 高速精镗一钢件内孔时,车刀主偏角 $\kappa_r=45°$,副偏角 $\kappa_r'=20°$,当加工表面粗糙度要求为 $Ra=3.2\sim6.3$ μm 时:

(1) 若不考虑工件材料塑性变形对表面粗糙度的影响,计算应采用的进给量 f 为多少?

(2) 分析实际加工的表面粗糙度与计算求得的是否相同? 为什么?

(3) 是否进给量愈小,加工表面的粗糙度就愈低?

4-18 影响磨削表面粗糙度的因素有哪些? 试分析和说明下列加工结果产生的原因。

(1) 砂轮的线速度由 30 m/s 提高到 60 m/s 时,表面粗糙度值 Ra 由 1 μm 降低到 0.2 μm;

(2) 当工件线速度由 0.5 m/s 提高到 1 m/s 时,表面粗糙度值 Ra 由 0.5 μm 上升到 1

μm；

（3）当轴向进给量 f_a/B（B 为砂轮宽度）由 0.3 增至 0.6 时，表面粗糙度值 Ra 由 0.3 μm 增至 0.6 μm；

（4）磨削时的背吃刀量 a_p 由 0.01 mm 增至 0.03 mm 时，表面粗糙度值 Ra 由 0.27 μm 增至 0.55 μm；

（5）用粒度号为 36 的砂轮磨削后 Ra 为 1.6 μm，改用粒度号为 60 砂轮磨刨，可使 Ra 降低为 0.2 μm。

4-19　为什么切削速度增大，硬化程度减小，而进给量增大，硬化程度却加大？

4-20　什么是回火烧伤、淬火烧伤和退火烧伤？

4-21　为什么磨削加工容易产生烧伤？如果工件材料和磨削用量无法改变，减轻烧伤现象的最佳途径是什么？

4-22　机械加工中，为什么工件表面层金属会产生残余应力？磨削加工表面层产生残余应力的原因和切削加工产生残余应力的原因是否相同？为什么？

4-23　磨削淬火钢时，因冷却速度不均匀，其表层金属出现二次淬火组织（马氏体），在表层稍下的深处出现回火组织（近似珠光体的托氏体或索氏体）。试分析二次淬火层及回火层各产生何种残余应力？

4-24　机械加工中的振动有哪几类？对机械加工有何影响？

4-25　什么是机械加工的强迫振动？机械加工中的强迫振动有什么特点？如何消除和控制？

4-26　试述机械加工中的自激振动的两种理论。

4-27　何谓机械加工中的自激振动？自激振动有什么特点？控制自激振动的措施有哪些？

4-28　若系统受偶然干扰后产生如题图 4-6 所示的自由振动和动态切削力，不考虑其他因素，试就此分析是否可能发展为持续的自激振动。

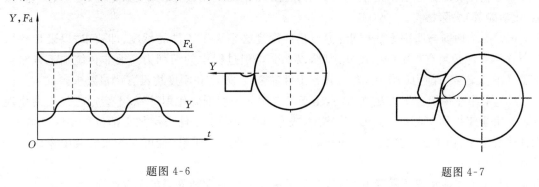

题图 4-6　　　　　　　　　　　　　题图 4-7

4-29　若工艺系统受偶然干扰后产生题图 4-7 所示轨迹的扰动，该扰动是否可能发展为持续的自激振动，为什么？试用适当的自激振动机理来解释，并针对该机理说明相应的自激振动抑制的方法。

第5章

非传统加工与先进制造技术

5.1 非传统加工

科学和技术的发展提出了许多传统的切削加工方法和加工系统难以胜任的制造任务,如具有高硬度、高强度、高脆性或高熔点的各种难加工材料(如硬质合金、钛合金、淬火工具钢、陶瓷、玻璃等)的加工,具有较低刚度或复杂曲面形状的特殊零件(如薄壁件、弹性元件、具有复杂曲面形状的模具、叶轮机的叶片、喷丝头等)的加工等。非传统加工方法正是为完成这些制造任务而产生和发展起来的,是一类有别于传统切削与磨削的加工方法的总称。

非传统加工又称特种加工,是利用化学、物理(如电、声、光、热、磁等)或电化学方法对工件材料进行加工的一系列加工方法的总称。这些加工方法包括化学加工(CHM)、电化学加工(ECM)、电化学机械加工(ECMM)、电火花加工(EDM)、电接触加工(RHM)、超声波加工(USM)、激光束加工(LBM)、离子束加工(IBM)、电子束加工(EBM)、等离子体加工(PAM)、电液加工(EHM)、磨料流加工(AFM)、磨料喷射加工(AJM)、液体喷射加工(HDM)及各类复合加工等。

与传统切削、磨削加工方法相比,非传统加工方法具有以下特点。

(1) 非传统加工方法不是主要依靠机械能,而主要是用其他能量(如电能、光能、声能、热能、化学能等)去除材料。

(2) 传统切削与磨削方法要求:①刀具的硬度必须大于工件的硬度,即要求"以硬切软";②刀具与工件必须有一定的强度和刚度,以承受切削过程中的切削力。而非传统加工方法由于工具不受显著切削力的作用,对工具和工件的强度、硬度和刚度均没有严格要求。

(3) 采用非传统加工方法加工时,由于没有明显的切削力作用,一般不会产生加工硬化现象。又由于工件加工部位变形小,发热少,或发热仅局限于工件表层加工部位很小的区域内,工件热变形小,由加工产生的应力也小,易于获得好的加工质量,且可在一次安装中完成工件的粗、精加工。

(4) 加工中能量易于转换和控制,有利于保证加工精度和提高加工效率。

(5) 采用非传统加工方法去除材料的速度,一般低于采用常规加工方法去除材料的速度,这也是目前常规加工方法在机械加工中仍占主导地位的主要原因。

5.1.1 电火花加工

电火花加工是利用工具电极和工件电极间瞬时火花放电所产生的高温熔蚀工件表面材料来实现加工的。电火花加工在专用的电火花加工机床上进行。图 5-1 所示为电火花加工机床的工作原理。电火花加工机床一般由脉冲电源、自动进给机构、机床本体及工作液循环过滤系统等部分组成。工件固定在机床工作台上。脉冲电源提供加工所需的能量,其两极分别接在工具电极与工件上。当工具电极与工件在进给机构的驱动下在工作液中相互靠近时,极间电压击穿间隙而产生火花放电,释放大量的热。工件表层吸收热量后达到很高的温度(10 000 ℃以上),其局部材料因熔化甚至汽化而被蚀除下来,形成一个微小的凹坑。工作液循环过滤系统强迫清洁的工作液以一定的压力通过工具电极与工件之间的间隙,及时排除电蚀产物,并将电蚀产物从工作液中过滤出去。多次放电使工件表面产生大量凹坑。工具电极在进给机构的驱动下不断下降,其轮廓形状便被"复印"到工件上(尽管工具电极材料也会被蚀除,但其速度远小于工件材料)。

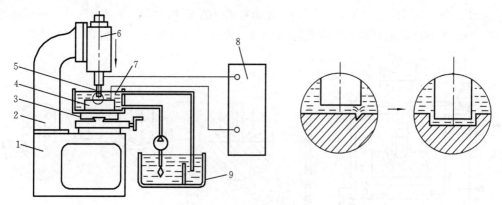

图 5-1　电火花加工原理示意图

1—床身;2—立柱;3—工件台;4—工件电极;5—工具电极;

6—进给机构及间隙调节器;7—工作液;8—脉冲电源;9—工作液循环过滤系统

电火花加工机床已有系列产品。根据加工方式,可将其分成两种类型:一种是用特殊形状的电极工具加工相应工件的电火花成形加工机床(如前所述);另一种是用线(一般为钼丝、钨丝或铜丝)电极加工二维轮廓形状工件的电火花线切割机床。

图 5-2 是线切割机床的工作原理图。储丝筒 1 正反方向交替转动,带动电极丝 4 相对工件 5 上下移动;脉冲电源 6 的两极分别接在工件和电极丝上,使电极丝与工件之间发生脉冲放电,对工件进行切割;工件安放在数控工作台上,由工作台驱动电动机 2 驱动,在垂直电极丝的平面内相对于电极丝做二维曲线运动,将工件加工成所需的形状。

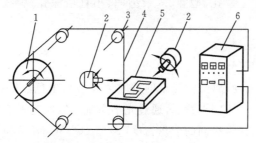

图 5-2　线切割机床的工作原理图

1—储丝筒;2—工作台驱动电动机;3—导轮;4—电极丝;5—工件;6—脉冲电源

电火花加工的应用范围很广,既可以加工各种硬、脆、韧、软和高熔点的导电材料,也可以在满足一定条件的情况下加工半导体材料及非导电材料;既可以加工各种型孔(如圆孔、方孔、条形孔、异形孔等)、曲线孔和微小孔(如拉丝模和喷丝头小孔等),也可以加工各种立体曲面型腔(如锻模、压铸模、塑料模的模腔等);既可以用来进行切断、切割,也可以用来进行表面强化、刻写、打印铭牌和标记等。

5.1.2　电解加工

电解加工是利用金属在电解液中产生阳极溶解的电化学原理对工件进行成形加工的一种方法。电解加工的原理如图 5-3 所示。工件接直流电源正极,工具接负极,两极之间保持狭小间隙(0.1～0.8 mm)。具有一定压力(0.5～2.5 MPa)的电解液从两极间的间隙中高速(15～60 m/s)流过。当工具阴极向工件不断进给时,在面对阴极的工件表面上,金属材料按阴极型面的形状不断溶解,电解产物被高速电解液带走,于是工具型面的形状就相应地"复印"在工件上。

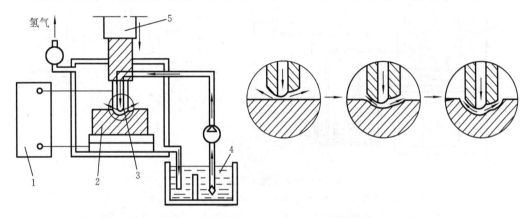

图 5-3　电解加工原理示意图

1—直流电源;2—工件;3—工具电极;4—电解液;5—进给机构

电解加工具有以下特点:①工作电压低(6～24 V),工作电流大(500～20 000 A);②能以简单的进给运动一次加工出形状复杂的型面或型腔(如锻模、叶片等);③可加工难加工材料;④生产率较高,为电火花加工的 5～10 倍;⑤加工中无机械切削力或切削热,适于易变形或薄壁零件的加工;⑥平均加工公差可达±0.1 mm 左右;⑦附属设备多,占地面积大,造价高;⑧电解液既腐蚀机床,又容易污染环境。

电解加工主要用于加工型孔、型腔、复杂型面、小直径深孔、膛线,以及进行去毛刺、刻印等。

5.1.3　激光加工

激光是一种亮度高、方向性好(激光束的发散角极小)、单色性好(波长和频率单一)、相干性好的光。由于激光具有上述四大特点,通过光学系统可以使它聚焦成一个极小的光斑(直径几微米至几十微米),从而获得极高的能量密度(10^7～10^{10} W/cm^2)和极高的温度(10 000 ℃以上)。在此高温下,任何坚硬的材料都将瞬时急剧熔化和蒸发,并产生强烈的冲击波,使熔化的物质爆炸式地喷射去除。激光加工就是利用这种原理蚀除材料进行加工的。为了帮助蚀除物的排除,还需对加工区吹氧(加工金属时用),或吹保护性气体,如二氧化碳、氮等(加工可燃材料时用)。

对工件的激光加工由激光加工机完成。激光加工机通常由激光器、电源、光学系统和机械系统等组成(见图 5-4)。激光器(常用的有固体激光器和气体激光器)把电能转变为光能,产生所需的激光束,经光学系统聚焦后,照射在工件上进行加工。工件固定在三坐标精密工作台上,由数控系统控制和驱动,完成加工所需的进给运动。

激光加工具有以下特点:①不需要加工工具,故不存在工具磨损问题,同时也不存在断屑、排屑的麻烦;②激光束的功率密度很高,几乎对任何难加工的金属和非金属材料(如高熔点材料、耐热合金及陶瓷、宝石、金刚石等硬脆材料)都可以加工;③激光加工是非接触加工,工件无受力变形;④激光打孔、切割的速

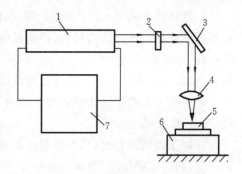

图 5-4　激光加工机示意图

1—激光器;2—光栅;3—反射镜;

4—聚焦镜;5—工件;6—工作台;7—电源

度很高(钻一个孔只需 0.001 s,切割 20 mm 厚的不锈钢板,切割速度可达 1.27 m/min),加工部位周围的材料几乎不受切削热的影响,工件热变形很小。另外,激光切割的切缝窄,切割边缘质量好。

目前,激光加工已广泛用于金刚石拉丝模、钟表宝石轴承、发散式气冷冲片的多孔蒙皮、发动机喷油嘴、航空发动机叶片等的小孔加工,以及多种金属材料和非金属材料的切割加工。在大规模集成电路的制作中,已采用激光焊接、激光划片、激光热处理等工艺。

5.1.4　超声波加工

超声波加工是利用超声频(16~25 kHz)振动的工具端面冲击工作液中的悬浮磨料,由磨粒对工件表面撞击抛磨来实现对工件加工的一种方法,其加工原理如图 5-5 所示。超声发生器将工频交流电能转变为有一定功率输出的超声频电振荡,通过换能器将此超声频电振荡转变为超声机械振动,借助于振幅扩大棒把振动的位移幅值由 0.005~0.01 mm 放大到 0.01~0.15 mm,驱动工具振动。工具端面在振动中冲击工作液中的悬浮磨粒,使其以很高的速度,不断地撞击、抛磨被加工表面,把加工区域的材料粉碎成很细的微粒后打击下来。虽然每次打击下来的材料很少,但由于打击的频率高,仍有一定的加工速度。由于工作液的循环流动,打击下来的材料微粒被及时带走。随着工具的逐渐伸入,其形状便"复印"在工件上。

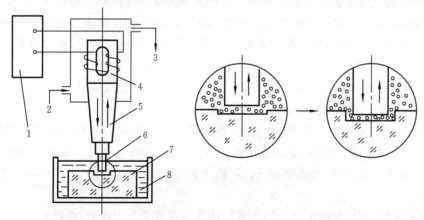

图 5-5　超声波加工原理示意图

1—超声波发生器;2、3—冷却水;4—换能器;5—振幅扩大棒;6—工具;7—工件;8—工作液

　　工具材料常采用不淬火的 45 钢,磨料常采用碳化硼、碳化硅、氧化铅或金刚砂粉等。超声波加工适宜加工各种硬脆材料,特别是电火花加工和电解加工难以加工的不导电材料和半导体材料,如玻璃、陶瓷、石英、锗、硅、玛瑙、宝石、金刚石等;对于导电的硬质合金、淬火钢等也能加工,但加工效率比较低。适宜超声波加工的工件表面有各种型孔、型腔及成形表面等。

　　超声波加工能获得较好的加工质量,一般尺寸精度可达 0.01～0.05 mm,表面粗糙度为 Ra 0.4～0.1 μm。

　　在加工难切削材料时,常将超声振动与其他加工方法配合进行复合加工,如超声车削、超声磨削、超声电解加工、超声线切割等。这些复合加工方法把两种甚至多种加工方法结合在一起,能起到取长补短的作用,使加工效率、加工精度及工件的表面质量显著提高。

5.1.5　电子束加工

　　按加工原理的不同,电子束加工可分为热加工和化学加工。

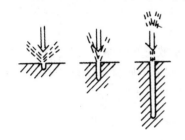

图 5-6　电子束打孔的原理

　　(1) 热加工　热加工是利用电子束的热效应来实现加工的,可以完成电子束熔炼、电子束焊接、电子束打孔等加工工序。图 5-6 所示为电子束打孔的原理。在真空条件下,经加速和聚焦的高功率密度电子束照射在工件表面上,电子束的巨大能量几乎全部转变成热能,使工件被照射部分立即被加热到材料的熔点和沸点以上,材料局部蒸发或成为雾状粒子而飞溅,从而实现打孔加工。

　　(2) 化学加工　功率密度相当低的电子束照射在工件表面上,几乎不会引起温升,但这样的电子束照射高分子材料时,就会由于入射电子与高分子相碰撞而使其分子链切断或重新聚合,从而使高分子材料的分子量和化学性质发生变化,这就是电子束的化学效应。利用电子束的化学效应可以进行化学加工——电子束光刻:光刻胶是高分子材料,按规定图形对光刻胶进行电子束照射就会产生潜像,再将它浸入适当的溶剂中,由于照射部分和未照射部分材料的分子量不同,溶解速度不一样,就会使潜像显影出来。

　　图 5-7 所示为集成电路光刻工艺过程原理。基片 1(一般用硅片)经氧化处理,形成保护膜 2(如图(a)所示的二氧化硅膜);在保护膜上涂敷光刻胶 3(见图(b));用电子束(或紫外光、离子束等)按要求的图形对光刻胶曝光形成潜像(见图(c));通过显影操作去除已经曝光的光刻胶(见图(d));用腐蚀剂腐蚀保护膜的裸露部位(见图(e));去除光刻胶,获得需要的微细图形(见图(f))。

　　电子束光刻的最小线条宽度为 0.1～1 μm,线槽边缘的平面度在 0.05 μm 以内,而紫外光刻的最小线条宽度受衍射效应的限制,一般不能小于 1 μm。

　　电子束加工已广泛用于不锈钢、耐热钢、合金钢、陶瓷、玻璃和宝石等难加工材料的圆孔、异形孔和窄缝的加工,最小孔径或缝宽可达 0.02～0.003 mm。电子束还可用来焊接难熔金属、化学性能活泼的金属,以及碳钢、不锈钢、铝合金、钛合金等。另外,电子束还用于微细加工的光刻中。

　　电子束加工时,高能量的电子会透入表层达几微米甚至几十微米,并以热的形式传输到相当大的区域,因此用它作为超精密加工方法时要考虑热影响。

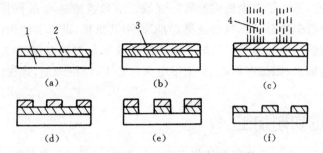

图 5-7　集成电路光刻工艺过程原理

（a）硅片制备和氧化；（b）涂敷光刻胶；（c）曝光；

（d）显影；（e）腐蚀氧化膜；（f）去除光刻胶

1—基片（硅片）；2—保护膜（二氧化硅膜）；3—光刻胶；4—曝光粒子流

5.1.6　离子束加工

离子束加工是在真空条件下，利用惰性气体离子在电场中加速而形成的高速离子流来实现微细加工的工艺。将被加速的离子聚焦成细束状，照射到工件需要加工的部位，基于弹性碰撞原理，高速离子会从工件表面撞击出工件材料（金属或非金属，称为靶材）的原子或分子，从而实现原子或分子的去除加工，这种离子束加工方法称为离子束溅射去除加工；如果用被加速了的离子从靶材上打出原子或分子，并将它们附着到工件表面上形成镀膜，则称为离子束溅射镀膜加工；如果用数十万电子伏特的高能离子轰击工件表面，离子将打入工件表层内，其电荷被中和，成为置换原子或晶格间原子，留于工件表层中，从而改变工件表层的材料成分和性能，这种加工方法就称为离子束溅射注入加工。

离子束溅射去除加工已用于非球面透镜的最终加工、金刚石刀具的最终刃磨、衍射光栅的刻制、电子显微镜观察试样的减薄及集成电路微细图形的光刻中。离子束镀膜加工是一种干式镀，比蒸镀有更高的附着力，效率也更高。离子束注入加工可用于半导体材料掺杂、高速钢或硬质合金刀具材料切削刃表面改性等中。

离子束光刻与电子束光刻的原理不同，它是通过离子束的力学作用去除照射部位的原子或分子，直接完成图形的刻蚀。另外，也可以不将离子聚焦成束状，而使它大体均匀地投射在大面积上，同时采用掩膜对所要求加工的部位进行限制，从而实现微细图形的光刻加工。

离子束加工是一种新兴微细加工方法，在亚微米至纳米级精度的加工中很有发展前途。离子束加工对工件几乎没有热影响，也不会引起工件表面应力状态的改变，因而能得到很高的表面质量。离子束光刻可以提高图形的分辨率，得到最小线条宽度小于 $0.1\ \mu m$ 的微细图形。目前，离子束加工在技术上不如电子束加工成熟。

5.2　微细制造技术

微细制造技术主要用于制造微型机械。微型机械可以分成三个等级：毫米（mm）机械、微米（μm）机械和纳米（nm）机械。大小在 10 mm 以下的机械称为毫米机械，它是手表、照相机、家电等精密机械装置进一步微型化的结果。大小在 1 mm 以下的机械称为微米机械。半导体行业中，需要在硅片上加工尺寸为几百微米至几微米的各种可动式元件，从而促进了微小机械零件制造方法的研究,形成了微米机械的研究领域。纳米机械是与分子生物学紧密联系在一起的,人们提出了构造生物分子机械的设想,为了探明其机理,进行了纳米(nm)级测量和加工的研究,从而进入到纳米机械的研究领域。微细制造技术是制造微型机电零件和系统技术的总称,包括微细切削加工、微细磨削加工、微细电火花加工、微细蚀刻、聚焦粒子束加工、电铸加工和微生物加工等。

5.2.1　微细切削加工

切削是机械制造业中使用最普遍的加工方法。精密切削的最新研究成果,使人们能够掌握超精密运动控制、测量、刀具制造等基础技术,从而使古老的切削加工也走进了微细制造的殿堂。

图 5-8 所示为四轴联动超精密切削机床的外形。由于配备了磨头,该机床还可从事磨削加工。其 X、Y、Z 轴的行程分别为 200 mm、100 mm、150 mm,最高移动速度为 1 000 mm/min,进给单位为 0.1 μm,各轴都装备了分辨率为 1 nm 的刻度尺。导轨为特殊滚动导轨。C 轴的分辨率为(1/10 000°),回转精度为 0.05 μm,最高转速为 3 000 r/min,采用空气轴承。图 5-9 是用该机床加工的直径为 100 μm 单头丝杠的扫描电镜照片的描图,其螺距为 20 μm,螺纹高度为 5 μm。加工丝杠螺纹使用了刃宽 10 μm、顶角 20° 的单晶金刚石刀头,主轴转速为 130 r/min、切深为0.5 μm,螺纹分作 10 次走刀切削而成,全部加工约需 4 min。

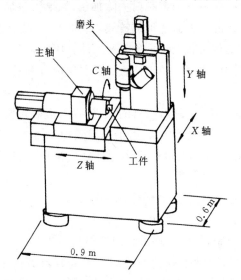

图 5-8　四轴联动超精密切削机床外形

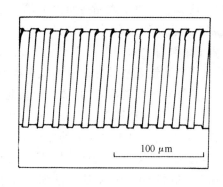

图 5-9　微型丝杠

5.2.2　微细磨削加工

磨削是一种传统的精密机械加工方法,不仅适用于加工金属材料,而且可用于加工陶瓷材料、高分子材料、绝缘材料、高硬度材料,因此在探索微细机械零件制造方法的时候,人们自然而然注意到这种加工方法。

图 5-10 所示为微细圆柱面磨削装置,它由小型精密车床与磨削、钻削附件组合而成,能够用于外圆和内孔的磨削加工。工件转速可达 2 000 r/min,砂轮转速为 3 500 r/min,磨削采用手动走刀方式。为防止工件变形或损坏,可用显微镜和电视机显示屏监视砂轮与工件的接触

状态。

　　图 5-11 是用该装置加工的齿轮轴的扫描电镜照片的描图。齿轮轴的轴径为 200 μm,齿顶圆直径为 500 μm,齿宽为 130 μm,齿轮轴全长 4 mm,有 8 个齿,材料为硬质合金,轴和轮齿的表面粗糙度 Ra 分别为 0.046 μm 和 0.049 μm。

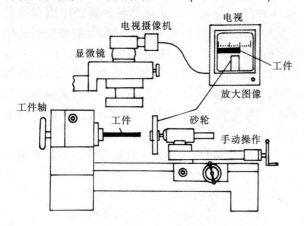

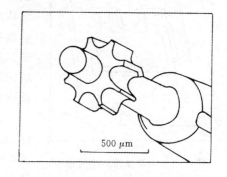

图 5-10　微细外圆磨削装置　　　　　　　　　图 5-11　微型齿轮

5.2.3　微细蚀刻

　　蚀刻是一种利用化学-物理作用制造零件的方法,其基本原理是:在被加工零件表面贴上特定形状的掩膜图,经蚀刻液淋洒并排除化学反应的产生物后,工件的裸露部分逐步被刻除从而实现设计的形状和尺寸。

　　利用蚀刻技术完成三维形体的微细加工,有如下几种方法。

　　1. 等向蚀刻

　　适当选择蚀刻液和其他工艺条件,使工件被刻蚀的速度沿各个方向相等,这就是等向蚀刻(见图 5-12)。

　　采用等向微细蚀刻方法已成功制造出超声波显微镜的球面凹透镜,其材料为单晶硅,球面半径小于 50 μm,圆球度小于 0.2 μm。加工该凹透镜采用图 5-12 左边所示的点状开口掩膜图,蚀刻液由氢氟酸、硝酸、醋酸按一定比例混合而成。

　　2. 异向蚀刻

　　图 5-13 是异向蚀刻的截面图,可以看出,异向蚀刻具有以下特点,即:以掩膜图为基准,从工件表面到底部或侧面,蚀刻量有着微小改变。根据被加工材料的性质,合理选择蚀刻剂和加工条件,可以实现异向蚀刻。异向蚀刻分为干蚀刻和化学蚀刻两种方式,前者以气体做蚀刻剂,后者以液体做蚀刻剂。

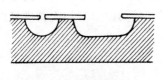

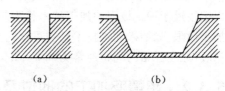

图 5-12　等向蚀刻　　　　　　　　　　　　　图 5-13　异向蚀刻
　　　　　　　　　　　　　　　　　　　　　　（a）干蚀刻；（b）化学蚀刻

（1）干蚀刻　微细干蚀刻技术可用来在单晶硅片上制造大规模集成电路,其原理是:真空容器内充有 CF_4、SF_6 等氟化气体,因外加高频电流而产生等离子区,并生成具有活性的离子和原子团。在电场作用下带电离子加速冲击硅片表面,使垂直方向的蚀刻速度加快。如图 5-13(a)所示为采用微细干蚀刻技术加工的宽 $1~\mu m$、深数微米的光滑矩形槽。

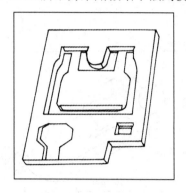

图 5-14　化学蚀刻的硅振动片

（2）化学蚀刻　若化学药品对材料的腐蚀作用有很强的方向性,则可对该材料进行异向蚀刻,如:具有金刚石晶体结构的单晶硅,沿(111)方位的腐蚀率比其他方位小得多,可达到1:200,常用化学蚀刻剂有氢氧化钾水溶液、乙二胺-邻苯二酚水溶液、四甲基氢氧化铵水溶液等。硅片表面形成的氧化膜(SiO_2)、氮化膜(Si_3N_4)以及硼涂层,能保护材料不被腐蚀,利用这一性质也可实现异向蚀刻。

采用化学蚀刻制成的硅振动片,是压力传感器的关键零件,在仪表、汽车等行业中已经得到广泛应用。图 5-14(扫描电镜照片的描图)所示加速度传感器用零件,就是用化学蚀刻方法加工而成的,其材料为单晶硅,平衡锤部分厚 214 μm,支承梁厚 14 μm,边框厚 220 μm,零件外形尺寸为3.5 mm×5 mm。

5.3　超精密加工

5.3.1　超精密加工的概念

超精密加工技术起源于 20 世纪 60 年代。1962 年,美国 Union Carbide 公司研制成功首台超精密车床。此后,超精密加工技术受到人们日益普遍的关注,得到长足的发展。

按加工精度和加工表面质量的不同,可以把机械加工分为一般加工(包括粗加工、半精加工和精加工)、精密加工(如光整加工)和超精密加工。所谓超精密加工技术,并不是指某一特定的加工方法,也不是指比某一特定的加工精度高一个数量级的加工技术,而是指在一定的发展时期,加工精度和加工表面质量达到最高水平的各种加工方法的总称。

超精密加工的概念及其与一般加工和精密加工的精度界限是相对的。由于科学技术的不断发展,昨天的精密加工相对今天来说已是一般加工,今天的超精密加工则可能是明天的精密加工。目前,在工业发达国家,一般加工是指加工精度不高于 $1~\mu m$ 的加工技术,与此相应,精密加工是指加工精度为 $1\sim0.1~\mu m$、表面粗糙度 Ra 小于 $0.1\sim0.02~\mu m$ 的加工技术,超精密加工是指加工精度高于 $0.1~\mu m$、表面粗糙度 Ra 小于 $0.01~\mu m$ 的加工技术。

物质是由分子或原子组成的。从机械加工的角度来说,最小的加工单位,或可以加工的尺寸或精度极限是分子或原子。因此,从这个意义上说,超精密加工的概念又有其绝对的一面,即可以把接近于加工极限的加工技术称为超精密加工技术。现在,人类掌握的加工技术已经接近加工极限,如纳米加工技术已经可以对单个的原子进行操作(移动原子),加工精度已经达到纳米级(原子晶格的间距通常为 $0.2\sim0.4$ nm)。

5.3.2　超精密加工的地位及意义

超精密加工是衡量一个国家科学技术发展水平的重要标志之一。

超精密加工技术在尖端科技产品和现代化武器的制造中占有重要地位。作为测量标准的所谓"原器"(如测量水的绝对密度的"标准球"、测量平面度的标准"光学平晶"等),与现代飞机、潜艇、导弹性能和命中率有关的惯性系统的精密陀螺,激光核聚变的反射镜,大型天体望远镜的透镜和多面棱镜,卫星的姿态轴承,大规模集成电路的硅片,计算机磁盘,复印机磁鼓和激光打印机的多面镜等都需要进行超精密加工。

现代机械工业之所以要致力于提高加工精度,主要原因在于提高制造精度后,可:提高产品的性能和质量,特别是稳定性和可靠性;促进产品的小型化;增强零件的互换性,提高装配生产率和自动化程度。

如陀螺仪制造精度的提高使美国 MX 战略导弹(可装载 10 枚核弹头)的命中精度圆概率误差减小到 $50\sim150$ m,而原来的民兵 II 型洲际导弹的命中精度圆概率误差为 500 m。再如雷达的关键元件波导管,如果采用一般方法生产,则其品质因数值为 $2\,000\sim4\,000$。改用超精密车削加工后,其内腔粗糙度达到 $Ra0.01\sim0.02\ \mu m$,端面粗糙度达到 $Ra0.01\ \mu m$,平面度小于 $0.1\ \mu m$,垂直度小于 $0.1\ \mu m$,品质因数值因此达到 6 000。据英国 Rolls-Royce 公司提供的资料,若将飞机发动机转子叶片的加工精度由 $60\ \mu m$ 提高到 $12\ \mu m$,表面粗糙度 Ra 由 $0.5\ \mu m$ 减小到 $0.2\ \mu m$,则发动机的压缩效率将从 89% 提高到 94%。而传动齿轮的齿形及齿距误差若能从 $3\sim6\ \mu m$ 降低到 $1\ \mu m$,则单位齿轮箱质量所能传递的扭矩将提高近一倍。

5.3.3　超精密加工的特点、应用范围及分类

1. 超精密加工的特点

(1)遵循精度"进化"原则。一般来说,用一定精度的"工作母机"(机床)只能加工出比工作母机精度低的零件,即"工作母机"的精度将逐渐降低,这一现象称为精度"蜕化"。一般加工大多遵循"蜕化"原则。对于精密和超精密加工,由于被加工零件的精度要求很高,制造更高精度的"工作母机"有时已不可能,这时一般借助工艺手段和特殊工具,直接利用精度低于工件精度的机床设备加工出精度高于"工作母机"的工件,这样的加工方式称为直接式"进化"加工。也可以先用较低精度的机床和工具,制造出加工精度比"工作母机"精度更高的机床和工具(即第二代"工作母机"和工具),再用第二代"工作母机"加工高精度工件,相应的加工方式称为间接式"进化"加工。直接式"进化"加工和间接式"进化"加工的加工精度逐渐提高,所以统称为精度"进化"加工,或"创造性"加工。因此,超精密加工遵循精度"进化"原则,属于创造性加工。

(2)属于微量切削(极薄切削)。超精密加工时,背吃刀量一般都很微小,属于微量切削和超微量切削,因此对刀具刃磨、砂轮修整和机床及其调整均有很高要求。

(3)影响因素众多,是一个系统工程。超精密加工是一门综合性高技术,凡是影响加工精度和表面质量的因素都要考虑,包括加工方法、加工工具及其材料的选择,被加工材料的结构及质量,加工设备的结构及技术性能,测试手段和测试设备的精度,工作环境的恒温、净化和防振,工件的定位与夹紧方式,操作者的技能等,因此,超精密加工技术已不再是一个孤立的加工和单纯的工艺问题,而成为一项包含内容极其广泛的系统工程。

(4)与自动化技术关系密切。精密和超精密加工一般采用计算机控制、在线检测、适应控制、误差补偿等自动化技术,以减少人为因素的影响,提高加工质量。

(5)综合应用各种加工方法。在精密和超精密加工方法中,不仅有传统的切削磨削加工方法,如超精密车削、铣削、磨削等,而且有特种加工和复合加工方法,如精密电加工、激光加工、电子束加工、离子束加工等,只有综合应用各种加工方法,取长补短,才能得到很高的精度和表面质量。

(6) 加工和检测一体化。为了保证超精密加工的高精度,很多时候都采用在线检测、在位检测(工件加工完毕后不卸下,在机床上直接进行检测)和误差补偿技术,并常将加工和检测装置做成一体。

2. 超精密加工的分类和应用范围

根据加工方法的机理和特点,可以将超精密加工分为以下四种类型。

(1) 超精密切削加工,如金刚石刀具超精密车削、微孔钻削等。

(2) 超精密磨料加工,如超精密磨削、超精密研磨等。

(3) 超精密特种加工,如电子束加工、离子束加工及光刻加工等。

(4) 超精密复合加工,如超声研磨、机械化学抛光等。

上述方法中,最具代表性的是超精密切削加工和超精密磨削加工。

(1) 超精密切削　主要是借助锋利的金刚石刀具对工件进行车削和铣削,可用于加工要求高表面质量和高形状精度的非铁金属或非金属零件,如加工激光或红外光的平面或非球面反射镜、磁盘、VIR 辊轴、非铁金属阀芯和多面棱镜等。超精密车削可达到 $Ra0.005\ \mu m$ 的表面粗糙度和 $0.1\ \mu m$ 的非球面形状精度。如美国 LLL 实验室于 1984 年研制的 LODTM 大型金刚石车床(见图 5-15),其采用双立柱立式结构、低热膨胀材料组合技术、恒温液体冷却、六角刀盘驱动,多重光路双频激光测长进给反馈,分辨率为 0.7 nm,定位误差为 2.5 nm。其主轴静态精度为:径向跳动≤25 nm,轴向窜动≤51 nm。可加工尺寸 $\phi1\ 625\ mm×500\ mm$,质量为 1 360 kg 的光学镜头。

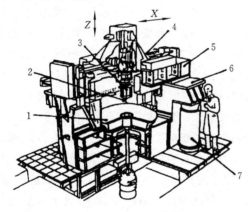

图 5-15　(美国)光学金刚石超精密车床
1—主轴;2—高速刀具伺服机构;3—刀具轴;4—X 轴拖板;
5—上部机架;6—主机架;7—气动支承

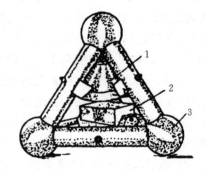

图 5-16　(英国)四面体主轴超精密磨床
1—主轴;2—工作台;3—支持球

(2) 超精密磨削　主要用于加工尺寸及形状精度很高的伺服阀、空气轴承和陀螺仪轴承等。超精密磨削的表面粗糙度 Ra 可达到 $0.005\ \mu m$,圆度可达 $0.01\ \mu m$。图 5-16 所示为英国 NPL 实验室开发的四面体结构主轴超精密磨床,它由六个圆柱连接四个支持球构成一个四面体框架,使每个圆柱承受压力,从而使机床的静刚度达到 10 N/nm、加工精度达到 1 nm 以上。

在过去相当长的一段时间内,超精密加工的应用范围一直很窄。随着科学技术的进步,近二十年来,超精密加工不仅进入了国民经济的各个领域,而且正从单件小批生产方式走向规模生产,产生了良好的经济效益。如录像机的磁头、集成电路的基片、计算机硬盘的盘片和激光打印机的多面镜等需求量较大的零件,目前都已经采用超精密加工。其中,多面镜的价格在

20 世纪 80 年代初期是每个 5 万～10 万日元,而在每年数百万台生产量的今天,表面粗糙度 Ra 为 0.02 μm、平面度为 λ/8 的 6～8 面镜,花 300～500 日元就可以买到一个。

可以预见,随着新的超精密加工方法和设备的不断涌现,超精密加工的应用范围将进一步扩大。

5.4 柔性制造自动化技术与系统

制造技术一方面追求加工尺寸的微细化、精密化,另一方面追求更高水平的加工系统自动化。20 世纪后期广泛采用的柔性制造自动化技术便是加工系统自动化的一个里程碑。

5.4.1 柔性制造系统产生的背景

1947 年,美国底特律福特汽车公司建成了机械加工自动线,将机械制造自动化技术推向了新的发展阶段。

图 5-17 所示为加工箱体类零件的组合机床自动线。其中,组合机床 1、2、3 是加工设备(主机),工件输送装置 4、输送传动装置 5、转位装置 6、转位鼓轮 7 等是工件自动输送设备,夹具 8、切屑运输装置 9 等是辅助设备,液压站 10、操作台 11 等是控制设备。按稳定成熟的工艺顺序将具有相当自动化功能的机床排列起来,用自动输送工件设备和辅助设备把它们联成有机整体,在由电气柜、液压(或气动)装置构成的控制设备控制下,工件以严格的生产节拍,按预定工艺顺序"流"过每个工位,不需工人直接参与,自动完成工件的装卸、输送、定位夹紧、切削加工、切屑排除、质量监测。这种制造系统就是自动线。某个(或某几个)零件的成熟制造工艺是设计一条自动线的前提。为了提高生产率和产品质量,自动线还采用了功能和结构都有很强针对性的工艺装备(如工具、夹具等),因此一条自动线只能承担某个(或某几个)零件的制造任务,从这层意义上,人们又称自动线为"刚性"自动线。

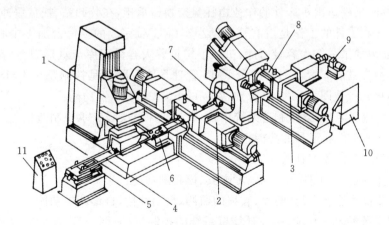

图 5-17 组合机床自动线

1、2、3—组合机床;4—工件输送装置;
5—输送传动装置;6—转位装置;7—转位鼓轮;
8—夹具;9—切屑运输装置;10—液压站;11—操作台

第二次世界大战后,市场对商品的需求量远远大于生产厂家的制造能力。自动线承担着单一品种大批量生产的任务,从自动线上源源不断地"流"出了价廉物美的产品,极大地满足了市场的需求,使社会财富迅速积累起来。

　　20世纪70年代,先进工业国家在经济上取得了显著发展,人们生活水平得到很大提高。这些成就反映在消费市场,就是消费者对消费的多样化要求,商品的生命周期从而变得很短。以市场经济为基础的现代制造业,因此而面临严峻的挑战,制造厂商要想在激烈的市场竞争中获利,必须将单一品种大批量生产模式转变成多品种小批量生产模式,并解决以下问题:

　　(1) 当产品变更时,制造系统的基本设备配置不应变化;

　　(2) 按订单生产,在库的零部件和产品不能多;

　　(3) 能在很短的时间内交货;

　　(4) 产品的质量高,而价格应不高于大批量生产模式下的产品价格;

　　(5) 面对劳动力市场高龄、高学历、高工资而带来的困难,制造系统应该有很高的自动化水平,并能够在无人(或少人)的条件下长时间连续运行。

　　在这种背景下,柔性制造系统(flexible manufacturing system,FMS)诞生了。

5.4.2　柔性制造系统的功能及适应范围

　　1967年,英国Molins公司在美国的一家分公司提出了一项发明专利申请,发明人John Bond申请保护一种命名为柔性制造系统(FMS)的新型制造系统的构想。

　　图5-18是FMS的一种布局图,从中可以看出,一个制造系统被称为柔性制造系统,至少应包含以下三个基本组成部分。

　　(1) 数控(NC)机床,即主机;

　　(2) 物流系统,即毛坯,工件,刀具的存储、输送、交换系统;

　　(3) 控制整个系统运行的计算机系统。

　　图5-18所示FMS的主机是两台同型卧式加工中心和一台立式加工中心,装卸站是毛坯、工件进入或离开FMS的门户,托盘缓冲站是存储毛坯工件的临时仓库,将毛坯送给加工中心加工,把加工好的工件送出机床外的作业由托盘交换器承担,在装卸站、托盘缓冲站、托盘交换器之间搬运毛坯和工件的工作是由有轨自动小车(RGV)完成的。每台加工中心除了装备有盘形刀库外,还附加了一个大容量刀库,机械手担负着大容量刀库与盘形刀库、盘形刀库与机床主轴之间交换刀具的职责。图中所示FMS管理系统实际上是控制整个FMS运行的计算机系统的主体单元。从图5-18还可看到,常见的FMS具有以下功能:

　　(1) 自动制造功能(在柔性制造系统中,由数控机床这类设备承担制造任务);

　　(2) 自动交换工件和工具的功能;

　　(3) 自动输送工件和工具的功能;

　　(4) 自动保管毛坯、工件、半成品、工夹具、模具的功能;

　　(5) 自动监视功能,即刀具磨损、破损的监测,自动补偿,自诊断等功能。

　　柔性制造系统的上述功能,是在计算机系统的控制下,协调一致、连续有序地实现的。制造系统运行所必需的作业计划以及加工或装配信息,预先存放在计算机系统中,根据作业计划,物流系统从仓库中调出相应的毛坯、工夹具,并将它们交换到对应的机床上。在计算机系统的控制下,机床根据程序执行预定的制造任务。柔性制造系统的"柔性"是由计算机系统赋予的,零件变更时只需变换其"程序",不必改动设备。

　　FMS是在市场竞争的新形势下诞生的制造系统,与传统的制造系统比较,在品种和批量组成的二维空间中,它占据了专用机床组成的制造系统和通用机床组成的制造系统所处的中

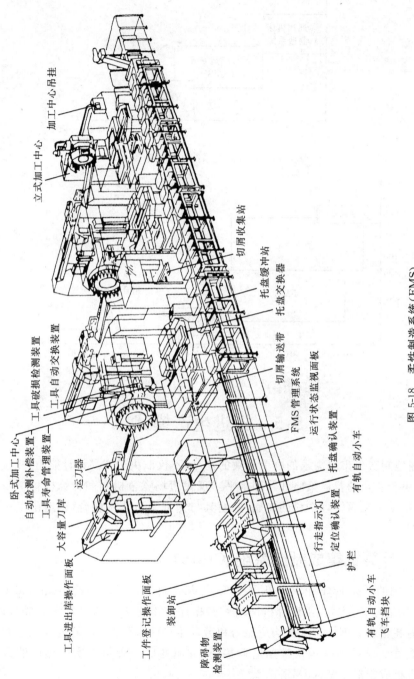

加工中心吊挂

加工中心

立式加工中心

切屑收集站

托盘缓冲站

托盘交换器

托盘交换站

自动检测补偿装置

工具破损检测装置

工具自动交换装置

切屑输送带

运行状态监视面板

FMS 管理系统

运行状态装置

卧式加工中心

自动检测补偿装置

工具寿命管理装置

运刀器

大容量刀库

行走指示灯

托盘确认装置

定位确认装置

有轨自动小车

工具进出库操作面板

工件登记操作面板

装卸站

护栏

障碍物检测装置

有轨自动小车

飞车挡块

图 5-18　柔性制造系统（FMS）

间区域(见图 5-19)。对于箱体类零件加工,图 5-19 可以具体化为图 5-20。从图 5-20 可以看出,箱体类零件 FMS 适用于 5~1 000 件的批量,能完成五至上百种零件的加工。

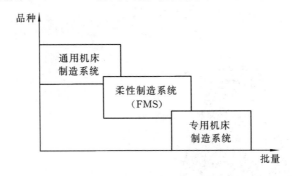

图 5-19　各种制造系统的应用范围

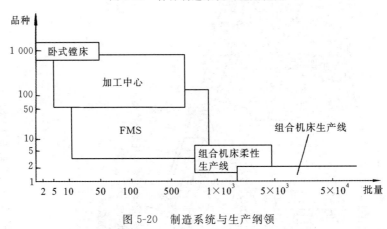

图 5-20　制造系统与生产纲领

5.5　先进生产模式

　　能否快速地制造出市场需求的物美价廉的产品,不仅取决于产品设计能力、先进制造技术和装备,还取决于企业的营运策略和管理水平。现代市场竞争机制和计算机科学与信息处理技术的发展,推动了工商管理学科的发展,并使其与先进制造技术融合,创造出了一些先进生产模式。

5.5.1　计算机集成制造系统(CIMS)

　　1973 年美国的一篇博士论文提出了计算机集成制造(computer integrated manufacturing,CIM)的制造理念,主张:用计算机网络和数据库技术将生产的全过程集成起来,以便有效地协调并提高企业对市场需求的响应能力和劳动生产率,增强企业的竞争和生存能力并获得最大经济效益。CIM 理念很快被制造业接受,并演变成一种可以实际操作的先进生产模式——计算机集成制造系统(CIMS)。

1. CIMS 的理想结构

　　众所周知,一个制造厂不仅有制造产品的车间,有从事产品设计、工艺设计、质量管理的技术部门,还有从事市场营销、物资采购与保管、生产规划与调度、财务管理、人事管理的职能部门。如果车间已经采用了柔性制造系统(FMS),技术部门已经采用了计算机辅助设计

（CAD）、计算机辅助设计-计算机辅助编制工艺-计算机辅助制造一体化（CAD/CAPP/CAM）、计算机辅助质量管理（CAQM）等技术,各职能部门也将计算机和信息处理技术应用到了每个环节,那么借助局部网络（LAN）和公用数据库将整个工厂连成图 5-21 所示的整体,工厂就成为一个自动化水平很高的 CIMS。当然,这种 CIMS 需要很强大的技术支撑和雄厚的资金投入,很难有效地实施,只是 CIMS 制造理念的一个理想目标。

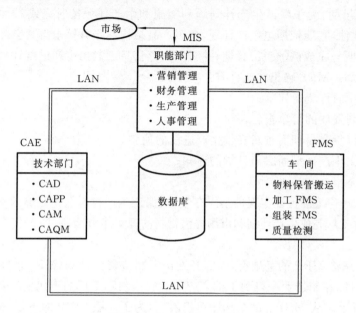

图 5-21　CIMS 的理想结构

2. 管理信息系统（MIS）

CIMS 中"职能部门"的管理工作是由被称为"管理信息系统"（management information system,MIS）的计算机软件系统完成的,其基本功能结构如图 5-22 所示。

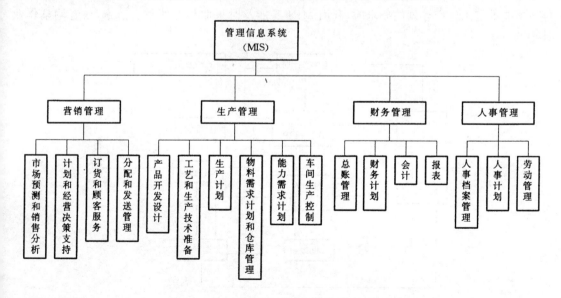

图 5-22　管理信息系统（MIS）的结构

MIS 是在采用现代企业管理原理、推广应用计算机技术的过程中,逐步完善形成的,其发展经历了物料需求计划(material requirements planning,MRP)、制造资源计划(manufacturing resource planning,MRP Ⅱ)、计算机集成生产管理系统(computer integrated production management system,CIPMS)等阶段,并以 MRP Ⅱ 或 CIPMS 作为自己的子系统。

1) MRP

MIS 发展的早期,为了保证生产计划顺利实施和生产任务按时完成,人们开发出了名为 MRP 的计算机软件,它能依据主生产计划,按照产品结构逐步分解求得其全部零件的需要量、投料(或采购)日期与完成(或交货)日期,并对照库存信息编制出生产进度计划和外购原材料、零配件的采购计划。MRP 输出的文件有:

(1) 计划生产的订货通知单;

(2) 未来计划发放的订单报告;

(3) 因变更订货交付期而重新安排生产进度的通知;

(4) 因改变主生产计划而取消订货的通知;

(5) 库存状态报告。

MRP 虽然从理论上能保证实现最小库存量,能保证生产按时获得足够的物料,但实际运行中,由于没有考虑工厂完成生产计划和市场提供物料的现实能力,因此并未达到理想的效果。

2) MRP Ⅱ

在不断改进完善 MRP 的基础上,人们开发出了制造资源计划(MRP Ⅱ)软件。MRP Ⅱ 是一种商品化的软件,在制造业中得到了推广应用。它增强了工厂的现代生产管理能力,其基本结构如图 5-23 所示。从 MRP Ⅱ 的结构图可以看出,为了克服 MRP 的不足,MRP Ⅱ 增加了能力需求计划、生产活动控制、采购和物料管理、成本和经济核算等功能模块,其核心是 MRP 和能力需求计划(capacity requirements planning,CRP)。可利用 MRP Ⅱ 计算出为完成生产计划对设备和人力的需求量、设备的负荷量,进而推算出工厂的实际生产能力。利用 MRP Ⅱ 还能根据 MRP 的输出和库存管理策略编制物料请购计划。因此,当工厂生产能力和物料供应能力不能满足主生产计划的要求时,利用 MRP Ⅱ 能及时采取相应的平衡措施,或者调整作业计划。

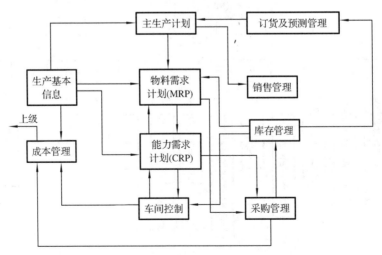

图 5-23　制造资源计划(MRP Ⅱ)的基本结构

3) CIPMS

MRPⅡ的作用范围涉及生产管理的各个基本环节,已经是将这些环节的信息集成为一体的企业生产经营管理计划系统。人们把人工智能等技术引进到 MRPⅡ,使其具有系统高层的决策支持功能,将现代经济理论引进到 MRPⅡ,使其输出优化。在以 MRPⅡ 为基础的这类开发工作的促进下,MRPⅡ发展成为计算机集成生产管理系统(CIPMS)(见图 5-24)。

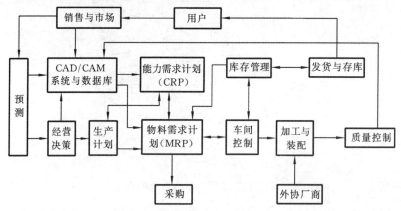

图 5-24　计算机集成生产管理系统(CIPMS)的结构

5.5.2　智能制造系统(IMS)

20 世纪 80 年代末,当 FMS、CIMS 被工业界广泛接受并给制造业带来深刻变革的时候,美国又提出了智能制造(intelligent manufacturing,IM)的概念,智能制造技术(IMT)和智能制造系统(IMS)很快成为研究的热点之一。人们不断寻找 IMS 与现有制造系统的继承关系,努力充实 IMS 的内涵,扩展其外延,企图使 IMS 成为在 21 世纪能被制造业普遍采用的制造系统。

智能制造的倡导者们认为,IMS 是 21 世纪的制造系统。他们还认为,在 CIMS 中广泛应用的人工智能,是一种基于知识的智能,即"知识型智能"。其特征是:基于知识库和规则库,通过逻辑推理寻找隐含在前提中的结论。智能的本质不在于被动地获取某种信息,而在于能动地发现、发明、创造。研究生命信息的活动规律,将这种创造型智能应用到制造系统中,是智能制造的研究任务。

1. 智能制造系统

人工制品与生物有着类似的产生、发展、消亡的生存周期,在其生存周期内都存在复杂的信息活动。生物依据遗传因子承载的信息,不断吸收外界信息来决定自己的生长繁衍策略。同时,生物具有自己发掘和处理信息的能力,即"创造型智能"。生物信息大体可以分成 DNA(脱氧核糖核酸)型和 BN(脑神经细胞)型,前者是依存于遗传因子的先天信息,后者是通过学习获得的。与以 CIMS 为代表的知识型智能制造系统相对应,具有创造型智能的智能制造系统应该显现生物的特征,图 5-25 便是该系统的特征描述。

(1) 构成系统的基本单元,如工件、机床、工具、检测设备、机器人,都是模拟的具有自律性的生物。

(2) 工件持有 DNA 信息并从毛坯成长为产品。

(3) 其他基本单元主要依据 BN 型信息培育工件成长。培育过程中,工件毛坯处于主动

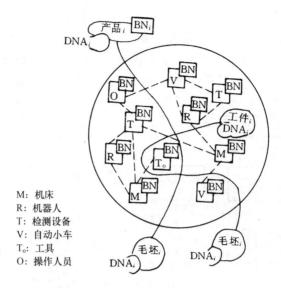

M：机床
R：机器人
T：检测设备
V：自动小车
T₀：工具
O：操作人员

图 5-25　创造型智能制造系统的概念图

地位,它将自己的去向、如何细化、在何处检测、怎样接触等信息不断对外传播,搬运小车、机床、检测设备、机器人等单元对这些信息做出相应答复,如果不能应答,工件毛坯则自主地选择其他替代单元。对加工误差这类异常情况,则根据 DNA 型信息进行诊断和修复。

(4) 毛坯成长为产品后,继续保持着 DNA 型信息,同时根据 BN 型信息来自组织、自学习、自修复,不断适应环境变化,与其他人工制品协调发挥自身功能。

(5) 能伴随社会、文化的进步,展开新一代产品的设计。

(6) 能融合在自然中,与生态环境协调,和人类以及其他生物共生。

很显然,这种具有创造型智能的制造系统,完全区别于应用知识型智能的制造系统,它是以工件主动发出信息、设备进行应答的展成型系统,是对产品种类和异常变化具有高度适应性的自律系统,是不以整体集成为前提条件的非集中管理型系统。

2. 智能加工与智能机床

在产品设计和工艺设计的基础上,将毛坯加工成合格零件,是产品制造过程中的一个基本环节,目前具有一定技能和经验的人仍在这一环节中起着决定性作用。例如在镗床上加工箱体零件,工人不仅要准备好有关刀具(如铣刀、镗刀等),将工件装夹校正后根据自己的经验选定切削条件(如切削速度、走刀量、背吃刀量、冷却液等),在加工过程中还应精力集中地注视加工状态的变化,感触机床工艺系统的振动和温度,监听机床运行和切削加工发出的声音,观察切屑的形状和颜色,根据自己的经验判断加工过程是否正常,并采取相应处理措施。如:正常,继续加工;振动过大,减少切削用量;有刺耳噪声或切屑发蓝,更换切削刀具;等等。加工过程中,技术工人的职责可以归结成三点,即:①用自己的感觉器官(眼、耳、鼻、舌、身)来监视加工状况;②依据自己的感觉和经验(用大脑)判断加工过程是否正常,并作出相应决策;③实施相应处理方案(主要用四肢)。

让机器代替熟练技术工人完成上述类似工作,是智能加工追求的目标。

智能机床是承担智能加工任务的基本设备,其基本结构如图 5-26 所示。在切削过程中,传感器对加工精度、工具状态、切削过程状况进行在线监测,依据神经网络系统诊断工具磨损(破损)、工艺系统颤振等异常状态,当故障发生时,便启动事件驱动型知识处理机,参照以前的诊断结果,决定如何定时地修正哪种加工条件。事前对异常情况进行推理,提供处理对策表,这些功能由预测推理模块承担。控制推理模块则决定对现实发生的异常状态如何采取处理对策。预测推理和控制推理两模块共同对机床实施控制。为了确保控制的实时性,应由管理模块对时间进行管理。

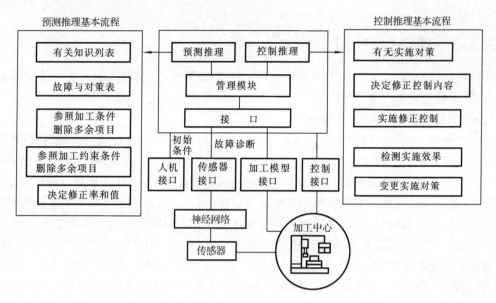

图 5-26　智能机床的基本结构

图 5-27 是智能加工中心主机的一种结构方案。从图 5-27 可以看出,采用的传感器较多,是智能加工中心的一大结构特点。该方案选用了一个六轴力传感工作台,用来检测沿 X、Y、Z 三轴的分力和绕三轴的分力矩。力传感工作台固定在两维失效保护工作台上,当力超过额定载荷时,它能自动移动并发出报警信号。安装工具的刀杆有内装式力传感器、失效保护元件或

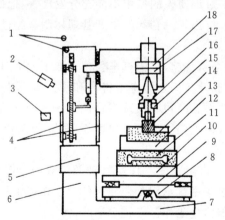

图 5-27　智能加工中心的主机结构

1—温度传感器;2—视觉传感器;3—声传感器;4—变形传感器;5—执行机构;6—立柱;
7—机座;8—床鞍;9—工作台;10—两维失效保护工作台;
11—六轴力传感工作台;12—夹具和精确定位机构(具有六自由度);
13—工件;14—工具;15—力传感器;16—失效保护元件或可塑性元件;
17—扭矩推力传感器;18—扭矩推力失效保护元件

可塑性元件,该刀杆可检测和传递切削力的信息,保护机床安全运行。变形传感器布置在立柱和主轴箱的表面,可直接检测出热和力作用下的结构变形。为了监测机床热力场和环境温度影响,在机床表面布置了一些热传感器。机床附近还安置了视觉传感器和声传感器,用来监视整个加工过程。该方案将立柱也设计成一个执行机构,它能根据智能控制器的命令作出相应的补偿移动。

5.5.3 精良生产(LP)

精良生产(lean production,LP)又译为精益生产、精简生产,它是人们在生产实践活动中不断总结、改进和完善而逐渐形成的一种先进生产模式。

1. 福特生产模式与丰田生产模式

第二次世界大战后,百废待兴,各种商品奇缺。面对庞大的卖方市场,美国福特汽车公司创造出了大批大量生产方式。汽车由上万个零部件组成,结构十分复杂,只有组织一批不同专业的人员共同工作,才能完成其设计。为了保证整机的设计质量,福特汽车公司将整机分解成一些组件,某个设计人员只需将其精力集中在某组件的设计上,而借助标准化和互换性等技术措施,将自己的设计做得尽善尽美而不必关注别人的工作。福特汽车公司注重工序分散、高节奏、等节拍的工艺原则,推崇高效专用机床,并以刚性自动线或生产流水线作为自己的特征。在劳动组织上,采用了专门化分工原则,工人们分散在生产线的各个环节而成为生产线的附庸,不停地做着某一简单重复的工作,高级管理人员负责生产线的管理,制造质量由检验部门和专职人员把关,设备维修、清洁等都由专门人员承担。组装汽车需要不少外购零部件,为了保证组装作业不受外购件的影响,福特汽车公司采取了大库存缓冲的办法。

质量、产量、效益目前都位居世界前列的日本丰田汽车公司,福特公司的当初其年产量还不足福特的日产量。在考察福特公司的过程中,丰田公司并没有因福特公司的辉煌成就而盲目崇拜,面对福特模式中存在的大量人力和物力浪费,如产品积压、外购件库存量大、制造过程中废品得不到及时处理、分工过细使人的作用不能充分发挥等,他们结合本国的社会和文化背景以及已经形成的企业精神,提出了一套新的生产管理体制。经过二十多年的完善,该体制成为了行之有效的丰田生产模式。

为了消除生产过程中的浪费现象,丰田汽车公司采取了如下对策。

(1) 按订单组织生产 丰田汽车公司将零售商和用户也看成生产过程的一个环节,与他们建立起长期、稳定的合作关系。公司不仅按零售商的预售订单在预约期限内生产出用户订购的汽车,还主动派出销售人员上门与顾客直接联系,建立起用户数据库,通过对顾客的跟踪和需求预测,确定新产品的开发方向。

(2) 按新产品开发组织工作组 该工作组打破部门界限,变串行方式为并行方式开展工作,在产品设计到投产的全过程中都承担着领导责任。工作组组长被授予了很大权力,一系列举措激励着每个成员协调、努力地工作。

(3) 成立生产班组并强化其职能 为了按订单组织生产,丰田模式推广应用了成组技术,生产中尽量采用柔性加工设备。该模式按一定工序段将工人分成一个个班组,要求工人们互相协作搞好本段区域内的全部工作。工人不仅是生产者,还是质检员、设备维修员、清洁员,每个工人都有控制产品质量的责任,发现重大质量问题有权让生产停顿下来,召集全组商讨解决办法。组长是生产人员,也是生产班组的管理人员,他定期组织讨论会,收集改进生产的合理化建议。

（4）组建准时供货的协作体系　丰田模式以参股、人员相互渗透等方式，组建成了唇齿相依的协作体系，该体系支撑着以日为单位的外购计划，使外购件库存量几乎降到零。

（5）激发职工的主动性　丰田生产模式能否实施，完全取决于具有高度责任心和相当业务水平的人。为了使职工产生主人翁的意识，发挥出最大的主动性，丰田公司采用了终身雇用制，推行工资与工种脱钩而与工龄同步增长的措施，并不断对职工进行培训以提高其业务水平。

2. 精良生产及其特征

丰田生产模式不仅使丰田公司一跃成为举世瞩目的汽车王国，还推动了日本经济飞速发展。丰田生产模式又称为精良生产模式。一个采用了精良生产模式的企业具有如下特征。

（1）以用户为"上帝"　其表现为：主动与用户保持密切联系，面向用户，通过分析用户的消费需求来开发新产品。产品适销，价格合理，质量优良，供货及时，售后服务到位等等，是面向用户的基本措施。

（2）以职工为中心　其表现为：大力推行以班组为单位的生产组织形式，班组具有独立自主的工作能力，能发挥出职工在企业一切活动中的主体作用。在职工中展开主人翁精神的教育，培养奋发向上的企业精神，建立制度确保职工与企业的利益同步，赋予职工在自己工作范围内解决生产问题的权力，这些都是确立"以职工为中心"的措施。

（3）以"精简"为手段　其表现为：精简组织机构，减去一切多余环节和人员；采用先进的柔性加工设备，降低加工设备的投入总量；减少不直接参加生产活动的工人数量；用准时（just in time，JIT）和广告牌（日文"看板"、英文"Kanban"）等方法管理物料，减少物料的库存量及其管理人员和场地。

（4）综合工作组和并行设计　综合工作组（team work）是由不同部门的专业人员组成，以并行设计方式开展工作的小组。该小组全面负责同一个型号产品的开发和生产，其中包括产品设计、工艺设计、预算编写、材料购置、生产准备及投产等，还负有根据实际情况调整原有设计和计划的责任。

（5）准时（JIT）供货方式　其表现为：某道工序在其认为必要时刻才向上道工序提出供货要求，准时供货使外购件的库存量和在制品数达到最小。与供货企业建立稳定的协作关系是保证准时供货能够实施的举措。

（6）"零缺陷"工作目标　其表现为：最低成本，最好质量，无废品，零库存，产品多样性。显然，精良生产的工作目标指引着人们永无止境地向生产的深度和广度前进。

5.5.4　敏捷制造（AM）

1991 年，由里海大学牵头，100 多个单位（以美国 13 家大公司为主）组成的研究小组向美国国会提交了一份研究报告，首次提出了敏捷制造（agile manufacturing，AM）的思想。这份经广泛调查研究而得出的报告揭示了一个重要而普遍的现象，即：企业营运环境的变化速度超过了企业自身的调整速度。面对突然出现的市场机遇，有些企业是因认识迟钝而失利，而有些企业已发现了新机遇的出现，却由于不能完成相应调整而痛失良机。为了向企业界描述这种市场竞争新特征，指明一种制造策略的本质，在讨论达成共识的基础上，该研究小组提出了"agility"（敏捷）这个词。

1. 制造的敏捷性

敏捷制造又被译为灵捷制造。何谓制造的敏捷性？敏捷制造思想的主要创始人 Rick

Dove 认为,敏捷性是指企业快速调整自己以适应当今市场持续多变的能力。他还认为,制造的敏捷性可以表现为随动和拖动两种形式,即:敏捷性意味着企业能以任何方式来高速、低耗地完成它需要的任何调整;同时,敏捷性还意味着高的开拓、创新能力,企业可以依靠其不断开拓创新来引导市场、赢得竞争。

制造的敏捷性不主张借助大规模的技术改造来刚性地扩充企业的生产能力,不主张构造拥有一切生产要素、独霸市场的巨型公司,制造的敏捷性提出了一种在市场竞争中获利的清晰的新思路。

2. 敏捷企业

在市场竞争中企业要回答许多问题,如:某个新思想变成一种新产品的设计周期有多长?一项新产品的建议需要经过多少批示才能实施?为了生产新产品,企业能以多快速度完成调整?能否随时掌握生产进度并控制生产中出现的问题?企业的职工素质是否与市场竞争相适应?一般认为,企业只有将自己改造成敏捷企业(agile enterprise,AE)才能正确回答这些问题,并使企业在难以预测、持续多变的市场竞争中立于不败之地。

敏捷企业精简了一切不必要的层次,使组织结构尽可能简化。敏捷企业是一个独立体,能自主确立企业的营运策略,在产品开发、生产组织、营销、经济核算、对外协作等方面能通畅地实施自己的计划。敏捷企业职工有强烈的主人翁责任感和很好的业务知识与技能,能从容不迫地迎接机遇和挑战;企业也把决策权下放到最底层,让每个职工有权对其工作作出正确的决策。敏捷企业的制造设备和生产组织方式具有更加广义的柔性,能敏捷地把获利计划变成事实。

RRS 结构可以用来判断一个企业是否敏捷。RRS 是指企业的诸生产要素可重构(reconfigurable)、可重用(reusable)和可扩展(scalable)。将 RRS 结构进一步细化,则得到以下敏捷化设计的十准则。

(1) 组成系统的各子系统是封装模块。模块内部结构和工作机理不必为外界认知,这一性质称为封装。该准则强调子系统的独立性和功能完整。

对生产企业来说,设计、加工、装配、销售等部门都可成为封装模块。对制造环节来说,物料搬运设备、数控机床、夹具都可成为封装模块。此外,一个 FMC 或 FMS 也可划分为一个封装模块。

(2) 系统具有兼容性。该准则强调,组成系统的各子系统应该采用标准、通用的接口。

(3) 辅助子系统可置换。该准则强调,某子系统被置换后不影响其他子系统的运行,更不会对整个系统造成破坏。

(4) 子系统能跨层次交互。该准则强调,子系统之间无须经过各自层次便可直接对话。

(5) 按动态最迟连接的原则来建立系统。该准则认为,系统内各种联系和关系都是暂时的,子系统之间的直接、固定联系应尽可能迟地确立。

(6) 信息管理和运作控制应采用自律分布式结构。

(7) 组成系统的各子系统相互之间保持自治关系。该准则所强调的是动态规划的组织原则和开放式体系结构。

(8) 系统规模可以扩大或缩小。

(9) 组成系统的子系统应保持一定冗余。该准则能使企业恢复(当某子系统被破坏时)或扩大自己的生产能力。

(10) 系统采用可扩展的框架结构。该原则强调,敏捷企业有一个开放式的集成环境和体系结构,保证企业原有系统和新系统能协调工作。

十准则中,(1)~(3)属可重构范畴,(4)~(7)属可重用范畴,(8)~(10)属可扩展范畴。

将企业设计成敏捷企业,还需要建立敏捷性的评价体系,Rick Dove 等人提出了用列表方式,以成本(cost)、时间(time)、健壮性(robustness)、适应性(scope of change)四项指标来衡量企业敏捷性的评价方法。其中,成本是指完成敏捷化转变的成本;时间是指完成敏捷化变化的时间;健壮性是指敏捷化转变过程的坚固性和稳定性;适应性是指对未知变化的潜在适应能力。

美国通用汽车公司所属的一家冲压厂为了更好地组织七百多种车身的生产,将车身测量夹具(可看成子系统)从专用夹具改成万能夹具。从表 5-1 可以清晰地看到,车身夹具(一个子系统)由专用变为万能后,其敏捷性得到极大提高。

表 5-1　车身夹具敏捷性评价

项目		专用夹具	万能夹具	评　价
成本		7 万美元	0.3 万美元	成本低
制造		37 星期	1 星期	时间省
		20%返工	1%返工,易于调整	健壮性好
使用		4 件/小时	40 件/小时,调整时间为 3.5 min	时间省
		100%精确	重组、重用,100%精确	健壮性好
		60%可预测性	100%可预测性	适应性好
		有条件使用	允许创新	适应性好
		单一检测过程	多种检测过程	适应性好
结构特征		针对一种车型定做、专用	通用底座与可调触头组合而成,可重用	适应性好
			触头组件可重构	适应性好
			触头组件、测量部件可扩充	适应性好

一般认为,在敏捷企业内部,职工教育体系和信息支撑系统有着关键作用。企业在快速多变的竞争环境中能否获得生存和发展的机会,面对层出不穷的新事物、新技术,能否迅速认识、接受、掌握它们,部分取决于其职工素质。企业有了高素质的职工队伍,才能顺利完成各种调整以迎接新的挑战,因此在企业内部对职工进行职业培训和再教育,是保持和提高企业竞争能力的一项重要措施。敏捷企业的人员组成有很大柔性。相对稳定的职工队伍是企业的核心,企业根据工作需要还应在人才市场招聘大量临时职工,企业骨干与临时职工组合成一个个拥有自治权的业务组,一项工作完成后业务组便自行解体,其大部分成员回归人才市场。

计算机信息支撑系统已成为企业日常运行的一个有机组成部分,占据核心位置,因此该系统也应该具有很高的敏捷性。

3. 动态联盟

对于制造业来说,受市场欢迎的新产品面市之日,便是市场竞争开始之时。一般认为,看到新机遇的敏捷企业,应该尽量利用社会上已有的制造资源,组织动态联盟来迎接新的挑战。

动态联盟(virtual organization,VO)与虚拟公司(virtual company,VC)是一个概念,这种新的生产组织方式的特点如下。

(1)盟主是动态联盟的领导者。一般说来,抓住新的机遇并有实力把握竞争的关键要素的敏捷企业应处在盟主位置。盟主承担的任务最终应落实给企业的业务组。

(2)盟员是动态联盟的基本成员,每个盟员都起着不可被替代的作用,拥有优势,能掌握竞争的某要素的敏捷企业,应成为盟员。盟员承担的任务最终也应落实给相应的业务组。

(3)具有显著的时限性,它随新机遇的被发现而产生,随着该机遇的逝去而解体,是为一次营运活动而组建的非永久性同盟。所谓"动态"就是指这种时限性。

(4)同时具备虚、实两性。动态联盟不是具有独立法人资格的企业实体,从这层意义上讲,它是虚拟的公司。然而动态联盟又是一个实实在在的商务组织,它由若干归属于各自企业实体的业务组构成,有明确的工作目标,有以法律文件作为依据的同盟章程,有从产品开发到售后服务一套完整的营运活动。从这层意义上讲,动态联盟是一个跨越地域(或国界)、架设在若干企业之间的网状组织。业务组是网上的结点,该网将各业务组的活动协调成敏捷的整体动作,使每个业务组都发挥出最大潜能,并创造出最大综合效益。动态联盟的活动贯穿了单个企业,其活动不受任何一个企业的约束,联盟的成员不必对各自所属的企业负责,但应对联盟的章程负责。

(5)具备协同性。追求共同利益是敏捷企业结盟的思想基础,每个成员都有各自独特的优势、不可取代的作用,并享有预期分配的利益,经过优化组合形成的动态联盟,就是一个优势互补、利益共享的协同工作实体。

动态联盟是为了赢得一次市场竞争而采取的生产组织模式,因此其结盟过程与竞争的战略、策略、方法密切相关。看到新机遇的敏捷企业,应:首先从战略的高度规划出整个营运活动的流程,确定相应的作业单元以及各作业单元的资源配置;接着根据企业内和社会上的资源状况,设计作业单元的组织形式(即作业组),并确定其运作的基本策略;这些工作完成后,该敏捷企业便采用恰当方法确定结盟的伙伴,在达成共识的基础上,结成动态联盟。

习题与思考题

5-1　非传统加工的特点是什么?其应用范围如何?

5-2　简述集成电路微细图形光刻的工艺过程及电子束、离子束光刻的基本原理。

5-3　电火花加工与线切割加工的原理是什么?各有哪些用途?

5-4　电解加工的原理是什么?应用如何?与电火花加工相比较有何特点?

5-5　简述激光加工的特点及应用。

5-6　简述超声波加工的基本原理及应用范围。

5-7　哪些方法已用于微细加工领域?效果如何?

5-8　简述柔性制造系统(FMS)产生的背景及适用范围。

5-9　简述 FMS 的基本组成部分、基本功能及分类。

5-10　简述计算机集成制造系统(CIMS)的理想结构。

5-11　管理信息系统(MIS)经历了哪几个发展阶段?每阶段的主要特点是什么?

5-12　智能制造(IM)追求的目标是什么?试描述智能加工、智能机床、智能加工系统。

5-13　简述精良生产(LP)和敏捷制造(AM)产生的时代背景。

5-14　简述精良生产的特征。

5-15　制造的敏捷性意味着什么？如何判断企业的敏捷性？

5-16　简述动态联盟的组织特点。

5-17　什么是超精密加工？与一般加工相比，超精密加工有哪些特点？

5-18　比较成熟的快速成形方法有哪些？简述各方法的工作原理。

部分习题参考答案

1-19 $F_z = 4\ 610$ N;切削功率 $P_m = 7.683$ kW,$P_m/\eta_m = 9.6$ kW＞电动机功率 7.8 kW

2-18 $a = 20, b = 20, c = 30, d = 70, e = 36, f = 36, a_2 = 33, b_2 = 58, c_2 = 79, d_2 = 61$;或者 $a = 24, b = 32, c = 20, d = 35, a_2 = 70, b_2 = 95, c_2 = 60, d_2 = 60$

2-27 选 A 面、$\phi 30$H7 和 C 面组合定位较为合理

2-28 图(a)　Z 方向的长 V 形块:约束工件 $\vec{X}$、$\vec{Y}$、$\hat{X}$、$\hat{Y}$ 自由度;X 方向的短 V 形块:约束工件 $\vec{Z}$ 和 $\hat{Z}$ 自由度

图(b)　心轴的左台肩面约束工件的 $\vec{Z}$ 和 $\hat{X}$、$\hat{Y}$ 自由度,心轴的短圆柱部分约束工件 $\vec{X}$、$\vec{Y}$ 自由度

图(c)　左边带活动顶尖的三爪卡盘约束工件的 $\vec{X}$、$\vec{Y}$、$\vec{Z}$ 自由度,右边活动顶尖约束工件 $\hat{X}$、$\hat{Y}$ 自由度

图(d)　与工件底面接触的平板约束工件的 $\vec{Z}$、$\hat{X}$、$\hat{Y}$ 自由度,左边的固定短 V 形块约束工件的 $\vec{X}$、$\hat{Y}$ 自由度,右边的活动短 V 形块约束工件 $\vec{Y}$ 自由度

图(e)　与底面接触的平板约束工件 $\vec{Z}$、$\hat{X}$、$\hat{Y}$ 自由度,大头孔中的短圆柱销约束工件 $\vec{X}$、$\vec{Y}$ 自由度,右边的固定短 V 形块约束工件 $\hat{X}$、$\hat{Z}$ 自由度

2-30 $\Delta_{dw(A)} = \Delta_{bc(A)} + \Delta_{jw(A)} = 0 + 0 = 0$;$\Delta_{dw(H)} = \Delta_{bc(H)} + \Delta_{jw(H)} = T_M + 0 = T_M$;$\Delta_{dw(B)} = \Delta_{bc(B)} + \Delta_{jw(B)} = 0 + h\cot T_a = h\cot T_a$

2-31 $\Delta_{dw(A)} = T_D/(2\sin(\alpha/2) - 1/2)$;$\Delta_{dw(B)} = T_D/(2\sin(\alpha/2))$;$\Delta_{dw(C)} = 0$,$\Delta_{dw(E)} = T_D/(2\sin(\alpha/2) + 1/2)$;$\Delta_{dw(C)} < \Delta_{dw(A)} < \Delta_{dw(B)} < \Delta_{dw(E)}$

2-32 $\Delta_{dw(H)} = 0.046$

2-34 $F \approx 6.44$ kN

3-12 (1)按等精度法计算:$A_1 = 60_{-0.19}^{\ 0}$ mm,$A_3 = 3_{\ 0}^{+0.11}$ mm,$A_2 = 57_{-0.5}^{-0.13}$ mm;(2)按等公差法计算:$A_1 = 60_{-0.2}^{\ 0}$ mm,$A_3 = 3_{\ 0}^{+0.15}$ mm,$A_2 = 57_{-0.50}^{-0.35}$ mm

3-13 $t = 0.7_{+0.008}^{+0.250}$ mm

3-14 $L_1 = 45.2_{-0.12}^{-0.05}$ mm,$L_2 = 232.8_{-0.45}^{-0.05}$ mm

3-15 $A_3 = 30.13_{-0.03}^{\ 0}$ mm;$A_2 = 30.43_{-0.2}^{\ 0}$ mm;$A_1 = 15.17_{\ 0}^{+0.13}$ mm

3-16 $A_1 = 12.3 \pm 0.4$ mm $= 12_{+0.7}^{+0.7}$ mm;$A_2 = 10.75 \pm 0.15$ mm $= 10_{+0.6}^{+0.9}$ mm;$A_3 = 59.7 \pm 0.2$ mm $= 60_{-0.3}^{-0.1}$ mm;$A_6 = 59.925 \pm 0.025$ mm $= 60_{-0.1}^{-0.05}$ mm;$A_4 = 10.3 \pm 0.1$ mm $= 10_{+0.2}^{+0.4}$ mm

3-27 完全互换法:$A_{0L} = 0_{\ 0}^{+0.3}$ mm。不完全互换法:$A_{0Q} = 0_{+0.038}^{+0.262}$ mm

3-28 （用极值法）$A_1 = 40^{+0.07}_{0}$ mm；$A_2 = 36^{0}_{-0.05}$ mm；$A_3 = 4^{-0.10}_{-0.13}$ mm（A_3 为协调环）

3-29 按经济加工精度确定 $T_{A_2} = 0.1$ mm，$T_{A_3} = 0.1$ mm，$T_{A_1} = 0.1$ mm；$A_2 = 30^{+0.1}_{0}$ mm，$A_3 = 46^{0}_{-0.1}$ mm；(1)修配 A_1 的上表面时，$A_1 = 16^{+0.11}_{+0.01}$ mm；(2)修配 A_1 的下表面时，$A_1 = 16^{-0.17}_{-0.27}$ mm；(3)两边均可修配时，$A_1 = 15.92 \pm 0.05$ mm

3-30 $A_2 = 2.5^{0}_{-0.12}$ mm，$A_1 = 104^{0}_{-0.2}$ mm，$A_3 = 115^{+0.3}_{0}$ mm；组数 $n = 7$；各级调整垫片的尺寸及偏差为：$A_{t1} = 8.5^{-0.05}_{-0.11}$ mm，$A_{t2} = 8.5^{+0.04}_{-0.02}$ mm，$A_{t3} = 8.5^{+0.13}_{+0.07}$ mm，$A_{t4} = 8.5^{+0.22}_{+0.16}$ mm，$A_{t5} = 8.5^{+0.31}_{+0.25}$ mm，$A_{t6} = 8.5^{+0.40}_{+0.34}$ mm，$A_{t7} = 8.5^{+0.49}_{+0.42}$ mm

4-5 $n = 3$，即至少走 3 刀才能使形状精度（圆度）合格

4-6 加工后工件的锥度 $\Delta_z = 0.02/3\,000$

4-8 $\Delta P = -0.351$ mm，负号表示实际螺距比规定螺距小

4-9 工件加工后的形状误差 $\Delta_d = 4$ μm；尺寸误差 $\Delta_D = 30.8$ μm

4-11 工序均方差 $\sigma = 0.05$；工序能力系数 $C_p = 0.467$；车刀调整误差 $\delta = 0.035/2$ mm

4-12 合格率 $p_h = 78.741\%$；废品率 $p_f = 21.259\%$，背吃刀量增加 $0.03/2$ mm 可降低废品率

4-13 $x_{max} = 20.021$ mm；$x_{min} = 19.995$ mm

4-14 合格率 98.5%；废品率 1.5%；工序能力系数 $C_p = 1.38$

4-17 $f = (0.012 \sim 0.024)$ mm/r

参 考 文 献

[1]　张福润.机械制造技术基础[M].2版.武汉:华中科技大学出版社,2000.

[2]　张福润,严晓光.机械制造工艺学[M].武汉:华中理工大学出版社,1998.

[3]　卢秉恒.机械制造技术基础[M].北京:机械工业出版社,1999.

[4]　袁哲俊,王先逵.精密和超精密加工技术[M].北京:机械工业出版社,1999.

[5]　乐总谦.金属切削刀具[M].北京:机械工业出版社,1993.

[6]　陈日曜.金属切削原理[M].2版.北京:机械工业出版社,1993.

[7]　袁哲俊.金属切削刀具[M].上海:上海科学技术出版社,1993.

[8]　王先逵.机械制造工艺学[M].北京:机械工业出版社,1995.

[9]　黄奇葵,钟华珍,张福润.机械制造基础[M].武汉:华中理工大学出版社,1993.

[10]　竺钦尧.机床数字控制[M].北京:航空工业出版社,1993.

[11]　彼·尼·别梁宁.机械制造工艺学的科学基础[M].朱英发,译.北京:航空工业出版社,
1991.

[12]　韩秋实.机械制造技术基础[M].北京:机械工业出版社,1998.

[13]　陈日曜.金属切削原理[M].北京:机械工业出版社,1985.

[14]　周泽华.金属切削原理[M].上海:上海科学技术出版社,1993.

[15]　王晓霞.金属切削原理与刀具[M].北京:航空工业出版社,2000.

[16]　顾崇衔.机械制造工艺学[M].西安:陕西科学技术出版社,1981.

[17]　路亚衡,段守道,李鹤九.机械制造工艺学[M].武汉:华中工学院出版社,1985.

[18]　宾鸿赞,曾庆福.机械制造工艺学[M].2版.北京:机械工业出版社,1990.

[19]　郑修本,冯冠大.机械制造工艺学[M].北京:机械工业出版社,1992.

[20]　胡耀志,黄光周,于继荣.机电产品微细加工技术与工艺[M].广州:广东科技出版社,
1993.

[21]　荣烈润.面向21世纪的超精密加工技术[J].机电一体化,2003(2).

[22]　山形丰.精密切削によゐ微细形状創成[J].精密工学会志,1995,61(10).

[23]　和井田彻.研削によゐマイクロ形状創成[J].精密工学会志,1995,61(10).

[24]　佐藤健夫.マイクロ放电加工によゐ形状創成[J].精密工学会志,1995,61(10).

[25]　佐藤一雄.エッチンゲによゐ微细な3次元构造体の加工[J].精密工学会志,1995,61(10).

[26]　宫本岩男.集束ビーム加工によゐ形状創成[J].精密工学会志,1995,61(10).

[27]　渡边彻.めっきと转写によゐ形状創成[J].精密工学会志,1995,61(10).

[28]　宇野义幸.バクテリアによゐ金属のバィォマシニンゲ[J].精密工学会志,1995,61(10).

[29]　华中工学院机械制造教研室.机床自动化与自动线[M].北京:机械工业出版社,1981.

[30]　鹈泽高吉.生产自动化マニアル[J].新技术开发センター,1985.

[31]　上田完次.知能化生产システム[J].精密工学会志,1993,59(11).

[32]　井上英夫.加工の知能化[J].精密工学会志,1993,59(11).

[33]　YOTARO HATAMURA. A fundamental structure for intelligent manufacturing[J].
Precision Engineering,1993,15(4).

［34］　吉川弘之．ィンテリジェント生产システム(IMS)［J］.精密工学会志，1991,57(1).

［35］　吴锡英,周伯鑫.计算机集成制造技术［M］.北京:机械工业出版社,1996.

［36］　张根保.先进制造技术［M］.重庆:重庆大学出版社,1996.

［37］　张申生.从 CIMS 走向动态联盟［J］.中国机械工程,1996,7(3).

［38］　DOVE R.敏捷企业(上)［J］.张申生,译.中国机械工程,1996,7(3).

［39］　DOVE R.敏捷企业(下)［J］.张申生,译.中国机械工程,1996,7(4).

［40］　徐晓飞.未来企业的组织形态——动态联盟［J］.中国机械工程,1996,7(4).

［41］　郝建华.实现塑性状态下切削非金属硬脆材料的思考［J］.新技术新工艺,2000(6).

［42］　黄春峰.工程陶瓷加工技术的发展与应用［J］.工具技术,2000,34(2).

［43］　华茂发,谢骐.机械制造技术［M］.北京:机械工业出版社,2004.

［44］　张世昌,李旦,高航.机械制造技术基础［M］.2 版.北京:高等教育出版社,2007.

［45］　任家隆.机械制造基础［M］.北京:高等教育出版社,2003.

［46］　杨叔子.机械加工工艺师手册［M］.北京:机械工业出版社,2011.

［47］　宾鸿赞.机械工程学科导论［M］.武汉:华中科技大学出版社,2011.

［48］　中国机械工程学科教程研究组.中国机械工程学科教程［M］.北京:清华大学出版社,
2008.

二维码资源使用说明

　　本书部分课程资源以二维码的形式在书中呈现，读者第一次利用智能手机在微信下扫码成功后提示微信登录，点击进入关注微信公众号"华中机械"，授权后进入注册页面。按照提示输入手机号后点击获取手机验证码，稍等片刻收到4位数的验证码短信，在提示位置输入验证码成功后，重复输入两遍设置密码，选择相应专业，点击"立即注册"，注册成功（若手机已经注册，则在"注册"页面底部选择"已有账号？立即注册"，进入"账号绑定"页面，直接输入手机号和密码，提示登录成功）。接着提示输入学习码，需刮开封底防伪涂层，输入13位学习码（正版图书拥有的一次性使用学习码），输入正确后提示绑定成功，可查看二维码数字资源。若手机第一次登录查看资源成功，以后就可直接通过微信端扫码登录进行查看。